高 等 院 校 化 学 系 列 教 材

Chemistry

有机波谱分析

（第五版）

孟令芝　龚淑玲　何永炳　刘英　编著

WUHAN UNIVERSITY PRESS

武汉大学出版社

图书在版编目（CIP）数据

有机波谱分析/孟令芝编著.—5 版.—武汉:武汉大学出版社,2024.7
高等院校化学系列教材
ISBN 978-7-307-24312-5

Ⅰ.有…　Ⅱ.孟…　Ⅲ.有机分析—波谱分析—高等学校—教材
Ⅳ.O657.31

中国国家版本馆 CIP 数据核字(2024)第 050215 号

责任编辑:谢文涛　　　责任校对:李孟潇　　　版式设计:韩闻锦

出版发行:**武汉大学出版社**　（430072　武昌　珞珈山）
　　　　　（电子邮箱:cbs22@whu.edu.cn 网址:www.wdp.com.cn）
印刷:武汉科源印刷设计有限公司
开本:787×1092　1/16　印张:27.5　字数:583 千字　插页:1
版次:1997 年 3 月第 1 版　　2003 年 9 月第 2 版
　　　2009 年 9 月第 3 版　　2016 年 7 月第 4 版
　　　2024 年 7 月第 5 版　　2024 年 7 月第 5 版第 1 次印刷
ISBN 978-7-307-24312-5　　　定价:68.00 元

第五版前言

自 2016 年 7 月《有机波谱分析(第四版)》出版以来,已印刷发行 7 万余册,被多所高等院校和科研单位用作本科生、研究生的教材或教学参考书。

考虑到一般化学工作者的兴趣在于"识谱"及波谱技术的实际应用,本书仍仅对波谱学原理进行一般讨论,而通过大量的典型实例,详细阐明谱图的解析及结构的推导,以引领初学者合理选择和正确使用谱学技术,充分应用谱学信息解析谱图,以及综合分析各谱学信息推导物质结构等。

《有机波谱分析》第五版是在多年教学实践及科研积累的基础上,广泛征求意见及参考文献后精心编写的。本书保留了第四版的结构框架,章节内容适当调整、修改和增补。全书的分子结构式重新绘制,统一格式。书中核磁共振氢谱替换为 400 MHz 谱图,并标注化学位移,方便读取和计算耦合常数;谱峰密集的谱图,区域局部放大,可以清晰识别峰型。书中实例涉及有机化合物、高分子、材料、分子识别及组装、生物大分子等,增补了一些最新科研成果实例。各章节习题也部分替换,增加待分析化合物类型的多样性。

本书在编写过程中,参考了一些相关的专著、教材、文章、谱图集和数据库,受益匪浅。主要参考来源已列于各章节后。武汉大学化学与分子科学学院周翔院士课题组、周强辉教授和程鸿刚副教授课题组、唐红定教授课题组等提供了极具代表性的有趣的谱图,在此表示衷心感谢。

本书的再版得到了武汉大学化学与分子科学学院、武汉大学本科生院、武汉大学出版社的支持,获得"武汉大学本科教育质量建设综合改革项目"的资助。

武汉大学出版社谢文涛编辑为本书的出版做了大量细致的编辑工作,特此致谢。

由于作者水平有限,书中如有错误和不妥之处,恳请读者和同行指正。

编　者

2024 年 3 月

第四版前言

《有机波谱分析》第三版自 2009 年出版发行以来，已印刷 8 次。被多所高等院校和科研单位用作本科生、研究生的教材或教学参考书。

本书的第四版是在多年教学实践及科研积累的基础上，广泛征求意见及参考文献后精心编写的。本书保留了第三版的结构框架，重新编写了第八章 X 射线光电子能谱，其他章节适当修改或增补。书中实例涉及有机化合物、高分子、材料、分子识别及组装、生物大分子、光化学传感等。各章后附有习题。本书可作为高等院校化学、生命科学、医学、石油化工等专业高年级本科生、研究生的教材和教学参考书，也可供这些研究领域的相关研究人员参考。

本书在编写过程中，参考了一些相关的专著、教材、文章、谱图集和信息网，受益匪浅。主要参考来源已列于各章节后。武汉大学出版社谢文涛为本书的出版做了大量细致的编辑工作，在此表示致谢。

本书的再版得到"武汉大学实验技术项目"的资助。

由于作者水平有限，书中如有错误和不妥之处，恳请读者和同行指正。

编　者
2016 年 5 月

第三版前言

《有机波谱分析》第二版自 2003 年出版发行以来，已印刷 6 次。被多所高等院校和科研单位用作本科生、研究生的教材或教学参考书。

波谱分析的 MS，NMR，IR，UV，FS 谱仪的普及与发展，与计算机技术、各种分离技术的结合，使几乎所有合成的和天然的化合物及材料的结构鉴定成为可能；从分子水平上认知化合物或材料结构与性能、非共价键相互作用时结构与性能的关系成为可能。但波谱技术的合理选择及正确运用、谱学信息的充分运用及谱图的正确解释、尤其是各谱学信息的综合分析及结构的正确推导，并非简单地、公式化地可以完成；而是要在充分掌握各谱学基本原理及波谱信息的基础上，由浅入深，循序渐进，不断学习与提高。

本书的第三版是在多年教学实践及科研积累的基础上，广泛征求意见及文献检索后精心编写的。保留了第二版的结构框架，对目前已使用较多的波谱技术 ESI-MS，MALDI-TOF-MS，DEPT，^{1}H-^{1}H COSY，DQF COSY，^{1}H-^{13}C COSY 的谱图特征、结构信息、谱图解析等，以实例进行由浅入深的讨论。书中除对 ^{1}H，^{13}C NMR 谱详细描述外，对 ^{19}F，^{31}P，^{29}Si NMR 谱的特征及应用也进行了介绍。书中实例涉及有机化合物、高分子、材料、分子识别及组装、生物大分子、光化学传感等。各章后附有习题。本书可作为高等院校化学、生命科学、医学、石油化工等专业高年级本科生、研究生的教材和教学参考书，也可供这些研究领域的相关研究人员参考。

本书在编写过程中，参考了一些相关的专著、教材、谱图集和信息网，受益匪浅。主要参考来源已列于各章节后及书后。武汉大学出版社谢文涛为本书的出版做了大量细致的编辑工作，在此表示致谢。

由于作者水平有限，书中如有错误和不妥之处，恳请读者和同行指正。

编　者

2009 年 6 月

1

第二版前言

《有机波谱分析》自 1997 年出版发行以来，已印刷 4 次，被多所高等院校和科研单位用作本科生、研究生的教材或参考书。

本书的第二版是在经过五年教学实践的基础上，广泛征求意见、进行文献检索和集体讨论后精心编写的。该书除保留第一版对波谱学理论进行一般描述，详细阐述化合物结构与波谱特征信息之间的关系及各谱在化合物结构鉴定中的应用等特点外，还增加了电磁辐射与谱学基础、X 射线光电子能谱及荧光光谱等。它是武汉大学教材建设十五规划和面向 21 世纪教学内容改革的研究成果。

第二版共分八章。包括：电磁辐射与谱学基础、有机质谱、核磁共振氢谱、核磁共振碳谱、红外与拉曼光谱、紫外与荧光光谱、谱图综合解析和 X 射线光电子能谱。该书在论述了电磁辐射与物质量子化能态间的相互作用及各谱学的基本原理的基础上，针对一般化学及相关工作者的需要，突出理论联系实际，提高独立或综合运用谱学技术解决实际问题的能力。该书还对新的实验技术如 ESI-MS，G(L)C-MS，3DNMR，ATR，TRS，2DIR 和同步荧光光谱技术等及其应用进展也作了扼要介绍，应用涉及有机化学、高分子、材料、分子识别及分子自组装、生物大分子等。各章后附有习题。本书可作为高等院校化学、生化化学、医药、石油化工等专业高年级本科生及研究生的教材和教学参考书，也可供从事化学、生物化学、医药、石油化工等相关研究人员参考。

本书在编写过程中，参考了一些相关的专著、教材和谱图集，受益匪浅。主要参考资料已列于各章节后和书后。本书还得到了武汉大学教务部、武汉大学化学与分子科学学院教学指导委员会的资助和支持，本院实验中心的胡翎、吴晓军为本书提供了部分谱图，武汉大学出版社谢文涛为本书的出版做了大量细致的编辑工作，在此一并致谢。

由于作者水平有限，书中如有错误和不妥之处，恳请读者和同行指正。

编 者

2003 年 6 月

第一版前言

有机波谱分析法在有机化学和高分子化学研究及化合物结构鉴定中起着极为重要的作用。随着谱仪的普及与发展，紫外光谱、红外光谱、核磁共振氢谱和碳谱、有机质谱已成为化学工作者最常用的分析工具。因此，掌握这些实验方法并利用谱图提供的结构信息，实为从事有机化学及相关学科工作者所必需。

本书集作者多年讲授《有机化学》及《有机结构分析》课程的经验，结合为本科生编写的《有机结构分析》讲义及为研究生编写的《有机波谱实验》教材，经过认真讨论总结改编而成。

全书分为六章。前五章分别阐述红外及拉曼光谱、紫外光谱、核磁共振氢谱、核磁共振碳谱、有机质谱的基本原理和实验方法，内容侧重于有机化合物的结构与其谱图特征信息之间的关系及波谱法在有机化合物结构鉴定中的应用。第六章为多谱的综合解析，用不同谱图提供的结构信息，互相印证与补充，推导较为复杂的有机化合物的结构。

考虑到一般化学工作者的兴趣在于"识谱"及波谱技术的实际应用，书中仅对波谱学理论进行一般讨论，而通过大量的典型实例，详细阐明谱图的解析及结构的推导，以引导初学者理论联系实际，由谱图推导化合物的结构。对各谱的应用介绍，涉及有机化学、高分子化学、天然产物、生物大分子等学科，有些是作者自己的研究工作。对一些近代的实验方法如：同核、异核 2DJ 谱，同核、异核 COSY 谱,SERS, FT-IR, GC-MS 等作了扼要介绍，还介绍了标准谱图的检索方法。书中收录了各种典型化合物的谱图和数表，每章后均附有习题。本书可作为高等学校化学、化工、生化、医药等专业大学生、研究生的教材、教学参考书，也可供从事有机化学、波谱分析及相关学科的工作者参考。

本书在编写过程中得到吴成泰教授、陈远荫教授的鼓励和支持；武汉大学分析测试中心冯子刚教授仔细地审阅了全部文稿，并提出许多修改意见，特向他们表示衷心的感谢。本书在出版过程中得到武汉大学出版社的大力支持，金丽莉为本书的出版做了大量细致的编辑工作，在此致以诚挚的感谢。

由于编者知识浅薄，书中如有错误和不妥之处，恳请读者批评指正。

编　者

1996 年 6 月

目　录

第1章　电磁辐射与谱学基础

由于量子力学、电子及光学技术、计算机科学的兴起与发展，波谱学及波谱分析方法得到了迅速的发展，并成为人类认识分子的最重要手段之一。

研究分子必须了解分子的态(即能级)的性质。分子从一个态跃迁至另一个态，可以通过光的作用，也可以通过电子、中子等粒子的碰撞进行能量交换[1,2]。

1.1　电磁辐射基础

光是由可见光和不可见光组成的。从经典理论来看，光是一种电磁波，光波之所以称为电磁波，是因为光波可以用一个振荡电场和磁场来描述。光的波动性质可根据相互垂直的电场矢量(E)和磁场矢量(H)来解释[3-6]，两者都是正弦波，且都垂直于波的传导方向。

电磁辐射是高速通过空间传播的光子流，具有波动性和微粒性。Planck 量子理论认为，辐射能的发射或吸收不是连续的，而是量子化的。这种能量的最小单位即为"光子"，每个光子具有的能量(E_L)与其频率(ν)及波长 λ 之间的关系为

$$E_L = h\nu = h\frac{c}{\lambda} = hc\,\bar{\nu} \tag{1.1}$$

式中，h 为普朗克常数(6.626×10^{-34} J·s)；c 为光速(2.998×10^{10} cm·s^{-1})；$\bar{\nu}$ 为波数(cm^{-1})。(1.1)式表明光子的波长越短，其能量就越大。光子的能量可用电子伏(eV)或焦耳(J)表示，1 eV $= 1.602 \times 10^{-19}$ J，1 eV 表示一个电子在经过电位差为1 V的电场时所获得的能量。

电磁辐射将其光能由高到低可分为 γ 射线区，X 射线区，远紫外、紫外、可见光区，近红外、红外、远红外光区，微波区和射频区。

1.2　电磁辐射能与波谱技术

波谱学(spectroscopy)涉及电磁辐射与物质量子化的能态间的相互作用，其理论基础是量子化的能量从辐射场向物质转移(或由物质向辐射场转移)。物质分子是由原子核(质子、中子)和电子组成的。辐射电场与物质分子间相互作用，引起分子吸收辐射能，导致分子振

1

动能级或电子能级的改变。辐射磁场与分子体系间相互作用，引起分子吸收辐射能，导致分子中电子自旋能级、核自旋能级的改变。

分子体系吸收的电磁辐射的能量，总是等于体系的两个允许状态能级的能量差，可用 ΔE 表示。与 ΔE 相匹配的辐射能的波长或频率可表示为

$$\Delta E = E_2 - E_1 \tag{1.2}$$

$$\lambda = hc/\Delta E \tag{1.3}$$

$$\nu = \Delta E/h \tag{1.4}$$

现代分子光谱或波谱大致包括了由 X 射线区到射频区的电子能谱、紫外-可见光谱、红外光谱、微波谱、磁共振谱等吸收光谱，也包括荧光、磷光的发射光谱及拉曼散射光谱。

不同波长的电磁辐射作用于被研究物质的分子，可引起分子内不同能级的改变，即不同的能级跃迁。研究分子内不同的能级跃迁，可采用不同的波谱或光谱技术。三者之间的对应关系见表 1.1。

表 1.1　　　　　　　　　　　电磁辐射对应的能级跃迁及波谱技术

波长范围	电磁辐射光区	能级跃迁类型	波谱技术
$10^{-4} \sim 10^{-2}$ nm	γ 射线区	核内部能级跃迁	Mössbauer 谱
$10^{-2} \sim 10$ nm	X 射线区	核内层电子能级跃迁	电子能谱
$100 \sim 400$ nm	紫外光区	核外层电子能级跃迁	紫外光谱
$400 \sim 800$ nm	可见光区	（价电子或非键电子）	可见光谱
$2.5 \sim 25$ μm	红外光区	分子振动-转动能级跃迁	红外光谱
$0.1 \sim 50$ cm	微波区	分子转动能级跃迁	纯转动光谱
		电子自旋能级跃迁（磁诱导）	电子顺磁共振谱
$50 \sim 500$ cm	射频区	核自旋能级跃迁（磁诱导）	核磁共振谱

γ 射线涉及原子核内部能级的改变，穆斯堡尔（Mössbauer）谱学研究的一个重要特点是很强的核素针对性，被研究物质中需含有穆斯堡尔核素。事实上，至今只有 ^{57}Fe，^{119}Sn，^{151}Eu 和 ^{121}Sb 等少数的穆斯堡尔核得到了充分的应用，其中 ^{57}Fe 谱线简单，且实验可在室温下进行，为目前研究的主流，^{57}Fe $(I = 1/2) \rightarrow ^{57}$Fe $(I = 3/2)$，$\Delta E = 14.4$ keV。尚未发现比 K 元素更轻的含穆斯堡尔核素的化学元素[7]。对于含 C，H，N，O 等原子核的物质，目前还难以测试。Mössbauer 谱用于大环多胺配体与 Fe(Ⅲ) 配合物结构的研究报道见文献[8]。

1.3　X 射线光谱

　　X 射线光谱涉及核内层电子能级的改变。当高能粒子(如电子、质子)或 X 射线光子撞击原子时,会使原子内层的一个电子被撞出,而使该原子处于受激态。被撞出电子的空位将立即被较高能量电子层上的一个电子所填充,在此电子层上又形成新的空位,该新的空位又能由能量更高的电子层上的电子所填充,如此通过一系列的跃迁(L→K, M→L, N→M),直至受激原子回到基态。因内壳层之间的能级差大于外壳层之间的能级差,所以这一系列跃迁(除无辐射跃迁外)都以 X 射线的形式放出能量,即发射特征的 X 射线光谱方式[9]。图 1.1 给出了产生特征 X 射线光谱线的示意图。

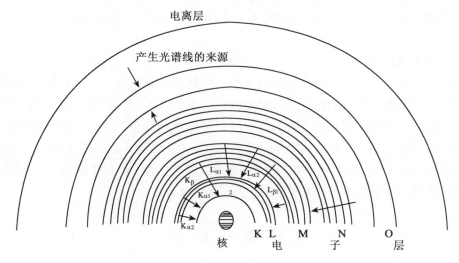

图 1.1　产生特征 X 射线光谱线的示意图

　　如 Cu 靶中 L($^2P_{3/2}$),L($^2P_{1/2}$)和 M 层电子填补到 K($S_{1/2}$)层产生的 X 射线的波长分别是 Cu($K_{\alpha 1}$) 154.056 pm,Cu($K_{\alpha 2}$) 154.439 pm,Cu($K_{\beta 1}$) 139.22 pm。当分辨率不高时,$K_{\alpha 1}$,$K_{\alpha 2}$分不开,两者的平均波长为

$$K_\alpha = \frac{2}{3}\lambda(K_{\alpha 1}) + \frac{1}{3}\lambda(K_{\alpha 2}) = 154.18 \text{ pm}$$

　　若滤去 K_β 和白色射线可得到单色 X 射线 Cu(K_α)。比如选用原子序数比 Cu 小 1 的 Ni 薄片作为滤波片,正好能吸收掉 K_β 射线。X 射线在化学分析中常用的 λ 范围为 0.07~0.2 nm,常见的方法有 X 射线发射光谱和 X 射线吸收光谱[10]。

　　1. X 射线发射光谱
　　受激原子发射出的 X 射线的波长为该原子的特征谱线,而其强度正比于受激原子的数

3

目。该法可用于定性、定量分析[9]。

2. X 射线荧光分析

来自 X 射线激发光源的一个光子被样品吸收（撞出一个电子），产生一个在其内电子层有一空穴的正离子，当外电子层中的一个电子跃入该空穴时，则发射一个 X 射线光子。只有当初级辐射是由于吸收 X 射线光子引起的时，辐射才是荧光 X 射线。荧光辐射的波长比吸收辐射的波长长。荧光辐射的强度与样品中荧光物的浓度成正比。X 射线荧光分析及其应用见文献[11]。

3. X 射线单晶衍射

晶体物质具有周期性的点阵结构，其原子间的距离与 X 射线的波长在同一个数量级范围，晶体物质能够衍射 X 射线。X 射线单晶结构分析就是利用 X 射线作用于单晶物质产生的衍射现象，通过实验测得衍射方向和衍射强度，依据布拉格（Bragg）方程或劳埃方程，以及强度分布的结构因素等，解出晶胞的参数和晶胞内原子的种类和位置，从而确定晶体的结构。

4. X 射线粉末衍射

X 射线粉末衍射常采用可制成粉末的晶态或准晶态固态样品，以保证有足够多的晶体产生衍射，适用于难以得到足够大小的单晶样品、多晶样品、混合样品或某些高分子样品的测试，又称为 X 射线多晶衍射。粉末衍射法可用于物相分析、点阵常数的精确确定、晶粒尺寸及点阵畸变的测定、单晶结构和多晶结构、应力的测定等。原位 X 射线衍射法适用于固体反应或固-气反应的研究，可以了解反应中的相变过程，对研究催化反应特别有用。

X 射线单晶、粉末衍射及其应用见文献及相关专著[12-14]。

1.4　电子能谱

一定波长的光子或电子束照射被研究物质的表面，使表面原子中不同能级的电子激发成自由电子，这些被激发的自由电子既反映了样品表面的信息，又具有其特征的能量分布曲线，收集并研究这些自由电子的能量及其分布，便可得到电子能谱。根据激发光源的不同，电子能谱可分为 X 射线光电子能谱（X-ray photoelectron spectroscopy，XPS）、紫外光电子能谱（ultraviolet photoelectron spectroscopy，UPS）、俄歇电子能谱（Auger electron spectroscopy，AES）。

电子能谱将在第八章中详细论述。

1.5　分子能级与分子光谱

分子运动包括分子整体的平动、转动、振动及电子运动。分子的总能量可近似地看成

这些运动的能量之和，即

$$E_{总} = E_t + E_e + E_v + E_r$$

式中，E_t，E_e，E_v，E_r 分别代表分子的平动能、电子运动能、振动能和转动能。除分子的平动能外，其余三项都是量子化的，统称分子内部运动能。分子光谱产生于分子内部运动状态的改变。

分子有不同的电子能级（S_0，S_1，S_2，$\cdots$），每一个电子能级内又有不同的振动能级（V_0，V_1，V_2，$\cdots$），而每一个振动能级内又有不同的转动能级（J_0，J_1，J_2，$\cdots$），如图1.2所示。

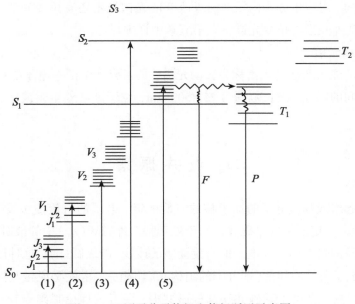

图1.2　双原子分子能级和能级跃迁示意图

图1.2表明，分子中电子能级差最大（$1 \sim 20$ eV），振动能级差次之（$10^{-2} \sim 1$ eV），转动能级差最小（$10^{-6} \sim 10^{-3}$ eV）。

1. 分子的电子光谱

一定波长的电磁波作用于被研究物质的分子，引起分子内相应能级的跃迁，产生分子吸收光谱。引起分子中电子能级跃迁的光谱称为电子吸收光谱，其波长位于紫外-可见光区（$200 \sim 800$ nm），又称为紫外-可见光谱。分子在发生电子能级跃迁的同时，伴有振动能级和转动能级的跃迁，故电子光谱以谱带出现。对应于分子内电子能级改变的光谱技术还有分子的荧光光谱和磷光光谱，它们是发射光谱，其发射波长比相应的紫外-可见光谱的吸收光的波长要长，紫外光谱和荧光光谱将在第六章中详细讨论。

2. 分子的振动光谱

引起分子振动能级跃迁的光谱称为振动光谱。它是指分子中同一电子能级内不同振动能级之间的跃迁，波长范围为 $1\sim25~\mu m$，位于远红外至中红外光区，又称为红外光谱。分子在振动能级跃迁的同时，伴有转动能级的跃迁，故振动光谱也以谱带出现。只有在气态或在极稀的非极性溶剂中测试时，才有可能观测到振动谱线，这些谱线是由于处于同一振动能级内不同转动能级向较高振动能级的不同转动能级之间的跃迁所致。空气背景的红外光谱(参见图 5.9)中在 $2000\sim1000~cm^{-1}$ 范围可以看到多条相距很近的谱线所组成的谱带，该谱带对应水分子 H_2O 的弯曲振动。谱线之间的频率差与分子的转动能级相关，称之为红外光谱的精细结构。对应于分子内振动能级改变的光谱技术还有拉曼光谱，它是观测拉曼散射光的光谱，红外光谱与拉曼光谱将在第五章中详细讨论。

3. 分子的转动光谱

引起分子转动能级跃迁的光谱称为转动光谱，是指分子中同一电子能级的同一振动能级内转动能级之间的跃迁。波长范围为 $25\sim500~\mu m$，位于远红外至微波区，纯转动光谱是线光谱。

1.6　磁　共　振　谱

磁诱导可引起组成物质分子的原子核的自旋能级、电子的自旋能级发生裂分(即产生不同的自旋取向)。一定波长的电磁波作用于处于特定外磁场(B_0)中的被研究物质的分子，导致分子中原子核的自旋能级或电子的自旋能级的改变(能级跃迁)，这种改变与外磁场的强度、原子核和电子所处的环境(即分子的结构)密切相关，也就是说磁共振谱反映了分子结构的信息。磁共振包括电子顺磁共振和核磁共振，两者的理论基础十分相似。电子顺磁共振的频率位于微波区，核磁共振的频率位于射频区。

1. 电子顺磁共振[15-19]

电子顺磁共振(electron paramagnetic resonance，EPR)或电子自旋共振(electron spin resonance，ESR)是研究具有未成对电子的顺磁性物质的方法。分子轨道中成对电子相反的自旋运动产生的磁矩相互抵消，使物质不具有净磁矩，所以只有存在未成对电子的物质才具有永久磁矩，它在外磁场中呈现顺磁性，可用 ESR 研究。

电子磁矩是由电子自旋磁矩和轨道运动磁矩两部分组成，后者一般作用很小，所以电子顺磁共振仅限于电子自旋磁矩的讨论，电子自旋磁矩 μ 可表示如下：

$$\mu = -g\mu_B S \tag{1.5}$$

式中，负号是电子电荷的结果；g 是无量纲因子，称为 g 因子，自由电子的 g 因子为 g_e，$g_e = 2.0023$；μ_B 为玻尔磁子，其值等于 9.274×10^{-24} J/T，$1T = 10^4$ Gs(高斯)；S 为电子的自

旋量子数($S=1/2$)，一个自由电子的磁矩 $\mu_e = 9.285 \times 10^{-24}$ J/T。

一个电子在外磁场中存在两个稳定的取向(磁量子数 m_s 为 $+1/2$，$-1/2$)，对应于该电子的两个稳定能级分别为 E_2，E_1，$E = -\mu B_0 = m_s g_e \mu_B B_0$。电子自旋能级的裂分与磁场强度 B_0 的关系见图 1.3。

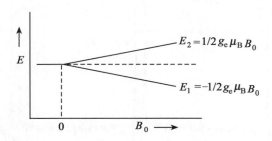

图 1.3 电子自旋能级的裂分与磁场强度 B_0 的关系

图 1.3 表明，当 $B_0 = 0$ 时，两能级的能量相等；当 $B_0 \neq 0$ 时，电子自旋能级发生裂分，两能级之间的能量差 ΔE 随着外磁场 B_0 的增大而增大。

$$\Delta E = g_e \mu_B B_0 \tag{1.6}$$

$$h\nu = g_e \mu_B B_0 \tag{1.7}$$

$$\nu = g_e \mu_B B_0 / h \tag{1.8}$$

式中，ESR 的共振条件仅适合于自由电子。对于实际研究体系，该式应改为

$$\nu = g \mu_B B / h \tag{1.9}$$

式中，g 因子与自由电子的 g_e 是不同的，g 因子的范围在 1.5~6 之间。在 ESR 中，g 因子类似于核磁共振中的化学位移，是一个重要的参数，反映了磁性分子中电子自旋和轨道运动之间的相互作用，由其可以得到化学键、分子结构、原子结构的信息；B 是分子实际发生共振吸收时的磁场强度，$B = B_0 + B'$，B' 是分子内部各种磁性粒子所产生的局部磁场，B' 的大小与分子的结构有关。

在 ESR 谱中，未成对电子邻近的磁性核(自旋量子数为 I)可与该自旋电子发生耦合，产生裂分。裂分峰的数目为 $2nI + 1$，n 为邻近等价的磁性核的数目。这种自旋-自旋裂分称为超精细裂分。由于自由电子的位置不固定，造成 ESR 的超精细裂分比 NMR 谱的裂分更为复杂。

2. ESR 研究的对象

ESR 研究对象包括有机自由基、处于三重态的物质(两个未成对电子)、含有未成对的 d 层电子的过渡金属的化合物及络合物、金属或处于导电带电子的半导体等。

3. ESR 用于有机自由基的研究

在紫外光的照射下，含有少量 H_2O_2 的甲醇溶液发生光分解反应[20]，其 ESR 谱见图 1.4。

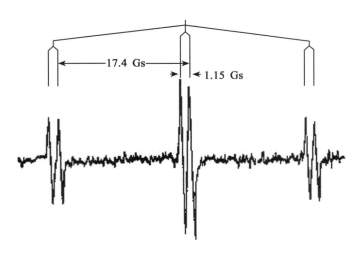

图 1.4　·CH_2OH 自由基的 ESR 谱

图 1.4 表明，在该光分解反应中，有 ·CH_2OH 自由基产生，CH_2 的两个等价质子使未配对电子裂分为三条谱线(相对强度为 1∶2∶1，裂距为 17.4 Gs)；OH 中的一个质子又使每一条谱线裂分为两条谱线(相对强度为 1∶1，裂距为 1.15 Gs)。ESR 谱证明了 ·CH_2OH 自由基的存在，该自由基产生的机理为 $H_2O_2 \rightarrow 2 \cdot OH$，$CH_3OH + \cdot OH \rightarrow \cdot CH_2OH + H_2O$。

ESR 虽然是研究自由基的最直接和最有效的技术，但是这些自由基必须是相对稳定的，而且要达到一定浓度才能用 ESR 技术检测和研究。采用自旋标记和自旋捕集技术可以解决这些问题。所谓自旋捕集技术就是为了检测和辨认短寿命自由基，将一种不饱和的抗磁性物质(称自旋捕集剂，一般为氮酮和亚硝基化合物)加入要研究的反应体系，生成寿命较长的自旋加合物，可以用 ESR 检测。采用自旋捕集法，ESR 可用于研究高分子聚合反应机理、聚合物的交联降解老化机理[21]。自由基在生物体系发挥着重要作用，这样 ESR 就是自由基生物学和医学不可缺少的重要研究技术，在生物和医学领域，如在细胞膜、蛋白质结构和一些重大疾病如心脏病、老年痴呆症、帕金森综合征和中风等疾病研究及辐射损伤和植物疾病研究中应用[22,23]。

ESR 用于无机与有机金属配合物及无机催化剂、电化学的研究参考文献[24,25]。

4. 核磁共振

核磁共振(nuclear magnetic resonance，NMR)是研究具有核磁矩的原子核。只有核自旋

量子数 $I \neq 0$ 的原子核(存在核自旋运动)才具有核磁矩。在有机化合物的结构鉴定中,目前研究最多,使用最普遍的是质子的磁共振、C-13 核的磁共振及二维磁共振。这方面的内容将分别在第三章、第四章中进行讨论。

5. 有机质谱

质谱法(mass spectrometry,MS)不属于波谱范畴。目前质谱法是唯一可以提供分子量,确定分子式的方法,而分子式的确定对化合物结构的推测是至关重要的。有机质谱将在第二章中详细讨论。

参 考 文 献

1. 吴征凯,唐敖庆. 分子光谱学专论[M]. 济南:山东科学技术出版社,1999.

2. 范康年. 谱学导论[M]. 2 版. 北京:高等教育出版社,2011.

3. 赵凯华,钟锡华. 光学(重排版)[M]. 北京:北京大学出版社,2018.

4. Hecht E 著,秦克诚,林福成译. 光学[M]. 5 版. 北京:电子工业出版社,2019.

5. 崔宏滨,李永平,康学亮. 光学[M]. 2 版. 北京:科学出版社,2021.

6. 游璞,于国萍. 光学[M]. 北京:高等教育出版社,2003.

7. Maddock A G. Mössbauer spectroscopy:principles and applications of the techniques[M]. Woodhead Publishing,1997.

8. Bartos M J,Kidwell C,Kauffmann K E,et al. A stable aquairon(Ⅲ)complex with S = 1:structure and spectroscopic properties[J]. Angew. Chem. Int. Ed. Engl.,1995,34(11):1216-1219.

9. 高新华,宋武元,邓赛文,等. 实用 X 射线光谱分析[M]. 北京:化学工业出版社,2017.

10. 马礼敦. X 射线吸收光谱及发展[J]. 上海计量测试,2007,34(6):2-11.

11. 吉昂,陶光仪,卓尚军,等. X 射线荧光光谱分析[M]. 北京:科学出版社,2021.

12. 梁敬魁. 粉末衍射法晶体结构测定[M]. 2 版. 北京:科学出版社,2021.

13. 刘粤惠,刘平安. X 射线衍射分析原理与应用[M]. 北京:化学工业出版社,2003.

14. 姜传海,杨传铮. X 射线衍射技术及其应用[M]. 上海:华东理工大学出版社,2010.

15. 裘祖文. 电子自旋共振波谱[M]. 北京:科学出版社,1980.

16. 徐广智. 电子自旋共振波谱基本原理[M]. 北京:科学出版社,1982.

17. 徐元植. 实用电子磁共振波谱学——基本原理和实际应用[M]. 北京:科学出版社,2008.

18. 徐元植，姚加. 电子磁共振波谱学［M］. 北京：清华大学出版社，2016.

19. 苏吉虎，杜江峰. 电子顺磁共振波谱——原理与应用［M］. 北京：科学出版社，2022.

20. Livingston R，Zelder H. Paramegnetic resonance study of liquids during photolysis：hydrogen peroxide and alcohols［J］. J. Chem. Phys.，1966，44(3)：1245-1259.

21. Lund A，Shiotani M，Shimada S. Principles and applications of ESR spectroscopy［M］. Springer Science and Business Media，2011：321-377.

22. 赵保路. 电子自旋共振(ESR)技术在生物和医学中的应用［J］. 波谱学杂志，2010，27(1)：51-65.

23. 王翠平，姚梦宇，叶柳，等. 电子自旋共振技术在生物领域的应用进展［J］. 大学物理实验，2020，33(1)：29-33.

24. 陈德文，徐广智. 我国电子自旋共振波谱领域研究的 50 年回顾［J］. 波谱学杂志，2001，18(4)：291-321.

25. 周晓荣. 电子自旋共振和质谱在化学电源研究中的应用［D］. 武汉：武汉大学，2004.

第 2 章 有 机 质 谱

质谱法在有机化合物结构鉴定中不仅灵敏度高，而且可以给出化合物的分子量和分子式，而分子式的确定对推测化合物的结构又是至关重要的。特别是色谱与质谱的联用，为有机混合物的分离、鉴定提供了快速、有效的分析手段。目前质谱法已广泛用于化学、生物学、医学、药学、环境科学、物理学、材料、能源等领域[1]。

2.1 质谱基本知识

质谱(mass spectrum, MS)是化合物分子在离子源中电离成离子，同时发生某些化学键有规律的断裂，生成具有不同质量的带电荷的离子，这些离子按质荷比m/z(离子质量m与其所带电荷数z之比)的大小被收集并记录的谱。通常一化合物的质谱图是以棒图形式记录的它电离后收集到的各种不同质荷比的离子及其丰度(或强度)。

2.1.1 质谱计

质谱计主要由高真空系统、样品导入系统、离子源、离子引导(离子传输)系统、质量分析器、检测器、显示控制系统组成。

1. 高真空系统

为避免离子与分子之间的碰撞，质谱计必须是在高真空条件下工作，质量分析器和有些离子源的压力通常分别为 $10^{-5} \sim 10^{-6}$ Pa 和 $10^{-4} \sim 10^{-5}$ Pa。

2. 样品导入系统

早期质谱仪器其主要部件须在高真空环境下工作，通常需要一些专用装置实现从常压环境到真空环境的引入。在不破坏真空的情况下，固体和沸点较高的液体样品可通过进样推杆送入离子源并在其中加热汽化；低沸点样品在贮气器中汽化后进入离子源；气体样品可经贮气器进入离子源。

现代质谱技术中，常压下的离子源可使样品在大气压下电离后通过离子传输系统进入质量分析器。当质谱与色谱连用时，样品导入系统则由它们的接口(interface)代替。

3. 离子源

离子源是样品分子的离子化场所。某些离子会在离子源中裂解成碎片离子(离子化的方法见 2.1.2 节)。

4. 离子引导(离子传输)系统

离子源产生离子后,需要通过一个离子引导(离子传输)系统,建立一个中间过渡空间,将离子引入高真空下工作的质量分析器,并将中性分子除去。

5. 质量分析器

在离子源中生成的并经加速电压加速后的各种离子在质量分析器中按其质荷比(m/z)的大小进行分离并加以聚焦(详述见 2.1.3 节)。

6. 检测器和显示控制系统

经过质量分析器分离后的离子束,按质荷比的大小先后通过出口狭缝,到达检测器,它们的信号经放大后送入显示控制系统,由计算机处理以获得各种处理结果。

分辨率(R)是质谱计性能的一个重要指标,它反映仪器对质荷比相邻的两质谱峰的分辨能力。一般认为强度基本相等而质荷比相邻的两单电荷离子的质谱峰(对单电荷离子来说,离子的质荷比数值与其质量相同。单电荷离子是离子源中主要的生成离子),其质量分别为 m,$m+\Delta m$,当两峰的峰谷的高度等于峰高的 10% 时,这两个峰就算分开。仪器的分辨率通常表示为

$$R = \frac{m}{\Delta m} \qquad (\Delta m \leqslant 1)$$

当 $R \geqslant 10^4$ 时为高分辨质谱计,高分辨质谱计可测量离子的精确质量。

2.1.2 离子化的方法

离子化的方法很多,用于有机质谱计的主要有电子轰击、化学电离、场致离和场解吸、快原子轰击、电喷雾电离和大气压化学电离、激光解析电离等。

1. 电子轰击(electron impact, EI)[2]

电子轰击电离是质谱中用途最广泛的离子化方法之一。用约 70 eV 的电子束轰击汽化的样品分子,使得样品分子获得能量,失去分子(M)中电离电位较低的价电子或非键电子(如 O,N 的孤对电子)而变成正离子自由基,即为分子离子($M+e \rightarrow M^{+\cdot} +2e$)。由于有机化合物的电离能一般小于 15 eV,分子离子具有剩余的能量,可使某些化学键断裂,生成不同质荷比的带正电荷的碎片离子。化合物共价键的断裂具有可重复性和化合物的特征性,可以作为用质谱解释化合物结构的有力依据。通常,分子离子接受的能量过高,某些化合物用 EI 电离时分子离子峰的强度较弱,甚至不出现,但有较多的碎片离子产生。如图 2.1 为乙醇的 EI 质谱图,图中除可见分子离子峰($m/z46$)外,还可见 $m/z45$,31 等碎片离子峰。

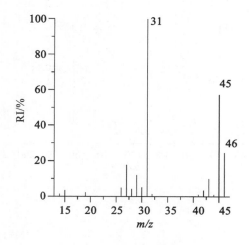

图 2.1 乙醇的质谱图

2. 化学电离(chemical ionization,CI)[2]

化学电离是利用离子-分子反应使样品分子电离的。甲烷、异丁烷或氨通常用作有机化合物化学电离法中的反应气体(用 R 表示)。CI 中,高能电子束与反应气作用,使其在电离源中被电离,生成初级离子(如甲烷电离生成 $CH_4^{+\cdot}$,CH_5^+,CH_3^+,$C_2H_5^+$ 等),这些初级离子再与样品分子碰撞,通过质子传递发生电离,生成$[M+H]^+$或$[M-H]^+$的准分子离子;或通过亲电加成产生$[M+29]^+$($M+C_2H_5^+$)离子等。CI 电离过程中传递的额外能量较少,一般少于 5 eV,所以可以大量减少碎片峰。反应通式如下:

$$R^{+\cdot}+R \rightarrow RH^+ + (R-H)\cdot \quad 或 \quad RH\cdot + (R-H)^+$$

$$RH^+ + M \rightarrow R + (M+H)^+$$

$$(R-H)^+ + M \rightarrow R + (M-H)^+$$

CI-MS 谱较简单,$[M+H]^+$或$[M-H]^+$离子峰一般可见,通常碎片离子峰较少,谱图提供的离子结构信息也相应地减少。例如,在 3,4-二甲氧基苯乙酮的 EI 质谱图(图 2.2)中,除分子离子峰 m/z180 外,出现大量 m/z15~167 之间的碎片峰;而在其 CI 质谱图(图 2.2)中(CH_4 为反应气),准分子离子峰 m/z181 为基峰,仅出现了通过亲电加成产生$[M+29]^+$($M+C_2H_5^+$)和$[M+41]^+$($M+C_3H_5^+$)离子峰,碎片离子峰不明显。

3. 场致离(field ionization,FI)和场解析(field desorption,FD)[3]

将拥有碳质微探头的金属发射体表面作为阳极并施加加速电压,如果将正高压加在尖端半径极小的场发射体上,就能形成 $10^7 \sim 10^8$ V/cm 的强电场,当样品蒸气处于该场发射体附近就会被电离,这种电离方式称为场致离。FI 提供给分子的能量与有机化合物的电离电位非常接近,没有过多的剩余能量使分子离子进一步碎裂,所以 FI-MS 图中碎片离子峰较少。

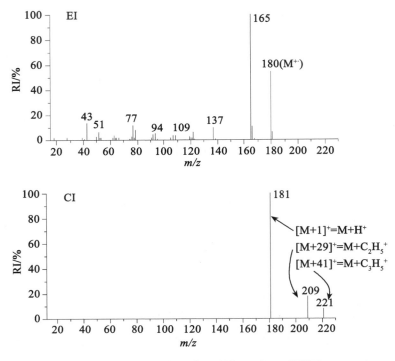

图 2.2　3,4-二甲氧基苯乙酮的 EI 和 CI 质谱图

在场解析方法中，样品被放在发射体的金属尖端或细丝上，当发射体通以微弱电流时，样品分子就会从发射体上解析下来，扩散至高场强的场发射区进行离子化。这些离子几乎没有获得额外的能量，所以获得的碎片离子少，谱图较 FI 更为简单，绝大部分情况下只出现分子离子或[M+H]$^+$，[M+Na]$^+$等。

图 2.3 为谷氨酸的 EI，FI 和 FD 质谱图，EI 碎片峰较多，分子离子峰未出现；FI 给出相对较弱的准分子离子峰，碎片峰较少；FD 以准分子离子峰[M+H]$^+$为基峰，无碎片峰出现。

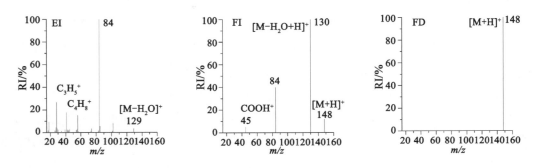

图 2.3　谷氨酸的 EI，FI 和 FD 质谱图比较

4. 快原子轰击(fast atom bombardment，FAB)[4,5]

快原子轰击是 20 世纪 80 年代发展起来的离子化方法，它使用高能氙或氩原子(6～10 keV)轰击溶解于低蒸气压液体(如甘油、间硝基苄醇、二乙醇胺等)中的样品，基质用于保护样品。FAB 适合于高极性、难气化、大分子量以及热稳定性差的样品分析。

在 FAB-MS 中，样品分子通常以质子化的[M+H]$^+$离子出现，同时还可能出现加合的离子峰，如[M+H+G]$^+$，[M+H+2G]$^+$，[2M+H]$^+$，[2M+H−H$_2$O]$^+$，[M+G+H−H$_2$O]$^+$等(G 为基质分子)；此外，谱图中还有一定数量的碎片离子。在低质量端有基质形成的[G+H]$^+$，[2G+H]$^+$等离子。如果体系中含有 Na$^+$，K$^+$，除有[M+Na]$^+$，[M+K]$^+$外，还会形成[G+Na]$^+$，[G+K]$^+$。基质分子会产生干扰峰。

图 2.4 为芘丁酰肼的 FAB-MS 图，图中出现了分子离子峰(m/z302)和质子化的[M+H]$^+$离子峰(m/z303)，[M+Na]$^+$峰(m/z325)也较明显。此外，分子碎片离子信息丰富，如 m/z：271 (M−NHNH$_2$)，215 (M−CH$_2$CH$_2$CONHNH$_2$)等。基质分子(3-硝基苄醇)产生干扰峰：m/z154(G−H)，136(GH−H$_2$O)，289(GGH−H$_2$O)。

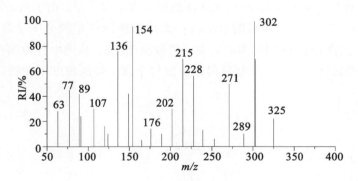

图 2.4　芘丁酰肼的 FAB-MS 图

5. 电喷雾电离(electrospray ionization，ESI)[6,7]

电喷雾电离是随着液相色谱-质谱联用技术的发展而出现的一种电离技术。样品溶液从一根加有上千伏电压的不锈钢毛细管中喷出，在电场的作用下形成带高度电荷的雾状小液滴。当雾滴通过一个逆向的热氮气帘时，雾滴中的溶剂逐渐挥发。随着溶剂的挥发，雾滴体积变小，导致其表面电荷的密度不断增大。当电荷之间的排斥力足以克服液滴的表面张力时，液滴发生裂分。溶剂的挥发和液滴的裂分如此反复进行，最后得到带电荷的离子。电喷雾电离的特征之一是可生成高度带电的离子而不发生碎裂，但在脱溶剂化和带电液滴分裂过程中，可能的分子-离子反应会改变离子的结构或者带电状态。因此 ESI-MS 一般只出现分子离子[M]$^+$或[M+H]$^+$，[M+Na]$^+$，[M+S]$^+$(S 为溶剂)等。ESI 负离子质谱得失质子的[$M\pm n$]离子簇。图2.5为对叔丁基硫杂杯[4]芳烃四羧酸衍生物的 ESI 负离子质谱图，m/z 951，952的离子峰，分别对应于[M–H]⁻，[M]⁻，未见其他碎片离子峰。ESI 适合分析强极性到中等极性的化合物。

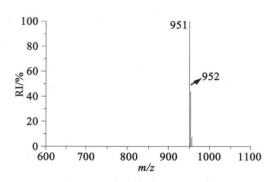

图 2.5　对叔丁基硫杂杯[4]芳烃四羧酸衍生物的 ESI 负离子质谱图

对于某些化合物，如生物大分子，ESI 还能形成多电荷离子。由于质谱测定的是质荷比而非直接测定分子量，所以多电荷的形成对扩大质谱所能测定的分子量范围特别有意义。马心肌红蛋白样品的 ESI-MS 图的多电荷离子峰簇见图2.6，从图中任取两个相邻峰的质荷比值 m_1 和 m_2，通过解下列联立方程就可计算出每个离子峰所带的电荷数以及马心肌血蛋白的分子量。

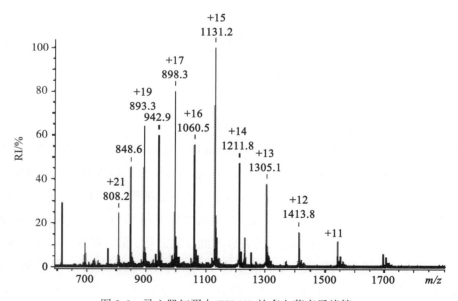

图 2.6　马心肌红蛋白 ESI-MS 的多电荷离子峰簇

$$m_1 = \frac{M+n+1}{n+1}$$

$$m_2 = \frac{M+n}{n}$$

式中，M 是分子量；n 是质荷比较高的 m_2 所带的电荷数。

6. 大气压化学电离(atmospheric pressure chemical ionization，APCI)[8,9]

APCI 和 ESI 同属大气压离子化技术，样品的离子化都是在处于大气压下的离子化室完成。APCI 是 ESI 的重要补充，适合分析中等极性到弱极性化合物。

样品溶液从喷雾针出来，在雾化气的辅助下形成小雾滴，通过石英加热管溶剂被挥发。氮气、气态的溶剂分子和样品分子从加热管中出来并在电晕放电针的作用下产生离子。虽然 N_2 的电离能比溶剂分子和样品分子都高，但是在 APCI 源中 N_2 的量远远超过溶剂分子和样品分子，所以首先被电离的是 N_2。这些最初的气体离子与蒸发的样品分子和溶剂分子进行碰撞，发生电荷转移和质子转移，形成样品分子的分子离子或质子化离子。有机分子的质子化离子是大气压电离质谱中最常见的准分子离子。APCI 可以在正离子或者负离子模式下工作，一般形成单电荷离子。

图 2.7 为甲基氢化强的松的正离子和负离子模式下的 APCI-MS 图，图中 $[M+H]^+$ (m/z 375)或 $[M-H]^+$ (m/z373)离子峰一般可见，碎片离子峰强度弱且较少。

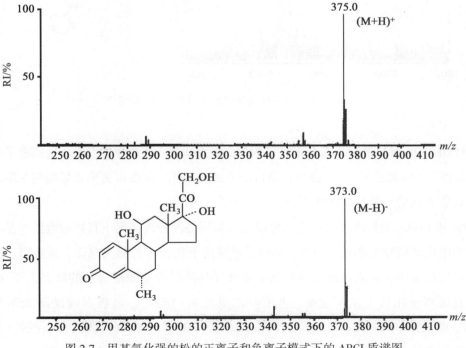

图 2.7　甲基氢化强的松的正离子和负离子模式下的 APCI 质谱图

7. 基质辅助激光解吸电离(Matrix-assisted laser desorption ionization，MALDI)[10]

基质辅助激光解吸电离使用某种波长的激光辐照离子源内的与基质(如烟酸或芥子酸等)混合的待测样品，使其解吸电离，然后用飞行时间质谱仪(TOF)或傅里叶变换质谱仪等进行质量分析。MALDL 谱图中碎片很少，但来自于基质的背景干扰可能较大。

图 2.8 为某一有机硅化合物的 MALDL-TOF 质谱图，谱图中仅可见 *m/z* 2298，2320，2336 的离子峰，分别对应于 [M+H]⁺，[M+Na]⁺，[M+K]⁺，未见其他碎片离子峰。

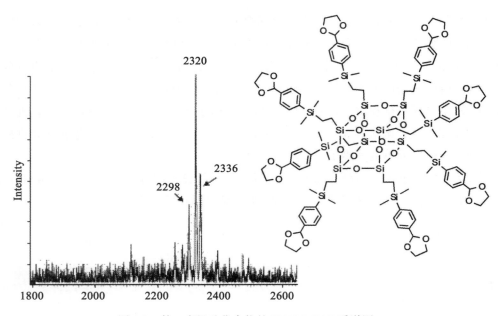

图 2.8　某一有机硅化合物的 MALDL-TOF 质谱图

MALDL-TOF 对检测的质量范围没有限制，特别适合于大分子的分析，包括分子量分布测定等。图 2.9 为聚乙烯吡咯烷酮的 MALDL-TOF 质谱图，从图可见聚乙烯吡咯烷酮是由一系列聚合度不同的分子组成的体系。

2004 年 Cooks 教授研究组提出了可以在无需样品预处理情况下直接对表面样品进行质谱分析的电喷雾解吸电离质谱技术，掀起了直接离子化技术的研究热潮。直接离子化技术是泛指可以在常压下对未经预处理的复杂基体样品进行快速质谱分析的新兴离子化技术。常见的直接离子化技术主要包括：电喷雾解吸电离(DESI)、电喷雾辅助激光解吸电离(ELDI)、电喷雾萃取电离(EESI)、实时在线分析(DART)、大气压固体分析探针(ASAP)等，各种直接离子化技术的工作原理和应用见相关参考文献[11-13]。图 2.10 为维生素 A1

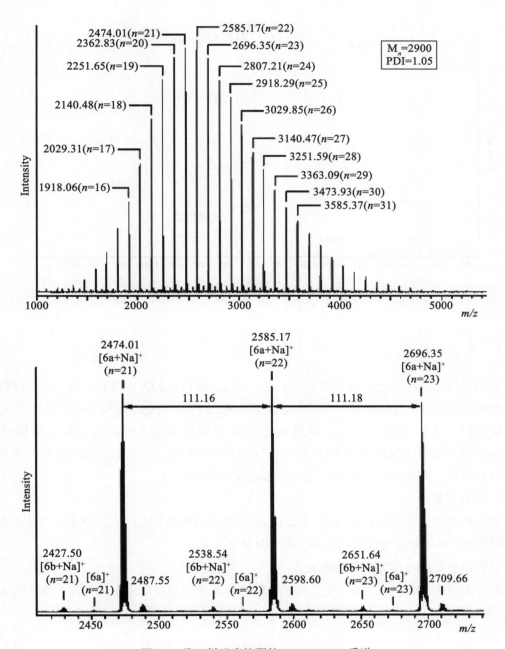

图 2.9　聚乙烯吡咯烷酮的 MALDL-TOF 质谱

的 ASAP-MS 图，图中出现了 $[M+H]^+$（m/z 287）离子峰，$[M+H-H_2O]^+$（m/z 269）离子峰为基峰。

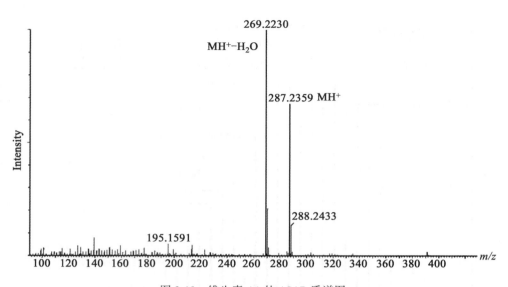

图 2.10 维生素 A1 的 ASAP 质谱图

2.1.3 质量分析器

质量分析器的功能是将离子源中产生的离子按其质荷比的大小进行分离,然后经检测记录形成质谱图。常用的质量分析器的类型包括:磁分析器(Magnetic-Sector)、四级杆(Q)、离子阱(IT)、飞行时间(TOF)、傅里叶变换离子回旋共振(FTICR)、静电场轨道阱(Orbitrap)等。根据不同的使用要求和目的,不同质量分析器之间可以实现串联得到多功能的组合型质谱,如 Q-TOF、IT-TOF、Q-Orbitrap、IT-Orbitrap 等。

1. 磁分析器

磁分析器可分为单聚焦分析器(图 2.11)和双聚焦分析器(图 2.12)。单聚焦质谱计为低分辨质谱计,双聚焦质谱计可以达到很高的分辨率。

单聚焦分析器通常为一扇形磁场。

在电离室生成的质量为 m、电荷为 z 的正电荷离子经加速电压 V 的加速,离子的速度为 v,其动能为

$$\frac{1}{2}mv^2 = zV \tag{2.1}$$

加速后的离子进入磁分析器,受到垂直于其飞行方向的均匀磁场的作用,迫使离子的运行轨迹偏转。离子受到的磁场作用力 Bzv(沿半径指向圆心)与离子运动的离心力 mv^2/r 大小相等,方向相反,见(2.2)式。

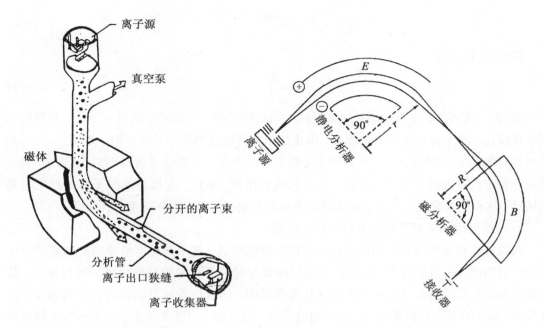

图 2.11 单聚焦扇形质谱计   图 2.12 Nier-Jonhson 双聚焦质谱计示意图

$$\frac{mv^2}{r}=Bzv \tag{2.2}$$

式中, B 为磁场强度; r 为离子运动的曲率半径。

由(2.1)式和(2.2)式中消去 v, 可得下式:

$$\frac{m}{z}=\frac{B^2r^2}{2V} \tag{2.3}$$

由(2.3)式可知, 对于装置固定的仪器(r 为常数), 若 V 值不变, 而磁场强度 B 由小到大连续改变, 则通过收集狭缝被接收的离子的 m/z 也由小到大地改变, 这称为磁场扫描。通常采用尽可能高的加速电压以提高仪器的分辨率和灵敏度, 利用磁场扫描, 依次接收并记录下不同 m/z 的离子的强度, 得到质谱图。

磁分析器在将离子按 m/z 的大小依次分离(称质量色散)的同时, 还可使进入磁场的入射角稍有偏差, 而 m/z 相等和速度相同的离子在到达接收器的入口狭缝时重新会聚起来, 这称为方向聚焦。

双聚焦分析器在磁分析器之前加一静电分析器。静电分析器是由两个同轴圆筒电极组成(通常为扇形), 外电极带正电, 内电极带负电, 两电极之间保持某一电位差(E)。加速后的离子在静电场中受到外斥内吸的电场力的作用, 迫使离子作弧形运动。若静电场的曲率

半径为 r，离子受到的电场作用力为 zE，则

$$zE = \frac{mv^2}{r} \tag{2.4}$$

结合(2.1)式得

$$r = \frac{2V}{E} \tag{2.5}$$

由(2.5)式可知，在静电场中，离子运行的曲率半径 r 与加速电压 V 成正比，与静电场强度成反比。而 V 正比于离子的动能，即正比于离子速度的平方。当 E 值一定时，r 只与离子所具有的动能(速度)有关，所以静电分析器可以看作一个能量分析器(速度色散)，只允许具有特定能量的离子通过，它也具有方向聚焦作用，因此，加速后的离子通过静电场和磁场后，达到能量聚焦、方向聚焦及质量色散的目的，使仪器的分辨率大大提高。

2. 四级杆质量分析器和离子阱质量分析器

四级杆质量分析器是由四根平行的圆柱形电极组成，其中两对电极分别施加直流电压和交变射频电压。当不同质荷比的离子通过四级杆时只有特定的一部分离子可以通过，从而被检测。通过扫描交变射频电压可以获得质谱图。四级杆质量分析器具有结构紧凑、价格低廉、维护方便、分析速度快、离子通过率高、定量能力出色等优点。由于不具备储存离子的功能，四级杆通常与四级杆或其他的质量分析器串联实现空间上的串联质谱，进行多级碎裂。

离子阱质量分析器是一对环状电极和上下两个凹双曲面形的端盖电极构成离子阱的主体，环电极和上下两个端盖电极都是绕 Z 轴旋转的双曲面。分别对环状电极和端盖电极加射频电压和直流电压形成一个四极电场，离子在阱内的运动遵循马蒂厄微分方程，在稳定区域内的离子运动轨道振幅一定便可以在阱内被贮存，通过调节环极上的射频电压的大小将阱内的离子送出阱外至检测器被检测分析。离子阱具有良好的离子存储功能，可以实现多级断裂，是时间上的串联多级质谱，与色谱联用可分离 m/z 200~2000 的离子。

3. 飞行时间质量分析器[14]

飞行时间质量分析器的主要部分是一个无场的离子漂移管。由离子源产生的离子加速后进入漂移管，并以恒定速度飞向离子接收器。离子质量越大，到达接收器所用时间越长；离子质量越小，到达接收器所用时间越短。根据这一原理，可以把不同质量的离子按 m/z 值大小进行分离。飞行时间质量分析器结构简单，扫描速度快，可检测的分子量范围大，最高检测相对分子质量可超过 300000。但由于离子在离开离子源时初始能量不同，使得具有相同质荷比的离子到达检测器的时间有一定分布，造成分辨能力下降。目前，采用激光脉冲电离方式、离子延迟引出技术和离子反射技术，分辨率可达 20000 以上。

4. 傅里叶变换离子回旋共振质量分析器[15]

傅里叶变换离子回旋共振质谱计，是受傅里叶变换核磁共振的启迪。在傅里叶变换离

子回旋共振质量分析器中，离子在"俘获"电压的作用下被限制在一个置于强磁场内的离子室中，在强磁场作用下被迫以很小的轨道半径做圆周运动，离子的回旋频率与离子质量成反比。不同 m/z 的离子，产生不同的回旋频率。若施加一射频场，使其频率等于离子的回旋频率，则离子就会共振被激发，运动轨道半径增大。在离子团的运动半径增大到一定程度之后停止激发，所有离子都同时从共振状态回落，并且在检测板上形成一个自由感应衰减信号，被电学仪器放大和记录。这个电信号包含了所有具有不同共振频率的离子的信息，对这个 FID 时域信号进行傅里叶变换，利用频率和质量的已知关系可得到质谱图。傅里叶变换质谱仪的质量分辨率可以很容易地达到 10^5，一般可达 $10^6 \sim 10^7$，质量分析范围较宽，实验上可以获得 $10^4 \sim 10^5 \mathrm{Da}$ 的质量上限。

5. 静电场轨道阱质量分析器[16]

静电场轨道阱质量分析器是 2000 年由俄国科学家 Makarov 在前人的基础上发明的一种新型的质量分析器。它的形状如纺锤体，由纺锤形中心内的电极和左右两个外纺锤半电极构成。仪器工作时，在中心电极逐渐加上直流高压，在 Orbitrap 内产生特殊几何结构的静电场。当离子进入到 Orbitrap 室内后，受到中心电场的引力，即开始围绕中心电极作圆周轨道运动。与傅里叶变换离子回旋共振质谱相似，静电场轨道阱采用影像电流法对阱内的离子进行检测，通过傅里叶变换得到相应的信号，从而得到待测样品的质谱图。因为离子的运动频率与离子的质荷比有关，与离子的能量无关，所以静电场轨道阱具有高的分辨率（可高达几十万）和高质量的准确度（很容易达到 $2 \times 10^{-5} \sim 5 \times 10^{-6}$。选择合适的信噪比、使用内标的情况下，质量准确度可达到 1×10^{-6}）。由于其阱体积较离子阱大，静电场轨道阱同时也具有很高的空间电荷存储能力，因此它具有较高的质量范围。

2.1.4 质谱术语及质谱中的离子

2.1.4.1 质谱术语

1. 基峰

质谱图中离子强度最大的峰，规定其相对强度（relative intensity，RI）或相对丰度（relative abundance，RA）为 100。

2. 质荷比

离子的质量与所带电荷之比，用 m/z 或 m/e 表示。m 为根据组成离子的各元素同位素的质量计算的离子的质量，这与化学中基于平均原子量的计算方法不同。例如在单位分辨质谱中，采用元素相对质量数的整数部分表示原子量，如 H 1；C 12，13；O 16，17，18；Cl 35，37 等。z 或 e 为离子所带正电荷或所丢失的电子数目，通常 z 或 e 为 1。

3. 精确质量

单位分辨质谱中离子的质量为整数，高分辨质谱给出分子离子或碎片离子的精确质量，其有效数字视质谱计的分辨率而定。分子离子或碎片离子的精确质量的计算基于精确原子量。部分元素的天然同位素的精确质量和丰度见表 2.1。

由表中数据计算 CO，N_2，C_2H_4 的精确质量依次为 27.9949，28.0062，28.0313，所以只要测得它们的精确质量，就可以把这些分子离子区分开来。

部分元素的天然同位素的精确质量和丰度

表 2.1 （以 ^{12}C：12.000000 为标准）

符号	原子量	天然丰度(%)	符号	原子量	天然丰度(%)
^1H	1.007825	99.985	^{28}Si	27.976925	92.18
^2H	2.014102	0.015	^{29}Si	28.976496	4.71
^{10}B	10.012938	18.98	^{30}Si	29.973772	3.12
^{11}B	11.009305	81.02	^{31}P	30.973764	100.00
^{12}C	12.000000	98.89	^{32}S	31.972072	95.018
^{13}C	13.003355	1.108	^{33}S	32.971459	0.756
^{14}N	14.003074	99.635	^{34}S	33.967868	4.215
^{15}N	15.000109	0.365	^{35}Cl	34.968853	75.4
^{16}O	15.994915	99.759	^{37}Cl	36.965903	24.6
^{17}O	16.999131	0.037	^{79}Br	78.918336	50.57
^{18}O	17.999159	0.204	^{81}Br	80.916290	49.43
^{19}F	18.998403	100.00	^{127}I	126.904477	100.00

2.1.4.2 质谱中的离子

质谱中有各种离子，了解并识别它们，对于质谱解析大有帮助。

1. 分子离子(molecular ion)

由样品分子丢失一个电子而生成的带正电荷的离子，记作 $M^{+\cdot}$。$z=1$ 的分子离子的 m/z 就是该分子的分子量(质谱中分子量是以组成分子的元素中天然丰度最大的同位素或轻同位素的原子量为基础计算的)。分子离子是质谱中离子的起源，它在质谱图中所对应的峰为分子离子峰。

2. 碎片离子(fragment ion)

广义的碎片离子为由分子离子裂解产生的所有离子。

3. 重排离子(rearrangement ion)

经过重排反应产生的离子，其结构并非原分子中所有。在重排反应中，化学键的断裂和生成同时发生，并丢失中性分子或碎片。

4. 母离子(parent ion)与子离子(daughter ion)

任何一个离子(分子离子或碎片离子)进一步裂解生成质荷比较小的离子，前者称为后者的母离子(或前体离子)，后者称为前者的子离子。分子离子是母离子的特例。在质谱解析中，若能确定两离子间的这种"母子"关系，有助于推导化合物的结构。

5. 奇电子离子(odd-electron ion)和偶电子离子(even-electron ion)，分别以 $OE^{+\cdot}$ 和 EE^+ 表示)

带有未配对电子的离子为奇电子离子，如 $M^{+\cdot}$，$A^{+\cdot}$，$B^{+\cdot}$，…；无未配对电子的离子为偶电子离子，如 D^+，C^+，E^+，…，分子离子是奇电子离子。在质谱解析中，奇电子离子较为重要(见 2.3.3)。

6. 多电荷离子(multiply-charged ion)

一个分子丢失一个以上电子所形成的离子称为多电荷离子。在质谱图中，双电荷离子出现在单电荷离子的 1/2 质量处。双电荷离子仅存在于稳定的结构中，如蒽醌，m/z 180 为由 $M^{+\cdot}$ 丢失 CO 的离子峰；m/z 90 为该离子的双电荷离子峰。

7. 准分子离子(quasi-molecular ion, QM)

准分子离子指与分子有简单关系的离子，取决于化合物的性质和质谱离子化的方法及条件。可以是质子化 $[M+H]^+$ 或去质子化 $[M-H]^+$ 的离子，或加合物离子，如 $[M+Na]^+$，$[M+K]^+$ 等。

如采用 CI 电离法的低分辨质谱图中，常得到比分子量多(或少)1 质量单位的离子，称为准分子离子，如 $[M+H]^+$，$[M-H]^+$。在醚类化合物的质谱图中出现的(M+1)峰为 $[M+H]^+$。

8. 亚稳离子(metastable ion, m^*)

从离子源出口到达检测器之前产生并记录下来的离子称亚稳离子。离子从离子源到达检测器所需时间数量级为 10^{-5} s(随仪器及实验条件而变)，寿命大于 10^{-5} s 的稳定离子足以到达检测器，而寿命小于 10^{-5} s 的离子可能裂解($M_1^+ \rightarrow M_2^+ +$中性碎片)。在质量分析器内裂解的离子因其动能低于正常离子而被偏转掉。在质量分析器之前裂解产生的 M_2^+ 其动能小于离子源生成的 M_1^+，在分析器中的运动不同，以低强度于表观质量 m^*(跨 2~3 个质量单位)处被记录下来。m^* 与 m_1，m_2(分别为 M_1，M_2 离子的质量)之间的关系为

$$m^* = \frac{m_2^2}{m_1} \tag{2.6}$$

在质谱解析中，可利用 m^* 来确定 m_1 与 m_2 之间的"母子"关系。例如：苯乙酮的质谱图中出现 m/z 134，105，77，56.47 等离子峰，56.47 为亚稳离子峰。由 $56.47 = 77^2/105$ 可知，m/z 77 离子是由 m/z 105 离子裂解丢失 CO 产生的。

2.2 分子离子与分子式

电子轰击电离是质谱中最经典和最成熟的电离方法，无论是理论研究、仪器设备，还是资料积累都比较完善，而且谱图中富含大量结构信息，因此掌握电子轰击电离源质谱对有机化学工作者非常必要。下面主要讨论电子轰击电离源质谱。

在有机结构分析和质谱解析过程中，分子离子具有特别重要的意义，它的存在为确定化合物的分子量提供了可靠的信息。根据分子离子和相邻质荷比较小的碎片离子的关系，可以判断化合物的类型及可能含有的基团。由分子离子及其同位素峰的相对强度或由高分辨质谱仪测得的精确分子量，可推导化合物的分子式。

2.2.1 分子离子峰的识别

识别质谱图中的分子离子峰必须注意：①在质谱图中，分子离子峰应该是最高质荷比的离子峰（同位素离子及准分子离子峰除外）；②分子离子峰是奇电子离子峰；③分子离子能合理地丢失碎片（自由基或中性分子），与其相邻的质荷比较小的碎片离子关系合理。由 $M^{+\cdot}$ 合理丢失的碎片及化合物的可能结构来源见表 2.2，表中数据对识别分子离子峰及推测化合物的类型是有帮助的。

表 2.2 **常见由分子离子丢失的碎片及可能来源**

碎 片 离 子	丢失的碎片及可能来源
M−1, M−2	H·，H_2 醛、醇等
M−15	·CH_3 侧链甲基、乙酰基、乙基苯等
M−16	·NH_2，O 伯酰胺、硝基苯等
M−17, M−18	·OH，H_2O 醇、酚、羧酸等
M−19, M−20	·F，HF 含氟化物
M−25	·C≡CH 炔化物
M−26	CHCH，·CN 芳烃、腈化物
M−27	·$CHCH_2$，HCN 烃类、腈化物
M−28	CH_2CH_2，CO 烯烃、丁酰基类、乙酯类、醌类
M−29	·C_2H_5，·CHO 烃类、丙酰类、醛类
M−30	NO，CH_2O 硝基苯类、苯甲醚类

续表

碎片离子	丢失的碎片及可能来源
M-31	$CH_3O\cdot$，$\cdot CH_2OH$　甲酯类、含 CH_2OH 侧链
M-32	CH_3OH　甲酯类、伯醇、苯甲醚类
M-33	$H_2O+CH_3\cdot$，$HS\cdot$　醇类、硫醇类
M-34	H_2S　硫醇类、硫醚类
M-35，M-36	$Cl\cdot$，HCl　含氯化合物
M-41	$\cdot C_3H_5$　丁烯酰、脂环化合物
M-42	C_3H_6，$\cdot CH_2CO$　丙酯类、戊酰基、丙基芳醚
M-43	$\cdot C_3H_7$，$CH_3CO\cdot$　丁酰基、长链烷基、甲基酮
M-44	CO_2　酸酐
M-45	$C_2H_5O\cdot$，$\cdot COOH$　乙酯类、羧酸类
M-47，M-48	$CH_3S\cdot$，CH_3SH　硫醚类、硫醇类
M-56	C_4H_8　戊酮类、己酰基等
M-57	$\cdot C_4H_9$，$C_2H_5CO\cdot$　丙酰类、丁基醚、长链烃
M-59	C_3H_7O　丙酯类
M-60	CH_3COOH　羧酸类、乙酸酯类
M-61	$CH_3\overset{..}{C}(OH)_2$　乙酸酯的双氢重排
M-61，M-62	$C_2H_5S\cdot$，C_2H_5SH　硫醇类、硫醚类
M-79，M-80	$Br\cdot$，HBr　含溴化物
M-127，M-128	$I\cdot$，HI　含碘化物

分子离子丢失的碎片为有机化合物中合理组成的基团或经过质谱反应生成的稳定小分子。这些碎片除由 $M^{+\cdot}$ 直接丢失外，也可由碎片离子进一步裂解丢失。

识别分子离子峰除需考虑以上条件外，还要看其质荷比（即分子量）是否符合氮律。

氮律：组成有机化合物的大多数元素，就其天然丰度高的同位素而言，偶数质量的元素具有偶数化合价（如 ^{12}C 为 4 价，^{16}O 为 2 价、^{32}S 为 2 价、4 价或 6 价、^{28}Si 为 4 价等）。奇数质量的元素具有奇数化合价（如 ^{1}H，^{35}Cl，^{79}Br 为 1 价；^{31}P 为 3 价、5 价等）。只有 ^{14}N 反常，质量数是偶数（14），而化合价是奇数（3 价、5 价）。由此得出以下规律，称为氮律。

在有机化合物中，不含氮或含偶数氮的化合物，分子量一定为偶数（单电荷分子离子的质荷比为偶数）；含奇数氮的化合物分子量一定为奇数。反过来，质荷比为偶数的单电荷分子离子峰，不含氮或含偶数个氮。

根据氮律，化合物若不含氮，假定的分子离子峰 m/z 为奇数；或化合物只含奇数个氮，假定的分子离子峰的 m/z 为偶数，则均不是分子离子峰。

2.2.2 分子离子峰的相对强度

同等实验条件下，分子离子峰的相对强度(RI)取决于分子离子结构的稳定性，而一般分子离子结构的稳定性与分子的化学稳定性是一致的。具有大共轭体系的分子离子稳定性高，有 π 键的化合物比无 π 键化合物分子离子的稳定性高。在已测得的 EI(70 eV)质谱图中，有 15%~20% 的分子离子峰在质谱图中不出现或极弱。

分子离子峰的相对强度可归纳如下：

(1)芳环(包括芳杂环)>脂环化合物>硫醚、硫酮>共轭烯。这些化合物都给出较明显的分子离子峰。芳烃、杂芳烃的分子离子峰在质谱中往往是基峰或强峰。

(2)直链酮、酯、酸、醛、酰胺、卤化物等化合物的分子离子峰通常可见。

(3)脂肪族醇、胺、亚硝酸酯、硝酸酯、硝基化合物、腈类及多支链化合物容易裂解，分子离子峰通常很弱或不出现。

另外烯烃分子离子峰的相对强度比相应烷烃高，烯烃的对称性越强，分子离子峰强度越大。同系物中分子离子的相对强度与分子量的关系不十分明确，对于含支链的化合物，分子离子的相对强度一般随分子量的增大而降低。

分子离子峰不出现或分子离子峰强度极弱难以辨认时，可改变实验方法测试。通常采用的实验方法有：

(1)降低 EI 离子源的轰击电压，将常用的 70 eV 改为 15 eV，以降低分子离子过多的内能，减少其继续断裂的概率，使分子离子峰的相对强度增加。

(2)改用其他离子化法，如 CI, FI, FD, FAB 或 ESI, APCI, MALDI。这样虽突出了分子离子峰，却降低了碎片离子的种类和强度，减少了结构分析的许多有用信息。如图2.13中 EI $M^{+\cdot}$ 不出现，FI、FD 均给出准分子离子峰，且为基峰。

(3)降低样品的汽化温度，以减少 $M^{+\cdot}$ 进一步裂解的可能性，提高分子离子的相对强度。如正三十烷，340℃ $M^{+\cdot}$ 峰极弱;70℃ $M^{+\cdot}$ 峰相对强度为 90。

(4)制备衍生物，将极性高、蒸气压低、热不稳定的样品制备成较易挥发的衍生物，测定其衍生物的质谱。通常采用对羟基、胺基的乙酰化法(如用乙酸酐或乙酰氯酰化)及甲基化法(用 CH_3I,$(CH_3)_2SO_2$ 或 CH_2N_2)等。用 $(CH_3)_3SiCl$ 将羟基硅醚化也是一种极好的方法。如 GC-MS 在苯丙胺类毒品的检验鉴定中应用最为广泛，衍生化可改善苯丙胺类化合物的色谱行为，增加其质谱分析的质量和特征离子峰，使质谱更加独特，提高了苯丙胺类毒品的检测灵敏[17]。

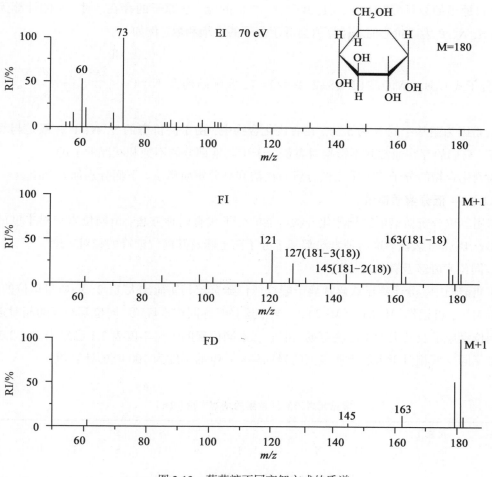

图 2.13 葡萄糖不同离解方式的质谱

2.2.3 分子式的推导

在利用质谱推导化合物的分子式之前,应掌握如何判断分子式的合理性。合理的分子式,除该式的式量等于分子量外,还要看其是否符合氮律(见 2.2.1),不饱和度(unsaturated number,UN)是否合理。UN<0,不合理,UN 过大而组成式子的原子数目过少,不符合有机化合物的结构,也不合理。

不饱和度(UN)的计算可用以下通式:

$$UN = (n+1) + \frac{a}{2} - \frac{b}{2} \tag{2.7}$$

式中,n 为分子中 4 价原子的数目(如 C,Si);a 为分子中 3 价原子的数目(如 N,P);b 为分子中1价原子的数目(如 H，F，Cl，Br，I)。2价的硫、氧原子的存在，对 UN 的计算无影响。若 S，N，P 为高价态时，计算值会低于分子的不饱和数。例如：

分子式 $C_7H_3ClN_2O_2$，$UN=8+2/2-4/2=7$，实际结构为 N≡C—⟨⟩—NO₂。

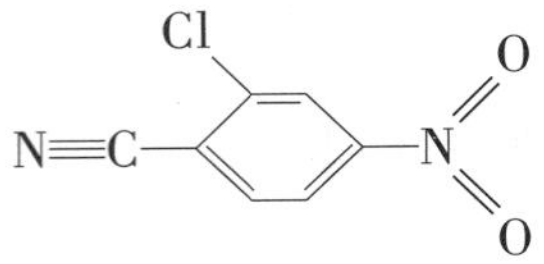

UN=8，是因为硝基中的 N 为 5 价。在有机化合物中，由于高价态的 S，N，P 一般是与氧原子成键，它们的存在通常并不影响对有机分子中其他部分的不饱和状况的了解。

推测化合物的分子式可采用低分辨质谱法和高分辨质谱法，下面分别加以介绍。

2.2.3.1 低分辨质谱法

利用单位分辨质谱数据推测化合物可能的分子式有两种方法：由同位素相对丰度的计算法和查 Beynon 表法。这两种方法都基于分子离子峰及其同位素峰的相对丰度。

1. 同位素峰簇及其相对丰度

在质谱图中，分子离子或碎片离子峰往往伴随有较其质荷比大 1，2，…质量单位的峰，相对于 $M^{+\cdot}$，可记作(M+1)，(M+2)，…峰，这些峰称同位素峰簇。同位素峰簇的相对强度是由同位素原子及其天然丰度决定的。部分元素同位素的天然丰度表 2.1 已给出。表 2.3 给出了常见同位素相对于天然丰度最大的轻同位素(A)的丰度为 100 时的计算值。

表 2.3   常见元素天然同位素的相对丰度(RA)

同位素 \ 元素 RA	C	H	N	O	F	Si	P	S	Cl	Br	I
A	100	100	100	100	100	100	100	100	100	100	100
A+1	1.1	0.016	0.37	0.04	—	5.1	—	0.8	—	—	—
A+2	—	—	—	0.2	—	3.4	—	4.4	32.5	98.0	—

表中数据表明：F，P，I 对(M+1)，(M+2)的 RA 无贡献，^{37}Cl，^{81}Br 对(M+2)有重大贡献。C，H，N，O 组成的化合物，(M+1)的 RA 主要是 ^{13}C 和 ^{15}N 的贡献，(M+2)的 RA 主要是 2 个 ^{13}C 同时出现和 ^{18}O 的贡献。^{2}H，^{17}O 同位素 RA 太低，常忽略不计。^{34}S 对(M+2)的 RA 有较大贡献，^{29}Si 及 ^{30}Si 的存在，对(M+1)，(M+2)的 RA 也有较大贡献。

在质谱图中，当分子离子峰的 RI 较大时，可观察到分子离子峰的同位素峰簇，较强碎片离子峰的同位峰簇也是存在的，但应注意某些离子峰对同位素峰 RI 的干扰。

由 C，H，N，O 元素组成的化合物，通用分子式为 $C_xH_yN_zO_w$(x，y，z，w 分别为 C，H，

N，O 的原子数目），其同位素峰簇的相对强度可由下式计算：

$$\frac{\mathrm{RI(M+1)}}{\mathrm{RI(M)}}\times100=1.1x+0.37z \tag{2.8}$$

$$\frac{\mathrm{RI(M+2)}}{\mathrm{RI(M)}}\times100=\frac{(1.1x)^2}{200}+0.2w \tag{2.9}$$

（2.8）式中略去了 $^2\mathrm{H}$，$^{17}\mathrm{O}$ 的贡献。化合物若含硫，（2.8）式和（2.9）式应改写如下：

$$\frac{\mathrm{RI(M+1)}}{\mathrm{RI(M)}}\times100=1.1x+0.37z+0.8s \tag{2.10}$$

$$\frac{\mathrm{RI(M+2)}}{\mathrm{RI(M)}}\times100=\frac{(1.1x)^2}{200}+0.2w+4.4s \tag{2.11}$$

式中，s 指分子中硫原子的个数。

注意：由于杂质或其他因素的干扰，计算结果可能会有较大偏差。

化合物若含氯或溴，其同位素峰簇的相对丰度按 $(a+b)^n$ 的展开式的系数推算。若两者共存，则按 $(a+b)^m(c+d)^n$ 的展开式的系数推算。m，n 为分子中氯、溴原子的数目，a，b 和 c，d 在数值上分别近似为同位素相对丰度简比的 3，1 和 1，1。如分子中含有两个氯原子，

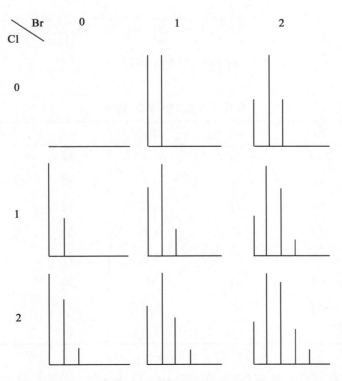

图 2.14 由氯、溴组成的同位素簇相对丰度

则同位素峰簇的相对丰度比 M：（M+2）：（M+4）＝9：6：1。由氯、溴组成的同位素峰簇的相对丰度见图 2.14，相邻两峰之间 $\Delta m = 2$。

2. 利用同位素峰簇的相对丰度推导化合物的分子式

在推导化合物分子式之前，要先识别分子离子及其构成的同位素峰簇，由数表或谱图读出 $M^{+\cdot}$，（M+1），（M+2）等同位素峰的相对强度，然后利用（2.8）式和（2.9）式推算 C，N，O 的数目；结合 $M^{+\cdot}$ 的质荷比及 C，N，O 的数目，推算出氢原子的数目。推算的碳原子数目往往是近似值，通常要结合 $M^{+\cdot}$ 的 m/z 及其他元素的原子数目而定。$M^{+\cdot}$ 的相对强度越小，推算的误差越大。

例 1 化合物 A 的质谱数据及图见表 2.4、图2.15，推导其分子式。

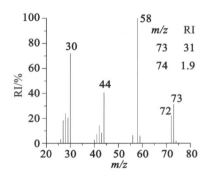

图 2.15　化合物 A 的质谱

表 2.4　　　　　　　　　　　　**化合物 A 的 MS 数表（部分）**

m/z	RI	m/z	RI	m/z	RI
15	3.03	39	0.81	56	3.5
27	11	40	1.3	57	1.3
28	14	41	3.6	58	100
29	13.9	42	8.7	59	3.9
30	73	43	3.2	71	0.36
31	1.3	44	29	72	19
32	0.38	45	0.89	73	31
				74	1.9

解：图2.15中高质荷比区 m/z 73，74，设 m/z 73 为 $M^{+\cdot}$，与相邻强度较大的碎片离子 m/z 58 之间（$\Delta m = 73-58 = 15$）为合理丢失（M$-CH_3$），可认为 m/z 73 为化合物 A 的分子离

子峰，m/z 74 为（M+1）峰。因 $M^{+\cdot}$ 的 m/z 为奇数，表明 A 中含有奇数个氮，利用表 2.4 中的数据及（2.8）式计算如下：

$$\frac{1.9}{31} \times 100 = 1.1x + 0.37z$$

设 $z=1$，则 $x=(6.1-0.37)/1.1 \approx 5$，若分子式为 C_5N，其式量大于 73，显然不合理。

设 $z=1$，$x=4$，则 $y=73-14-12\times4=11$，可能的分子式为 $C_4H_{11}N$，UN $=0$。该式组成合理，符合氮律，可认为是化合物 A 的分子式。计算偏差大是由于 m/z 72（M−1）离子的同位素峰的干扰。

例 2 化合物 B 的质谱见图 2.16 及表 2.5，推导其分子式。

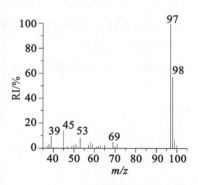

图 2.16　化合物 B 的质谱

表 2.5　　　　　　　　　　　　　　化合物 B 的 MS 数表（部分）

m/z	RI	m/z	RI	m/z	RI
38	4.9	52	1.4	69	6.2
39	13	53	8.7	70	1.8
45	21	57	3.9	71	3.8
49	3.1	58	6.6	97	100
50	3.6	59	5.1	98	56
51	4.0	63	3.0	99	7.6
		65	2.4	100	2.4

解：设高质荷比区，RI 最大的峰 m/z 97 为分子离子峰，由于 m/z 97 与 m/z 98 的相对强度之比约为 2∶1，既不符合 C，H，N，O,S 化合物的同位素相对丰度比，又不符合图 2.14 中不同 Cl，Br 原子组成的同位素峰簇的相对丰度比，故 m/z 97 可能不是分子离子峰。设

m/z 98 为分子离子峰,与 m/z 71(M−27),70(M−28)关系合理,可认为 m/z 98 为 M$^{+\cdot}$,m/z 97 为(M−1)峰。化合物不含氮或含偶数氮,含偶数氮的推算误差大,此处省略。

由表 2.5 可知(括号内数值为 RI),m/z 98(56) M$^{+\cdot}$,99(7.6)(M+1),100(2.4)(M+2),则 RI(M+1)/RI(M)×100=13.6,RI(M+2)/RI(M)×100=4.3。

由(M+2)相对强度为 4.3 判断化合物 B 分子中含有一个硫原子,98−32=66。由(2.8)式推算 x=(13.6−0.8)/1.1≈11,显然不合理(因分子中除硫原子外,只有 66 质量单位)。推算偏差如此之大是由于 m/z 97(M−1)为基峰,其 ^{34}S 相对丰度的贡献在 m/z 99 中造成(M+1)的 RI 增大。若由 m/z 99 的相对强度中减去 m/z 97 中 ^{34}S 的相对强度,即(7.6−4.4)×100/(56−0.8)=5.8,则 x=5.8/1.1≈5,y=6,化合物 B 的可能分子式为 C$_5$H$_6$S,UN=3,合理。

设 w=1,x=4,y=2,可能分子式为 C$_4$H$_2$OS,UN=4 是合理的。

故化合物 B 的分子式可能为 C$_4$H$_2$OS 或 C$_5$H$_6$S,有待元素分析配合或高分辨质谱测得精确分子量以进一步确定。实际分子式为 C$_5$H$_6$S。

例 3 化合物 C 的质谱见图 2.17 及表 2.6,推导其分子式。

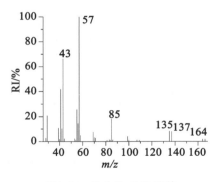

图 2.17 化合物 C 的质谱

表 2.6   化合物 C 的 MS 数表(部分)

m/z	RI	m/z	RI
43	66.4	86	1.3
57	100	87	0.11
85	18.2	107	1.2
108	0.73	137	8.0
109	1.0	164	1.8
110	0.14	165	0.15
135	8.3	166	1.8
136	12.2	167	0.13

解：由图2.17及表2.6可知，m/z 164 与 166，135 与 137 的相对强度之比均近似为1∶1，m/z 164 与相邻碎片离子峰 m/z 135（M-29）和 85（M-79）之间关系合理，故认为 m/z 164 为化合物 C 的分子离子峰，且分子中含有一个溴原子，不含氮或含偶数氮。若能推导出碎片离子 m/z 85 的元素组成，即可知其分子式。

由 m/z 85（18.2），86（1.3），87（0.11）可知，$x = \dfrac{1.3}{18.2} \times 100/1.1 \approx 6$，设 $x = 6$，则 $y = 13$，可能的分子式为 $C_6H_{13}Br$，因 UN=0，可知该式是合理的。

设 $x = 5$，$w = 1$，则 $y = 9$，可能的分子式为 C_5H_9OBr，其 UN=1，也是合理的式子。

所以化合物 C 的可能分子式为 $C_6H_{13}Br$ 或 C_5H_9OBr，由图中的碎片离子可判断其分子式为 $C_6H_{13}Br$（见 2.3 和 2.4）。另外，由 m/z 87（0.11）推导 $w=0$，也表明 $C_6H_{13}Br$ 更加合理。

3. 查 Beynon 表法

Beynon 表计算了 C，H，N，O 四种元素不同组合的质量（M）和同位素（M+1），（M+2）的相对丰度。组合质量从 12 至 250 的相对丰度以数表形式给出。根据测得的 $M^{+\cdot}$ 的质荷比及（M+1），（M+2）的相对丰度，从表中容易查到最接近的分子式。Beynon 表不包括 C，H，N，O 以外的其他元素（如 S，Cl，Br，I 等）。Beynon 表的部分摘录见表2.7。

表2.7　　　　质量 71，118，150 的部分 Beynon 表

71	(M+1)	(M+2)	118	(M+1)	(M+2)	150	(M+1)	(M+2)
⋮			⋮			⋮		
$C_3H_3O_2$	3.37	0.44	$C_7H_2O_2$	7.67	0.65	$C_8H_8NO_2$	9.23	0.78
C_3H_5NO	3.74	0.25	C_7H_4NO	8.05	0.48	$C_8H_{10}N_2O$	9.61	0.61
$C_3H_7N_2$	4.12	0.07	$C_7H_6N_2$	8.45	0.31	$C_8H_{12}N_3$	9.98	0.45
C_4H_7O	4.47	0.28	C_8H_6O	8.78	0.54	$C_9H_{10}O_2$	9.96	0.84
C_4H_9N	4.85	0.09	C_8H_8N	9.15	0.37	$C_9H_{12}NO$	10.34	0.68
C_5H_{11}	5.58	0.13	C_9H_{10}	9.89	0.44	$C_9H_{14}N_2$	10.71	0.52

表中（M+1），（M+2）栏下的数值是相对于 M 强度的百分比。

表中的元素组成式有的是不合理的，包括不符合氮律的和不符合有机化合物一般规律的，查出后应排除掉。若分子中含有 S，P，F，Cl，Br，I，M（代表金属）等元素，应从分子量中减去这些元素的原子量及相应的（M+1），（M+2）的 RA 后再查阅此表。

例4　质谱测得 D，E，F 三种化合物的分子离子峰的 m/z 均为 150，其（M+1），（M+2）

相对于 $M^{+\cdot}$ 强度的百分比如下：

D. m/z	E. m/z	F. m/z
151（M+1）10.0	151（M+1）5.6	151（M+1）10.8
152（M+2）0.8	152（M+2）98.0	152（M+2）5.0

查 Beynon 表，推测其分子式。

解：由 D 的（M+1），（M+2）的强度比判断，分子中应无 S，Si，Cl，Br 等元素存在，Beynon 表中在质量为 150 的栏下共给出 29 个式子，表 2.7 仅列出 6 种，（M+1）相对丰度在 9.2～10.3 之间的有 5 种，其中 $C_8H_8NO_2$，$C_8H_{12}N_3$，$C_9H_{12}NO$ 3 种不符合氮律的式子，应排除。只有 $C_8H_{10}N_2O$ 和 $C_9H_{10}O_2$ 的相对丰度接近且式子组成合理，相对而言，$C_9H_{10}O_2$ 的偏差更小。

E 中 $M^{+\cdot}$ 与（M+2）的强度之比接近 1：1，可知分子中含有一个溴原子，由 150 减去 79 之后再查 Beynon 表。表中质量为 71 的栏下共有 11 个式子，表 2.7 中仅列出 6 种，其中（M+1）相对丰度在 4.6～6.6 之间的可能式子有 3 种，C_4H_9N 不符合氮律，应排除。C_4H_7O 与 C_5H_{11} 比较，C_5H_{11} 的相对丰度更加接近，故认为 E 的分子式为 $C_5H_{11}Br$。

由 F 的（M+2）可知，分子中含有一个硫原子，从（M+1），（M+2）的强度百分比中减去 ^{33}S（0.8），^{34}S（4.4）的贡献，并从分子量中减去硫原子的质量之后再查 Beynon 表。表中质量为 118 的栏下共有 25 个式子，表 2.7 中仅列出 6 种，（M+1）相对丰度在 9～11 之间的式子有 2 种，其中 C_8H_8N 不符合氮律，应排除，所以 F 的分子式应为 $C_9H_{10}S$。

2.2.3.2　高分辨质谱法

利用高分辨质谱可测得化合物的精确分子量。精确分子量是由组成分子的各种元素天然丰度最大的同位素的精确质量（见表 2.1）计算得到的。可采用试误法和查表法求得分子式，但应注意仪器的测量精度。

1. 试误法

精确分子量的小数部位是由 ^1H，^{14}N，^{16}O 等元素贡献的，^{12}C 的质量为整数值。化合物若不含硫、卤素等其他元素，仅由 C，H，N，O 组成，则分子量的尾数为（$0.0078y+0.0031z-0.0051w$）。

若化合物的分子量（M）为偶数，则化合物不含氮或含偶数氮。

设 $z=0$，$w=0$，则 $y=$ 尾数$/0.0078$，$x=(M-y)/12$。

设 $z=0$，$w=1$，则 $y=$（尾数$+0.0051$）$/0.0078$，$x=(M-y-16)/12$。

依此类推，求得最接近精确质量的元素组成即为其分子式。

若化合物的分子量为奇数，则含奇数个氮（$z=1$，3，…）。

设 $z=1$，$w=0$，则 $y=$（尾数-0.0031）$/0.0078$，$x=(M-y-14)/12$。

设 $z=1$，$w=1$，则 $y=$（尾数$-0.0031+0.0051$）$/0.0078$，$x=(M-y-14-16)/12$。

依此类推，求得最接近精确质量的元素组成即为其分子式。

以上分析可知，利用试误法确定化合物的分子式很繁琐。

2. 查表法

由 Beynon，Lederbey 等制作的高分辨质谱数据表可查得对应于某精确分子量的分子式，该表也是由 C，H，N，O 四种元素组合成的精确质量，化合物中若含有其他元素，应先减去其他元素的精确质量，再查阅此表。

一般高分辨质谱仪的数据处理系统可根据测定的离子精确质量，结合仪器的测量精度，给出待选分子式的元素组成；再进一步通过化合物同位素分布等相关信息，应用同位素峰形自我校正，在原有待选分子式基础上排除 99% 的假阳性分子式，进一步缩小候选分子式的范围。质谱仪的分辨率越高，测得的化合物的分子量信息就越准确，从而可以减少候选化合物分子式的数目，提高定性能力。

2.3　有机质谱中的裂解反应

2.3.1　研究有机质谱裂解反应的实验方法

有机质谱中的裂解反应是指离子（包括分子离子和碎片离子）进一步裂解生成质荷比较小的碎片离子的反应。研究有机质谱裂解反应常用的方法是亚稳离子法、同位素标记法和串联质谱法。

1. 亚稳离子法

亚稳离子（m^*，见 2.1.4）可用于判断比其质荷比大的质量为 m_1，m_2 的两个离子（M_1，M_2）之间的母离子与子离子的关系。若 $m^* = m_2^2/m_1$，则 M_1 是 M_2 的母离子，也就是说 M_2 是由 M_1 裂解产生的。分析这些离子对，对于了解质谱裂解反应过程，离子的结构及结构单元可能的连接顺序等都有帮助。例如：己酸乙酯的质谱图中出现 m/z：144（$M^{+\cdot}$），115，99，88（100），71，43 等峰，53.7 处有一亚稳离子峰。m/z 88 是由 $M^{+\cdot}$ 还是由 m/z 115 裂解产生，由 m^* 可确定。因 $53.7 = 88^2/144$，所以 m/z 88 基峰是由分子离子直接丢失 56 质量单位产生的奇电子离子峰。

2. 同位素标记法

常用的同位素标记是氘标记。定位合成氘标记的化合物，分别测试标记化合物与未标记化合物的质谱，比较其质谱图，识别含氘的碎片离子（因氘比氢大 1 个质量单位，这种识别是容易的），由此可了解离子的裂解过程。如醇的失水反应，有机化学中通常是 1,2-位失水为主，而质谱裂解反应中醇的失水主要是通过六元过渡态的 1,4-位失水。又如氘标记法证实了氯代烃中脱去 HCl 的裂解反应，72% 是通过五元过渡态的 3-位氢转移脱去 HCl，18% 是通过六元过渡态的 4-位氢转移脱去 HCl。

3. 串联质谱法

串联质谱，最简单的就是将两个质谱顺序连接获得的二级串联质谱，其中第一级质谱对离子进行预分离，将感兴趣的离子作为下一级质谱的试样源，经过适当方式诱导第一级质谱产生的离子裂解，将获得的碎片离子送入第二级质谱进一步分离分析。通过串联质谱，有利于研究子离子和母离子的关系，进而给出离子的裂解途径。

2.3.2　有机质谱裂解反应机理

分子失去一个电子生成带正电荷的分子离子，正电荷标记在分子的什么位置（即分子的何位、何电子容易丢失），分子离子的什么部位容易发生裂解生成碎片离子，碎片离子的什么部位容易进一步裂解等等，都涉及有机质谱裂解反应的机理问题。尽管可利用亚稳离子法、同位素标记法来研究裂解反应，但目前有机质谱裂解机理仍不十分清楚，其原因在于质谱计内的裂解反应瞬间即逝，难以捕捉。裂解反应与有机反应虽有相似之处（如醇脱水生成烯），但两者毕竟有很大差别。

McLafferty[18]提出的"电荷-自由基定位理论"被广泛用于裂解反应机理的探讨。该理论认为分子离子中电荷或自由基定位在分子的某个特定位置上（应首先确定这个特定位置），然后以一个电子（用单鱼钩"⌒"表示）或电子对（用箭头"⌢"表示）转移来"引发"裂解。单电子转移发生的裂解反应称均裂，双电子转移发生的裂解反应称异裂。

1. 自由基位置引发的裂解反应

自由基位置引发裂解反应的动力来自自由基有强烈的电子配对倾向，在自由基位置易引发分裂，同时伴随着原化学键的断裂和新化学键的生成。

分子离子化时，自由基或电荷位置优先发生在电离电位最低的电子上。有机化合物中，电离电位（I）由小到大的顺序：非键 n 电子（O，N，S 等杂原子的未成键电子）<共轭 π 电子<非共轭 π 电子<σ 电子。同一族元素，从上至下，I 值依次减小，如 Se<S<O。同一周期元素，从左至右，I 值增大，如 N<O<F。

自由基位置引发的裂解反应主要是指含 C—Y 或 C=Y（Y=O，N，S）基团的化合物，与这些基团相连的化学键的均裂在有机质谱中很普遍，如醇、醚、硫醇、硫醚、胺类、醛、酮、酯等。这种裂解称 α 裂解。裂解通式如下：

$$R—CH_2—YR' \xrightarrow{-e} R—CH_2—\overset{+\cdot}{\ddot{Y}}R' \xrightarrow{\alpha} CH_2=\overset{+}{Y}R' + R\cdot$$

Y=NH，O，S；R'=H，R；杂原子对正电荷离子具有稳定作用，其稳定正电荷的能为 N>S，O。

$$R—\overset{\overset{Y}{\|}}{C}—R' \xrightarrow{-e} R—\overset{\overset{\ddot{Y}}{\|}}{C}—R' \begin{array}{l} \xrightarrow{\alpha} R'C\equiv\overset{+}{Y} + R\cdot \\ \xrightarrow{\alpha} RC\equiv\overset{+}{Y} + R'\cdot \end{array}$$

这种裂解也称 α 裂解。

2. 自由基位置引发的重排反应

在质谱裂解反应中，生成的某些离子的原子排列并不保持原来分子结构的关系，发生了原子或基团的重排，产生这些重排离子的反应叫做重排反应。在重排反应中，伴随有一个以上原化学键的断裂和新键的生成。重排反应对解析质谱和结构分析很有帮助。

自由基位置引发经过四、五、六元环过渡态氢的重排反应的通式如下：

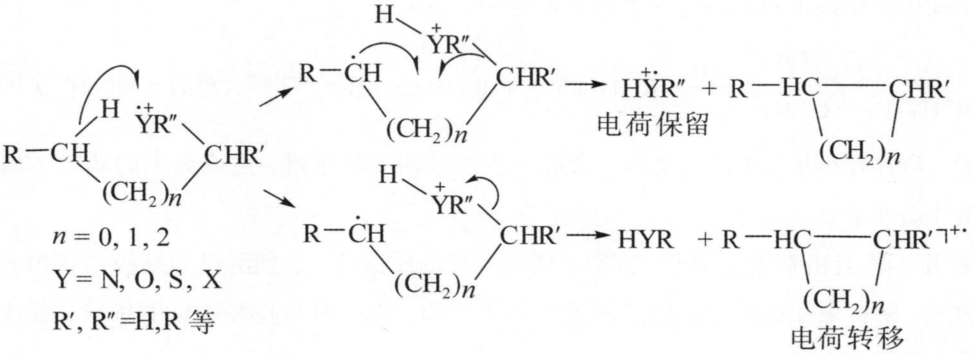
n = 0, 1, 2
Y = N, O, S, X
R′, R″ =H,R 等
电荷保留
电荷转移

McLafferty 重排为经过六元过渡态的 γ 位氢转移，丢失稳定的中性分子的重排，又称 γ 氢重排。通式如下：

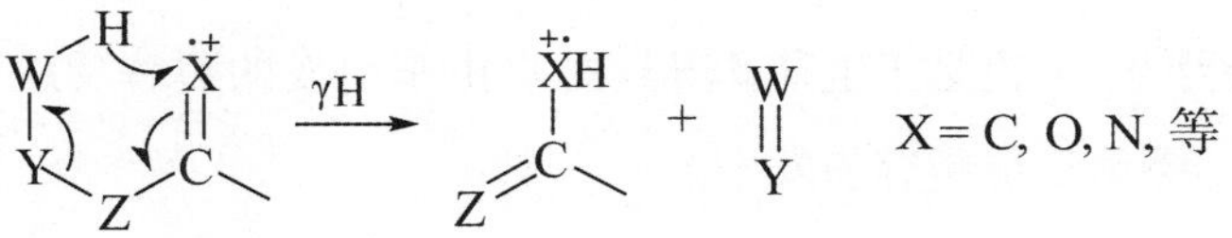
γH
X= C, O, N, 等

3. 电荷位置引发的裂解反应和重排反应

电荷位置引发的异裂是由于正电荷具有吸引或极化相邻成键电子的能力，用符号 i 表示，可分为奇电子离子型和偶电子离子型。裂解通式如下：

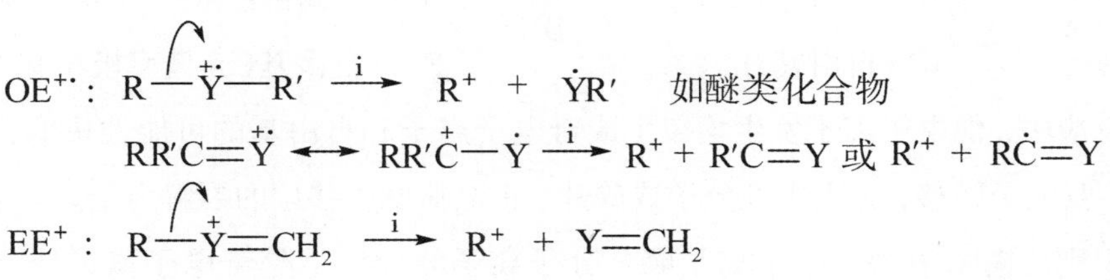
OE⁺· :
如醚类化合物
或
EE⁺ :

裂解过程是由于正电荷诱导，吸引一对电子（σ 成键电子）而发生分裂，正电荷移位。有效地吸引电子的顺序是：卤素>氧、硫>>氮、碳。

偶电子离子型是裂解过程产生的偶电子离子经电荷诱导进一步裂解生成 m/z 较小的偶电子离子。如：

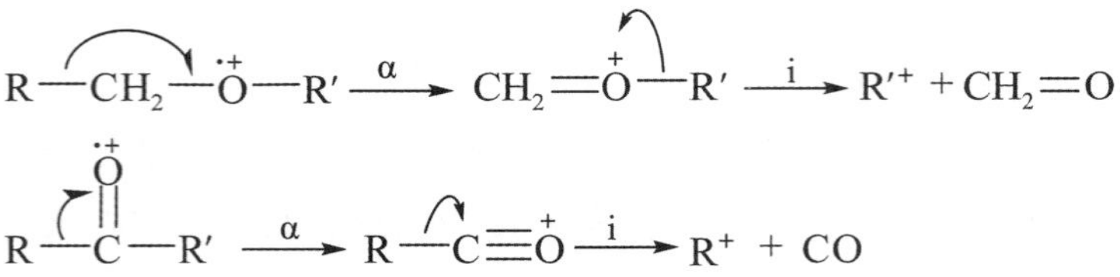

$$R-CH_2-\overset{\cdot+}{\underset{\cdots}{O}}-R' \xrightarrow{\alpha} CH_2=\overset{+}{O}-R' \xrightarrow{i} R'^+ + CH_2=O$$

$$R-\overset{\overset{\overset{\cdot+}{O}}{\|}}{C}-R' \xrightarrow{\alpha} R-C\equiv \overset{+}{O} \xrightarrow{i} R^+ + CO$$

羰基化合物的 α 裂解及 i 裂解是相互竞争的，通常 α 裂解趋势更大。

电荷中心引发的重排发生在偶电子离子中，通式如下：

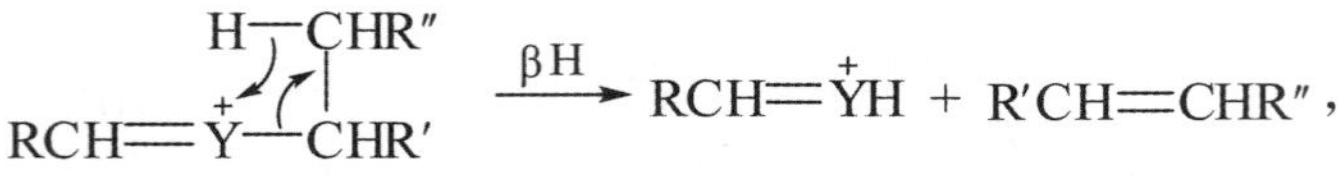

$$RCH=\overset{+}{Y}\underset{CHR'}{\overset{H-CHR''}{|}} \xrightarrow{\beta H} RCH=\overset{+}{Y}H + R'CH=CHR''$$ ，如醚，胺的 α 断裂产生的偶电

子离子，当含有乙基以上的烷基时，会进一步经过四元环重排，生成更小的偶电子离子和稳定的小分子。

运用电荷-自由基定位理论，有助于研究大量的质谱信息，预测已知结构化合物的质谱裂解方式，解析未知结构化合物的质谱并推导结构。但这多半是经验性的规律。有待进一步补充、发展和完善。

2.3.3　有机化合物的一般裂解规律

有机化合物的裂解，无论是正电荷诱导还是自由基引发的裂解反应，均可认为生成的正电荷离子越稳定，裂解反应越容易发生。

1. 偶电子规律

偶电子离子裂解，一般只能生成偶电子离子(少数化合物例外)。换言之，就是质谱中质荷比较小的奇电子离子往往是由质荷比较大的奇电子离子裂解产生的。可用通式表示如下：

$$A^{+\cdot} \begin{cases} B^{+\cdot}+\text{中性分子} \\ C^+ + \text{自由基} \end{cases} \qquad D^+ \begin{cases} E^+ + \text{中性碎片} \\ F^{+\cdot} + \text{自由基}(\ast\text{概率极小}) \end{cases}$$

上述反应中，偶电子离子发生均裂生成奇电子离子和自由基的可能性极低，通常是以诱导极化、双电子转移，丢失中性分子或碎片，正电荷发生移位的裂解为主。

如何识别质谱图中的奇电子离子峰？分子离子峰($M^{+\cdot}$)是奇电子离子峰，根据氮律（见 2.2.1），不含氮的化合物，$M^{+\cdot}$ 的 m/z 为偶数值。由此可知，不含氮的化合物的质谱图中质荷比为偶数值的峰为奇电子离子峰（同位素峰例外）。

对于含氮的化合物，若分子离子或碎片离子含奇数个氮，其 m/z 为奇数时为奇电子离子；若分子离子或碎片离子含偶数个氮，其 m/z 为偶数时为奇电子离子。含氮化合物的碎片离子是否含氮及含氮的数目由碎片离子的精确质量或由丢失的碎片判断。

2. Stevenson 规则

在奇电子离子单键断裂产生离子和自由基的过程中，电荷留在较低电离能的碎片上，较高电离能的碎片保留孤电子的概率更高。

3. 最大烷基优先丢失原则

在反应中心最大烷基最易丢失。丢失的烷基因超共轭效应而稳定。烷基越大，分支越多，自由基越稳定，裂解后剩下的离子丰度也越高。如：

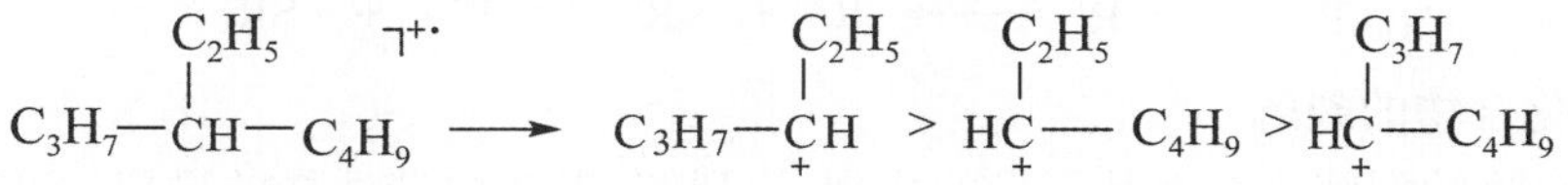

$$C_3H_7-\underset{|}{\overset{C_2H_5}{CH}}-C_4H_9 \longrightarrow C_3H_7-\overset{C_2H_5}{\overset{|}{\underset{+}{CH}}} > H\overset{C_2H_5}{\underset{+}{C}}-C_4H_9 > H\overset{C_3H_7}{\underset{+}{C}}-C_4H_9$$

4. 烃类化合物的裂解

烃类化合物的裂解是优先失去大基团，优先生成稳定的正碳离子。正碳离子的稳定顺序是

$$C_6H_5\overset{+}{C}H_2 > CH_2=CH-\overset{+}{C}H_2 > \overset{+}{C}R_3 > \overset{+}{C}HR_2 > \overset{+}{C}H_2R > \overset{+}{C}H_3$$

正碳离子的稳定程度越高，其离子峰在质谱图中的相对强度越大，如苄基及烯丙基裂解。

饱和烃类化合物，没有杂原子和不饱和键，只能发生 C—C 键之间的 σ 键断裂，发生半异裂。如：$R-CH_2+\cdot CH_2-R' \overset{\sigma}{\longrightarrow} R-\overset{+}{C}H_2 + \cdot CH_2-R'$。

含侧链的芳烃，在侧链的 $C_\alpha-C_\beta$ 键发生 α 裂解，生成苄基离子(立即转化为更稳定的䓬鎓离子(tropylium)。

含双键的烯烃，双键的 $C_\alpha-C_\beta$ 键发生 α 裂解，生成烯丙基离子。

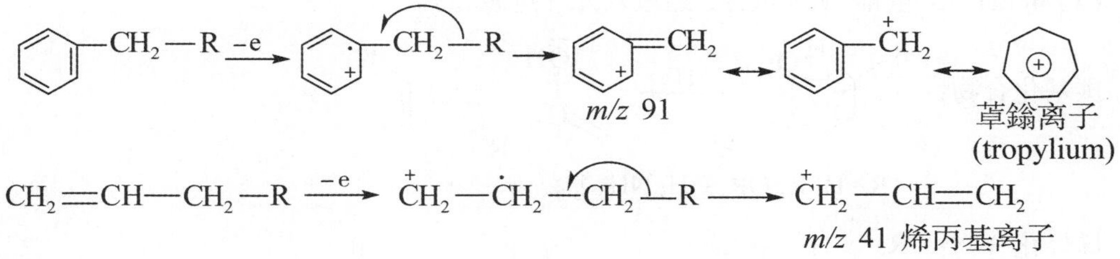

$$m/z\ 91 \qquad 䓬鎓离子 (tropylium)$$

$$CH_2=CH-CH_2-R \overset{-e}{\longrightarrow} \overset{+}{C}H_2-\dot{C}H_2-CH_2-R \longrightarrow \overset{+}{C}H_2-CH=CH_2$$

$$m/z\ 41\ 烯丙基离子$$

5. 含杂原子化合物的裂解(羰基化合物除外)

含杂原子的化合物，如胺类、醇、醚类、硫醇、硫醚类化合物等，主要是自由基位置引发的 $C_\alpha-C_\beta$ 间的 σ 键裂解(称 α 裂解，正电荷在杂原子上)和正电荷诱导的碳-杂原子之间 σ 键的异裂(称 i 异裂)，正电荷发生移位。

$$R\!-\!CH_2\!-\!\overset{\cdot\,+}{N}HR' \xrightarrow{\alpha} CH_2\!=\!\overset{+}{N}HR' + R\cdot$$

$$R\!-\!CH_2\!-\!\overset{\cdot\,+}{O}H(R') \xrightarrow{\alpha} CH_2\!=\!\overset{+}{O}H(R') + R\cdot$$

$$R\!-\!CH_2\!-\!\overset{\cdot\,+}{S}H(R') \xrightarrow{\alpha} CH_2\!=\!\overset{+}{S}H(R') + R\cdot$$

$$R\!-\!\overset{\cdot\,+}{O}\!-\!R' \xrightarrow{i} R^+ + \cdot OR' \ \text{或} \ R'^+ + \cdot OR$$

$$R\!-\!\overset{\cdot\,+}{S}\!-\!R' \xrightarrow{i} R^+ + \cdot SR' \ \text{或} \ R'^+ + \cdot SR$$

6. 羰基化合物的裂解

羰基化合物的裂解为自由基引发的均裂（α 裂解）及正电荷诱导的异裂，$OE^{+\cdot}$ 异裂的概率很小，EE^+ 的异裂普遍存在。

$$R\!-\!\overset{\overset{\cdot\cdot\,+}{O}}{\underset{}{C}}\!-\!H \xrightarrow{\alpha} R\cdot + HC\!\equiv\!\overset{+}{O} \qquad R\!-\!\overset{\overset{\cdot\cdot\,+}{O}}{\underset{}{C}}\!-\!R' \xrightarrow{\alpha} R\cdot + R'C\!\equiv\!\overset{+}{O}$$

$$R\!-\!\overset{\overset{\cdot\cdot\,+}{O}}{\underset{}{C}}\!-\!OR' \xrightarrow{\alpha} R\cdot + R'OC\!\equiv\!\overset{+}{O} \qquad R\!-\!\overset{\overset{\cdot\cdot\,+}{O}}{\underset{}{C}}\!-\!OR' \xrightarrow{\alpha} R'O\cdot + RC\!\equiv\!\overset{+}{O}$$

$$R\!-\!\overset{\overset{\cdot\cdot\,+}{O}}{\underset{}{C}}\!-\!OH \xrightarrow{\alpha} R\cdot + HOC\!\equiv\!\overset{+}{O} \qquad R\!-\!\overset{\overset{\cdot\cdot\,+}{O}}{\underset{}{C}}\!-\!NHR' \xrightarrow{\alpha} R\cdot + R'HNC\!\equiv\!\overset{+}{O}$$

$$R\!-\!\overset{\overset{\cdot\cdot\,+}{O}}{\underset{}{C}}\!-\!R' \xrightarrow{i} R^+ + R'\!-\!\overset{\cdot}{C}\!=\!O \qquad R\!-\!\overset{\overset{\cdot\cdot\,+}{O}}{\underset{}{C}}\!-\!R' \xrightarrow{\alpha} R'\!-\!C\!\equiv\!\overset{+}{O} \xrightarrow{i} R'^+ + CO$$

以上的裂解规律均为简单断裂，即 σ 键断裂。

7. 氢的重排反应（rearrangement reaction）

（1）McLafferty 重排（γ 氢重排，经过六元环过渡态）。

羰基化合物：

（R'=H, R, OR, OH, NH₂ 等）

烯烃化合物：

烷基苯：

常见功能基 γ 氢重排所生成的重排离子见表 2.8。表中重排离子的质荷比是最小重排离子的质荷比，同系物重排离子的质荷比为最小重排离子的质荷比加 $14n$，n 为 α 位取代基中碳原子的数目。

表 2.8　　**McLafferty 最小重排离子及质荷比**

化合物类型	最小重排离子结构及 m/z		化合物类型	最小重排离子结构及 m/z	
烯烃	$[CH_2{=}CH{-}CH_3]^{+\cdot}$	42	甲酯	$[CH_2{=}C(OH){-}OCH_3]^{+\cdot}$	74
烷基苯	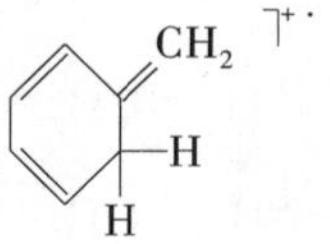	92	甲酸酯	$[H{-}C(OH){=}O]^{+\cdot}$	46
醛	$CH_2{=}C(\overset{+\cdot}{O}H){-}H$	44	酰胺	$[CH_2{=}C(OH){-}NH_2]^{+\cdot}$	59
酮	$CH_2{=}C(\overset{+\cdot}{O}H){-}CH_3$	58	腈	$CH_2{=}C{=}\overset{+\cdot}{N}H$	41
羧酸	$[CH_2{=}C(OH){-}OH]^{+\cdot}$	60	硝基化合物	$CH_2{=}\overset{+\cdot}{N}({=}O){-}OH$	61

（2）自由基引发或正电荷诱导，经过四、五、六元环过渡态氢的重排。例如：

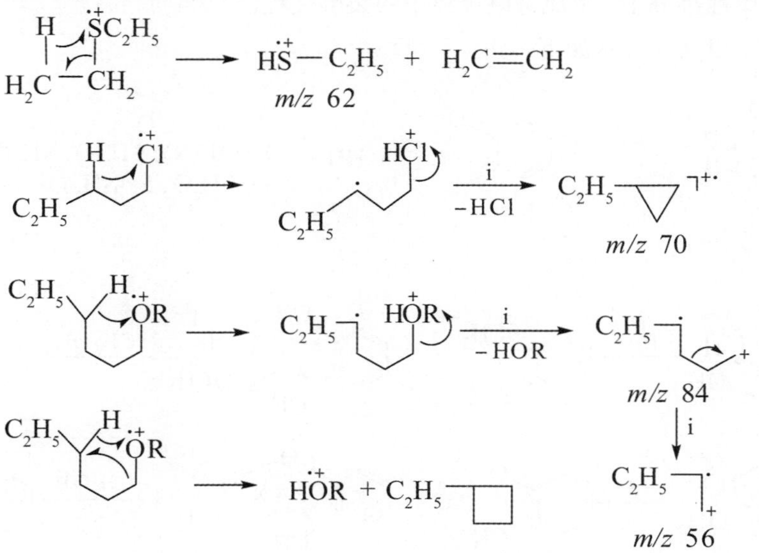

H
$\overset{+\cdot}{S}C_2H_5$
H_2C
CH_2
$H\overset{+\cdot}{S}-C_2H_5$ + $H_2C{=}CH_2$
m/z 62
H
$\overset{+\cdot}{Cl}$
C_2H_5
$H\overset{+}{Cl}$
C_2H_5
i
$-HCl$
C_2H_5
m/z 70
C_2H_5
H
$\overset{+\cdot}{O}R$
C_2H_5
$H\overset{+}{O}R$
i
$-HOR$
C_2H_5
m/z 84
i
C_2H_5
H
$\overset{+\cdot}{O}R$
$H\overset{+\cdot}{O}R$ + C_2H_5
C_2H_5
m/z 56

（3）长链酯基的双氢重排。

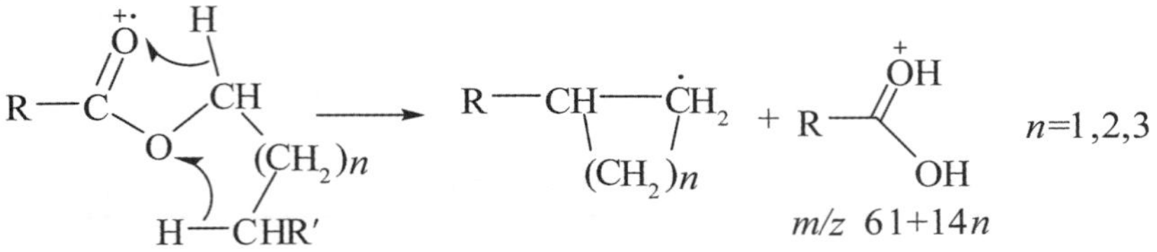

$n=1,2,3$

m/z $61+14n$

（4）偶电子离子氢的重排。

偶电子离子氢的重排往往是指经过四元环过渡态的 β 氢重排，使偶电子离子进一步裂解，生成质荷比较小的 EE$^+$ 和稳定的小分子。例如：

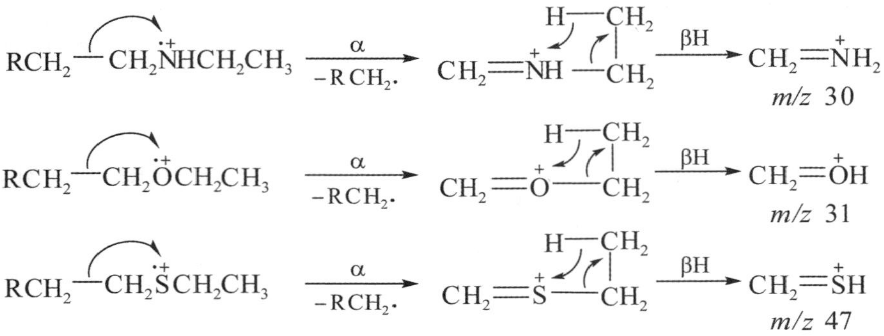

m/z 30

m/z 31

m/z 47

（5）芳环的邻位效应。

芳环"邻位效应"是指在邻位取代芳环中，取代基经过环状（主要五、六元环）过渡态氢的重排，失去中性小分子，生成奇电子离子的裂解过程（见 2.4）。

裂解过程，以通式表示如下：

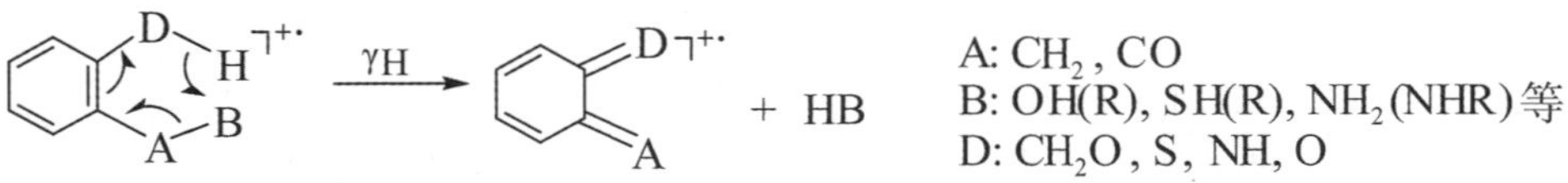

A: CH_2，CO
B: OH(R)，SH(R)，NH_2(NHR) 等
D: CH_2O，S，NH，O

例如：

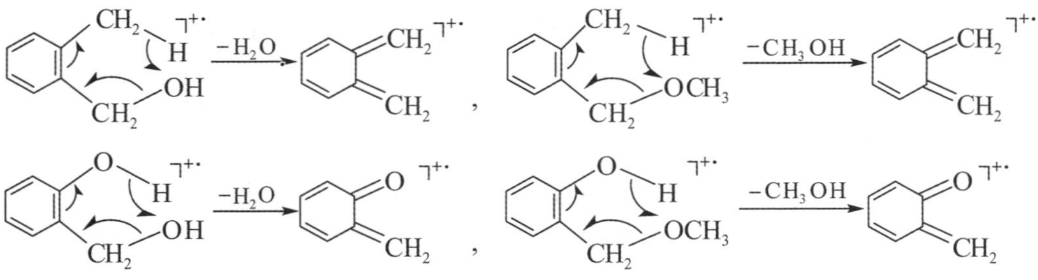

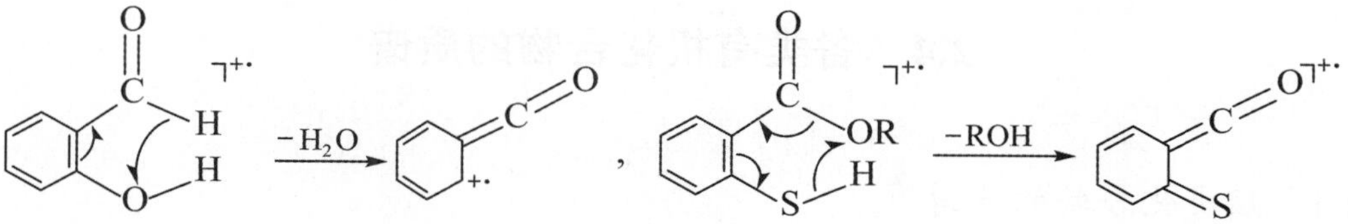

在邻羟基苯甲酸丁酯的质谱图中，m/z 为 120 的基峰是由于邻位效应使分子离子丢失丁醇小分子后产生的稳定的奇电子离子碎片峰。

双键上两个顺式基团也可能发生类似芳环邻位效应的裂解反应。

8. 环断裂-多中心断裂

（1）逆 Diels-Alder 反应（RDA）。

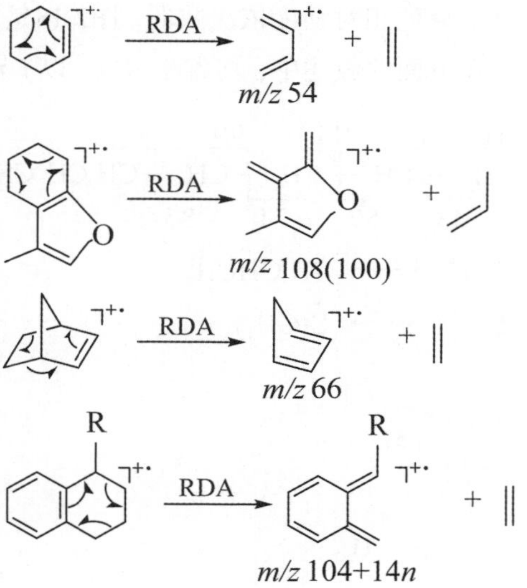

（2）一般的多中心开裂。

一个环的单键断裂只产生一个异构离子，断裂至少 2 个键才能产生碎片离子。一般的环状化合物发生简单断裂和氢重排相组合的多键断裂，如：

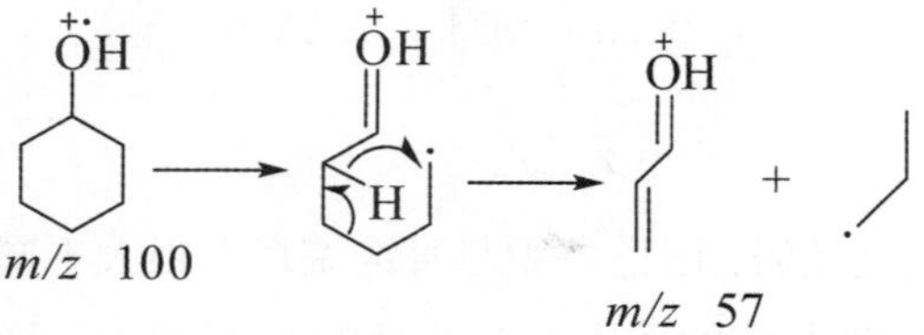

2.4 各类有机化合物的质谱

2.4.1 烃类化合物的质谱

2.4.1.1 烷烃

1. 直链烷烃

直链烷烃的分子离子峰可见。出现 M-29 及一系列 C_nH_{2n+1}（m/z 29, 43, 57, 71, …）峰，并伴有较弱的 C_nH_{2n-1} 及 C_nH_{2n} 峰群；相邻的对应峰 $\Delta m = 14$。m/z 43, 57 相对强度较大，往往是基峰，这是由于可异构化为稳定性高的异丙基离子（$CH_3\overset{+}{C}HCH_3$）和叔丁基离子（$(CH_3)_3C^+$）。随着 m/z 增大，峰的相对强度依次减弱。图2.18是正十二烷的质谱，图中 m/z 43 为基峰，m/z 57（RI：92，在下面的叙述中，均省略 RI），以 i 异裂为主，主要裂解如下：

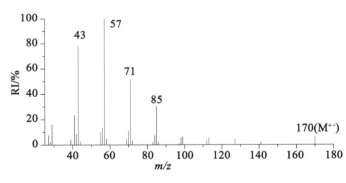

$$CH_3{-}\underset{29}{\overset{141}{CH_2{+}}}\underset{43}{\overset{127}{CH_2{+}}}\underset{57}{\overset{113}{CH_2{+}}}\underset{71}{\overset{99}{CH_2{+}}}\underset{85}{\overset{85}{CH_2{+}}}CH_2CH_2CH_2CH_2CH_2CH_3$$

m/z 43　　　$C_3H_7^+$ ⟷ $CH_3\overset{+}{C}HCH_3$

m/z 57　　　$C_4H_9^+$ ⟷ $\overset{+}{C}(CH_3)_3$

图 2.18　正十二烷的质谱

2. 支链烷烃

$M^{+\cdot}$ 峰较相应的直链烷烃弱，图谱外貌与直链烷烃有很大不同。支链处优先断裂，优先失去大基团，正电荷带在多支链的碳上，支链处峰强度增大。烃类化合物质谱中若出现 M-15峰，表明化合物可能含有侧链甲基。

例 据报道,由非洲的一种传染黑死病的昆虫(tsetse fly)中分离出一种物质,红外光谱鉴定为饱和烃,质谱测得其分子量为562,分子式为$C_{40}H_{82}$,高质荷比区的质谱图见图2.19,m/z 小于 197($C_{14}H_{29}^+$)的碎片离子峰外貌与直链烷烃类似,由质谱确定其结构。

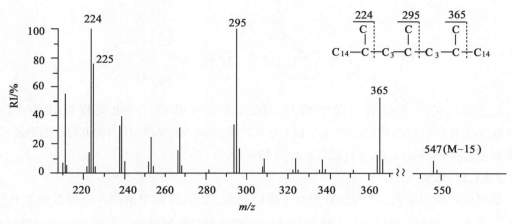

图 2.19 $C_{40}H_{82}$的质谱(部分)

解:图2.19中未见 $M^{+\cdot}$ 峰,m/z 547 的(M-15)峰表明该烃可能含有侧链 CH_3。m/z 365($M-C_{14}H_{29}$)为 $C_{26}H_{53}^+$,该峰明显增强及无 m/z 351($C_{25}H_{51}^+$)峰,表明$C_{26}H_{53}^+$ 的结构为 $C_{24}H_{29}-\overset{+}{C}H-CH_3$。

m/z 337,323,309 及 m/z 267,253,239 等碎片离子峰为烃类化合物的正常裂解所产生。m/z 295($C_{21}H_{43}^+$)的峰强度明显增强及无明显 m/z 281($C_{20}H_{41}^+$)峰,表明 $C_{21}H_{43}^+$ 的结构为 $C_{19}H_{39}\overset{+}{C}HCH_3$。同样分析 m/z 225($C_{16}H_{33}^+$)的结构为$C_{14}H_{29}\overset{+}{C}HCH_3$。

已知 m/z 197($C_{14}H_{29}^+$)的裂解为正常直链烃的裂解,综合以上分析,$C_{40}H_{82}$的可能结构及主要裂解如下:

$$
\underset{365}{C_{14}H_{29}} - \overset{\overset{225}{\underset{CH_3}{|}}}{CH} - CH_2 - CH_2 - CH_2 - \overset{\overset{295}{\underset{CH_3}{|}}}{CH} - CH_2 - CH_2 - CH_2 - \underset{225}{\overset{\overset{365}{\underset{CH_3}{|}}}{CH}} - C_{14}H_{29}
$$

3. 环烷烃

与直链烷烃相比,环烷烃分子离子峰的相对丰度较强。质谱图中可见 m/z 41,55,56,69 等碎片离子峰,环己烷的主要裂解过程如下:

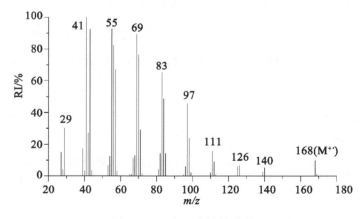

烷基取代的环烷烃容易丢失烷基，优先失去大基团，正电荷保留在环上。如 1-甲基-3-戊基环己烷的质谱图中 m/z 168 为 $M^{+\cdot}$ 峰，m/z 97（$M-C_5H_{11}$）为基峰，图中还可见类似环己烷裂解的 m/z 69，55（82）及 41 等特征峰。

2.4.1.2　烯烃

烯烃中双键的引入，可增加分子离子峰的强度。直链烯烃质谱图中出现系列 C_nH_{2n-1}，C_nH_{2n}，C_nH_{2n+1} 峰群，相邻的对应峰 $\Delta m = 14$。形成这种峰群的原因是双键的位置可以迁移，只有当双键上有多取代基或与其他双键共轭时，双键的位置才能固定。

与烷烃不同之处在于烷烃峰群中 C_nH_{2n+1} 峰强度大，烯烃峰群中 C_nH_{2n-1}（m/z 41，55，69，83，…）峰较强，m/z 41 往往是基峰，是由于烯丙基离子的高稳定性所决定。

1-十二碳烯的质谱见图2.20。图中 m/z 168 为 $M^{+\cdot}$ 峰，m/z 126（$M-42$）为 γ 氢重排峰，m/z 125（$M-43$）为 $M^{+\cdot}$ 丢失 $\cdot C_3H_7$ 所产生的碎片离子峰，依此类推，出现一系列 $\Delta m = 14$ 的碎片离子峰群，质荷比增大，峰强度依次下降。

图 2.20　1-十二碳烯的质谱

中间烯因重排时双键发生移动，致使双键位置难以确定。

环己烯及其衍生物发生 RDA 反应或裂解生成稳定的环烯离子。例如：

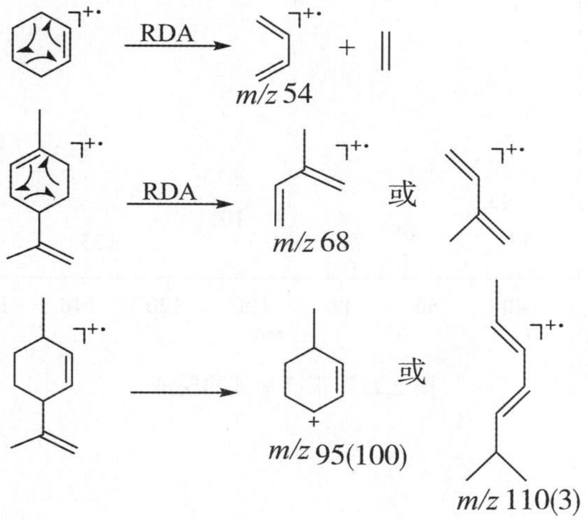

2.4.1.3 芳烃

芳烃类化合物稳定，分子离子峰强。

烷基取代苯：分子离子峰中等强度或较强。易发生 C_α—C_β 键的裂解，生成的苄基离子往往是基峰。如甲苯 m/z 92（64）为 $M^{+\cdot}$ 峰，m/z 91（M-1）为基峰。正丙苯 m/z 120（25）为 $M^{+\cdot}$ 峰，m/z 105（6）为（M-15）峰，m/z 91（M-C_2H_5）为基峰。正己基苯的质谱图（图2.21）中可见 m/z 162（25）的 $M^{+\cdot}$ 峰及 m/z 91（M-C_5H_{11}）的基峰，还可见弱的 m/z 39，51，65，77，78 等苯的特征碎片离子峰及长链烷基的碳-碳 σ 键裂解，正电荷在烷基或烷基苯上所产生的 m/z 43，57，71 及 m/z 133，119，105 等碎片离子峰。主要裂解过程如下：

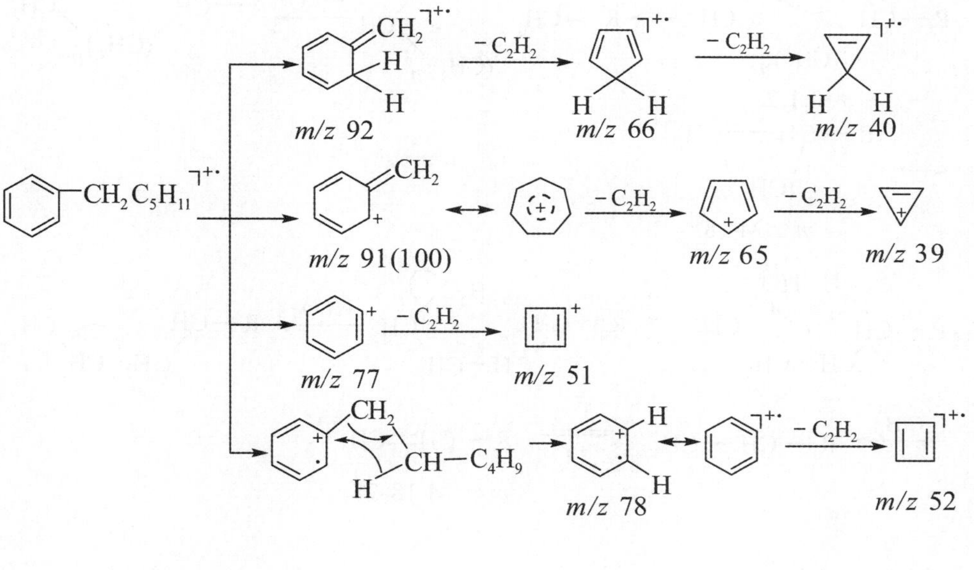

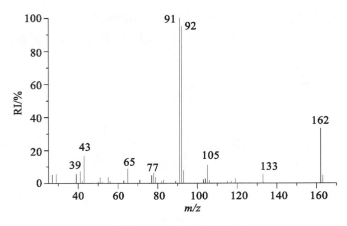

图 2.21　正己基苯的质谱

2.4.2　醇、酚、醚

2.4.2.1　醇

1. 脂肪醇

醇类化合物的分子离子峰弱或不出现。 C_{α}—C_{β} 裂解生成 $31+14n$ 的含氧碎片离子峰。

$$\text{R}-\text{H}_2\text{C}-\overset{\cdot\cdot+}{\text{OH}} \xrightarrow{\alpha} \text{H}_2\text{C}=\overset{+}{\text{OH}} + \text{R}\cdot$$
$$m/z\ 31$$

$$\text{RR'CH}-\overset{\cdot\cdot+}{\text{OH}} \xrightarrow{\alpha} \text{R'CH}=\overset{+}{\text{OH}} + \text{R}\cdot$$
$$m/z\ 31+14n\ \ \text{R>R'}$$

$n=0,1,2$

$$m/z\ \text{M-18}$$

$$\xrightarrow{-\text{C}_2\text{H}_2} \text{R}-\overset{\cdot}{\text{CH}}-\overset{+}{\text{CH}}_2 \rightleftharpoons \text{R}-\text{CH}=\text{CH}_2$$
$$m/z\ \text{M-18-28}$$

50

饱和环过渡态氢重排，生成（$M-18-28n$）（失水和乙烯分子）的奇电子离子峰及系列 C_nH_{2n+1}，C_nH_{2n-1} 碎片离子峰。氘标记正丁醇失水约 90% 发生在 1,4-位。

小分子醇出现（M-1）（$RCH\overset{+}{=}OH$）峰，还可能有很弱的（M-2），（M-3）峰。丙醇、丁醇：m/z 31 为基峰；正戊醇：m/z 42 为基峰（$M-18-28$）；2-戊醇：m/z 45 的基峰为 $CH_3CH\overset{+}{=}OH$，见图2.22。2-甲基-2-丁醇：m/z 59 的基峰为 $(CH_3)_2C\overset{+}{=}OH$。长链烷基醇的质谱外貌与相应的烯烃相似，是因为醇失水后发生一系列烯烃的裂解反应。

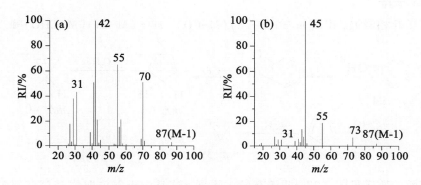

图2.22 正戊醇(a)及 2-戊醇(b)的质谱

质谱图中低质荷比区出现 m/z 31,45,59 等含氧碎片峰，高质荷比区又出现 $\Delta m=3$ 的双峰，可能为醇类化合物的（M-15）及（M-18）峰，也可能为 α-甲基仲醇，不排除（M-15）为烃基侧链 CH_3 丢失的可能性，这可由 m/z 31,45 峰的相对强度来判断。

2. 环己醇

m/z 100 $M^{+\cdot}$，可见（M-1），（M-18）及类似环己烷的裂解反应。

3. 苄醇

m/z 108(90)$M^{+\cdot}$，m/z 79(100)，裂解过程如下：

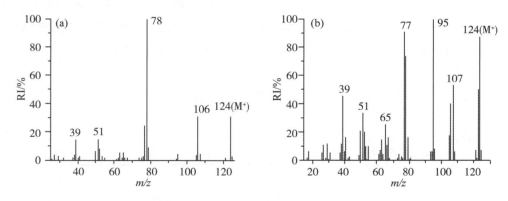

m/z 108(90) *m/z* 107(65) *m/z* 79(100)

−H₂ → ⌐CHO⌐⁺· −·H → ⌐C≡O⌐⁺ −CO → ⁺

m/z 106 *m/z* 105 *m/z* 77

2.4.2.2 苯酚

分子离子峰相当强,出现 *m/z*(M−28)(M−CO),*m/z*(M−29)(M−CHO)峰。

m/z 94 *m/z* 66 *m/z* 40

m/z 65 *m/z* 39

羟基苄醇的质谱见图 2.23。两谱有较大不同,这是由于邻位取代基存在邻位效应,易失水,分子离子峰弱;对位取代丢失·OH,形成大共轭体系,*m/z*107(54)。

图 2.23 邻位(a),对位(b)羟基苄醇的质谱

m/z 124 −H₂O → *m/z* 106 −CO → *m/z* 78

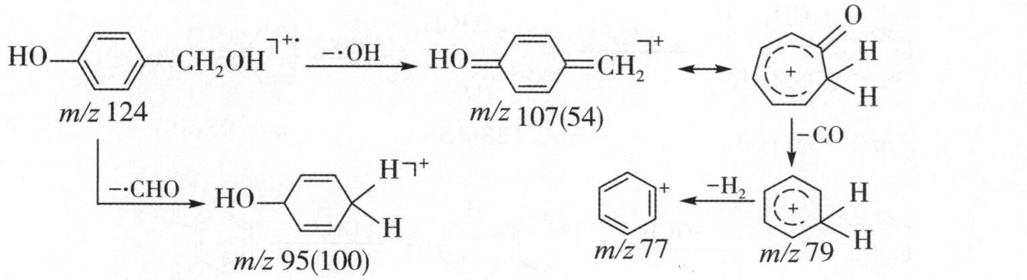

（顶部反应式）
m/z 124 → $-\cdot OH$ → m/z 107(54) ↔ （结构） $-CO$ → m/z 79 → $-H_2$ → m/z 77

m/z 124 → $-\cdot CHO$ → m/z 95(100)

2.4.2.3 醚

1. 脂肪醚

分子离子峰弱，使用 CI 离子源［MH］$^+$强度增大。α-裂解及碳-碳 σ 键断裂，生成系列 $C_nH_{2n+1}O$ 的含氧碎片峰。正电荷诱导碳-氧 σ 键异裂，正电荷带在烃类碎片上，生成一系列 43，57，71 等 C_nH_{2n+1} 碎片离子。低质荷比区伴有 C_nH_{2n} 及 C_nH_{2n-1} 峰。与醇类不同之处在于无（M−18）峰，异丙基正戊基醚的主要裂解过程如下：

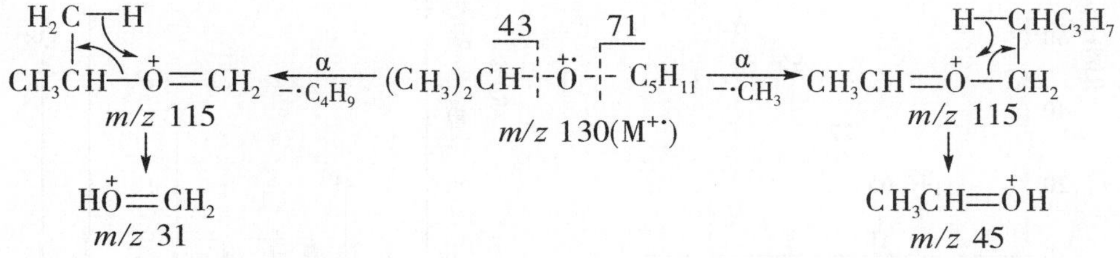

m/z 115 ← $\overset{\alpha}{_{-\cdot C_4H_9}}$ ← $(CH_3)_2CH\!-\!\overset{+\cdot}{O}\!-\!C_5H_{11}$ → $\overset{\alpha}{_{-\cdot CH_3}}$ → $CH_3CH=\overset{+}{O}-CH_2$ m/z 115

m/z 130(M$^{+\cdot}$)

$HO^+=CH_2$ m/z 31

$CH_3CH=\overset{+}{O}H$ m/z 45

2. 芳香醚

M$^{+\cdot}$较强，裂解方式与脂肪醚类似，可见 m/z 77，65，39 等苯的特征碎片离子峰。如：

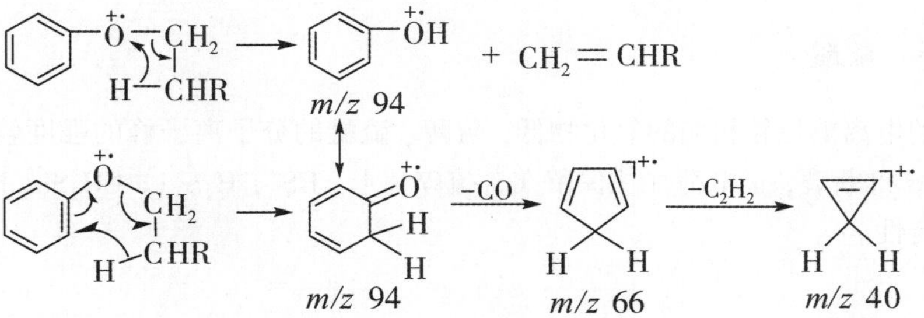

m/z 94 + $CH_2=CHR$

m/z 94 → $-CO$ → m/z 66 → $-C_2H_2$ → m/z 40

图2.24为邻、对二甲氧基苯的质谱。取代基位置不同，裂解方式有很大不同。邻位取代时 M$^{+\cdot}$是基峰，对位取代时（M−15）是基峰，主要裂解方式如下：

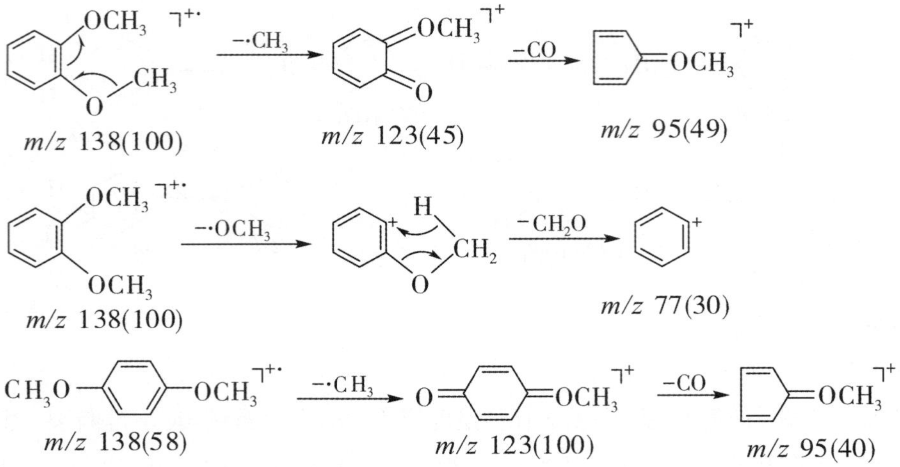

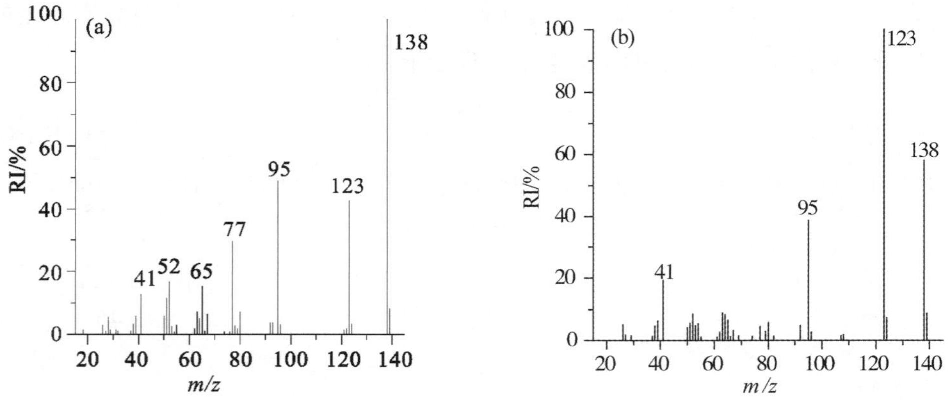

$m/z\ 138(100)$ $\xrightarrow{-\cdot CH_3}$ $m/z\ 123(45)$ $\xrightarrow{-CO}$ $m/z\ 95(49)$

$m/z\ 138(100)$ $\xrightarrow{-\cdot OCH_3}$ $\xrightarrow{-CH_2O}$ $m/z\ 77(30)$

$m/z\ 138(58)$ $\xrightarrow{-\cdot CH_3}$ $m/z\ 123(100)$ $\xrightarrow{-CO}$ $m/z\ 95(40)$

图 2.24 邻位(a)、对位(b)二甲氧基苯的质谱

2.4.3 硫醇、硫醚

硫化物的电离电位较相应的氧化物低,硫醇、硫醚的分子离子峰的强度较相应的醇和醚大。碳-硫 σ 键断裂,正电荷往往保留在含硫碎片上。HS^+,$H_2S^{+\cdot}$,CH_2S^+,RS^+等离子都有相当的稳定性。

1. 硫醇

$M^{+\cdot}$ 峰较强,出现 m/z 为(M-33)(M-HS),(M-34)($M-H_2S$),33(HS^+),34($H_2S^{+\cdot}$)及 $m/z\ 47,61,75,89$ 等系列(47+14n)的含硫特征碎片离子峰。同时还出现 C_nH_{2n+1} 及 C_nH_{2n-1} 的烃类碎片峰。图2.25为正十二烷基硫醇的质谱,其外貌与1-十二碳烯(图2.20)相似。分子离子峰 $m/z\ 202(7)$,出现 $m/z\ 168(M-34)$,140(M-34-28)峰及 $m/z\ 47,61,89,$ 103(弱)等 RS^+ 离子峰。

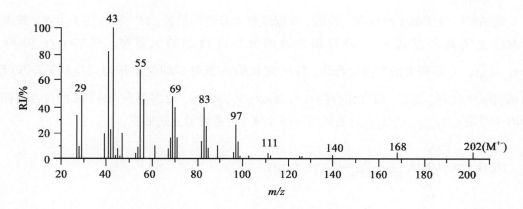

图2.25 正十二烷基硫醇的质谱

2. 硫醚

硫醚的分子离子峰较相应的硫醇强，裂解方式与醚类似，碳-硫 σ 键裂解生成 $C_nH_{2n+1}S^+$ 系列含硫的碎片离子。如己基硫醚：m/z 202（27）为 $M^{+\cdot}$ 峰，两种 σ 键裂解方式均生成 $C_6H_{13}S^+$，其 m/z 为 117（72）；两种 α 裂解均生成 $C_6H_{13}S^+=CH_2$ ，其 m/z 为 131（12），m/z 43（100）为 $C_3H_7^+$。主要裂解过程如下：

$$CH_3-CH_2\underset{29}{\overset{173}{|}}CH_2\underset{43}{\overset{159}{|}}CH_2\underset{57}{\overset{145}{|}}CH_2\underset{71}{\overset{131}{|}}CH_2\underset{85}{\overset{117}{|}}S\underset{117}{\overset{85}{|}}CH_2-C_5H_{11}$$

$$C_6H_{13} \overset{+\cdot}{\underset{\underset{CH-C_4H_9}{|}}{S}} CH_2 \longrightarrow C_6H_{13} \overset{+\cdot}{\underset{\underset{HC-C_4H_9}{|}}{S}} CH_2 \longrightarrow \overset{+}{C}H_2 \atop HC-C_4H_9$$

$$m/z\ 84(28)$$

2.4.4 胺类化合物

1. 脂肪胺

脂肪胺的分子离子峰很弱，仲胺、叔胺或较大分子的伯胺，$M^{+\cdot}$ 峰往往不出现。胺类化合物的主要裂解方式为 α 裂解和经过四元环过渡态的氢重排。强的 m/z 30 峰为 $CH_2 = \overset{+}{N}H_2$，表明为伯胺类化合物。仲胺或叔胺 α 裂解后的氢重排均可得到 m/z 30 峰，但相对强度较弱。总之，胺类化合物可出现 m/z 30,44,58,72 等系列 $30+14n$ 的含氮特征碎片离子峰及 C_nH_{2n+1}, C_nH_{2n-1} 的系列烃类碎片峰。主要裂解方式如下：

$$RCH_2 \overset{\curvearrowleft}{-} CH_2\overset{\cdot+}{N}H_2 \xrightarrow[-RCH_2\cdot]{\alpha} CH_2 = \overset{+}{N}H_2$$
$$m/z\ 30$$

$$RCH_2 \overset{\curvearrowleft}{-} CH_2\overset{\cdot+}{N}HR' \xrightarrow[-RCH_2\cdot]{\alpha} CH_2 = \overset{+}{N}H-R' \xrightarrow[R' \geqslant C_2]{\beta H} CH_2 = \overset{+}{N}H_2$$
$$m/z\ 44+14n \qquad\qquad m/z\ 30$$

$$RCH_2 \overset{\curvearrowleft}{-} CH_2\overset{\cdot+}{N}R'R'' \xrightarrow[-RCH_2\cdot]{\alpha} CH_2 = \overset{+}{N}R'R'' \xrightarrow[R' \geqslant C_2]{\beta H} CH_2 = \overset{+}{N}H-R'' \xrightarrow[R'' \geqslant C_2]{\beta H} CH_2 = \overset{+}{N}H_2$$
$$m/z\ 58+14n \qquad\qquad m/z\ 44+14n \qquad\qquad m/z\ 30$$

丁胺异构体的质谱见图2.26。正丁胺（a）的 α 裂解，m/z 30 为基峰。二乙胺（b）的 α 裂解生成 m/z 58 的基峰；58 峰的 βH 重排，生成 m/z 30(73) 的 $CH_2 = \overset{+}{N}H_2$ 离子。N,N-二甲基乙基胺（c）α 裂解得到 m/z 58(100) 的 $(CH_3)_2N^+ = CH_2$ 离子。

2. 环己胺

分子离子峰较脂肪胺分子离子峰的相对强度大，类似于环己醇的裂解，生成 m/z 为 56 的 $CH_2 = CH-CH = \overset{+}{N}H_2$。

3. 苯胺

苯胺的主要裂解如下：

$$m/z\ 94 \xrightarrow{-HCN} m/z\ 66 \xrightarrow{-H} m/z\ 65 \xrightarrow{-C_2H_2} m/z\ 39$$

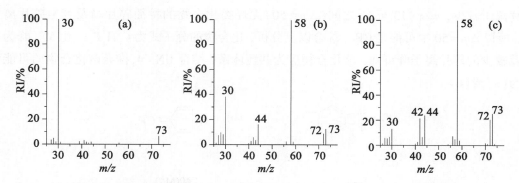

图 2.26　丁胺异构体的质谱((a)正丁胺,(b)二乙胺,(c)N,N-二甲基乙基胺)

2.4.5　卤代烃

脂肪族卤代烃的分子离子峰弱、芳香族卤代烃的分子离子峰强。分子离子峰的相对强度随 F, Cl, Br, I 的顺序依次增大。

卤代烃主要有杂原子的 α 裂解、碳-卤 σ 键断裂及饱和环过渡态氢的重排。氟、氯化物容易发生 α 裂解,溴、碘化物较难。碳-氟(氯)σ 键断裂时,正电荷带在烃类碎片上;而溴代烃或碘代烃的质谱图中往往出现 m/z 79,81(Br⁺)或 m/z 127(I⁺)的碎片峰。

氢重排通式如下:

综合以上分析,卤代烃的质谱图中可见(M−X)⁺,(M−HX)⁺,X⁺及 C_nH_{2n}, C_nH_{2n+1} 系列峰。¹⁹F, ¹²⁷I 无重同位素,对(M+1),(M+2)的相对强度无贡献,它们的存在由(M−19),(M−20)及(M−127), m/z 127 等碎片离子峰来判断。³⁵Cl, ⁷⁹Br 有重同位素存在,碎片离子中 Cl, Br 原子的存在及其数目由其同位素峰簇的相对强度来判断(见 2.2.3)。

在碘苯的质谱图中, m/z 204(100)为 M⁺·峰, m/z 127(12)为 I⁺峰,另外还出现 m/z 77(64),51(25)峰及 m/z 102(11)的双电荷分子离子峰(M⁺⁺)。

在图 2.27 中可见 m/z 127 峰及 m/z 113(M−127)峰,故分子中含有一个碘原子。m/z 240(100)为分子离子峰, m/z 241(6.8)为(M+1)峰,分子中碳原子数目小于或等于6。图中碎片离子较少，m/z 113 至 63 之间（$\Delta m = 50$）无烃类化合物的特征碎片峰及其他碎片离子峰，所以 $\Delta m = 50$ 很可能是 CF_2。综合以上分析，化合物的分子式为 $C_6H_3F_2I$。由 $M^{+\cdot}$ 峰为基峰及较少的碎片离子峰可知，该化合物应为共轭体系，结合 $UN = 4$，推导该化合物的可能结构为（a）或（b）。

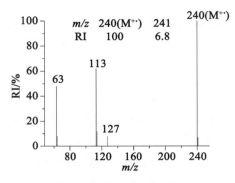

图 2.27　化合物 G 的质谱

由 $M^{+\cdot} \xrightarrow{-I\cdot} 113 \xrightarrow{-CF_2} 63$，及未见（M-19）峰分析，（b）结构更为合理，还有待与其他谱配合（如 ^1H NMR 或 ^{13}C NMR）以进一步确定。

2.4.6　羰基化合物

含羰基化合物（醛、酮、酸、酯、酰胺等）质谱图的共同特征是分子离子峰一般都是可见的，常出现 γ 氢重排的奇电子离子峰（见表 2.8），α 裂解时正电荷往往保留在含氧碎片上，碳-碳 σ 键的异裂生成系列 C_nH_{2n+1} 的碎片离子峰。

主要裂解如下：

$$（X=H,R,OH,OR,NH_2,NHR 等）$$

1. 醛

脂肪醛有明显的分子离子峰，α 裂解生成(M−1)(M−H)，(M−29)(M−CHO)和强的 *m/z* 为 29(HCO^+)的离子峰，同时伴随有 *m/z* 43，57，71 等烃类的特征碎片峰。发生 γ 氢重排时，生成 *m/z* 为 44(或 44+14*n*)的奇电子离子峰。

乙醛、丙醛：*m/z* 29(100)，α 位无取代基时，丁醛以上的醛 *m/z* 44 的峰为基峰或强峰。例如正戊醛 *m/z* 44(100)；正壬醛 *m/z* 44(70)，*m/z* 57(100)；2-甲基丁醛 *m/z* 57(100)；γ 氢重排 *m/z* 58(65)。

芳醛的 $M^{+\cdot}$ 峰强，苯甲醛 *m/z* 105(100)的峰为(M−1)峰，裂解过程如下：

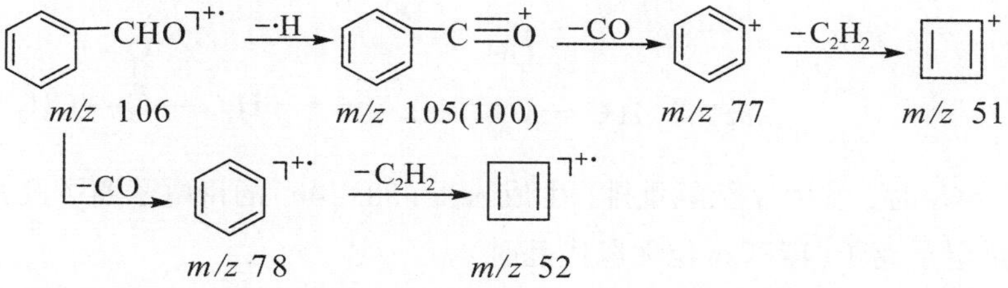
CHO
−·H
C≡O
−CO
−C_2H_2
m/z 106
m/z 105(100)
m/z 77
m/z 51
−CO
−C_2H_2
m/z 78
m/z 52

水杨醛的质谱见图2.28。*m/z* 122(100)为 $M^{+\cdot}$ 峰，*m/z* 121(91)为(M−1)峰，裂解过程如下：

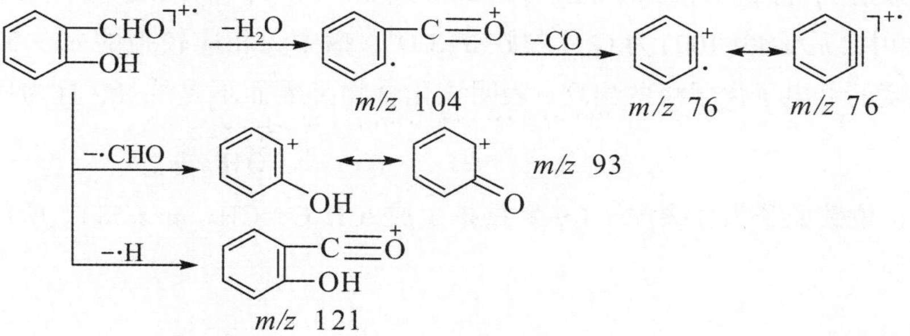
CHO
OH
−H_2O
C≡O
−CO
m/z 104
m/z 76
m/z 76
−·CHO
OH
O
m/z 93
−·H
C≡O
OH
m/z 121

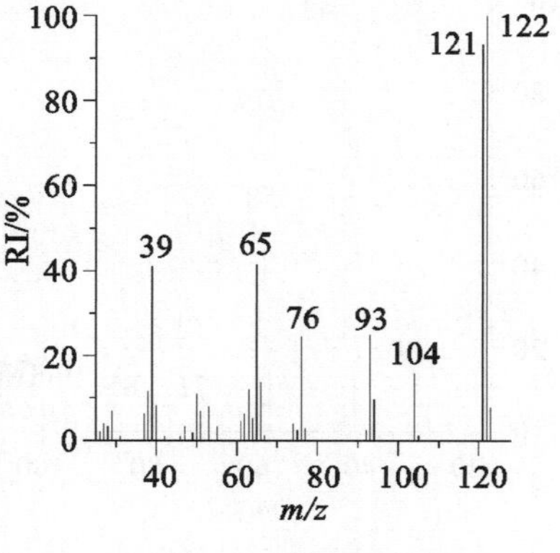
100
80
60
40
20
0
RI/%
39
65
76
93
104
121
122
40
60
80
100
120
m/z

图 2.28 水杨醛的质谱

2. 酮

酮类化合物分子离子峰较强，主要裂解方式为两种 α 裂解(优先失去大基团)及 γ 氢的重排。

$$R^+ \xleftarrow{-CO} R-\overset{\overset{O}{\|}}{C} \xleftarrow{\alpha} R'-\overset{\overset{+\cdot}{\overset{O}{\|}}}{C}-R \xrightarrow{\alpha} R'-\overset{\overset{+}{\overset{O}{\|}}}{C} \xrightarrow{-CO} R'^+$$

$$m/z\ 58+14n\quad CH_2{=}\overset{\overset{+\cdot}{OH}}{C}-R \qquad \downarrow \gamma H \qquad CH_2{=}\overset{\overset{+\cdot}{OH}}{C}-R'\quad m/z\ 58+14n$$

$$\downarrow \gamma H \qquad\qquad\qquad\qquad \downarrow \gamma H$$

$$m/z\ 58\quad H_3C-\overset{\overset{+\cdot}{OH}}{C}{=}CH_2 \longleftrightarrow H_3C-\overset{\overset{+\cdot}{\overset{O}{\|}}}{C}-CH_3$$

当 R，R′≥C₃ 时，发生 γ 位氢重排，生成 m/z (58+14n)的奇电子离子及其再次重排生成 m/z 58 的奇电子离子(羰基 α 位无取代基时)。

除重排离子外，酮类化合物的质谱图中大多数碎片离子(包括分子离子)的质荷比在数值上与烃类化合物碎片离子的质荷比(43，57，71，…)一致，但两者的相对强度(谱图外貌)不同，尤其是 γ 氢重排生成的 OE$^{+\cdot}$(m/z 58 或 58+14n)，可用来识别酮类化合物。

在图2.29中，m/z 43(100)为 $C_3H_7^+$ 或 CH_3CO^+，谱中无相应较强的 m/z 57 峰，m/z 为 58 的中等强度的奇电子离子峰的出现，表明该化合物是酮而不是烷烃，且为甲基酮，与乙酰基相连的 α 位碳原子为仲碳原子(γ 氢重排生成 $CH_3\overset{\overset{+\cdot}{OH}}{C}{=}CH_2$ m/z 58)。所以图2.29的可能结构为

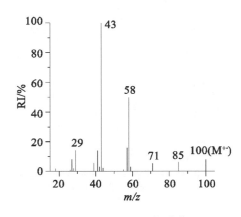

图 2.29　$C_6H_{12}O$ 的质谱

（a）$CH_3\overset{O}{\overset{\|}{C}}—CH_2CH_2CH_2CH_3$， （b）$CH_3\overset{O}{\overset{\|}{C}}—CH_2—CH(CH_3)_2$

（a）与（b）结构的 α 裂解均可生成 m/z 43 及（M-15）的碎片峰，γ 位氢的重排也均可生成 m/z 为 58 的奇电子离子峰，故确定其结构还需与 ¹H NMR 或 IR 配合。该化合物的结构为 b。

芳酮的分子离子峰明显增强。1-苯基-1-丁酮的质谱见图2.30。图中 m/z 148（29）为 M⁺· 峰，m/z 105（100）为苯甲酰基离子的碎片峰，主要裂解过程如下：

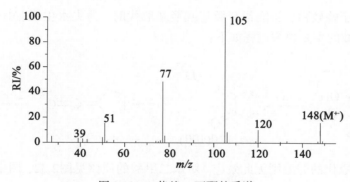

图 2.30　1-苯基-1-丁酮的质谱

3. 羧酸类

脂肪族一元酸的 M⁺· 峰弱，其相对强度随分子量的增大而降低。小分子羧酸出现（M-17）（M-OH），（M-45）（M-COOH），m/z 45（$\overset{+}{C}OOH$）峰及烃类的系列碎片峰。γ 氢重排生成强的 m/z 为 60 的羧酸特征离子峰。

长链烷基羧酸的碳-碳 σ 键断裂，正电荷带在含羧基的碎片离子上或烷基上。前者给出 m/z 比 C_nH_{2n+1} 高 2 个质量单位的系列含氧碎片峰（如 45，59，73，…）。

羧酸 α 位有取代基 R′ 时，γ 氢重排生成 m/z 为（60+14n）的奇电子离子，若 R′≥C₂，则可发生第二次 γ 氢重排，生成 m/z 为 60 的乙酸分子的离子。

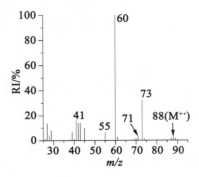

图 2.31　正丁酸的质谱

芳酸分子离子峰较强，邻位若有烃基或羟基取代时，易失水生成（M−18）的奇电子离子。邻羟基苯甲酸的主要裂解过程如下：

m/z 138　　　　m/z 120(100)　　　　m/z 92　　　　m/z 64

间位或对位取代的芳酸则无此效应。对苯二甲酸的质谱见图2.32，图中m/z 166（85）为 $M^{+\cdot}$ 峰，m/z 149（100）为（M−OH）峰，m/z 121（28）为（M−OH−CO）峰。

4. 酯类化合物

酯类化合物中甲酯或乙酯的质谱图中有明显的分子离子峰，其相对强度随分子量的增大而减弱，但当 R 基中 $n \geqslant 7$ 时，$M^{+\cdot}$ 峰的相对强度又有所增加。酯类的主要裂解方式如下：

$$R \dashv CH_2 \dashv CH_2 \dashv \overset{\alpha}{C} \overset{O}{\underset{}{}} \overset{\alpha}{O} \dashv CH_2 \dashv CH_2 \dashv R'$$

分子中的羰基氧和酯基氧都可引发裂解，α 裂解生成（M−OR）或（M−R）的离子，前者较为重要，可用于判断酯的类型，如甲酯出现（M−31）（M−OCH₃）、乙酯出现（M−45）（M−OC₂H₅）的离子峰。σ 键断裂、γ 氢的重排及酯的双氢重排等裂解反应均有可能发生，碳-碳 σ 键断裂生成 $C_nH_{2n}COOR$ 系列的 m/z 为 73，87，101 等 $\Delta m = 14$ 的含氧碎片峰。

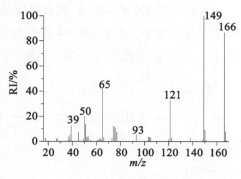

图 2.32　对苯二甲酸的质谱

　　人们对甲酯的质谱研究较多，这是因为甲酯的挥发度较相应的脂肪酸高，通常可将脂肪酸制备成甲酯衍生物再测质谱。

　　正十一酸甲酯的质谱见图 2.33，图中 m/z 200(16) 为 $M^{+\cdot}$ 峰，m/z 74(100) 为 γ 氢的重排峰，m/z 171，157，143，129，115，101，87 的系列峰为 $C_nH_{2n}COOR$ 的碎片离子峰，主要裂解过程如下：

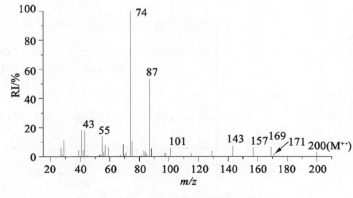

图 2.33　正十一酸甲酯的质谱

63

甲酯类化合物羰基的 α 位若有取代基(R')时，γ 氢重排生成 m/z（$74+14n$）的碎片离子；当 $R' \geqslant C_2$ 时，可进行第二次 γ 氢重排，生成 m/z 74 的奇电子离子。长链烷酸乙酯、丙酯等经第二次 γ 氢重排生成 m/z 为 60 的乙酸小分子奇电子离子。

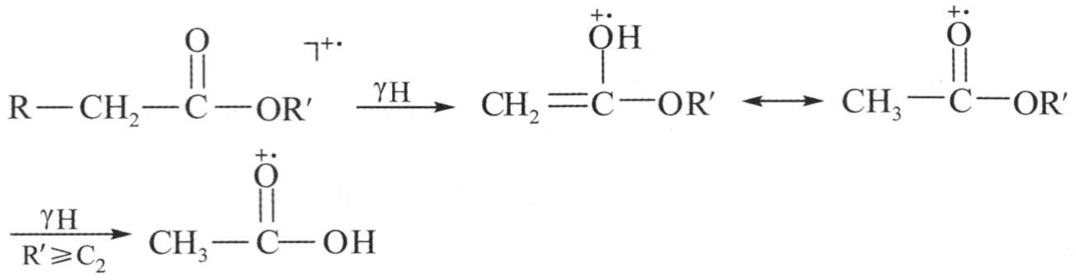

$$R-CH_2-\overset{O}{\overset{\|}{C}}-OR' \ \Big]^{+\cdot} \xrightarrow{\gamma H} CH_2=\overset{\overset{+}{O}H}{\overset{|}{C}}-OR' \longleftrightarrow CH_3-\overset{\overset{+\cdot}{O}}{\overset{\|}{C}}-OR'$$

$$\xrightarrow[R' \geqslant C_2]{\gamma H} CH_3-\overset{\overset{+\cdot}{O}}{\overset{\|}{C}}-OH$$

乙酯以上的酯都可发生酯的双氢重排生成 m/z（$61+14n$）的偶电子离子。

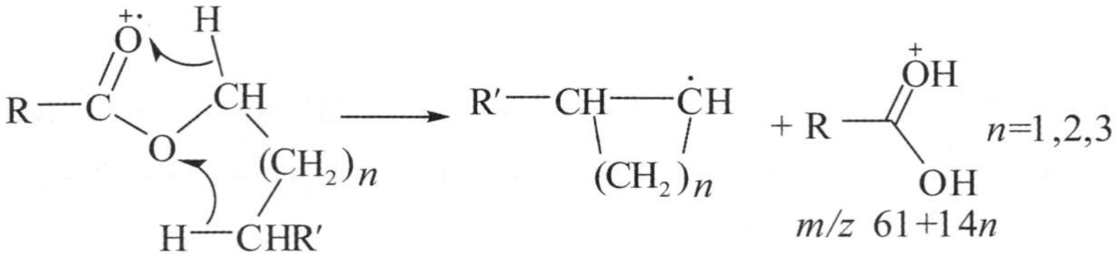

$$R'-CH \dot{-} \dot{C}H + R-\overset{+}{\underset{OH}{\overset{OH}{C}}} \quad n=1,2,3$$
$$\quad m/z\ 61+14n$$

例如在苯甲酸己酯的质谱中，m/z 206 为 $M^{+\cdot}$ 峰；m/z 105（100）为 α 裂解生成的

$C_6H_5CO^+$ 峰；m/z 123（93）为酯的双氢重排产生的 $C_6H_5\overset{\overset{+}{O}H}{\overset{|}{C}}-OH$ 峰。而在对甲基苯甲酸甲酯的质谱图中，m/z 119（100）为对甲基苯甲酰离子。

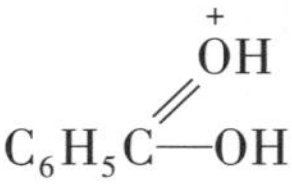

5. 酰胺类化合物

酰胺类化合物有明显的分子离子峰，其裂解反应与酯类化合物类似，酰基的氧原子和氮原子均可引发裂解。

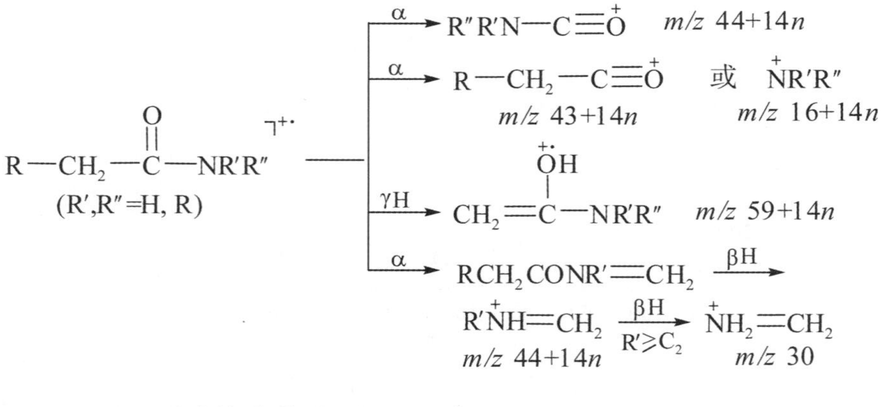

$$R-CH_2-\overset{O}{\overset{\|}{C}}-NR'R''\ \Big]^{+\cdot}$$
$$(R',R''=H, R)$$

$\xrightarrow{\alpha} R''R'N-C\equiv\overset{+}{}O \quad m/z\ 44+14n$

$\xrightarrow{\alpha} R-CH_2-C\equiv\overset{+}{}O \quad$ 或 $\quad \overset{+}{N}R'R'' \quad m/z\ 16+14n$
$\qquad m/z\ 43+14n$

$\xrightarrow{\gamma H} CH_2=\overset{\overset{+}{O}H}{\overset{|}{C}}-NR'R'' \quad m/z\ 59+14n$

$\xrightarrow{\alpha} RCH_2CONR'=CH_2 \xrightarrow{\beta H}$
$R'\overset{+}{N}H=CH_2 \xrightarrow[R' \geqslant C_2]{\beta H} \overset{+}{N}H_2=CH_2$
$m/z\ 44+14n \qquad\qquad m/z\ 30$

在 N,N-二乙基乙酰胺的质谱图（图 2.34）中，m/z 115 为 $M^{+\cdot}$ 峰，m/z 58 为基峰，还出

现 m/z 为 100 的（M-15）峰，该碎片离子为 α 裂解所产生；碳-氮 σ 键断裂生成 m/z 为 86（M-29）的碎片峰。主要裂解过程如下：

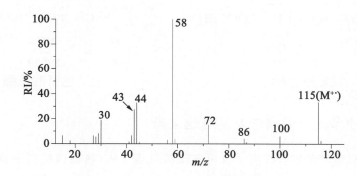

图 2.34 N,N-二乙基乙酰胺的质谱

6. 氨基酸与氨基酸酯

氨基酸主要有两种 α 裂解途径，生成酸碎片离子和胺碎片离子。后者的相对强度更大。

氨基酸的蒸气压较低，通常将其制备成氨基酸酯后进行测定。氨基酸酯也以两种 α 裂解为主，生成的含氮碎片离子的稳定性强。常见氨基酸乙酯的主要碎片离子的 m/z 如下：

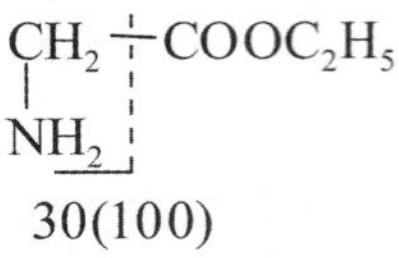

44(100)　　　　　　31 102

CH₂┼COOC₂H₅　　CH₃┼CH┼COOC₂H₅　　H₂C┼CH┼CH₂COOC₂H₅

NH₂　　　　　　　　　NH₂　　　　　　　OH　NH₂

30(100)　　　　　　102　　　　　　　　60(100)

甘氨酸乙酯 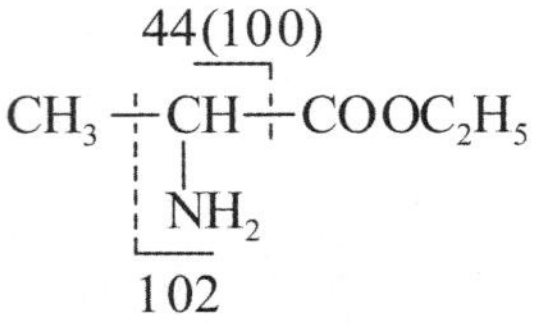　　　　　丙氨酸乙酯 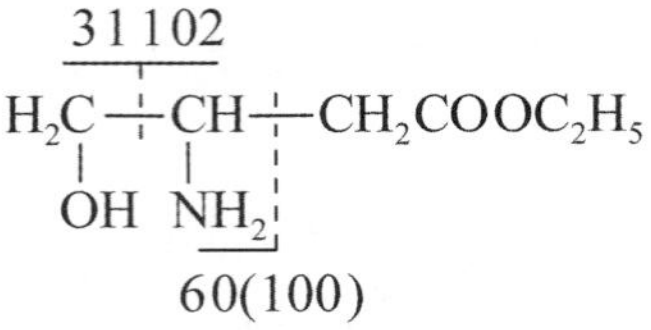　　　　　丝氨酸乙酯

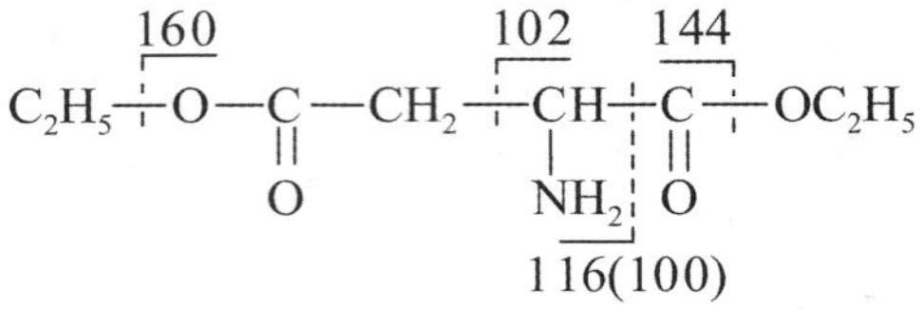

160　　　　102　144　　　　　　91 102

C₂H₅┼O—C—CH₂┼CH┼C┼OC₂H₅　　CH₂┼CH┼COOC₂H₅

O　　　　NH₂ O　　　　　　NH₂

116(100)　　　　　　　　　　120(100)

天冬氨酸乙酯 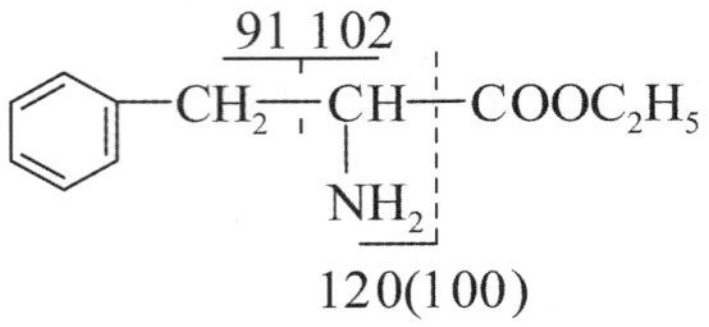　　　　　　　　　　苯丙氨酸乙酯

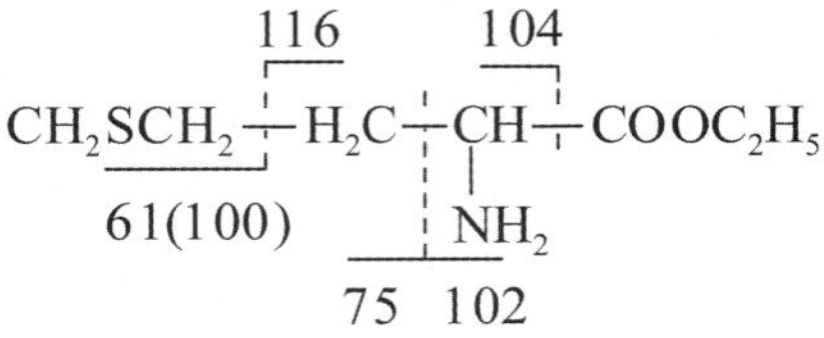

116　　　104　　　　　130(100)　102

CH₂SCH₂┼H₂C┼CH┼COOC₂H₅　　CH₂┼CH┼COOC₂H₅

61(100)　　　NH₂　　　　　　　　　　NH₂

75　102　　　　　　　　　159

蛋氨酸乙酯 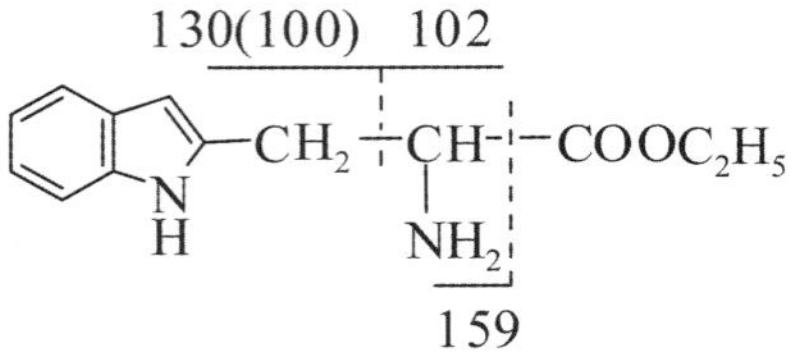　　　　　　　　　　色氨酸乙酯

2.4.7　质谱图中常见碎片离子及其可能来源

质谱图中常见低质荷比碎片离子及可能来源见表 2.9。熟悉这些离子及其可能来源对解析质谱及推导化合物的结构大有帮助。

表 2.9　　　　　　　　　　**质谱图中常见碎片离子及其可能来源**

m/z	元素组成或结构	可能来源	m/z	元素组成或结构	可能来源
29	CHO⁺	醛，酚，呋喃	47	CH₂＝SH⁺	甲硫醚，硫醇
	C₂H₅⁺	含烷基化合物	50	C₄H₂⁺·	芳基，吡啶基化合物
30	CH₂＝NH₂⁺	脂肪胺	51	C₄H₃⁺	同上
31	CH₂＝OH⁺	醇，醚，缩醛	52	C₄H₄⁺·	同上
	CH₃O⁺	甲酯类	55	C₄H₇⁺	烷，烯，丁酯，伯醇，硫醚
33	CH₃OH₂⁺	醇，多元醇，羟基酯		C₃H₃O⁺	环酮

m/z	元素组成或结构	可能来源	m/z	元素组成或结构	可能来源
34	$H_2S^{+}\cdot$	硫醇,硫醚	56	$C_3H_6N^+$	环胺
35	H_3S^+	硫醇,硫醚		$C_4H_8^{+}\cdot$	环烷,戊基酮等
	Cl^+	氯化物	57	$C_4H_9^+$	丁基化物,环醇,醚
36	$HCl^{+}\cdot$	氯化物	58	$CH_3\overset{+\cdot}{C}\ O\ CH_3$	甲基酮
39	$C_3H_3^+$	烯,炔,芳香化物		$(CH_3)_2\overset{+}{N}{=}CH_2$	脂肪叔胺
41	$C_3H_5^+$	烷,烯,醇		$EtCH{=}\overset{+}{N}H_2$	α-乙基伯胺
42	$C_3H_6^{+}\cdot$	环烷烃,环烯,戊酰基	59	$C_3H_7O^+$	α-取代醇,醚
	$C_2H_4N^+$	环氮丙烷类		$COOCH_3^+$	甲酯
43	CH_3CO^+	含 CH_3CO-化合物		$CH_2{=}C(OH)\ \overset{+\cdot}{N}H_2$	伯酰胺
	$CONH^{+}\cdot$	伯酰胺类	60	$CH_2{=}C(OH)_2\rceil^{+\cdot}$	羧酸
	$C_3H_7^+$	烃基,丁酰基		$C_2H_4S^{+}\cdot$	饱和含硫杂环
44	$C_2H_6N^+$	脂肪胺	61	$CH_3COOH_2^+$	醋酸酯的双氢重排
	$CONH_2^+$	伯酰胺		$C_2H_5S^+$	硫醚
	$CH_2{=}CH{-}OH^{+}\cdot$	脂肪醛	63	$C_5H_3^+$	芳香化物
45	$COOH^+$	脂肪酸	64	$C_5H_4^{+}\cdot$	同上
	$C_2H_5O^+$	含乙氧基化物	65	$C_5H_5^+$	芳香化物
	$CH_2{=}\overset{+}{O}{-}CH_3$	甲基醚	66	$C_5H_6^{+}\cdot$	同上,酚类
	$CH_3{-}CH{=}\overset{+}{O}H$	α-甲基醇	77	$C_6H_5^+$	苯基取代物
	$HC{\equiv}S^+$	硫醇,硫醚	78	$C_6H_6^{+}\cdot$	同上
			79	$C_6H_7^+$, Br^+	芳香化物,溴代烃
46	NO_2^+	硝酸酯	80	$HBr^{+}\cdot$	溴代烃
	CH_2S^+	硫醚	91	$C_7H_7^+$	苄基化合物
			94	$C_6H_6O^{+}\cdot$	苯醚,苯酚类
			105	$C_6H_5CO^+$	苯甲酰类化合物

2.5 质谱中的非氢重排

有机质谱反应有简单裂解反应和重排裂解反应。重排反应包括氢的重排反应及非氢重排反应。氢的重排反应(见 2.3.2)是指自由基位置引发的含不饱和键的化合物中 γ 氢的重排反应和含杂原子化合物经过四元、五元或六元环过渡态氢的重排反应,偶电子离子(诱导)的 β 氢重排反应及酯的双氢重排反应等。

非氢重排反应过程中无氢的转移,只有骨架的重排或基团的重排发生。分析这些重排裂解的碎片离子,对推导化合物的结构及解析质谱是很有用的。这类重排主要有环化取代重排和消去重排。

2.5.1　环化取代重排(cyclization displacement rearrangement)

环化取代重排在反应式中用符号"rd"表示,是由自由基位置引发而发生的环化反应,反应过程中发生原化学键断裂(自由基被取代下来)同时生成新键。环化取代重排在含饱和杂原子的长链烷基化合物中可见。例如 ω-氯代十二烷中 m/z 91(100)的含氯碎片离子及 m/z 105(25)的含氯碎片离子,都是由于环化取代重排产生的。

$$\text{C}_8\text{H}_{17} \overset{\cdot\cdot+}{\text{Cl}} \xrightarrow{\text{rd}} \overset{+}{\text{Cl}} + \text{C}_8\text{H}_{17}\cdot \quad , \quad \text{C}_7\text{H}_{15} \overset{\cdot\cdot+}{\text{Cl}} \xrightarrow{\text{rd}} \overset{+}{\text{Cl}} + \text{C}_7\text{H}_{15}\cdot$$

$$m/z\ 91(100) \qquad\qquad\qquad m/z\ 105(25)$$

尽管在反应中氯给出电子的能力极弱,但生成的碳-氯键可以补偿碳-碳键裂解所需的能量,这对反应是有利的。

链长大于 6 个碳原子的溴代烃,也可以通过环化取代重排,丢失 R 自由基,形成含溴的五元或六元环碎片离子,五元环溴离子更加稳定。

长链烷基卤代烃、硫醇、硫醚及伯胺类化合物也发生环化取代重排,生成较稳定的含硫、氮的环状碎片离子。如:

m/z:　　 135　　　 149　　　 89　　　 103　　　 86

2.5.2　消去重排(elimination rearrangement)

消去重排通常用符号"re"表示。该重排与氢的重排类似,只不过反应过程中迁移的是一种基团，而不是氢自由基。消去反应中消去的是小分子或自由基碎片，如 CO，CO_2，CS_2，SO_2，HCN，CH_3CN，CH_3 等。

消去重排形式多样，在此仅举一些例子供解析质谱时开阔思路。

1. 烷基迁移

$$HC\equiv C-COO-CH_3 \rceil^{+\cdot} \xrightarrow[-CO_2]{re} HC\equiv C-CH_3 \rceil^{+\cdot} \quad m/z\ 40$$

$$C_6H_5NH-COO-C_2H_5 \rceil^{+\cdot} \xrightarrow[-CO_2]{re} C_6H_5NH-C_2H_5 \rceil^{+\cdot} \quad m/z\ 121$$

$$RCH_2O-CH_2O-CH_2R' \rceil^{+\cdot} \xrightarrow[-CH_2O]{re} RCH_2O-CH_2R' \rceil^{+\cdot}$$

2. 苯基迁移

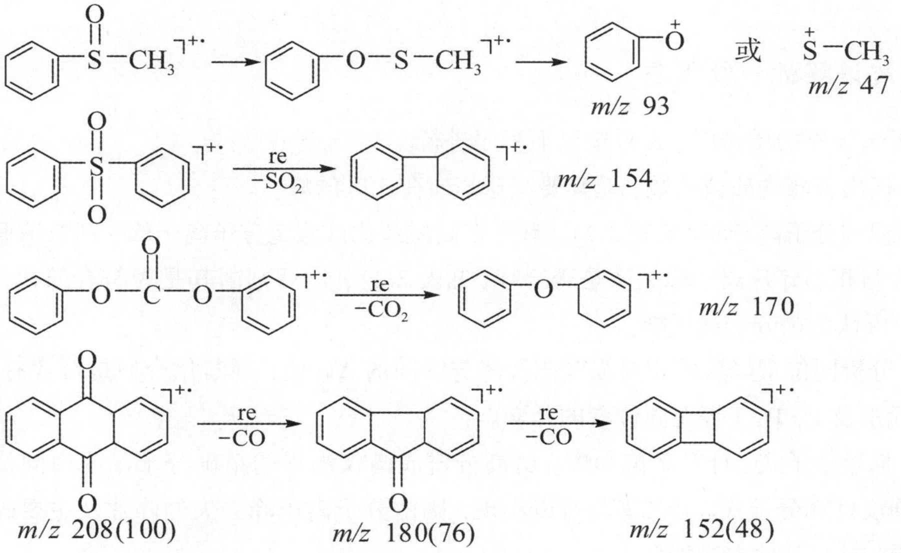

$$m/z\ 93 \qquad 或 \qquad m/z\ 47$$

$$m/z\ 154$$

$$m/z\ 170$$

$$m/z\ 208(100) \qquad m/z\ 180(76) \qquad m/z\ 152(48)$$

3. 烷氧基迁移

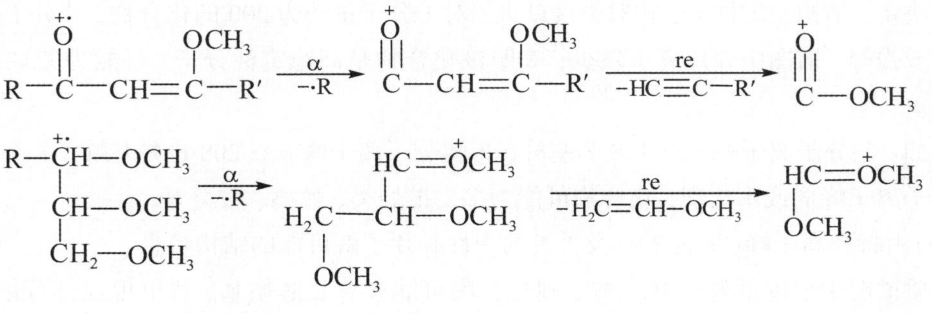

4. 氨基的迁移

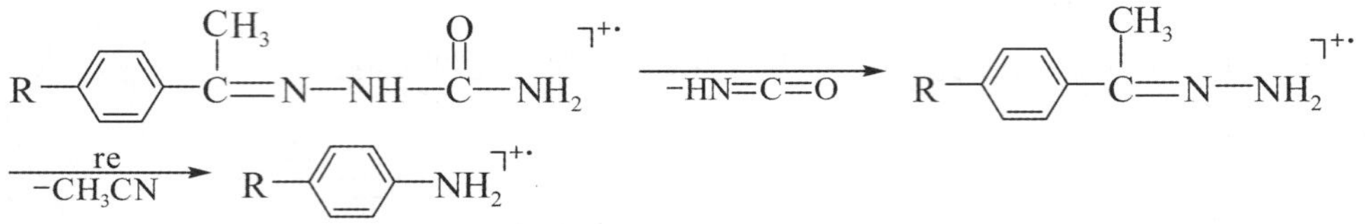

非氢重排形式多样，比较复杂，在重排反应中丢失的中性分子或中性碎片以及生成的碎片离子，往往并不存在于原来的分子中，而是经过骨架的重排形成的。这给质谱解释及结构推导带来一定的困难。在运用这些重排规律时应慎重。

2.6 质谱解析及应用

2.6.1 质谱解析一般程序

解析未知样的质谱图，大致按以下程序进行。

(1)标出各峰的质荷比数，尤其要注意高质荷比区的峰。

(2)识别分子离子峰(见表2.2)。首先在高质荷比区假定分子离子峰，判断该假定的分子离子峰与相邻碎片离子峰关系是否合理(见表2.2)，然后判断其是否符合氮律。若两者均相符，可认为是分子离子峰。

(3)分析同位素峰簇的相对强度比及峰与峰间的 Δm 值，判断化合物是否含有 Cl, Br, S, Si 等元素及 F, P, I 等无同位素的元素。

(4)推导分子式，计算不饱和度。由高分辨质谱仪测得的精确分子量或由同位素峰簇的相对强度计算分子式。若二者均难以实现，则由分子离子峰丢失的碎片及主要碎片离子进行推导，或与其他方法配合。

(5)由分子离子峰的相对强度了解分子结构的信息。分子离子峰的相对强度由分子的结构所决定，结构稳定性大，相对强度就大。对于分子量约为 200 的化合物，若分子离子峰为基峰或强峰，谱图中碎片离子较少，表明该化合物是高稳定性分子，可能为芳烃或稠环化合物。

例如：萘分子离子峰 m/z 128 为基峰，蒽醌分子离子峰 m/z 208 也是基峰。

分子离子峰弱或不出现，化合物可能为多支链烃类、醇类、酸类等。

(6)由特征离子峰(见表2.9)及丢失的中性碎片了解可能的结构信息。

若质谱图中出现系列 C_nH_{2n+1} 峰，则化合物可能含有长链烷基。若出现或部分出现 m/z 77, 66, 65, 51, 40, 39 等弱的碎片离子峰，表明化合物含有苯基。若 m/z 91 或 105 为基峰或强峰,表明化合物含有苄基或苯甲酰基。若质谱图中基峰或强峰出现在质荷比的中部,而其他碎片离子峰少,则化合物可能由两部分结构较稳定,其间由容易断裂的弱键相连。如菸碱:

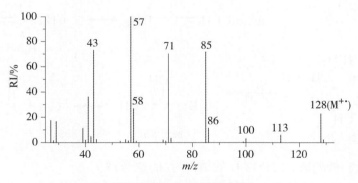

$$m/z\ 84(100)$$

(7)综合分析以上得到的全部信息,结合分子式及不饱和度,推导出化合物的可能结构。

(8)分析所推导的可能结构的裂解机理,看其是否与质谱图相符,确定其结构,并进一步解释质谱,或与标准谱图比较,或与其他谱(^{1}H NMR,^{13}C NMR,IR)配合,确证结构。

2.6.2 质谱解析实例

例 1 化合物 H 的质谱如图 2.35 所示,由谱图推导其结构。

图 2.35 化合物 H 的质谱

解:设高质荷比区 m/z 128 为 M$^{+ \cdot}$ 峰,与相邻碎片离子峰 m/z 100(M-28),m/z 99(M-29)之间关系合理,故该峰为分子离子峰,其质荷比为偶数,表明分子中不含氮或含偶数氮。

图中出现 m/z 43(100)及 m/z 57,71,85,99 等系列 C_nH_{2n+1} 或 $C_nH_{2n+1}CO$ 碎片离子峰,无明显含氮的特征碎片峰(m/z 30,44,…),可认为化合物不含氮,图中无苯基的特征峰。

图中还出现 m/z 58,86,100 的奇电子离子峰应为 γ 氢的重排峰,表明化合物含有 C═O ,结合无明显(M-1)(M-H),(M-45)(M-COOH),(M-OR)的离子峰(可排除为醛、酸、酯类化合物的可能性),可认为该化合物为酮类化合物。

71

由 m/z 100 的 （M－28）（M－CH$_2$＝CH$_2$） 及 m/z 86 的（M－42）（M－C$_3$H$_6$）的奇电子离子峰可知分子中有以下基团存在：CH$_3$CH$_2$CH$_2$CO—， CH$_3$CH$_2$CH$_2$CH$_2$CO— 或（CH$_3$）$_2$CHCH$_2$CO—。

由于 M$^{+\cdot}$ 的 m/z 为 128，可导出化合物 H 的分子式为 C$_8$H$_{16}$O，UN＝1，化合物 H 的可能结构：（a）CH$_3$CH$_2$CH$_2$COCH$_2$CH$_2$CH$_2$CH$_3$，（b）CH$_3$CH$_2$CH$_2$COCH$_2$CH（CH$_3$）$_2$。

主要裂解过程如下：

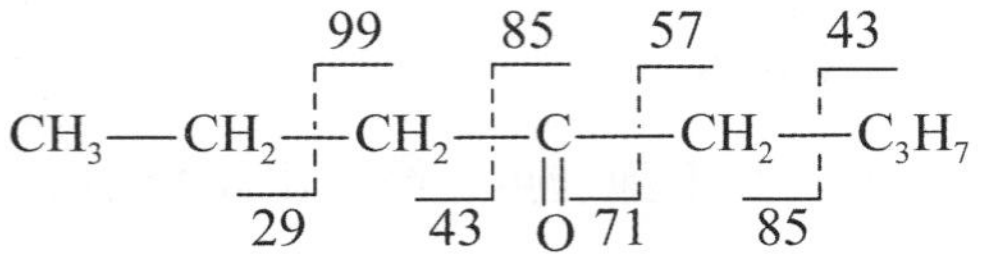

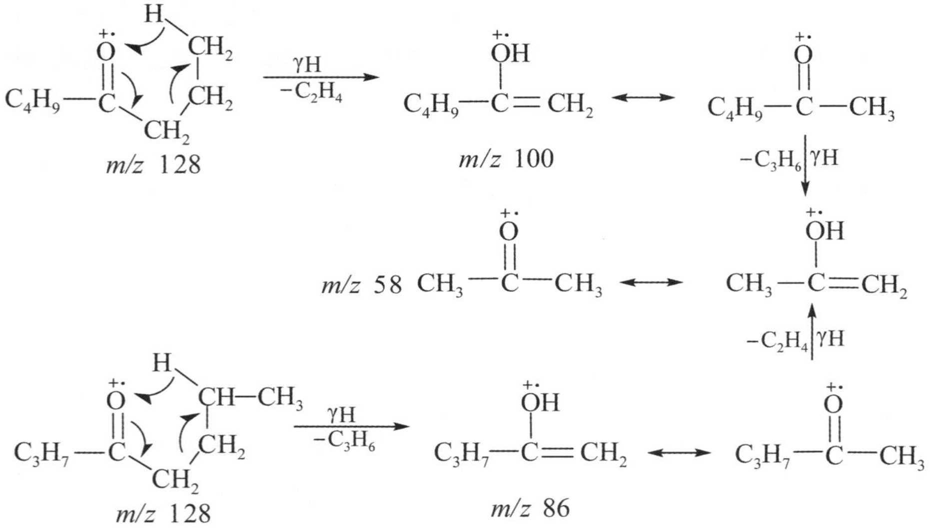

由 m/z 113（M－15）峰判断，化合物 H 的结构为（b）更合理。

例 2 化合物 I 的质谱图如图 2.36 所示，推导其结构。谱中 m/z 106（82.0），m/z 107（4.3），m/z 108（3.8）。

解：由图 2.36 可知，高质荷比区相对强度较大的峰的 m/z 106（82.0）与相邻质荷比较小的碎片离子峰（m/z 91）关系合理，可认为 m/z 106 的峰为分子离子峰，分子中不含氮或含偶数氮。由 RI（M+1）/RI（M）×100＝5.2，RI（M+2）/RI（M）×100＝4.7 可知，分子中含有一个硫原子，分子中其他原子的数目计算如下：

设氮原子数目为零（$z＝0$），则

$$x＝(5.2-0.8)/1.1 \approx 4$$

$$w＝[(4.7-4.4)-(1.1 \times 4)^2/100]/0.2 \approx 1$$

$$y＝106-32-12 \times 4-16＝10$$

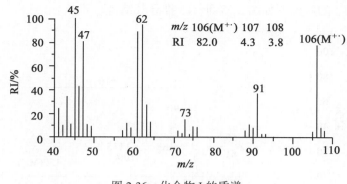

图 2.36 化合物 I 的质谱

若设氮原子数目为 2，计算偏差大，所以化合物 I 的分子式为 $C_4H_{10}OS$，$UN=0$。

图中可见 m/z 为 45，59 的含氧碎片离子峰及 m/z 为 47，61，62 的含硫碎片离子峰，故可认为上述分子式合理。m/z 为 45（100）的 $C_2H_5O^+$ 可能是由 α-甲基仲醇的 α 裂解，生成 $CH_3CH{=\!=}\overset{+}{O}H$ 的碎片离子，结合图中弱的 m/z 为 89（M-17）及 88（M-18）离子峰，可认为 I 为醇类化合物。

$m/z\ 47(CH_3S^+)$ 及 $m/z\ 61(C_2H_5S^+)$ 的碎片离子峰表明分子中存在 CH_3CH_2S 基或 CH_3SCH_2 基。综合以上分析，I 的可能结构为

$$\text{(a)}\ \underset{}{CH_3{-}\overset{\displaystyle OH}{\overset{|}{CH}}{-}CH_2{-}S{-}CH_3}, \qquad \text{(b)}\ CH_3{-}\overset{\displaystyle OH}{\overset{|}{CH}}{-}S{-}CH_2{-}CH_3$$

由 $m/z\ 45$ 的峰为基峰可知，结构（a）更为合理。

主要裂解过程如下：

$$\underset{91\quad 45\qquad 59}{CH_3{-}\overset{\displaystyle OH}{\overset{|}{CH}}{-}\overset{\displaystyle 61}{CH_2}{-}\overset{\displaystyle 47}{S}{-}CH_3}$$

$$CH_3\overset{+\cdot}{\underset{|}{S}}{-}CH_2 \cdots \underset{}{H{-}O{-}CHCH_3} \longrightarrow CH_3{-}SH{=\!=}CH_2 \rceil^{+\cdot} \quad m/z\ 62$$

$$\underset{m/z\ 106}{\overset{\displaystyle HO}{\underset{H\ CH_2{-}S{-}CH_2}{\overset{|}{CH}{-}CH_3}}} \rceil^{+\cdot} \xrightarrow{-H_2O} \underset{m/z\ 88}{H_2C{-}CH{-}CH_3 \atop S{-}CH_2} \rceil^{+\cdot} \xrightarrow{-\cdot CH_3} \underset{m/z\ 73}{H_2C{-}CH^+ \atop S{-}CH_2}$$

例 3 化合物 J 的质谱图如图 2.37 所示，推导其结构。

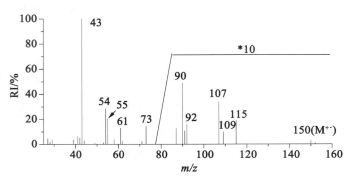

图 2.37 化合物 J 的质谱

解：图 2.37 中高质荷比区放大十倍后可见分子离子峰，表明化合物分子是相当不稳定的。m/z 150 为分子离子峰，$M^{+\cdot}$ 与相邻碎片离子 m/z 135（M-15）关系合理。m/z 43 为基峰，结合图中无较强的 m/z 29，57，71 等烃类碎片离子峰出现，可知 m/z 43 应为 CH_3CO^+。m/z 61 的碎

片峰可能是含硫的碎片离子峰或乙酸酯的双氢重排峰（ $CH_3\overset{+}{\underset{\overset{\|}{OH}}{C}}-OH$ ），因图中不见其他含硫碎片的特征峰（如 m/z 33，34，47，75 等），故可认为化合物 J 不含硫，是乙酸酯类化合物。由 m/z 90 与 92，107 与 109 的两对相对强度比均接近 3 : 1 的碎片离子峰可知，分子中含有一个氯原子。结合 m/z 为 73，87，101，115 的系列 $\Delta m = 14$ 的含氧碎片峰可知，分子中含有

$CH_3\overset{O}{\overset{\|}{C}}-OCH_2CH_2CH_2CH_2-$ 基。

综合以上分析可知，化合物 J 的分子式为 $C_6H_{11}OCl$，$UN = 1$，结构为

$$CH_3COOCH_2CH_2CH_2CH_2Cl$$

主要裂解过程如下：

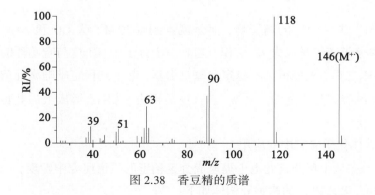

2.6.3 质谱应用实例

1. 质谱在天然产物分析中的应用

在天然有机化合物的研究中，提取、分离、鉴定和结构测定，是几项主要工作，而质谱是对化合物鉴定和结构测定的重要手段之一[19]。如对连翘主要活性成分 HPLC/MS 的分析中共分离出 51 个组分，包括 24 个苯乙醇苷类，21 个木脂素和 6 个黄酮醇，其中 17 个新化合物为首次报道[20]。

香豆精类化合物[21]（如香豆精、脱肠草内酯、花椒素等）的基本母核是苯骈吡喃酮环。香豆精（coumarin）是香豆精类化合物中最简单的化合物。在电子轰击下，首先是吡喃酮环的裂解，其质谱图见图2.38。图中 m/z 146（73）为 $M^{+\cdot}$ 峰，m/z 118（100）为（M−28），m/z 为 95.4 的亚稳离子，证实了 m/z 118 是由 $M^{+\cdot}$ 丢失 CO 产生的；m/z 68.6 的 m^* 证实了 m/z 90 是由 m/z 118 裂解产生的。主要裂解过程如下，∗ 表示由亚稳离子峰证实的裂解。

图 2.38　香豆精的质谱

脱肠草内酯(herniarin)的质谱见图2.39。

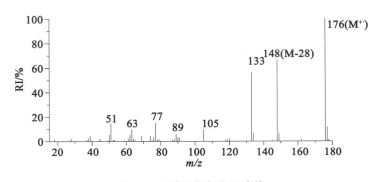

图 2.39 脱肠草内酯的质谱

m/z 176(100)为 $M^{+\cdot}$ 峰，强的碎片离子m/z 148(M-CO)及 m/z 133(M-CO-CH$_3$)的裂解过程如下：

$$m/z\ 148 \xrightarrow{-CO} m/z\ 120 \xrightarrow{-\cdot OCH_3} m/z\ 89 \xrightarrow{-C_2H_2} m/z\ 63$$

$$m/z\ 133 \xrightarrow{-CO} m/z\ 105 \xrightarrow{-CO} m/z\ 77 \xrightarrow{-C_2H_2} m/z\ 51$$

谱中未见 $M^{+\cdot}$ 失 $\cdot CH_3$ 的离子峰，而是观察到强的 $M^{+\cdot}$ 失 CO 和 $\cdot CH_3$ 的离子(m/z 133)峰，就是说分子离子难以失去 $\cdot CH_3$，这是由于分子中 CH_3O 与吡喃环的杂原子氧互为间位，失去 $\cdot CH_3$ 之后，只能得到不稳定的氧自由基，起不到稳定吡喃酮环杂原子氧上正电荷的作用。这样的裂解是不利的。而 $M^{+\cdot}$ 失 CO 后再失 $\cdot CH_3$，形成大的共轭体系，其正电荷是稳定的。

2. 质谱在立体化学研究中的应用

陈耀祖等[22]在从中草药桃儿七中提取成分鬼柏毒的质谱研究中发现，一些立体异构的质谱有较大不同。化合物 K 的两种异构体如下：

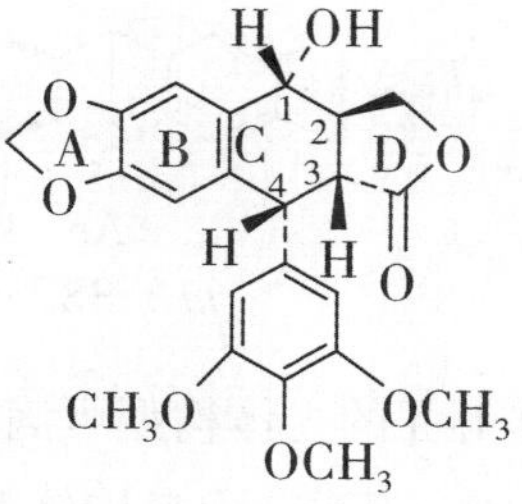

K-I 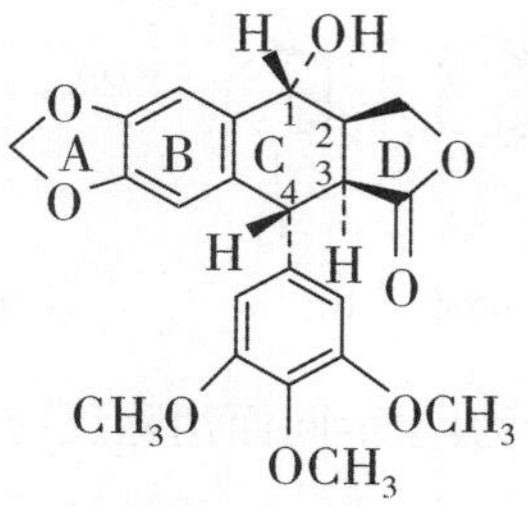   K-II

K-I m/z 414(100) M$^{+\cdot}$ m/z 396(12.6) M−H$_2$O

K-II m/z 414(12.2) M$^{+\cdot}$ m/z 396(62.8) M−H$_2$O

K-I，K-II 异构体结构差别在于 3-位 C 上的 H，高分辨质谱测得其精确分子量分别为 414.1 297，414.1 293。其质谱图的主要不同在于 M$^{+\cdot}$ 和(M−18)$^{+\cdot}$ 的相对强度。

C 环为船式构型时，K-I 中 3-位碳和 4-位碳上的氢均在 1-位碳上羟基的反位，难以失水，分子离子峰为基峰。而 K-II 中 3-位碳上的氢与 1-位碳上的羟基同边，1,3-位失水容易进行，分子离子峰的相对强度较 K-I 弱很多，而 M−H$_2$O 峰较 K-I 强很多。

若氘标记异构体 K-II 中 3-位碳上的氢，质谱测得 m/z：415(34.9) 为分子离子峰，396(60.5) 为(M−HOD)峰，说明其失水以 1,3-位失水为主。

化合物 L 的两种异构体如下：

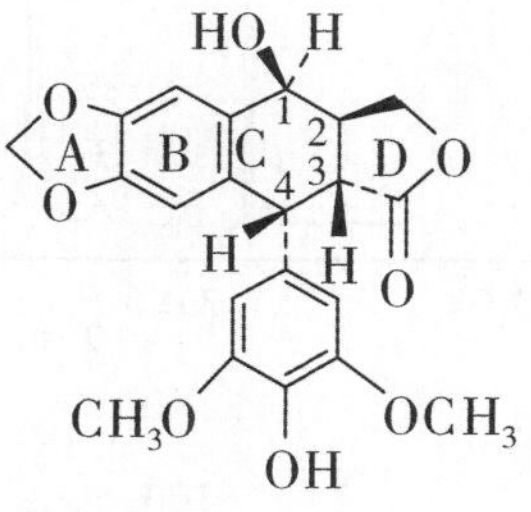

L-I 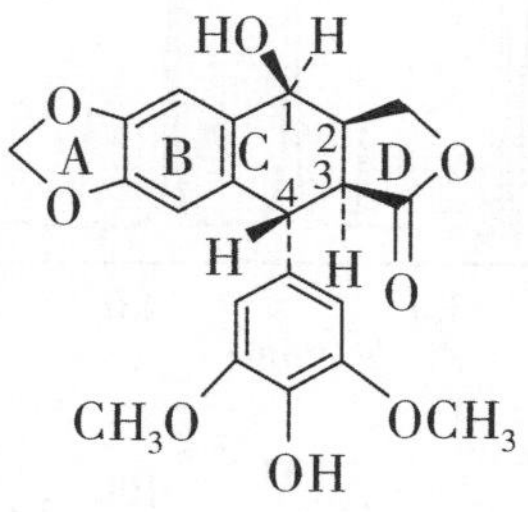   L-II

L-I m/z 400(78.7) M$^{+\cdot}$， m/z 382(100) M−H$_2$O， m/z 298(10.6)

L-II m/z 400(50.0) M$^{+\cdot}$， m/z 382(93) M−H$_2$O， m/z 298(100)

L-I，L-II 结构上的差别也在于 3-位碳上的氢。其质谱的主要差异在于 m/z 298 离子峰，该离子是由分子离子失水后，再通过 RDA 反应裂解产生的。

C 环为船式构型时，1-位碳上的 OH 与 4-位碳上的氢很靠近，1,4-位失水容易发生，两种异构体的(M−18)都很稳定。然而由于内酯稠环的方式不同，其(M−H$_2$O)离子的 RDA 裂解反应有很大不同。

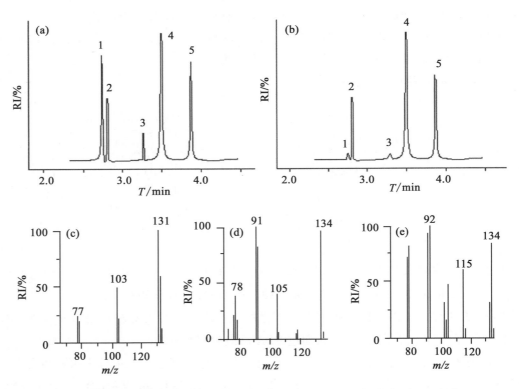

这是由于 RDA 为同面-同面消除反应,异构体 L-II 的立体构型可满足 RDA 的立体化学要求,反应容易进行,得到 m/z 298($M-H_2O-C_4H_4O_2$)基峰。而异构体 L-I 的立体构型没有这种优势,因而 m/z 298 峰的相对强度弱得多。由此以区别 L-I,L-II 异构体。

3. GC/ MS 跟踪反应过程

肉桂醛($C_6H_5CH=CHCHO$)选择性加氢生成的肉桂醇是香料及某些合成(如药物)的原料和中间体。反应过程中会有副产物苯丙醛和苯丙醇生成,使用 GC-HP5971A MS 跟踪检测,两种催化条件下的 GC 图见图2.40(a),(b),图中除组分 2 为加入的标准物外,其余四个组分对应于未反应完的原料和三种产物。

图 2.40 肉桂醛加氢反应两种催化条件下的 GC 图(a),(b)及对应的 MS(部分)

组分 3 的质谱给出 m/z 为 136 的分子离子峰，显然该组分为苯丙醇。组分 4 的质谱见图 2.40(c)，由图可知分子离子峰的质荷比为 132，m/z 131(M-H) 为基峰，m/z 103 为 (M-CHO)峰，故该组分为未反应完的肉桂醛。组分 1 的质谱见图 2.40(d)，图中 m/z 134 为分子离子峰，由 m/z 91($C_6H_5CH_2^+$)的基峰和 m/z 105 的(M-CHO)峰可知该组分为苯丙醛。组分 5 的质谱见图 2.40(e)，其分子离子峰的 m/z 与 (d) 图一致，由 m/z 92 的基峰（γ 氢重排峰）及 m/z 115 的(M-H$_2$O-H)峰可知该组分为肉桂醇。GC 图 2.40(a)与图 2.40(b)相比，显然图 2.40(b)的催化条件更优，对反应产物(肉桂醇)的选择性更高。

4. ESI-MS 进行有机反应中间体的研究

有机反应的活性中间体的研究对于反应进程的跟踪以及反应机理的探究都有很大的帮助。ESI-MS 具有可以维持相对较弱的共价键或非共价键且不会引发副反应的软电离特性；同时，它能够迅速检测离子物种，为研究有机反应的活性中间体提供了可能，为有机反应机理的研究开辟了一条新的路径。

郭寅龙等[23]用 ESI-MS 的方法进行四苯基乙烯与氟试剂(Selectfluor)1-氯甲基-4-氟-1,4-二氮杂双环[2.2.2]辛烷二(四氟硼酸)盐的亲电氟化反应的研究。反应液的正离子模式下的 ESI 质谱图(图 2.41)中 m/z 161，179，267 的离子为氟试剂的碎片离子，分别对应于[Selectfluor-2BF$_4$-F]$^+$，[Selectfluor-2BF$_4$-H]$^+$，[Selectfluor-BF$_4$]$^+$；m/z 351 的离子为[CF(Ph)$_2$-C$^+$(Ph)$_2$]，此外 m/z 332 的峰也较明显，它应为[C·(Ph)$_2$-C$^+$(Ph)$_2$]自由基阳离子。由于四苯基乙烯的 ESI-MS(MeOH)图中仅出现 m/z 365(M+1+MeOH)的离子峰，无 m/z 332 的分子离子峰，反应液质谱图中 m/z 332 的离子应为反应溶液中的自由基阳离子中间体，这说明在亲电氟化反应过程中，确实存在电子转移的过程，如图 2.42 所示。

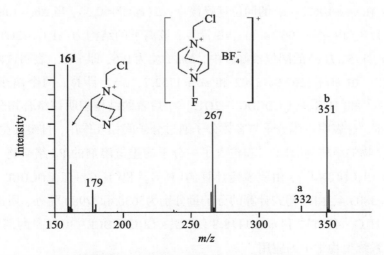

图 2.41　四苯基乙烯与氟试剂反应液的正离子模式下的 ESI 质谱图(MeOH)

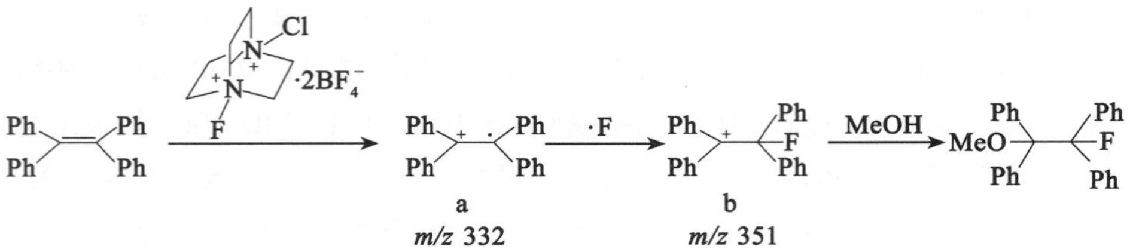

图 2.42　四苯基乙烯与氟试剂(Selectfluor)亲电氟化反应历程

5. ESI-MS 在超分子体系中非共价相互作用研究中的应用

作为研究非共价复合物的有力工具,ESI-MS 被广泛地应用于研究超分子体系中的非共价相互作用,研究涉及结合的选择性、结合常数的测定、结合位点的确定及手性识别等多方面[24-26]。

文献[27]报道了主体分子(H)中吡啶基与 Pd 络合物的客体分子(G)之间相互作用。利用 ESI-MS 研究了主体分子与客体分子摩尔比为 2∶3 时的混合物。主体分子、客体分子的结构及其混合物的 ESI-MS 谱图见图 2.43。

图 2.43 表明,m/z 为 1062.4 的离子峰为基峰,同时在 m/z 为 1667.9,1752.7 处出峰。图中并未显示出各离子的电荷数。对应于这三个峰的同位素峰簇的扩展图见图 2.43(a),(b),(c)。

对于单电荷离子($z=1$),在同位素峰簇中,相邻两峰间的 $\Delta(m/z)=1$,即质量差 $\Delta m = 1$。这是由于 C-13 的贡献。根据同位素峰簇中相邻两峰的质量差 Δm,可计算出该离子峰的电荷数。例如:在 m/z 1062.4(a)的同位素峰簇中,$\Delta(m/z)=0.33$,当 $\Delta m=1$ 时,$z=3$,即该离子的电荷数为 3。由 m/z 1062.4 和 $z=3$ 计算,该离子的结构为 $[H_2G_3-3OTf]^{3+}$。图中在 m/z 1667.9(b),1752.7(c)的同位素峰簇中,$\Delta m/z$ 均为 0.5,即 $z=2$,表明这两个峰的离子的电荷数均为 2,由 m/z 1667.9,$z=2$ 和 m/z 1752.7,$z=2$ 计算,两个离子的结构分别是 $[H_2G_3-2OTf]^{2+}$ 和 $[H_2G_3+Cl_2CDCDCl_2-2OTf]^{2+}$,后者的结构表明该络合物分子包含了一分子的重氢溶剂。这表明主体分子与客体分子通过分子间相互作用,自组装生成了新的 Pd 络合物,该络合物的结构为 $[H_2G_3]$ 和包含了一分子的重氢溶剂的 Pd 络合物,该络合物的结构为 $[H_2G_3+Cl_2CDCDCl_2]$,由质谱峰计算的 $[H_2G_3]$ 和 $[H_2G_3+Cl_2CDCDCl_2]$ 的分子量分别是 3634.4 和 3803.4,由结构式计算的分子量分别为 3630 和 3798。另外,质谱图中还出现了 m/z 759.7 $[H_2G_3-4OTf]^{4+}$ 和 m/z 1118.8 $[H_2G_3+Cl_2CDCDCl_2-3OTf]^{3+}$ 的离子峰。

6. 质谱在系统生物学中的应用

系统生物学是研究一个生物系统中所有组成成分(基因、mRNA、蛋白质等)的构成,以

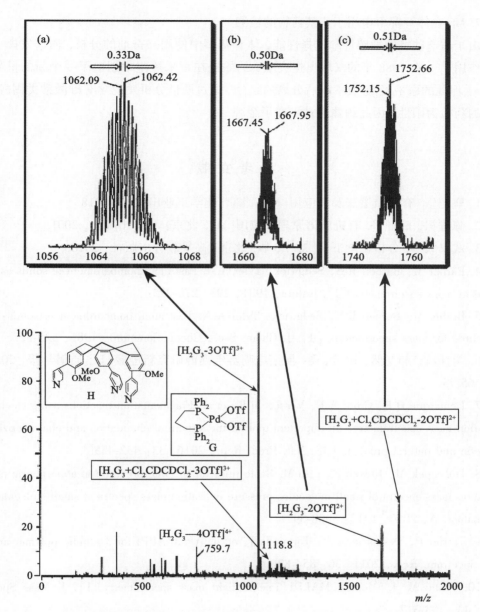

图 2.43　主体分子（H）与客体分子（G）的结构及 ESI-MS 测定的通过分子自组装生成的
络合物的质谱图（在 $Cl_2CDCDCl_2$ 溶剂中）

及在特定条件下这些组分间的相互关系的学科。质谱是系统生物学常用的分析技术之一，在蛋白质组学、基因组学、转录和代谢组学中均有广泛的应用[28-32]，如 ESI-FTICR-MS 用于研究四元 DNA。

7. MS 在体育赛事中用于违禁药物的检测

由于质谱独特的敏感性和选择性能，体育赛事中使用兴奋剂的分析，质谱发挥了决定性的作用[33]。在 1988 年的汉城奥运会上，约翰逊在百米短跑中创造了一个新的世界纪录 9.79 s，但他的尿液经液-液萃取后分离的组分，通过质谱分析发现含有雄激素类固醇药物，赛后的药检为阳性，因此约翰逊被剥夺了金牌。

参 考 文 献

1. 盛龙生. 有机质谱法及其应用[M]. 北京：化学工业出版社，2018.

2. 陈耀祖，涂亚平. 有机质谱原理及应用[M]. 北京：科学出版社，2001.

3. 武汉大学. 分析化学下册[M]. 6 版. 北京：高等教育出版社，2016.

4. Barber M, Bordoli R S, Sedgwick, Tyler A N. Fast atom bombardment of solids as an ion source in mass spectrometry [J]. Nature, 1981, 293：270-275.

5. Barber M, Bordoli R S, Sedgwick, Tyler A N. Fast atom bombardment of solids：a new ion source for mass spectrometry [J]. J. Chem. Soc., Chem. Commun., 1981, 325-327.

6. 李佳斌，郝斐然，田芳，等. 质谱电喷雾电离源研究新进展[J]. 质谱学报，2013，34（2）：65-73.

7. Demarque D P, Crotti A E, Vessecchi R, et al. Fragmentation reactions using electrospray ionization mass spectrometry：an important tool for the structural elucidation and characterization of synthetic and natural products [J]. Nat. Prod. Rep., 2016, 33：432-455.

8. Hol čapek M, Jirásko R, Lísa M. Basic rules for the interpretation of atmospheric pressure ionization mass spectra of small molecules pressure ionization mass spectra of small molecules [J]. Chromatogr. A, 2010, 1217：3908-3921.

9. Terrier P, Desmazières B, Tortajada J, et al. APCI/APPI for synthetic polymer analysis. Mass Spectrom. Rev., 2011, 30：854-874.

10. Vestal M. L. Modern MALDI time-of-flight mass spectrometry[J]. J. Mass Spectrom. 2009, 44：303-317.

11. 张佳玲，霍飞凤，周志贵，等. 实时直接分析质谱的原理及应用[J]. 化学进展，2012，24（1）：101-109.

12. Klampfl C W, Himmelsbach M. Direct ionization methods in mass spectrometry：an overview [J]. Anal. Chim. Acta, 2015, 890：44-59.

13. 张逸寒，马涛涛，王荣浩，等. 新型常压离子化技术研究进展[J]. 科学技术与工程，2019，19（28）：1-15.

14. Mirsaleh-Kohan N, Robertson W D, Compton R N. Electron ionization time-of-flight mass spectrometry: historical review and current applications [J]. Mass Spectrom. Rev., 2008, 27: 237-285.

15. 李树奇, 摇鲍, 晓迪, 等. 傅里叶变换离子回旋共振质谱仪: 过去、现在与未来 [J]. 大学化学, 2015, 30(4): 1-10.

16. 李明, 马家辰, 李红梅, 等. 静电场轨道阱质谱的进展 [J]. 质谱学报, 2013, 34 (3): 185-192.

17. 杨洪国, 李重阳, 丁斌. 衍生化在气相色-质谱法检测苯丙胺类毒品中的应用进展 [J]. 刑事技术, 2013, (5): 36-40.

18. Mclafferty F W. Interprretation of mass spectra [M]. 3rd. ed. California: University Science Books, 1980; 中译本: 王光辉, 姜龙飞, 汪聪慧. 质谱解析 [M]. 北京: 化学工业出版社, 1987.

19. 马聪玉, 生宁, 李元元, 等. 中药成分质谱分析新技术和新策略进展 [J]. 质谱学报, 2021 42(5): 185-192.

20. Guo H, Liu A H, Ye M, et al. Characterization of phenolic compounds in the fruits of forsythia suspensa by high-performance liquid chromatography coupled with electrospray ionization tandem mass spectrometry [J]. Rapid Commun. Mass Spectrom., 2007, 21: 715-729.

21. 丛浦珠. 质谱在天然有机化合物中的应用 [M]. 北京: 科学出版社, 1987.

22. 陈耀祖, 华苏明, 陈能煜. 质谱学中的立体化学效应——鬼柏立体异构体的质谱研究 [J]. 化学学报, 1985, 43(10): 960-964.

23. Zhang X, Liao Y X, Qian R, et al. Investigation of radical cation in electrophilic fluorination by ESI-MS. Org. Lett., 2005, 18: 3877-3880.

24. 刘勤, 张淑珍, 吴弼东, 等. 电喷雾质谱在超分子体系中非共价相互作用研究中的应用 [J]. 质谱学报, 2005, 26(1): 51-58.

25. Schug K A, Lindner W. Chiral molecular recognition for the detection and analysis of enantiomers by mass spectrometric methods [J]. J. Sep. Sci., 2005, 28: 1932-1955.

26. 贾晓波, 站伟, 李兴华, 等. 电喷雾质谱在金属配合物研究中的应用 [J]. 化学研究, 2013, 24(6): 625-632.

27. Zhong Z L, Ikeda A, Shinkai S, et al. Creation of novel chiral cryptophanes by a self-assembling method utilizing a pyridyl-Pd (Ⅱ) interaction [J]. Org. Lett., 2001, 3 (7): 1085-1087.

28. Feng X J, Liu X, Luo Q M, et al. Mass spectrometry in systems biology: an overview [J]. Mass Spectrom. Rev., 2008, 27: 635-660.

29. 季美超,付斌,张养军. 基于质谱的蛋白质组学方法新进展[J]. 质谱学报,2021,42(5):709-717.

30. 田鹤,税光厚. 基于质谱技术的代谢组学分析方法研究进展[J]. 生物技术通报,2021,37(1):24-31.

31. 李紫薇. 蛋白基因组学中质谱分析方法研究[D]. 哈尔滨:哈尔滨工程大学,2020.

32. 谭江,李亦舟,周江. 质谱技术在G-四链体研究中的进展[J]. 质谱学报,2021,42(5):914-925.

33. Hemmersbach P. History of mass spectrometry at the Olympic Games [J]. J. Mass Spectrom.,2008,43:839-853.

习　题

1. 由化合物 A、B 质谱图中高质荷比区的质谱数据,推导其可能的分子式。

A：m/z　60(5.8)　61(8.7)　62(100)$M^{+\cdot}$　63(4.8)　64(31)　65(0.71)

B：m/z　60(9.0)　61(19.0)　62(100)$M^{+\cdot}$　63(3.8)　64(4.4)　65(0.09)

2. 化合物的部分质谱数据及质谱图如下,推导其结构。

m/z	RI	m/z	RI
25	15	63	32
26	34	96	67
35	7.0	97	2.4
60	24	98	43
61	100	99	1.0
62	9.9	100	7.0

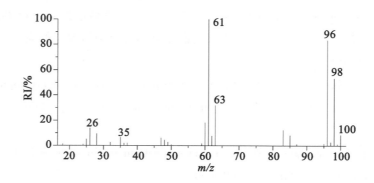

3. 化合物的质谱图如下，m/z 185($M^{+\cdot}$)，142(100)，143(10.3)，推导其可能结构。

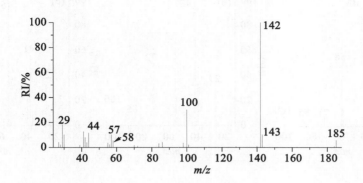

4. 化合物的质谱图如下，由谱图推导其可能结构。

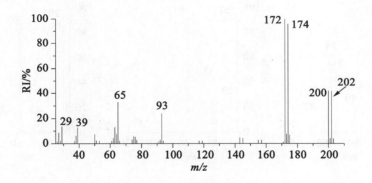

5. N,N-二丁基乙酰胺的质谱图如下，解释其主要碎片离子。

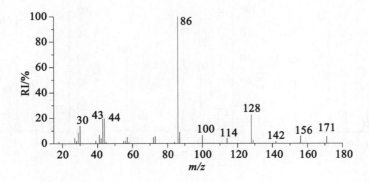

6. C$_6$H$_{12}$O 三种异构体的质谱如下，推导其结构。

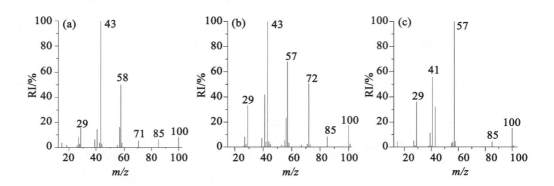

7. C$_5$H$_{10}$O$_2$ 三种异构体的质谱如下，推导其结构。

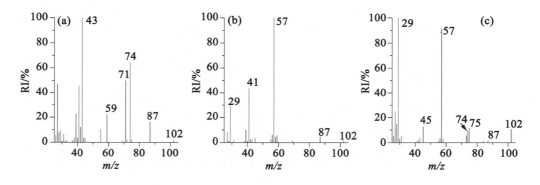

8. C$_5$H$_{12}$S 三种异构体的质谱如下，推导其结构。

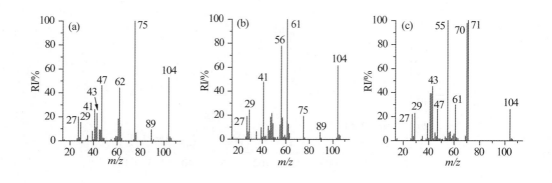

9. 分子式 $C_8H_7NO_3$，质谱图如下，推导其可能结构。

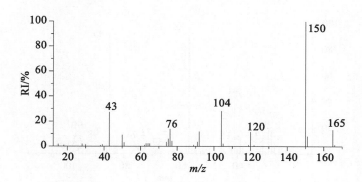

10. 分子式 $C_{11}H_{14}O_2$，质谱图如下，推导其可能结构。

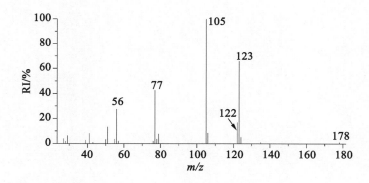

11. 分子式 $C_7H_{13}BrO_2$，质谱图如下，推导其可能结构。

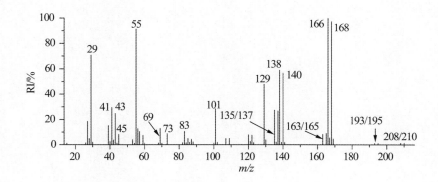

12. 分子式 $C_6H_{12}O_2$，质谱图如下，推导其可能结构。

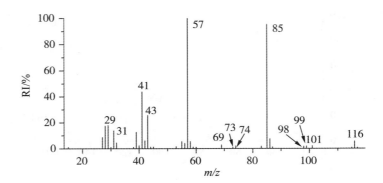

第3章 核磁共振氢谱

1945 年以 F. Bloch 和 E. M. Purcell 为首的两个研究小组分别观测到水、石蜡中质子的核磁共振信号,为此他们荣获了 1952 年 Nobel 物理奖。经过几十年的发展,核磁共振技术形成了两个主要学科分支,即核磁共振波谱(NMR)和磁共振成像(MRI)。随着磁场强度的提高,信号检测(硬件和信号处理)、脉冲实验、自旋标记等技术的进步,困扰核磁共振的低灵敏度的问题已大大改善。现今,核磁共振已广泛应用于化学、生物学、医学、食品以及材料科学等诸多学科领域,成为在这些领域开展研究工作的有力工具。核磁共振技术作为分析物质的化学组成、结构及其变化的重要手段之一,可深入探测物质内部而不破坏样品,并具有准确、快速和对复杂样品不需预处理就能进行分析等特点,是研究分子结构、构型构象、分子动态的重要技术[1-3]。

3.1 核磁共振基本原理

3.1.1 原子核的磁矩

核磁共振研究的对象是具有磁矩的原子核。原子核是由质子和中子组成的带正电荷的粒子,其自旋运动将产生磁矩。但并非所有同位素的原子核都具有自旋运动,只有存在自旋运动的原子核才具有磁矩。

原子核的自旋运动与自旋量子数 I 有关。量子力学和实验已证明,I 与原子核的质量数(A)和核电荷数(Z)有关。质子和中子都是微观粒子,都能自旋,并且同种微观粒子自旋方向相反且配对,故当质子和中子都为偶数时,$I = 0$;当质子和中子都为奇数或其中之一为奇数时,就能对原子核的旋转做贡献,$I \neq 0$。

A 为偶数,Z 为偶数时,$I = 0$。如 $^{12}C_6$,$^{16}O_8$,$^{32}S_{16}$ 等。

A 为奇数,Z 为奇数或偶数时,I 为半整数。如 $^1H_1$,$^{13}C_6$,$^{15}N_7$,$^{19}F_9$,$^{29}Si_{14}$,$^{31}P_{15}$ 等 $I = 1/2$;$^{11}B_5$,$^{23}Na_{11}$,$^{33}S_{16}$,$^{35}Cl_{17}$,$^{39}K_{19}$,$^{79}Br_{35}$,$^{81}Br_{35}$ 等 $I = 3/2$;$^{17}O_8$,$^{25}Mg_{12}$,$^{27}Al_{13}$ 等 $I = 5/2$。

A 为偶数,Z 为奇数时,I 为整数。如 $^2H_1$,$^6Li_3$,$^{14}N_7$ 等 $I = 1$;$^{58}Co_{27}$ 等 $I = 2$;$^{10}B_5$ 等 $I = 3$。

$I \neq 0$ 的原子核,都具有自旋现象,其自旋角动量(P)为

$$P = \frac{h}{2\pi}\sqrt{I(I+1)} \quad (h \text{ 为普朗克常数}) \tag{3.1}$$

具有自旋角动量的原子核也具有磁矩 μ，μ 与 P 的关系如下：

$$\mu = \gamma \cdot P \tag{3.2}$$

式中，γ 为磁旋比（magnetogyric ratio）。同一种核，γ 为一常数。如 ^{1}H：$\gamma = 26.752$（10^7 rad · $T^{-1} \cdot s^{-1}$）；^{13}C：$\gamma = 6.728$（10^7 rad · $T^{-1} \cdot s^{-1}$）；1 T $= 10^4$ 高斯。γ 值可正可负，由核的本性所决定。

$I = 1/2$ 的原子核是电荷在核表面均匀分布的旋转球体。这类核不具有电四极矩（$eQ = 0$），核磁共振谱线较窄，最适宜于核磁共振检测，是 NMR 研究的主要对象。如 ^{1}H，^{13}C，^{19}F，^{31}P 等。

$I > 1/2$ 的原子核，其电荷在核表面是非均匀分布的，可用图 3.1 表示。

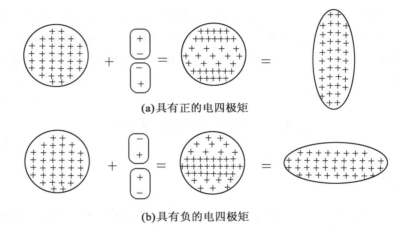

(a)具有正的电四极矩

(b)具有负的电四极矩

图 3.1　原子核的电四极矩

对于图 3.1 所示的原子核，可以看作在核电荷均匀分布的基础上，加了一对电偶极矩。图 3.1(a) 中原子核的"两极"正电荷密度高，图 3.1(b) 中原子核的"两极"正电荷密度低。若要使其表面电荷分布均匀，则需改变球体的形状，分别由圆球体变为纵向延伸的长椭球体或横向延伸的扁椭球体。其电四极矩（eQ）可用下式表示：

$$eQ = 2/5 \cdot Z(b^2 - a^2) \tag{3.3}$$

式中，Z 为球体所带的电荷；a，b 分别为椭球体的横向和纵向的半径。

一般说来，研究 $eQ \neq 0$ 的自旋核比研究 $eQ = 0$ 的自旋核困难得多。这是因为 $eQ \neq 0$ 的自旋核具有特有的弛豫机制，常导致 NMR 谱线加宽，不利于核磁共振信号检测。

3.1.2 核磁共振

根据量子力学理论，磁性核($I \neq 0$)在外加磁场(B_0)中的自旋取向不是任意的，而是量子化的，共有($2I+1$)种取向。可由磁量子数 m 表示，$m = I$，$I-1$，$\cdots$，$(-I+1)$，$-I$。如图 3.2 所示。

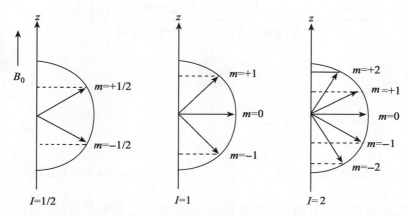

图 3.2　在 B_0 中原子核的自旋取向

核的自旋角动量(P)在 z 轴上的投影 P_z 也只能取不连续的数值。

$$P_z = \frac{h}{2\pi} \cdot m \tag{3.4}$$

与 P_z 相应的核磁矩在 z 轴上的投影为 μ_z，$\mu_z = \gamma P_z = \gamma \cdot \frac{h}{2\pi} \cdot m$ $\tag{3.5}$

磁矩与磁场相互作用能为 E，$E = -\mu_z B_0$ $\tag{3.6}$

将(3.5)式代入(3.6)式中则有

$$E_{(+\frac{1}{2})} = -\mu_z B_0 = -\gamma \left(+\frac{1}{2} \right) \frac{h}{2\pi} \cdot B_0$$

$$E_{(-\frac{1}{2})} = -\mu_z B_0 = -\gamma \left(-\frac{1}{2} \right) \frac{h}{2\pi} \cdot B_0$$

由量子力学的选律可知，只有 $\Delta m = \pm 1$ 的跃迁才是允许跃迁。所以相邻两能级间的能量差为

$$\Delta E = E_{(-\frac{1}{2})} - E_{(+\frac{1}{2})} = \gamma \cdot \frac{h}{2\pi} \cdot B_0 \tag{3.7}$$

(3.7)式表明，ΔE 与外加磁场 B_0 的强度有关，ΔE 随 B_0 场强的增大而增大(图 3.3)。

在 B_0 中，自旋核绕其自旋轴(与磁矩 μ 方向一致)旋转，而自旋轴既与 B_0 场保持一夹

角 θ 又绕 B_0 场进动，称 Larmor 进动(图 3.4)，类似于陀螺在重力场中的进动。核的进动频率由(3.8)式决定。

$$\omega = 2\pi\nu_0 = \gamma B_0 \tag{3.8}$$

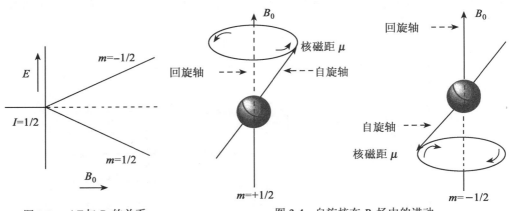

图 3.3　ΔE 与 B_0 的关系　　　　　图 3.4　自旋核在 B_0 场中的进动

若在与 B_0 垂直的方向上加一个交变场 B_1(称射频场)，其频率为 ν_1。当 $\nu_1 = \nu_0$ 时，自旋核会吸收射频的能量，由低能态跃迁到高能态(核自旋发生倒转)，这种现象称为核磁共振吸收。由(3.7)式及 $\Delta E = h\nu$ 得

$$\nu = \frac{\gamma}{2\pi} B_0 \tag{3.9}$$

同一种核，γ 为一常数，B_0 场强度增大，其共振频率 ν 也增大。对于 ^1H，当 $B_0 = 2.35$ T 时，$\nu = 100$ MHz；当 $B_0 = 9.4$ T 时，$\nu = 400$ MHz。

B_0 相同，不同的自旋核因 γ 值不同，其共振频率亦不同。如 $B_0 = 9.4$ T时，^1H(400 MHz)，^{19}F(376.3 MHz)，^{31}P(162.1 MHz)，^{13}C(100.5 MHz)。

3.1.3　弛豫过程

当电磁波的能量($h\nu$)等于样品分子的某种能级差 ΔE 时，分子可以吸收能量，由低能态跃迁到高能态。

高能态的粒子可以通过自发辐射放出能量，回到低能态，其概率与两能级能量差 ΔE 成正比。一般吸收光谱的 ΔE 较大，自发辐射相当有效，能维持 Boltzmann 分布。但在核磁共振波谱中，ΔE 非常小，自发辐射的概率几乎为零。要想维持 NMR 信号的检测，必须要有某种过程，这个过程就是弛豫(relaxation)过程，即高能态的核以非辐射的形式放出能量回到低能态，重建 Boltzmann 分布的过程。

根据 Boltzmann 分布，低能态的核(N_+)与高能态的核(N_-)的关系可以用 Boltzmann 因

子来表示：

$$\frac{N_+}{N_-} = e^{\Delta E/KT} \approx 1 + \frac{\Delta E}{KT} \tag{3.10}$$

ΔE 为两能级的能量差，K 为 Boltzmann 常数，T 为绝对温度。对于 ^{1}H 核，当 $T = 300$ K 时，$N_+/N_- \approx 1.000009$。对于其他的核，γ 值较小，比值会更小。因此在 NMR 中，若无有效的弛豫过程，饱和现象容易发生。

有两种弛豫过程，自旋-晶格弛豫和自旋弛豫。

1. 自旋-晶格弛豫（spin-lattice relaxation）

自旋-晶格弛豫反映了体系和环境的能量交换。"晶格"泛指"环境"。高能态的自旋核将能量转移至周围的分子（固体的晶格、液体中同类分子或溶剂分子）而转变为热运动，结果是高能态的核数目有所下降。体系通过自旋-晶格弛豫过程而达到自旋核在 B_0 场中自旋取向的 Boltzmann 分布所需的特征时间（半衰期）用 T_1 表示，T_1 称为自旋-晶格弛豫时间。T_1 与核的种类、样品的状态、温度等都有关系。液体样品 T_1 较短（$10^{-4} \sim 10^2$ 秒），固体样品 T_1 较长，可达几个小时甚至更长。

自旋-晶格弛豫是使在 B_0 场中宏观上纵向（z' 轴方向）磁化强度由零恢复到 M_0，故又称纵向弛豫。见图 3.5 中由（b）恢复到（e）的过程。

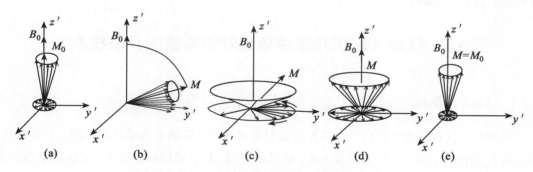

图 3.5　宏观磁化矢量 M_0 激发后的弛豫过程

图 3.5（a）为平衡状态，（b）B_1 使 M 偏离平衡位置，（c）停止 B_1 作用之后，弛豫过程即开始，并经过一段时间，已有明显的横向弛豫，（d）到某一时刻，横向弛豫过程结束，纵向弛豫过程还在进行，（e）纵向弛豫过程也结束，M 恢复到平衡状态。

2. 自旋-自旋弛豫（spin-spin relaxation）

自旋-自旋弛豫反映核磁矩之间的相互作用。高能态的自旋核把能量转移给同类低能态的自旋核，结果是各自旋态的核数目不变，总能量不变。自旋-自旋弛豫时间（半衰期）用 T_2 表示。液体样品 T_2 约为 1 秒，固体或高分子样品 T_2 较小，约 10^{-3} 秒。

共振时，自旋核受射频场的相位相干作用，使宏观净磁化强度偏离 z' 轴，从而在 x'-y' 平面上非均匀分布。自旋-自旋弛豫过程是通过自旋交换，使偏离 z' 轴的净磁化强度 $M_{x'y'}$ 回到原来的平衡零值态（即绕原点在 x'-y' 平面上均匀散开）。故自旋-自旋弛豫又称横向弛豫（图 3.5）。弛豫时间是分子动态学、立体化学研究的重要信息来源（见第四章）。

3.1.4　核磁共振的谱线宽度

核磁共振谱线有一定宽度，其原因来自 Heisenberg 的测不准原理：

$$\Delta E \cdot \Delta t \approx h \tag{3.11}$$

式中，Δt 是核在某一能级停留的平均时间。Δt 越小，对谱线的宽度影响越大。在核磁共振中，核磁矩在某一能级停留的时间，取决于自旋-自旋相互作用，即由弛豫时间 T_2 所决定。因 $\Delta E = h \cdot \Delta \nu$，由（3.11）式可得

$$\Delta \nu \propto \frac{1}{T_2} \tag{3.12}$$

由式（3.12）计算的谱线宽度称自然线宽。实测谱线宽度远大于自然线宽，这是因为磁场的不均匀性造成的。

液体样品 T_1，T_2 较适中，固体及黏度较大的高分子样品 T_2 很小，谱线较宽。所以 NMR 通常在溶液中进行测试。

3.2　核磁共振仪和脉冲傅里叶变换核磁共振技术

3.2.1　核磁共振仪

虽然不同仪器公司生产的核磁共振波谱仪各式各样，但基本构成单元相同，主要包括：①提供 B_0 的磁体；②产生 B_1 和接受 NMR 信号的部件；③放置样品的探头；④稳定磁场和优化信号的器件；⑤控制仪器运行和核磁信号处理的计算机等。

核磁波谱仪按射频频率（^{1}H 核的共振频率）可分为 60 MHz，100 MHz，200 MHz，300 MHz，400 MHz，600 MHz 等；按射频源又可分为连续波核磁共振谱仪（CW-NMR）和脉冲傅里叶变换核磁共振谱仪（PFT-NMR）。

连续波核磁共振谱仪（CW-NMR）使用永久磁体或电磁铁，在固定射频下进行磁场扫描或固定磁场下进行频率扫描，使不同的核依次共振而得到核磁谱图。但连续波仪器灵敏度低、做样时间长、稳定性差，且需要样品量大。连续波核磁共振谱仪只能测天然丰度高的核（如 ^{1}H，^{19}F，^{31}P），而对于 ^{13}C 这类天然丰度低的核，无法测试。即使现代的台式永磁仪器，运行在脉冲傅里叶变换模式下，但灵敏度依然很低。

现在大多数科研型的核磁共振谱仪为脉冲傅里叶变换核磁共振谱仪（PFT-NMR），使用超导磁体。PFT-NMR 仪使用周期性的脉冲序列来间断射频发生器的输出。调节所选择的射频脉冲序列、脉冲宽度（1～50 μs）和脉冲间隔，以满足样品中同类但不同环境的核发生跃迁及有效地进行弛豫。脉冲发射时，所有待测核同时被激发（共振）；脉冲停止时，及时启动接受系统，同时接受所有核的核磁信号。待被激发的核通过弛豫过程返回到平衡位置时再进行下一个脉冲的发射。

3.2.2 脉冲傅里叶变换核磁共振技术

宽度为 t_p 秒的射频（RF）脉冲（图 3.6（a））使磁化强度矢量（M_0）旋转一个 θ 角（$\theta = \omega_1 t_p$，见图 3.6（b）），从而产生磁化强度矢量的横向分量 $M_{y'}$，$M_{y'}$ 的大小由（3.13）式决定。

$$M_{y'} = M_0 \cdot \sin\omega_1 t_p \tag{3.13}$$

脉冲照射后，横向磁化矢量 $M_{y'}$ 经由自旋-自旋弛豫过程（时间常数 $1/T_2$）以指数方式衰减至零（图 3.6（c））。

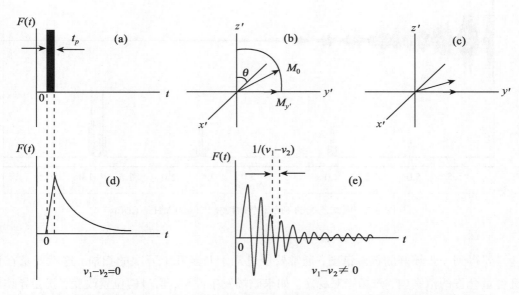

（a）脉冲射频作为输入信号；　（b）脉冲过程的瞬时磁化向量；　（c）脉冲后的自由感应衰减；
（d）共振时对应射频脉冲的输出信号；　（e）偏共振时对应射频脉冲的输出信号

图 3.6　自由感应衰减

共振时，磁化矢量 $M_{y'}$ 与 RF 场（B_1）方向相差 $\pi/2$ 相位（这与实验方法有关，不受脉冲的影响）。脉冲照射后，由于 $M_{y'}$ 衰减，在接收线圈中产生核感生电流（图 3.6（d））。

若照射频率与被测核的 Larmor 共振频率不同(偏离其共振频率,称偏共振),脉冲照射后,相对于参考坐标系的旋转。由于 M_y 和 B_1 的相位周期交变,相互干涉,在接收线圈中产生衰减的脉冲型波,得到衰减差拍图形(图 3.6(e)),两个差拍峰之间的距离是脉冲频率和 Larmor 频率差值的倒数 $[1/(\nu_1 - \nu_2)]$。

在射频脉冲之后由自由弛豫的核自旋引起的时间域函数 $F(t)$ 称为自由感应衰减(free induction decay,FID)信号或横向弛豫函数。根据(3.13)式,当 $\omega_1 t_p = \pi/2$ 时(90°脉冲),FID 信号有极大值;当 $\omega_1 t_p = \pi$ 时(180°脉冲),FID 信号为零。

接收器接收的 FID 信号是分子中各类核的 FID 信号的叠加,包含有各类核的结构信息。FID 是时间域的函数 $F(t)$,为得到以频率为函数的 $F(\nu)$ 谱,需通过傅里叶变换(用计算机处理),即通过一个模-数转换器(A/D),将由数千个数据点组成的系列储存,经傅里叶变换后,再通过一个数-模转换器(D/A),然后记录下频率谱。见图 3.7。

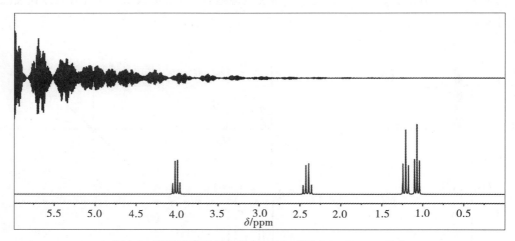

图 3.7　丙酸乙酯的 FID 和 ^{1}H NMR 谱(400 MHz,$CDCl_3$)

要得到一张较好的核磁谱图,通常要经过几十乃至几十万次的扫描,这就要求在计算机容量允许的范围内,磁场绝对稳定。如果磁场发生漂移,信号的位置改变,就会导致谱线变宽,分辨率降低,甚至谱图无使用价值。

为了稳定磁场,PFT-NMR 谱仪均采用锁场方法。采用氘锁的方法是较方便的。使用氘代溶剂或含一定量氘化合物的普通试剂,通过仪器操作,把磁场锁在强而窄的氘代信号上。当发生微小的场-频变化,信号产生微小的漂移时,通过氘锁通道的电子线路来补偿这种微小的漂移,使场频仍保持固定值,以保证信号频率的稳定性。即使长时间累加也不至于使分辨率下降或谱峰变形。

3.3 化学位移

3.3.1 电子屏蔽效应

在外磁场 B_0 中,不同的氢核所感受到的 B_0 是不同的,这是因为氢核外围的电子在与外磁场垂直的平面上绕核旋转的同时,产生一个与外磁场相对抗的感生磁场,见图 3.8。感生磁场对外加磁场的屏蔽作用称为电子屏蔽效应。感生磁场的大小与外磁场的强度有关,用 $\sigma \cdot B_0$ 表示, σ 称屏蔽常数。

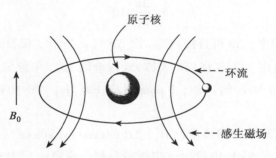

图 3.8 自旋核在 B_0 中的感生磁场

σ 的大小与核外电子云的密度有关。核外电子云密度越大, σ 就越大, $\sigma \cdot B_0$ 也就越大。在 B_0 中产生的与 B_0 相对抗的感生磁场越强,核实际感受到的 B_0(称有效磁场,用 B_{eff} 表示)就越弱。可表示如下:

$$B_{eff} = B_0 - B_0 \cdot \sigma = B_0 \cdot (1 - \sigma) \tag{3.14}$$

氢核外围电子云密度的大小,与其相邻原子或原子团的亲电能力有关,与化学键的类型有关(详见 3.4)。如 CH_3—Si,氢核外围电子云密度大, $\sigma \cdot B_0$ 也大,共振吸收出现在低频(高场);CH_3—O,氢核外围电子云密度小, $\sigma \cdot B_0$ 亦小,共振吸收出现在高频(低场)。

(3.9)式可改写为

$$\nu_0 = \frac{\gamma}{2\pi} B_{eff} = \frac{\gamma}{2\pi} B_0 (1 - \sigma) \tag{3.15}$$

3.3.2 化学位移

同一分子中不同类型的氢核,由于化学环境不同,共振吸收频率亦不同。其频率间的差值相对于 ν_0 来说,是一个很小的数值,仅为 ν_0 的百万分之十左右。对其绝对值的测量,难以达到所要求的精度,且因仪器不同(导致 $\sigma \cdot B_0$ 不同),其差值亦不同。例如 100 MHz

谱仪测得乙基苯中 CH_2，CH_3 的共振吸收频率之差为 142 Hz；400 MHz 的仪器上测得为 568 Hz。

　　为了克服测试上的困难和避免因仪器不同所造成的误差，在实际工作中，使用一个与仪器无关的相对值表示。即以某一标准物质的共振吸收峰为标准($\nu_{标}$)，测出样品中各共振吸收峰($\nu_{样}$)与标样的差值 $\Delta\nu$，采用无因次的 δ 值表示，δ 值与核所处的化学环境有关，故称化学位移。

$$\delta = \frac{\Delta\nu}{\nu_{标}} \times 10^6 = \frac{\nu_{样} - \nu_{标}}{\nu_{标}} \times 10^6 \qquad (3.16)$$

$\nu_{标}$ 与 ν_0 相比，差值很小，(3.16)式可改写为

$$\delta = \frac{\Delta\nu}{\nu_0} \times 10^6 \qquad (3.17)$$

　　ν_0 为仪器的射频频率，$\Delta\nu$ 可直接测得。因 $\Delta\nu$ 与 ν_0 相比，仅百万分之十左右，为使化学位移值便于记录和运用，故(3.16)和(3.17)式均乘以 10^6，单位为 ppm。对 ^1H NMR，δ 值范围为 0~20 ppm，100 MHz 的仪器，1 ppm 对应 100 Hz；400 MHz 的仪器，1 ppm 对应 400 Hz。

　　标准样品：最理想的标准样品是 $(CH_3)_4Si$ (tetramethyl silicon)，简称 TMS。TMS 有 12 个化学环境相同的氢，在 NMR 中给出一尖锐的单峰，易辨认。TMS 与一般有机化合物相比，氢核外围的电子屏蔽作用较大，共振吸收位于低频(高场)端，对一般化合物的吸收不产生干扰。TMS 化学性质稳定，b.p.27℃，不与待测样品发生反应，且又易于从测试样品中分离出，还具有与大多数有机溶剂混溶的特点。1970 年，国际纯粹与应用化学协会(IUPAC)建议化学位移采用 δ 值，规定 TMS 的 δ 为 0 ppm(无论 ^1H NMR 还是 ^{13}C NMR)。TMS 左侧 δ 为正值，右侧 δ 值为负。

　　TMS 作内标，通常直接加到待测样品溶液中。若用 D_2O 作溶剂，由于 TMS 与 D_2O 不相混溶，可改用 DSS(2,2-二甲基-2-硅代戊磺酸钠盐)，用量不能过大，以避免 0.5~2.5 ppm 范围内的 CH_2 的共振吸收峰产生干扰。NMR 测试也可采用外标，即用毛细管将标准样品与测试样品隔开。

3.3.3　核磁共振氢谱图示

　　核磁共振氢谱图的横坐标为化学位移，用 δ 表示。通过计算机操作，δ 值范围可任意选择，且每条谱线的化学位移和积分面积均可显示出来。各组峰的积分面积之简比，代表了相应的氢核数目之简比。图 3.9 为乙基苯的 ^1H NMR 图，从左至右，3 组峰的积分面积之简比为 5.5:2:3，其质子数之比为 5:2:3(δ 7.4-7.2 区间的谱峰包含溶剂 $CDCl_3$ 中残留的 $CHCl_3$ 的吸收峰，使得积分面积偏高)。

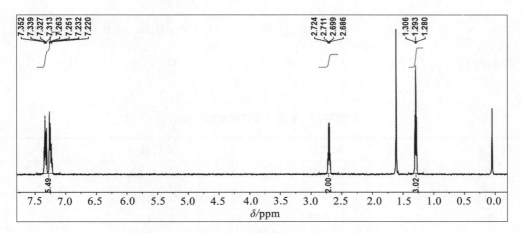

图 3.9 乙基苯的 ^{1}H NMR 谱（600 MHz，CDCl$_3$）

3.4 影响化学位移的因素

影响氢核化学位移的因素很多，主要从以下几方面考虑。

3.4.1 诱导效应

电负性取代基降低氢核外围电子云密度，其共振吸收向高频位移，δ 值增大。如：

	CH$_3$F	CH$_3$OH	CH$_3$Cl	CH$_3$Br	CH$_3$I	CH$_4$	TMS
δ（ppm）：	4.06	3.42	3.05	2.68	2.16	0.23	0
X 电负性：	4.0	3.5	3.0	2.8	2.5	2.1	1.8

对于 X—CH$\begin{smallmatrix} Y \\ \\ Z \end{smallmatrix}$ 型化合物，X，Y，Z 基对 $\rangle$CH— δ 值的影响具有加合性，可用 Shoolery 经验公式（3.18）式估算，式中 0.23 为 CH$_4$ 的 δ 值，C_i 值见表 3.1。

$$\delta_{\rangle\text{CH}-} = 0.23 + \sum C_i \tag{3.18}$$

例如：BrCH$_2$Cl（括号内为实测值）

$$\delta = 0.23 + 2.33 + 2.53 = 5.09（5.16）$$

利用此公式，计算值与实测值误差通常小于 0.6 ppm，但有时可达 1 ppm。

值得注意的是，诱导效应是通过成键电子传递的，随着与电负性取代基距离的增大，诱导效应的影响逐渐减弱，通常相隔 3 个以上碳的影响可以忽略不计。例如：

99

	CH_3Br	CH_3CH_2Br	$CH_3CH_2CH_2Br$	$CH_3(CH_2)_2CH_2Br$
δ (ppm):	2.68	1.68	1.03	0.9

表 3.1　　　　　　　　　　　　　取代基对 $>CH-$ δ 值的增值 (ppm)

取代基	C_i	取代基	C_i	取代基	C_i
—F	3.6	—OCOR	3.13	—C≡CR	1.44
—Cl	2.53	—COR	1.70	—C≡CAr	1.65
—Br	2.33	—CONR$_2$	1.59	C=C	1.32
—I	1.82	—NR$_2$	1.57	—N=C=S	2.86
—OH	2.56	—COOR	1.55	—CF$_3$	1.14
—NO$_2$	2.46	—SR	1.64	—CF$_2$	1.21
—OR	2.36	—C≡N	1.70	—CH$_2$R	0.67
—OAr	3.23	—C$_6$H$_5$	1.85	—CH$_3$	0.47

3.4.2　化学键的各向异性

分子中氢核与某一功能基的空间关系会影响其化学位移值,这种影响称各向异性。如果这种影响仅与功能基的键型有关,则称为化学键的各向异性,这是由于成键电子的电子云分布不均匀性导致在外磁场中所产生的感生磁场的不均匀性引起的。

1. 叁键

炔氢与烯氢相比,δ 值应处于较高频,但事实相反。这是因为 π 电子云以圆柱形分布,构成筒状电子云,绕碳-碳键而成环流。产生的感生磁场沿键轴方向为屏蔽区,炔氢正好位于屏蔽区(图 3.10),δ 值低频位移。乙炔:δ 1.80 ppm。

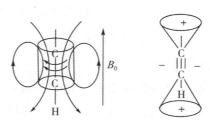

图 3.10　碳-碳三键的各向异性

2. 双键

π 电子云分布于成键平面的上、下方,平面内为去屏蔽区。与 sp^2 杂化碳相连的氢位于成键的平面内(处于去屏蔽区),较炔氢高频位移(图 3.11)。乙烯:$\delta 5.25$ ppm;醛氢:$\delta 9 \sim 10$ ppm。

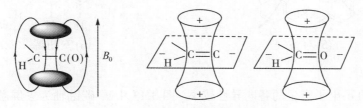

图 3.11 碳-碳(氧)双键的各向异性

化学键的各向异性还可由下述化合物(1)至(4)看出。

化合物(1),(3)中的标记氢分别处于双键和苯环的屏蔽区,而化合物(2),(4)中相应的氢分别处于双键和苯环的去屏蔽区,δ 值增大。

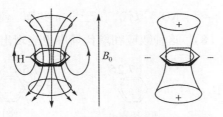

3. 芳环体系

图 3.12 为苯环的电子环流及感生磁场示意图。随着共轭体系的增大,环电流效应增强,即环平面上、下的屏蔽效应增强,环平面上的去屏蔽效应增强。苯氢较烯氢位于更高频(7.27 ppm)。

图 3.12 苯环屏蔽作用示意图

1,8-对番烷(5)及安扭烯(6)部分质子的 ^{1}H NMR 吸收充分表明了芳环的各向异性。

(5)对番烷 (6)安扭烯

4. 单键

碳-碳单键的 σ 电子产生的各向异性较小。图 3.13 中碳-碳键轴为去屏蔽圆锥的轴。随着 CH_3 中氢被碳取代,去屏蔽效应增大。所以 CH_3—,—CH_2—, —CH< 中质子的 δ 值依次增大($\delta_{CH_3} < \delta_{CH_2} < \delta_{CH}$)。

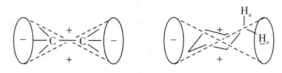

图 3.13 碳-碳单键的屏蔽效应

环己烷的椅式构象(图 3.13),H_a 与 H_e 的 δ 差值在 0.2~0.7 ppm 之间,因两者受到的单键各向异性效应不等。C_1—C_2,C_1—C_6 的各向异性对 H_a,H_e 的影响相近,但 H_a 处于 C_2—C_3,C_5—C_6 的屏蔽区,δ 值位于较低频。而 H_e 处于 C_2—C_3,C_5—C_6 的去屏蔽区,δ 值位于较高频。

3.4.3 共轭效应

苯环上的氢被推电子基(如 CH_3O)取代,由于 p-π 共轭,使苯环的电子云密度增大,δ 值低频位移;拉电子基(如 C=O,NO_2)取代,由于 π-π 共轭,使苯环的电子云密度降低,δ 值高频位移,见化合物(7),(8)。这种效应在取代烯中也表现出来,见化合物(9),(10)。

(7) (8)

(9) CH_2=CH_2 5.25 (10)

3.4.4 Van der Waals 效应

当立体结构决定了空间的两个核靠得很近时，带负电荷的核外电子云就会相互排斥，使核变得裸露，质子的 δ 值增大(高频位移)，这种效应称 Van der Waals 效应。见化合物 (11)，(12)。(12)中 H_b 的 δ 值远大于(11)中 H_b 的 δ 值，说明靠近的某一基团越大，该效应的影响越明显。

$$
\begin{array}{ll}
H_a\ 4.68 \\
H_b\ 2.40 \\
H_c\ 1.10
\end{array}
\qquad
\begin{array}{ll}
H_a\ 3.92 \\
H_b\ 3.55 \\
H_c\ 0.88
\end{array}
$$

(11)　　　　　　　　　　(12)

3.4.5 浓度、温度、溶剂对 δ 值的影响

1. 浓度

与 O，N 相连的氢，由于分子间氢键的存在，浓度增大，缔合程度增大，δ 值增大。如 OH(醇)：$\delta\ 0.5 \sim 5$ ppm，COOH：$\delta\ 10 \sim 13$ ppm，$CONH_2$：$\delta\ 5 \sim 8$ ppm。

2. 温度

温度不同可能引起化合物分子结构的变化。如活泼氢、受阻旋转、互变异构(酮式与烯醇式)、环翻转(环己烷的翻转)等，这些动力学现象均与温度有密切关系。可能出现完全不同的 ^1H NMR 谱。如重氢环己烷($C_6D_{11}H$)在室温下，由于环的快速翻转，^1H NMR 出现一尖锐单峰，分不出平展氢和直立氢的差异。随着温度降低，翻转很慢，峰形变宽，温度降至 $-89℃$，出现两个尖锐的单峰，分别为平展氢和直立氢的共振吸收，H_a 位于低频。

3. 溶剂

一般化合物在 $CDCl_3$ 中测得的 NMR 谱重复性较好；在其他溶剂中测试，δ 值会稍有所改变，有时改变较大。这是溶剂与溶质间相互作用的结果。这种作用称溶剂效应。

苯的溶剂效应不可忽视。这是因为苯分子平面上、下方的 π 电子云容易接近样品分子中的 δ_+ 端而远离 δ_- 端，形成瞬时配合物，致使某些氢的共振吸收发生变化。见化合物 (13) ~ (15)，$\Delta = \delta_{CDCl_3} - \delta_{C_6D_6}$。空间位阻增大，苯的溶剂效应降低。这种效应在立体结构研究中很有帮助。

$$
\begin{array}{l}
\Delta\delta = +0.6
\end{array}
\qquad
\begin{array}{l}
\Delta\delta = +0.6 \\
\Delta\delta = +0.6
\end{array}
\qquad
\begin{array}{l}
\Delta\delta = +0.4 \\
\Delta\delta = -0.1 \\
\Delta\delta = +0.4
\end{array}
$$

(13)　　　　　(14)　　　　　(15)

苯对二甲基甲酰胺中两个甲基 δ 值的影响[1]见图 3.14。图 3.14 表明氮上的两个甲基是不等性的。a-甲基位于高频，b-甲基位于低频，随着苯溶剂浓度的增加，a-甲基低频位移。

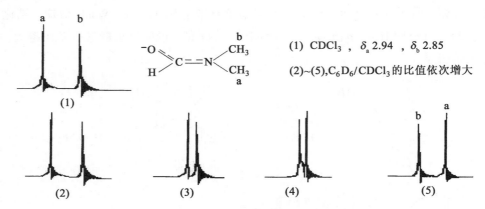

图 3.14　苯对二甲基甲酰胺中两个甲基 δ 值的影响

用三氟乙酸作溶剂除观测不到活泼氢的共振吸收外，还应注意其是否与样品发生化学反应。

3.4.6　各类质子的化学位移及经验计算

常见氢核的核磁共振吸收数据在文献中已有报道。在核磁共振的专著中以图表或数表的形式给出。各类质子的化学位移值范围见表 3.2。

1. 烷烃

利用表 3.1 的数据及 Shoolery 公式可计算 $X{-}CH\big\langle{}^{Y}_{Z}$ 中质子的 δ 值(见 3.4.1)。

烷基化合物(RY)的化学位移见表 3.3。

利用表 3.3，可直接查出相对于取代基(Y)的 α，β 及 γ 位质子的 δ 值。

若考虑两个取代基的影响，可粗略用此表数值叠加计算。举例如下(括号内为实测值)：

CH_3CHBr_2：取模型化合物 CH_3CH_2Y

$\qquad$ Y = H $\qquad\quad \delta_{CH_3}$　0.86　　(基值)

$\qquad$ Y = Br $\qquad\quad \delta_{CH_3}$　1.66　　增值：1.66−0.86 = 0.80

$\qquad CH_3CHBr_2$ $\quad \delta_{CH_3}=0.86+0.80\times2=2.46$　(2.46)

$Cl\overset{b}{C}H_2\overset{a}{C}H_2CN$：取模型化合物 $CH_3\overset{\beta}{C}H_2\overset{\alpha}{C}H_2Y$

表 3.2 各类质子的化学位移值范围[2]

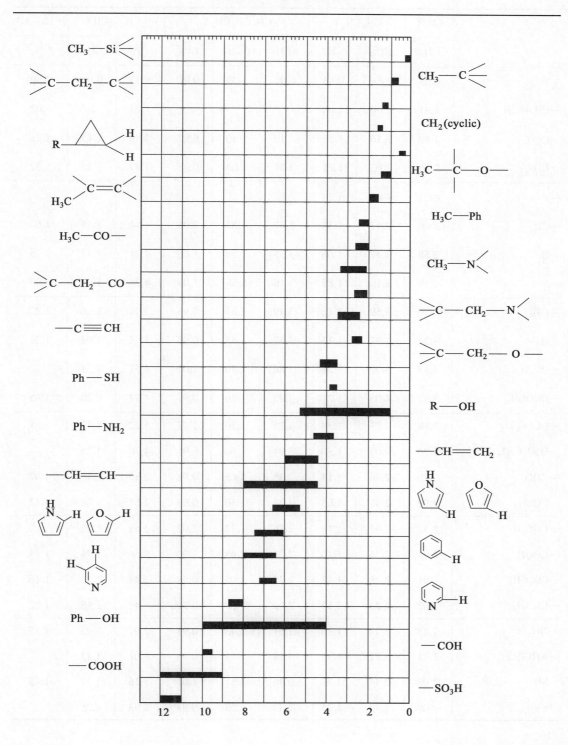

表 3.3 取代烷烃化合物(RY)的化学位移

Y	CH₃Y	CH₃CH₂Y		CH₃CH₂CH₂Y			(CH₃)₂CHY		(CH₃)₃CY
	CH₃	CH₂	CH₃	αCH₂	βCH₂	CH₃	CH	CH₃	CH₃
—H	0.23	0.86	0.86	0.91	1.33	0.91	1.33	0.91	0.89
—CH=CH₂	1.71	2.00	1.00				1.73		1.02
—C≡C	1.80	2.16	1.15	2.10	1.50	0.97	2.59	1.15	1.22
—C₆H₅	2.35	2.63	1.21	2.59	1.65	0.95	2.89	1.25	1.32
—F	4.27	4.36	1.24						
—Cl	3.06	3.47	1.33	3.47	1.81	1.06	4.14	1.55	1.60
—Br	2.69	3.37	1.66	3.35	1.89	1.06	4.21	1.73	1.76
—I	2.16	3.16	1.88	3.16	1.88	1.03	4.24	1.89	1.95
—OH	3.39	3.59	1.18	3.49	1.53	0.93	3.94	1.16	1.22
—O—	3.24	3.37	1.15	3.27	1.55	0.93	3.55	1.08	1.24
—OC₆H₅	3.73	3.98	1.38	3.86	1.70	1.05	4.51	1.31	
—OCOCH₃	3.67	4.05	1.21	3.98	1.56	0.97	4.94	1.22	1.45
—OCOC₆H₅	3.88	4.37	1.38	4.25	1.76	1.07	5.22	1.37	1.58
—OSO₂C₆H₄CH₃	3.70	4.07	1.30	3.94	1.60	0.95	4.70	1.25	
—CHO	2.18	2.46	1.13	2.35	1.65	0.98	2.39	1.13	1.07
—COCH₃	2.09	2.47	1.05	2.32	1.56	0.93	2.54	1.08	1.12
—COC₆H₅	2.55	2.92	1.18	2.86	1.72	1.02	3.58	1.22	
—COOH	2.08	2.36	1.16	2.31	1.68	1.00	2.56	1.21	1.23
—CO₂CH₃	2.01	2.28	1.12	2.22	1.65	0.98	2.48	1.15	1.16
—CONH₂	2.02	2.23	1.13	2.19	1.68	0.99	2.44	1.18	1.22
—NH₂	2.47	2.74	1.10	2.61	1.43	0.93	3.07	1.03	1.15
—NHCOCH₃	2.71	3.21	1.12	3.18	1.55	0.96	4.01	1.13	
—SH	2.00	2.44	1.31	2.46	1.57	1.02	3.16	1.34	1.43
—S—	2.09	2.49	1.25	2.43	1.59	0.98	2.93	1.25	

Y	CH$_3$Y	CH$_3$CH$_2$Y		CH$_3$CH$_2$CH$_2$Y			(CH$_3$)$_2$CHY		(CH$_3$)$_3$CY
	CH$_3$	CH$_2$	CH$_3$	αCH$_2$	βCH$_2$	CH$_3$	CH	CH$_3$	CH$_3$
—S—S—	2.30	2.67	1.35	2.63	1.71	1.03			1.32
—CN	1.98	2.35	1.31	2.29	1.71	1.11	2.67	1.35	1.37
—NC	2.85						4.83	1.45	1.44
—NO$_2$	4.29	4.37	1.58	4.28	2.01	1.03	4.44	1.53	

$$Y = H \qquad \delta_{CH_2} \quad 1.33 \qquad （基值）$$
$$Y = Cl \qquad \alpha \text{ 位增值} \qquad 3.47 - 1.33 = 2.14$$
$$\beta \text{ 位增值} \qquad 1.81 - 1.33 = 0.48$$
$$Y = CN \qquad \alpha \text{ 位增值} \qquad 2.29 - 1.33 = 0.96$$
$$\beta \text{ 位增值} \qquad 1.71 - 1.33 = 0.38$$
$$\delta_a = 1.33 + 0.96 + 0.48 = 2.77 \quad （2.86）$$
$$\delta_b = 1.33 + 2.14 + 0.38 = 3.85 \quad （3.70）$$

$\overset{b}{HOCH_2}\overset{a}{CH_2}CN$：与 $ClCH_2CH_2CN$ 计算方法相同。

$$\delta_a = 2.49 \quad （2.61），\qquad \delta_b = 3.87 \quad （3.85）$$

2. 烯烃

取代基对烯氢 δ 值的影响见表 3.4。表中的数值是相对于乙烯 δ（5.25 ppm）的位移参数值。利用表中的数值和（3.19）式可以计算烯氢的 δ 值。由于双键上的取代基都处于同一平面上，它们对于烯氢的影响比较单纯，计算值与实测值误差一般在 0.3 ppm 以内。

$$\delta（=CH—）= 5.25 + Z_{同} + Z_{顺} + Z_{反} \tag{3.19}$$

Z 是同碳取代基及顺式、反式取代基对烯氢化学位移（以 5.25 为基值）的影响。

表 3.4   取代基对于烯氢 δ 值的影响

取代基	$Z_{同}$	$Z_{顺}$	$Z_{反}$	取代基	$Z_{同}$	$Z_{顺}$	$Z_{反}$
—H	0	0	0	—OR（R 脂肪族）	1.22	−1.07	−1.21
—R	0.45	−0.22	−0.28	—OR（R 共轭*）	1.21	−0.60	−1.00
—R（环）	0.69	−0.25	−0.28	—OCOR	2.11	−0.35	−0.64
—CH$_2$O, I	0.64	−0.01	−0.02	—Cl	1.08	0.18	0.13
—CH$_2$F,（Cl, Br）	0.70	0.11	−0.04	—Br	1.07	0.45	0.55

续表

取代基	$Z_同$	$Z_顺$	$Z_反$	取代基	$Z_同$	$Z_顺$	$Z_反$
—C≡C	1.00	−0.09	−0.23	—I	1.14	0.81	0.88
—C≡C（共轭*）	1.24	0.02	−0.05	>NR（R 脂肪族）	0.80	−1.26	−1.21
—C≡O	1.10	1.12	0.87	—C≡N	0.27	0.75	0.55
—C≡O（共轭*）	1.06	0.91	0.74	>NCO	2.08	−0.57	−0.72
—CO₂H	0.97	1.41	0.71	—Ar	1.38	0.36	−0.07
—CO₂H（共轭*）	0.80	0.98	0.32	—SR	1.11	−0.29	−0.13
—COOR	0.80	1.18	0.55	—F	1.54	−0.40	−1.02
—COOR（共轭*）	0.78	1.01	0.46	—CHO	1.02	0.95	1.17

*:指取代基或双键与其他基团进一步共轭时使用的 Z 因子。

计算实例（括号内为实测值）：

查表：$Z_同$ 2.11，$Z_顺$ −0.35，$Z_反$ −0.64

$\delta_a = 5.25 + (−0.64) = 4.61$　（4.56）

$\delta_b = 5.25 + (−0.35) = 4.90$　（4.88）

$\delta_c = 5.25 + 2.11 = 7.35$　（7.26）

查表：	$Z_同$	$Z_顺$	$Z_反$
-R	0.45	−0.22	−0.28
-Ph	1.38	0.36	−0.07

$\delta_a = 5.25 + 0.45 + 0.36 = 6.06$　（6.07）

$\delta_b = 5.25 + 1.38 + (−0.22) = 6.41$　（6.29）

3. 芳氢

取代基对苯氢 δ 值的影响见表 3.5。$Z_邻$，$Z_间$，$Z_对$ 分别为邻位、间位、对位取代基对于苯氢化学位移（以 7.26 为基数）的影响。利用表中的数据和（3.20）式，可计算取代苯中苯氢的δ值。通过计算，可预计苯环上取代基的位置。

$$\delta = 7.26 + \sum Z \qquad (3.20)$$

表 3.5 取代基对苯环芳氢化学位移的影响

取代基	$Z_邻$	$Z_间$	$Z_对$	取代基	$Z_邻$	$Z_间$	$Z_对$
—OH	−0.53	−0.17	−0.44	—CH=CH$_2$	0.04	−0.05	−0.12
—OR	−0.49	−0.11	−0.44	—CHO	0.61	0.25	0.35
—OCOR	−0.19	−0.03	−0.19	—COR	0.63	0.08	0.18
—NH$_2$	−0.80	−0.25	−0.64	—COOH(R)	0.87	0.21	0.34
—CH$_3$	−0.20	−0.12	−0.21	—F	−0.29	−0.02	−0.23
—CH$_2$—	−0.14	−0.05	−0.18	—Cl	0.01	−0.06	−0.12
—CH—	−0.13	−0.08	−0.18	—Br	0.17	−0.11	−0.06
—CMe$_3$	0.03	−0.08	−0.02	—I	0.38	−0.23	−0.01
—CH$_2$OH	−0.07	−0.07	−0.07	—NO$_2$	0.93	0.26	0.39

计算实例（括号内为实测值）：

CH$_3$O—〈苯环〉—CH=CHMe
　　　　a　b

查表：　　　　　$Z_邻$　　　$Z_间$　　　$Z_对$

－OR　　　　　−0.49　　−0.11　　−0.44

－CH=CHR　　0.04　　　−0.05　　−0.12

$\delta_a = 7.26 + [(-0.49) + (-0.05)] = 6.72$ （6.80）

$\delta_b = 7.26 + [0.04 + (-0.11)] = 7.19$ （7.21）

HO—〈苯环 c / b / a〉—COCH$_2$CH$_2$COOH, OH

查表：　　　　　$Z_邻$　　　$Z_间$　　　$Z_对$

－OH　　　　　−0.53　　−0.17　　−0.44

－COR　　　　0.63　　　0.08　　　0.18

$\delta_a = 7.26 + [(-0.53) + (-0.17) + 0.08] = 6.64$ （6.76）

$\delta_b = 7.26 + [(-0.53) + (-0.17) + 0.18] = 6.74$ （6.98）

$\delta_c = 7.26 + [(-0.53) + 0.63 + (-0.17)] = 7.19$ （7.21）

在复杂结构中，由于各种基团的各向异性及其他结构因素的影响，计算值与实测值可能差别较大。

稠环芳烃因抗磁环流的去屏蔽效应增强，芳氢化学位移高频位移。

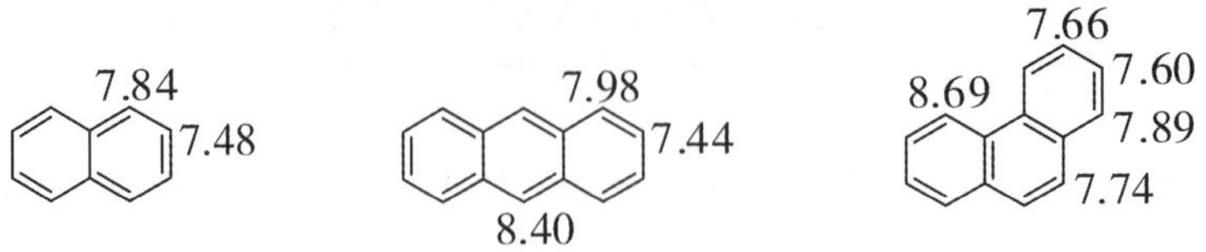

4. 杂芳环

杂芳环化合物的 ^{1}H NMR 谱较复杂，受溶剂的影响亦较大。一些典型杂芳环的化学位移如下（CDCl$_3$ 溶剂）：

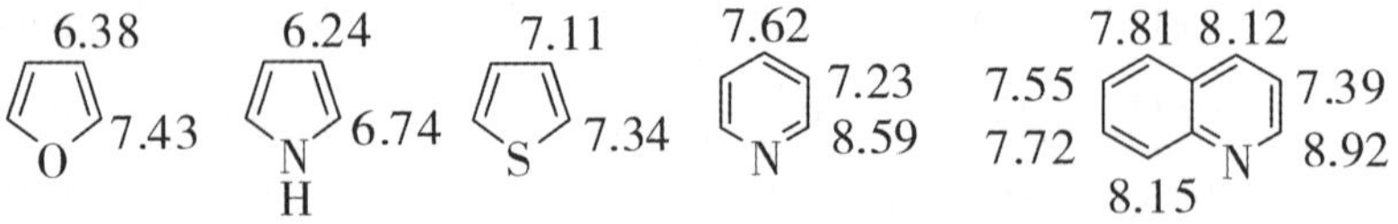

取代基对杂芳环化学位移的影响类似于对苯环的影响。推电子取代基导致杂芳环氢的 δ 值降低，拉电子取代基导致杂芳环氢的 δ 值增加。

5. 炔氢

炔氢的化学位移 2~3 ppm，干扰大。除乙炔外，仅存在远程耦合（见 3.5）。

6. 环状化合物系

环烷烃及其衍生物质子的化学位移如下。

环丙体系中，氢核位于屏蔽区，其化学位移较相应的六元环均出现在低频端。例如：

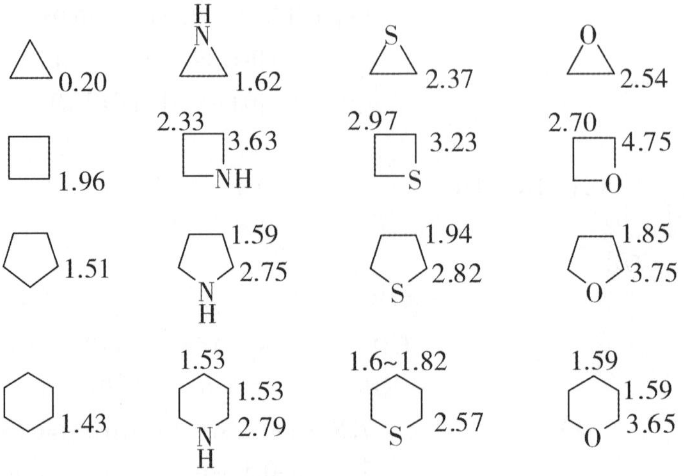

110

7. 活泼氢

常见的活泼氢如—OH，—NH$_2$，—SH，由于它们在溶剂中质子交换速度较快，并受浓度、温度、溶剂的影响，δ 值变化范围较大，表 3.6 列出各种活泼氢的 δ 值大致范围。一般说来，酰胺类、羧酸类缔合峰均为宽峰，有时隐藏在基线里，可从积分面积判断其存在。醇、酚峰形较钝；氨基、巯基峰形较尖。

表 3.6   **活泼氢的化学位移**

化合物类型	δ(ppm)	化合物类型	δ(ppm)
醇	0.5~5.5	RSH, ArSH	1~4
酚	4~8	RSO$_3$H	11~12
酚(内氢键)	10.5~16	RNH$_2$	0.4~3.5
烯 醇	15~19	ArNH$_2$	2.9~4.8
羧 酸	10~13	RCONH$_2$, ArCONH$_2$	5~7
肟	7~10	RCONHR′, ArCONHR	6~8

3.4.7 氘代溶剂的干扰峰

溶解样品的氘代试剂总有残留氢存在。在 ^{1}H NMR 谱图解析中，要会辨认其吸收峰，排除干扰。常用氘代试剂残留氢的 δ 值如下：

氘代试剂	CDCl$_3$	CD$_3$CN	CD$_3$OD	CD$_3$COCD$_3$	CD$_3$SOCD$_3$	D$_2$O
δ(ppm):	7.26	1.94	3.31	2.05	2.50	4.79
	1.56（水）	2.13（水）	4.87(水)	2.84(水)	3.33(水)	

常用普通溶剂中氢的干扰范围视样品中溶剂的含量而定(含量高，干扰范围宽)，其化学位移可参考氘代溶剂的 δ 值。

3.5   自旋耦合与裂分

3.5.1   自旋-自旋耦合机理

自旋核与自旋核之间的相互作用称自旋-自旋耦合(spin-spin coupling)，简称自旋耦合。图 3.15 是 1,1,2-三氯乙烷的 ^{1}H NMR 谱，δ3.95, 5.77 ppm 处出现两组峰，二者积分比(2∶1)等于质子数目比，分别对应于 CH$_2$Cl，CHCl$_2$。CH$_2$ 为双峰，CH 为三重峰，峰间距为 6 Hz。

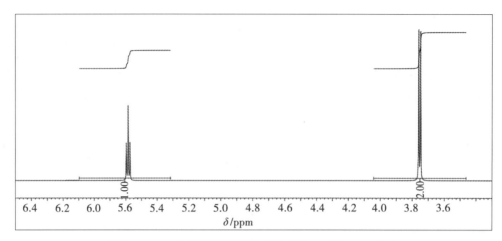

图 3.15　1,1,2-三氯乙烷的 ^1H NMR 谱(400 MHz, $CDCl_3$)

双峰和三重峰的出现是由于相邻的氢核在外磁场 B_0 中产生不同的局部磁场且相互影响造成的。$CHCl_2$ 中的 1H 在 B_0(↑) 中有两种取向，与 B_0 同向(↑)和与 B_0 反向(↓)，粗略认为两者概率相等。同向取向使 CH_2Cl 的氢感受到外磁场强度稍稍增强，其共振吸收稍向高频端位移；反向取向使 CH_2Cl 的氢感受到的外磁场强度稍稍降低，其共振吸收稍向低频端位移，故 CH 使 CH_2 裂分为双峰。

同样分析，CH_2Cl 中的 2H 在 B_0 中有三种取向，2H 与 B_0 同向(↑↑)，1H 与 B_0 同向，另 1H 与 B_0 反向(↑↓或↓↑)，2H 都与 B_0 反向(↓↓)，出现的概率近似为 1∶2∶1，故 CH_2 在 B_0 中产生的局部磁场使 CH 裂分为三重峰。

这种自旋-自旋耦合机理，认为是空间磁性传递的，即偶极-偶极相互作用。

对自旋-自旋耦合的另一种解释，认为是接触机理，即自旋核之间的相互耦合是通过核间成键电子对传递的。

根据 Pauling 原理(同一轨道上成键电子对的自旋方向相反)和 Hund 规则(同一原子成键电子应自旋平行)及对应的电子自旋取向与核的自旋取向同向时，势能稍有升高；电子的自旋取向与核的自旋取向反向时，势能稍有降低。以 H_a—C—C—H_b 为例分析，无耦合时 H_b 两种跃迁方式的能量相等，所吸收的能量为 $\Delta E(\Delta E = h\nu_b)$。在 H_a 的耦合作用下，H_b 有两种跃迁方式，对应的能量分别为 ΔE_1，ΔE_2，见图 3.16。

H_a—C—C—H_b 体系中，H_a 对 H_b 耦合的能级分析。图中粗箭头表示核的自旋取向，细箭头表示成键电子的自旋取向。

$$\Delta E_1 = h\left(\nu_b - \frac{J}{2}\right) = h\nu_1$$

$$\Delta E_2 = h\left(\nu_b + \frac{J}{2}\right) = h\nu_2$$

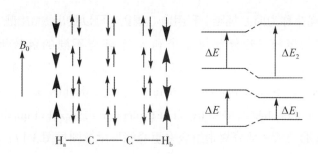

图 3.16　H_a—C—C—H_b 体系中 H_a 对 H_b 耦合的能级分析

$$\nu_2 - \nu_1 = J_{ab} \tag{3.21}$$

在 H_b 的耦合作用下，H_a 也被裂分为双峰，分别出现在 $(\nu_a - J/2)$ 和 $(\nu_a + J/2)$ 处，峰间距等于 J_{ab}，J 为耦合常数。

所以自旋-自旋耦合是相互的，耦合的结果产生谱线增多，即自旋裂分。

耦合常数(J)是推导结构的又一重要参数。在 ^{1}H NMR 谱中，化学位移(δ)提供不同化学环境的氢。积分面积或积分高度代表的峰面积，其简比为各组氢数目之简比。裂分峰的数目和 J 值可判断相互耦合的氢核数目及基团的连接方式。

3.5.2　(n+1)规律

由 3.5.1 分析可知，某组环境完全相等的 n 个核($I = 1/2$)，在 B_0 中共有(n+1)种取向，使与其发生耦合的核裂分为(n+1)条峰。这就是(n+1)规律，概括如下。

某组环境相同的氢核，与 n 个环境相同的氢核耦合，则被裂分为(n+1)条峰。裂分峰的强度之比近似为二项式$(a+b)^n$展开式的各项系数比(帕斯卡三角强度分布)。这些(n+1)条峰，为单峰 singlet (s) 和有规则简单多重峰：二重峰 doublet (d)，三重峰 triplet (t)，四重峰 quartet (q)，五重峰 quintet (quint)，六重峰 sextet (sext)等。

n数	二项展开式系数						峰型和峰数
0				1			singlet, s
1			1		1		doublet, d
2			1	2	1		triplet, t
3		1	3	3	1		quartet, q
4	1	4	6	4	1		quintet, quint
5	1	5	10	10	5	1	sextet, sext

....

这是一种非常近似的处理，只有当相互耦合核的化学位移差值 $\Delta\nu \gg J$ 时，才能成立。

在实测谱图中，相互耦合核的二组峰的强度会出现内侧峰偏高，外侧峰偏低。$\Delta\nu$ 越小，内侧峰越高，这种规律称为向心规则。利用向心规则，可以找出 NMR 谱中相互耦合的峰。

某组环境相同的氢核，若分别与 n 个和 m 个环境不同的氢核耦合，则被裂分为 $(n+1)(m+1)$ 条峰(实际谱图可能由于分辨有限或谱峰重叠，实测峰的数目可能小于计算值)。这些峰为规则组合多重峰：doublet of doublets (dd)，doublet of triplets (dt)，doublet of quartets (dq)，triplet of doublets (td)，triplet of triplets (tt)，triplet of quartets (tq)，doublet of doublet of doublets (ddd) 等(部分规则组合多重峰峰形示意图见图 3.17)。如高纯乙醇，CH_2 被 CH_3 裂分为四重峰(q)，每条峰又被 OH 裂分为二重峰，共八条峰[(3+1)(1+1)]，表现为 qd 峰型。图 3.18 为 2-(2-溴苯基)-2-氰基-N-异丙基乙硫酰胺[*Chem. Commun.*，2017，53，8439]的核磁谱图，芳环上的氢均表现为规则组合多重峰 dd 或 td。

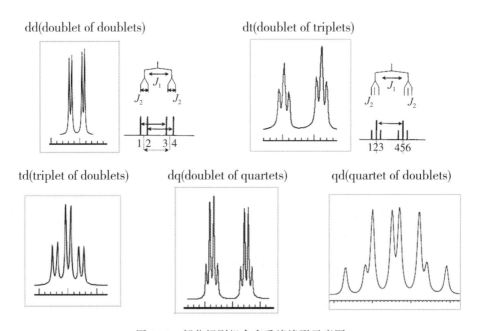

图 3.17 部分规则组合多重峰峰形示意图

3.5.3 核的等价性

核的等价性，包括化学等价和磁等价。

1. 化学等价

化学等价是立体化学中的一个重要概念。分子中有一组氢核，它们的化学环境完全相同，化学位移也严格相等，则这组核称为化学等价的核。有快速旋转化学等价和对称化学等价。

快速旋转化学等价——若两个或两个以上质子在单键快速旋转过程中位置可对应互换，则为化学等价。如氯乙烷、乙醇中 CH_3 的三个质子为化学等价。

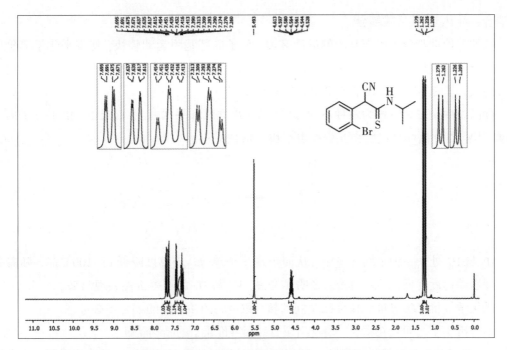

图 3.18　2-(2-溴苯基)-2-氰基-*N*-异丙基乙硫酰胺[1]H NMR 谱(400 MHz, CDCl₃)

对称性化学等价——分子构型中存在对称性(点、线、面),通过某种对称操作后,分子中可以互换位置的质子则为化学等价。如反式 1,2-二氯环丙烷中 H_a 与 H_b, H_c 与 H_d 分别为等价质子。

2. 磁等价

分子中有一组化学位移相同的核,它们对组外任何一个核的耦合相等,只表现出一种耦合常数,则这组核称为磁等价核。如苯乙酮中 CH_3 的三个氢核既是化学等价,又是磁等价的。苯基中两个邻位质子(H_a, H_a')或两个间位质子(H_b, H_b')分别是化学等价的,但不是磁等价的。虽然 H_a 与 H_a' 化学环境相同,但对组外任意核 H_b, H_a 与其是邻位耦合;而 H_a' 与其是对位耦合,存在两种耦合常数,故不是磁等价的。

在 1,1-二氟乙烯中,两个氢核和两个氟核分别都是化学等价的,在化学性质上毫无区别,具有相同的化学位移,但它们又分别是磁不等价的。对任意一个氟核(F_a),H_a 与其顺式耦合,而 H_b 与其反式耦合。

核的等价性与分子内部基团的运动有关。分子内部基团运动较快,使本来化学等价但磁不等价的核表现出磁等价,其间的耦合表现不出来。分子内部基团运动较慢,即使化学等价的核,其磁不等价性在谱图中也会反映出来。

环己烷中十二个氢核为两种不同环境的氢(直立氢和平伏氢),常温下,由于分子内部运动很快,直立氢和平伏氢相互变换也很快,如下式:

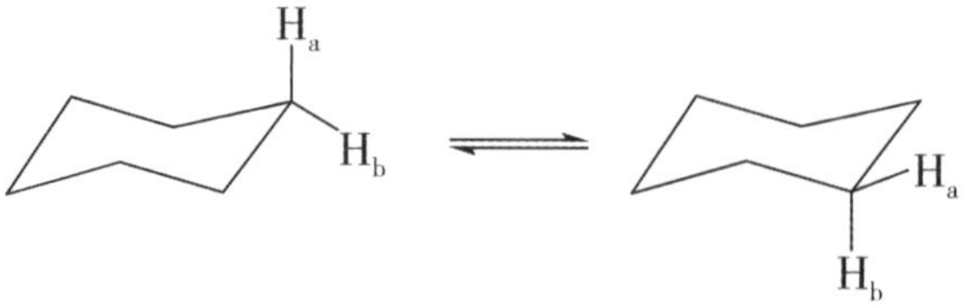

H_a 与 H_b 处于一种平均环境中,从而出现一个单峰。当温度降低到 $-100\,^{\circ}\mathrm{C}$ 时,随着分子内部运动速度降低,环的翻转速度明显变慢,H_a 与 H_b 的不等价性表现出来。

既化学等价又磁等价的核称磁全同的核,磁全同的核之间的耦合不必考虑。

不等价质子之间存在耦合,表现出裂分。不等价质子的结构特征:

(1)非对称取代的烯烃、芳烃,由于取代基的影响,烯氢、芳氢为不等价质子。化合物(16)中 H_a,H_b,H_c 化学不等价,磁不等价。化合物(17),(18)中 a,a′ 与 b,b′ 化学不等价,磁不等价;a 与 a′,b 与 b′ 化学等价,磁不等价。

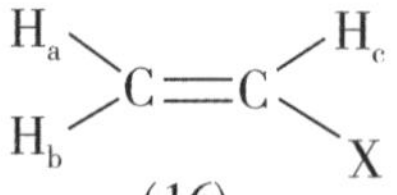

(16) 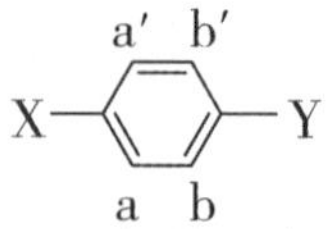　　　　(17) 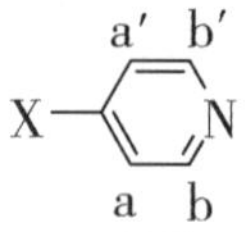　　　　(18)

(2)与不对称碳相连的 CH_2(称前手性氢)或与不对称碳相连的烷氧基(R^*CH_2O-)中的 CH_2,两个氢核为不等价质子。化合物(19),(20)中 H_a 与 H_b 不等价。无论碳-碳 σ 键旋转多么快,它们的化学环境还是不同的。化合物(21)中 CH_2 的两个氢也为不等价质子。

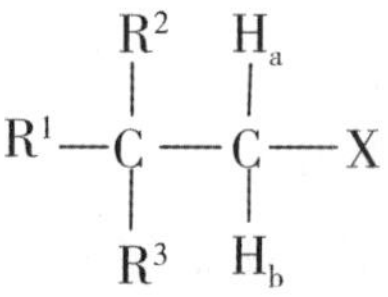

(19) 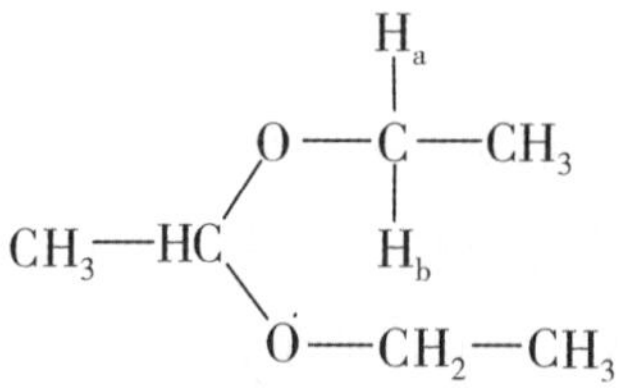　　　　(20) 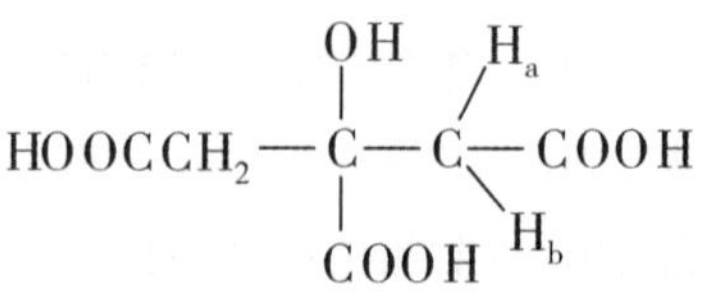　　　　(21)

(3)单键带有双键性时,不能自由旋转,产生不等价质子。如二甲基甲酰胺分子中,氮原子上的孤对电子与羰基产生 p-π 共轭,使 C—N 键带有部分双键性质,两个 CH_3 为不等价质子,出现 2 个峰(图 3.14)。

当升温至 170℃ 左右时，由于分子内的热运动足以克服部分双键的势垒，使 C—N 成为比较自由旋转的单键，两个 CH_3 为等价质子，^1H NMR 谱中出现一个尖锐的单峰。

(4) 取代环烷烃，当构象固定时，环上 CH_2 的两个氢是不等价的。例如甾体化合物 (22)，甾体环是固定的，不能翻转，因此环上 CH_2 的平伏氢与直立氢表现出不等价性质，在 1~2.5 ppm 之间有复杂的耦合峰。

化学不等价的两个基团，在光谱、波谱的测试中，给出不同的光谱、波谱信息。在化学反应中，也会反映出不同的反应速度。如柠檬酸(21)在酶解反应中，两个羧基的酶解速度不同，这表明两种羧基也是化学不等价的。

化合物(23)~(25)中标记的质子亦为化学不等价、磁不等价质子。

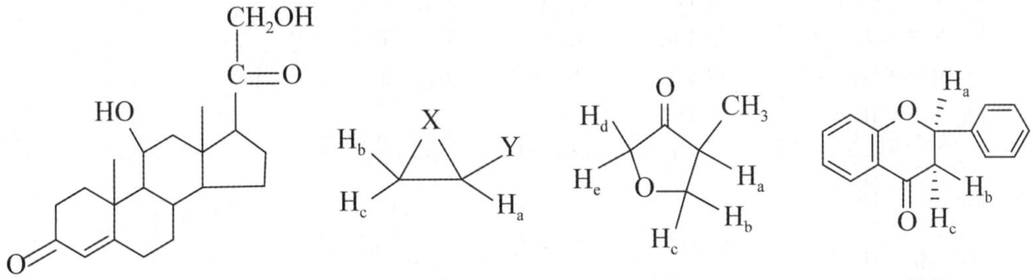

3.6 耦合常数与分子结构的关系

耦合常数与分子的结构密切相关。可利用耦合常数，推导化合物的结构，确定烯烃、芳烃的取代情况，尤其是阐明立体化学中的结构问题。

同碳上质子间的耦合(H_a—C—H_b)称同碳耦合，耦合常数用 ^2J 或 $J_{同}$ 表示。邻位碳上质子间的耦合(H_aC—CH_b)称邻位耦合，耦合常数用 ^3J 或 $J_{邻}$ 表示。大于叁键的耦合称远程耦合。一般说来，通过双数键的耦合常数(^2J，^4J)往往为负值。通过单数键的耦合常数(^3J，^5J)往往为正值，使用时均用绝对值，现分别讨论如下。

3.6.1 同碳质子间的耦合(^2J 或 $J_{同}$)

^2J 一般为负值，变化范围较大，与结构有密切关系。例如环氧丙酸(+6.3 Hz)，环戊烯-3,5-二酮(−21.5 Hz)。

大部分链状化合物，由于分子内部的快速运动，表现出磁全同，尽管可以利用某些特殊的实验方法(如同位素取代)测出它们之间的耦合常数，但在谱图中并不表现出裂分。^2J 主要受取代基电子效应的影响、键角和相邻 π 键的影响。常见同碳质子间的耦合常数见表 3.7。

表 3.7　　　　　　　　　　　　常见耦合系统质子间的耦合常数

耦合类型	耦合常数(Hz)范围			
$HC^*{-}CH_2$	$^2J\ 8\sim15$	$^3J\ 6\sim8$	$^4J\ 0\sim2$	
$HC{-}CHO$	—	$^3J\ 1\sim3$		
$HC{-}C{=}CH$	—	—	$^4J\ 0\sim3$	
$HC{-}C{\equiv}CH$	—	—	$^4J\ 2\sim3$	
${-}HC{=}CH_2$	$^2J\ 0\sim2$	$^3J_{cis}\ 8\sim12$	$^3J_{trans}\ 12\sim18$	
$RO{-}HC{=}CH_2$	$^2J\ 1.9$	$^3J_{cis}\ 6.7$	$^3J_{trans}\ 14.2$	
$RCOO{-}HC{=}CH_2$	$^2J\ 1.4$	$^3J_{cis}\ 6.3$	$^3J_{trans}\ 13.9$	
$ROCO{-}HC{=}CH_2$	$^2J\ 1.7$	$^3J_{cis}\ 10.2$	$^3J_{trans}\ 17.2$	
$RCO{-}HC{=}CH_2$	$^2J\ 1.8$	$^3J_{cis}\ 11.0$	$^3J_{trans}\ 18.0$	
$Ph{-}HC{=}CH_2$	$^2J\ 1.3$	$^3J_{cis}\ 11.0$	$^3J_{trans}\ 18.0$	
$R{-}HC{=}CH_2$	$^2J\ 1.6$	$^3J_{cis}\ 10.3$	$^3J_{trans}\ 17.3$	
$Li{-}HC{=}CH_2$	$^2J\ 1.3$	$^3J_{cis}\ 19.3$	$^3J_{trans}\ 23.9$	
环氧化合物(Ph, H, O)	$^2J\ 5.7$	$^3J_{cis}\ 4.1$	$^3J_{trans}\ 2.5$	
氮杂环丙烷(Ph, H, N, H)	$^2J\ 0.97$	$^3J_{cis}\ 6.03$	$^3J_{trans}\ 3.2$	
硫杂环丙烷(Ph, H, S, H)	$^2J\ 1.38$	$^3J_{cis}\ 6.5$	$^3J_{trans}\ 5.6$	
呋喃(O)	—	$^3J_{23}\ 1.8$	$^3J_{34}\ 3.5$	$^4J_{25}\ 1.6$ $^4J_{24}\ 1.0$
吡咯(NH)	—	$^3J_{23}\ 2.6$	$^3J_{34}\ 3.4$	$^4J_{25}\ 2.2$ $^4J_{24}\ 1.5$
噻吩(S)	—	$^3J_{23}\ 4.7$	$^3J_{34}\ 3.4$	$^4J_{25}\ 3.0$ $^4J_{24}\ 1.5$
环己烷	$^2J\ 10\sim14$	$^3J_{ae}\ 2\sim6$	$^3J_{ee}\ 2\sim5$	$^3J_{aa}\ 8\sim12$
苯	—	$^3J_o\ 6\sim9$		$^4J_m\ 1\sim3$
吡啶(N)	—	$^3J_{23}\ 5\sim6$	$^3J_{34}\ 7\sim9$	$^4J_m\ 1\sim2$

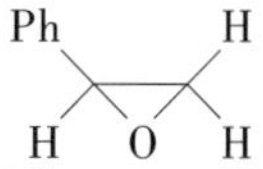

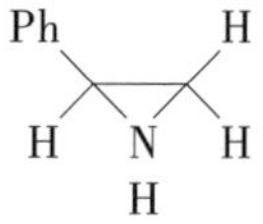

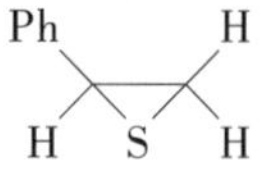

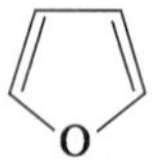

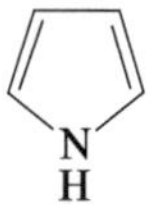

^2J 随键角 θ ($\angle H_aCH_b$) 的增加趋向正的方向变化，见图 3.19。

^2J 随着取代基电负性的变化而变化。在 α 位置上有电负性取代基时，^2J 值向正的方向移动。例如：$CH_4(-12.4) < CH_3OH(-10.8) < CH_3F(-9.7)$

$$CH_2{=}CH_2(+2.5) < CH_2{=}NC(CH_3)_3(+17) < CH_2O(+41)$$

如果在 β 位置上有电负性取代基时，^2J 值向负的方向移动。反之，对于给电子基团，情况正好相反。例如：$CH_3CCl_3(-13.0) < CH_4(-12.4)$

$$CH_2{=}CHLi(+7.1) > CH_2{=}CH_2(+2.5) > CH_2{=}CHF(-3.2)$$

当 C—H 能够与相邻的 π 键重叠时，^2J 趋向负的方向变化。在刚性，特别是环状体系，构象被保持处于有利于重叠的位置，^2J 变得更负。例如：

$$CH_4(-12.4) > CH_3Ph(-14.5) > CH_3COCH_3(-14.9) > CH_3CN(-16.9) > CH_2(CN)_2(-20.4)$$

典型化合物的 ^2J 如下：

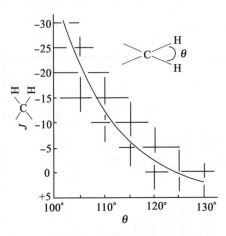

图 3.19 ^2J 与键角 θ 的关系

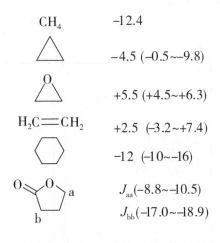

^2J 应用实例：

图 3.20 (a) 是 2-甲基-4-氧杂环戊酮的 ^1H NMR 谱 (100 MHz)。δ 1.2 (d,3H) 为 CH_3，受 H_b 的耦合，裂分为双峰，$J_{ab}=8.5$ Hz。2.2~2.9 (m,1H) 为 H_b，除 CH_3 将其裂分为四重峰外，还受 H_c，H_f 的耦合裂分，所以为多重峰。由于环的影响，H_c，H_f 为不等价质子，H_d 与 H_e 也为不等价质子。由图中峰与峰间的距离，确定它们的耦合裂分情况及各谱线的归属。从左至右，$[1-2]=[2-3]=8.5$ Hz，$[4-5]=[6-8]=16.5$ Hz，$[7-8]=[8-9]=8.5$ Hz。显然 4,5 峰，6, 8 峰的两个双峰应归属于 H_e 与 H_d 的共振吸收峰，δ 为 4.07 ppm 和 3.84 ppm，J 值较大 (16.5 Hz)。H_c 与 H_f 相互耦合裂分为两个双峰，但又与 H_b 耦合，J_{cf} 与 J_{cb} 或 J_{cf} 与 J_{fb} 几乎相等 (8.5 Hz)，所以图谱中 H_c 与 H_f 均以三重峰出现。H_f 为 1,2, 3 三重峰，H_c 为 7,

8，9 三重峰。三重峰的中心化学位移分别为 4.49 ppm 和 3.73 ppm。

值得注意的是：H_d 双峰的外侧峰正好与 H_c 三重峰的中峰相重叠。

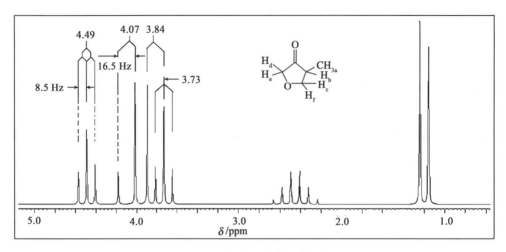

（a）　2-甲基-4-氧杂环戊酮

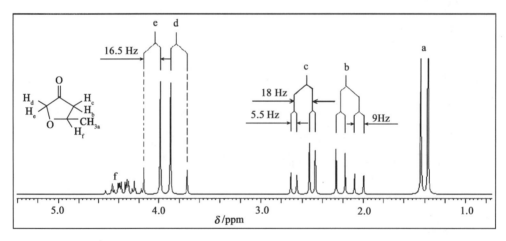

（b）　3-甲基 4-氧杂环戊酮

图 3.20　两种甲基-4-氧杂环戊酮的 ^{1}H NMR 谱（100 MHz）

3-甲基-4-氧杂环戊酮的 ^{1}H NMR 谱见图 3.20（b）。试与 2-甲基-4-氧杂环戊酮的 ^{1}H NMR 谱（图 3.20（a））比较，解释其耦合裂分。图中 $J_{bc} = 18$ Hz，$J_{de} = 16.5$ Hz。

3.6.2　邻碳质子间的耦合（^3J 或 $J_{邻}$）

通过三个键的质子间的耦合为邻碳质子间的耦合，邻碳质子间的耦合是普遍存在的。常见耦合系统中邻碳质子间的耦合常数列于表 3.7 中。以下按饱和型体系、烯烃及其衍生物、芳烃及其衍生物三个方面讨论。

3.6.2.1 饱和型体系

饱和体系中的邻位耦合作用是通过三个单键(H—C—C—H)发生的。J 值范围在 $0\sim16$ Hz，一般为正值。^3J 的大小与双面夹角 Φ 有关，见图 3.21。

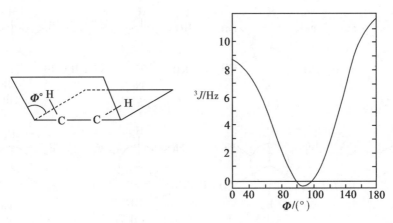

图 3.21　^3J 与双面夹角(Φ)的关系

^3J 由 Karplus 公式(3.22)或图 3.21 求得，仅是粗略估计，还有其他影响因素，如取代基的电负性，环的大小等。

$$^3J=\begin{cases} J^0\cos^2\Phi-0.28, & 0°\leqslant\Phi\leqslant90° \\ J^{180}\cos^2\Phi-0.28, & 90°\leqslant\Phi\leqslant180° \end{cases} \qquad (3.22)$$

式中，$J^0=8.5$ Hz；$J^{180}=11.5$ Hz。

饱和链烃 $H_aC\text{-}CH_b$ 中 σ 键自由旋转，J_{ab} 应是不同构象时 H_a，H_b 耦合的平均值，通常在 $6\sim8$ Hz 范围内。如 CH_3CH_2Cl 较稳定的构象是交叉构象(见下图)。

$\Phi=60°$ 　　　J_{ab} 　$2\sim4$ Hz

$\Phi=180°$ 　　J_{ab} 　$11\sim12$ Hz

平均 　　　$^3J_{ab}=6\sim8$ Hz

邻位电负性取代基对 ^3J 的影响可由取代基的电负性与氢电负性的差值 ΔX 近似计算。

$$^3J=7.9-n\cdot0.7\Delta X \qquad (3.23)$$

式中，n 为取代基的数目。取代基电负性增大，^3J 降低。如吡啶 $J_{2,3}$ $5\sim6$ Hz，$J_{3,4}$ $7\sim9$ Hz。

环己烷当构象固定时，$^3J_{aa}$ $8\sim12$ Hz($180°$)，$^3J_{ae}$ $2\sim6$ Hz($60°$)，$^3J_{ee}$ $2\sim5$ Hz($60°$)，见表 3.7。

^3J 值提供了一个通用的、简便的判断立体化学的定性工具，应用举例如下。

1. 用于赤式和苏式构型的确定

在赤式和苏式构型的各种构象的纽曼投影式中，由于大基团的相互推斥，其稳定构象见图 3.22。J_{ab} 分别为 8~12 Hz，2~4 Hz。若存在分子内氢键，则以形成内氢键的稳定构象为主。

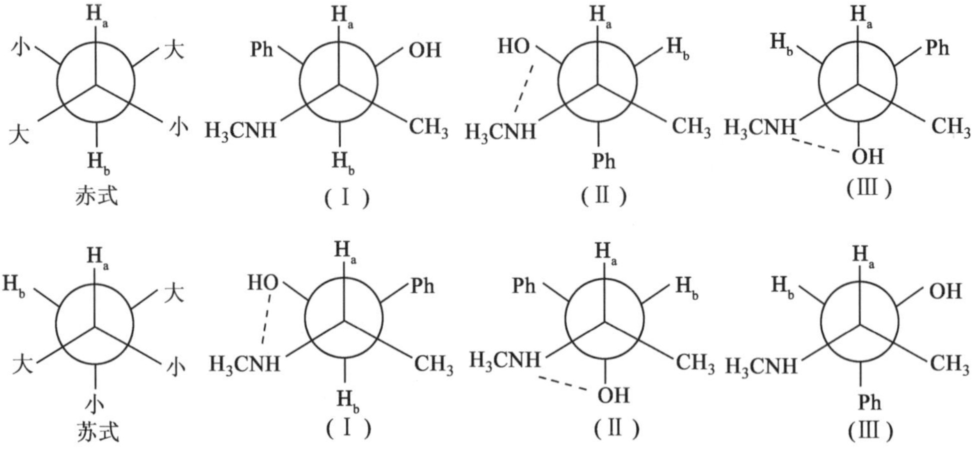

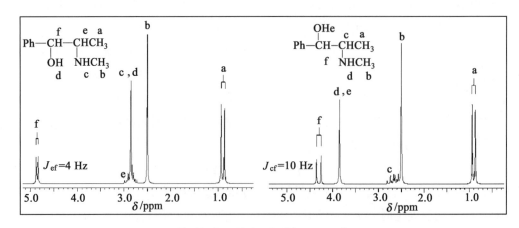

图 3.22　赤式和苏式构型的 Newman 投影

麻黄碱(赤式)与伪麻黄碱(苏式)的部分 ^{1}H NMR 谱见图 3.23。因存在分子内氢键(图 3.22)，赤式构型以利于形成内氢键的构象(Ⅱ，Ⅲ)占优势(^3J=2~4 Hz)；苏式构型则以利于形成内氢键的构象(Ⅰ，Ⅱ)为主(^3J=8~10 Hz)。图 3.23 中左图 J_{ef}=4 Hz，是麻黄碱；右图 J_{cf}=10 Hz，是伪麻黄碱。

图 3.23　麻黄碱与伪麻黄碱的部分 ^{1}H NMR 谱(100 MHz)

2. 确定环状体系中取代基的位置

例如化合物(26)中 CH$_3$ 位于环己烷的直立位置还是平伏位置，虚线断开基团用 R 表示，R 与 OH 为大基团。在环己烷中应位于平伏位置。六元环上的氢，只有与 OH 相连的碳上的氢(标记 H$_3$)的共振吸收位于较高频 3.5～4 ppm 范围，其他峰不干扰。可以通过分析 H$_3$ 的耦合裂分情况，由其多重峰的峰宽来确定 CH$_3$ 的位置。H$_3$ 为直立氢，与 H$_2$(a 键)，H$_2$(e 键)耦合，又受 H$_4$ 的耦合(H$_4$ 为 a 键或 e 键)，H$_3$ 的耦合分析见图 3.24。

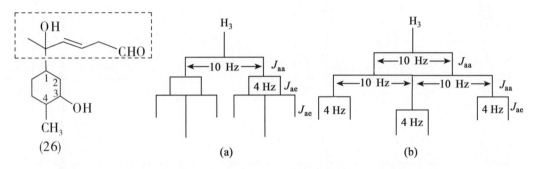

图 3.24　化合物(26)中 H$_3$ 的可能耦合裂分

图 3.24(b)设 H$_4$ 为直立氢，H$_3$ 多重峰的峰宽约为 24 Hz。图 3.24(a)设 H$_4$ 为平伏氢，H$_3$ 多重峰宽约为 18 Hz。实测 ^{1}H NMR 谱图中 H$_3$ 峰宽为 17 Hz，与图 3.24(a)分析图接近，H$_4$ 应为平伏氢，CH$_3$ 则处于直立位置。

3.6.2.2　烯烃

单取代烯有三种耦合常数，$J_{同}$，J_{cis}，J_{trans} 分别表示同碳质子、顺式质子和反式质子间的耦合。$J_{同}=0\sim3$ Hz，$J_{cis}=8\sim12$ Hz，$J_{trans}=12\sim18$ Hz(见表 3.7)。双键上取代基电负性增大，^3J 减小。丙烯与氟乙烯的 J 值如下：

$$\underset{H_b}{\overset{H_a}{>}}C=C\underset{H_c}{\overset{CH_3}{<}} \qquad \begin{aligned}J_{ac}&=16.8Hz\\J_{bc}&=10Hz\\J_{ab}&=1.6Hz\end{aligned}$$

$$\underset{H_b}{\overset{H_a}{>}}C=C\underset{H_c}{\overset{F}{<}} \qquad \begin{aligned}J_{ac}&=12.7Hz\\J_{bc}&=4.7Hz\\J_{ab}&=3.2Hz\end{aligned}$$

双键与共轭体系相连，^3J 增大。例如：

$$\underset{H_b}{\overset{H_a}{>}}C=C\underset{H_c}{\overset{COOR}{<}} \qquad \begin{aligned}J_{ac}&=17.2Hz\\J_{bc}&=10.2Hz\\J_{ab}&=1.6Hz\end{aligned}$$

$$\underset{H_b}{\overset{H_a}{>}}C=C\underset{H_c}{\overset{COR}{<}} \qquad \begin{aligned}J_{ac}&=18.0Hz\\J_{bc}&=11.0Hz\\J_{ab}&=1.8Hz\end{aligned}$$

环烯中烯氢的耦合常数与环的大小有关。例如：

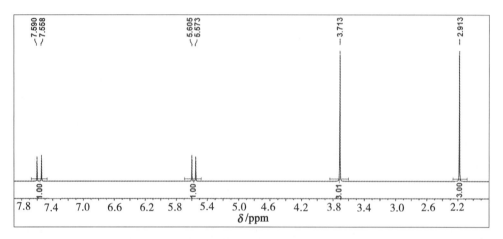

J_{ab}(Hz):　1~2　　2~4　　5~7　　9~11　　9~12

利用烯烃的 J 值,可以判断烯烃的取代情况。

例　图 3.25 为化合物 $C_5H_8O_2$ 的 ^1H NMR 谱,推导其结构。

图 3.25　$C_5H_8O_2$ 的 ^1H NMR 谱(400 MHz,CDCl$_3$)

解: 化合物 $C_5H_8O_2$,UN=2,分子中可能含有 C＝C 或 C＝O。谱图中有 4 组峰,由高频至低频积分面积简比为 1∶1∶3∶3,等于质子数目之比。δ 7.57 ppm (d, 1H),J = 12.8 Hz,为＝CH;δ 5.59 ppm (d, 1H),J = 12.8 Hz,为＝CH,这 2 个烯氢互为反式。δ 3.71 ppm (s, 3H)为 CH$_3$,该 CH$_3$ 与强电负性原子(或基团)相连,应与 O 相连,化合物中含有 OCH$_3$。δ 2.19 ppm(s,3H)为 CH$_3$,且该 CH$_3$ 与 C$_{sp^2}$ 相连。以上分析推导的基团与分子式相比,还有 1 个 C＝O。δ 2.19 ppm 的 CH$_3$ 应与 C＝O 相连。化合物可能的结构为

$$CH_3-\underset{\underset{O}{\|}}{C}-\overset{H_a}{C}=\overset{OCH_3}{\underset{H_b}{C}}$$

根据取代烯烃 δ 的经验计算,H_a 位于低频 5.28 ppm(实测:5.59 ppm),H_b 位于高频 7.59 ppm(实测:7.57 ppm)。

3.6.2.3　芳环及杂芳环上氢的耦合

芳环及杂芳环上氢的耦合参照表 3.7。取代苯 J_o = 6~9 Hz(邻位耦合),J_m = 1~3 Hz(间

位耦合），$J_p = 0 \sim 1$ Hz（对位耦合）。J_p 常因仪器分辨不够而表现不出来。取代苯由于 J_o，J_m，J_p 的存在而产生复杂的峰形（图 3.26）。

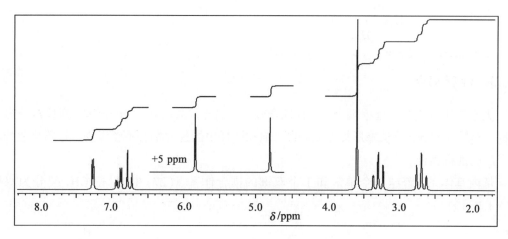

图 3.26　$C_{11}H_{12}O_5$ 的 ^{1}H NMR 谱（100 MHz）

杂芳环的耦合情况与取代苯类似，存在着通过 3 键、4 键、5 键的耦合。其耦合常数与杂原子的相对位置有关。如吡啶存在 J_{23}，J_{24}，J_{25}，J_{34}，J_{35} 等。杂芳环的 ^{1}H NMR 谱，往往出现较苯环更为复杂的多重峰。由芳环或杂芳环的 J 值，可初步判断其取代情况，由峰面积，判断芳环或芳杂环取代基的数目。

应用举例：化合物分子式 $C_{11}H_{12}O_5$，IR 分析表明分子中有 OH，COOR，无 COOH 存在，^{1}H NMR 谱见图 3.26，9.0～11.2 ppm 的吸收峰（2H）可重水交换，推导其结构。

解：$C_{11}H_{12}O_5$，UN = 6，可能含有苯基，C＝C 或 C＝O。由 $\delta 6.6 \sim 7.3$ ppm 的三组峰（3H）判断分子中有苯基存在，且为三取代苯。$\delta 3.65$（s，3H）为 CH_3O，$\delta 3.30$（t，$J = 7.2$ Hz，2H）及 2.68（t，$J = 7.2$ Hz，2H）为—CH_2—CH_2—，且与 C＝O 或苯基相连。$\delta 9.0$（s，1H）及 11.2（s，1H）可重水交换，结合 IR 信息判断为酚羟基（可能有分子内、分子间两种形式的氢键存在）。以上分析推导的基团与分子式相比较，还有 2 个 C＝O，只可能是—$COCH_2CH_2COOCH_3$（因三取代苯，除两个酚羟基外，还有一个取代基；OCH_3 只可能位于末端）。

取代基的相对位置由苯环氢的耦合情况来判断。$\delta 7.27$（d，1H），$J = 2$ Hz，表明该氢只与一个间位氢耦合，两个邻位由取代基占有。$\delta 6.98$（dd，1H），$J = 6$ Hz，2 Hz，表明该氢与一个邻位氢及一个间位氢耦合。$\delta 6.76$（d，1H），$J = 6$ Hz，表明该氢只与一个邻位氢耦合。综合以上分析，苯环上取代基的相对位置为（a），根据苯氢 δ 值的经验计算值，判断化合物的结构为（b）。

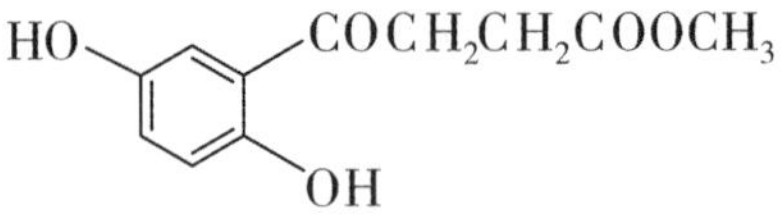

3.6.3　远程耦合

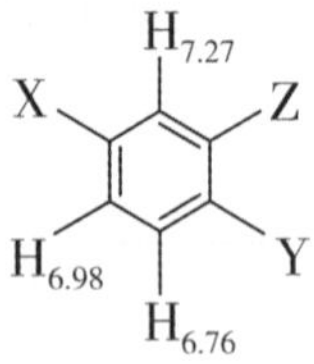

大于叁键的耦合称远程耦合。远程耦合较弱，耦合常数在 $0 \sim 3$ Hz 范围。当仪器分辨率低时，不易观察到，可从峰形加宽来判断。饱和链烃中的远程耦合不予考虑，芳环及杂芳环 J_m，J_p 属远程耦合。

烯丙基体系：跨越 3 个单键和 1 个双键的耦合体系。(27) 中 H_a 使 CH_3 裂分为双峰（$J \approx 1$ Hz）。

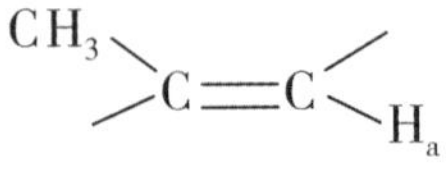

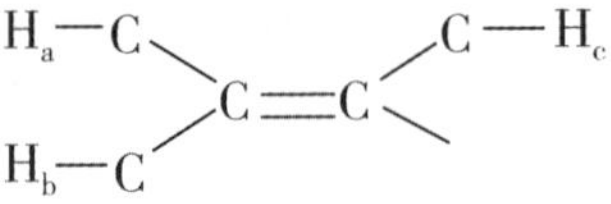

高丙烯体系：跨越 4 个单键和 1 个双键的耦合体系。(28) 中 J_{ac}，J_{bc} 在 $0 \sim 3$ Hz 范围。

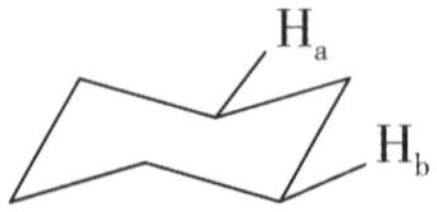

跨越 4 个单键的耦合，在环系中可见到。化合物 (29) 中 $J_{ab} = 1 \sim 2$ Hz（ee'），化合物 (30) 至 (33) 中，H_a 与 H_b 之间也存在着远程耦合，J_{ab} $0 \sim 2$ Hz。

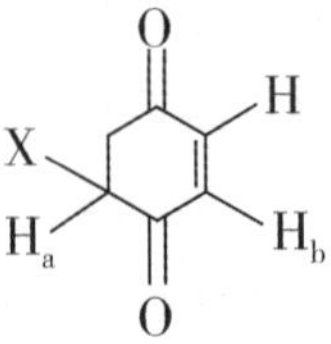

环张力较大的体系或可通过多种方式发生 ^4J 耦合时，耦合常数会更大些。

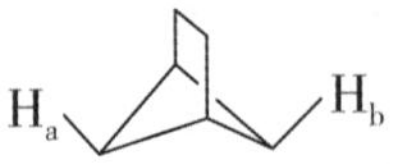

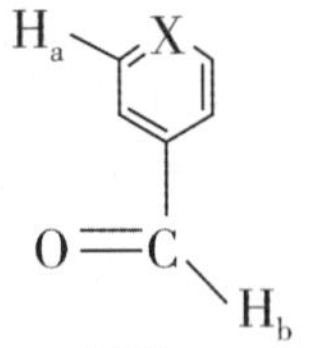

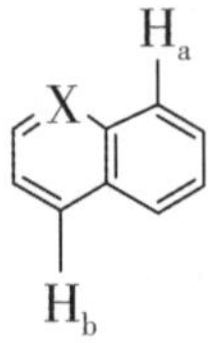

跨越 4 个单键和 1 个双键的折线型耦合见化合物 (32)，(33)。

远程耦合在谱图中若表现出来（比正常耦合谱复杂、谱线增多），需进行解析。

3.6.4　其他核对 ^1H 的耦合

1. ^{13}C 对 ^1H 的耦合

^{13}C（$I = 1/2$）天然丰度 1.1%，对 ^1H 的耦合一般观测不到，可不必考虑。但在 ^{13}C NMR 谱中，^1H 对 ^{13}C 的耦合是普遍存在的，必须考虑（见第四章）。在 ^{13}C 富集的化合物中，^{13}C 对 ^1H 的耦合必须考虑。以 $CHCl_3$ 为例，^{13}C 对 ^1H 的耦合峰仅以卫星峰出现在主峰的两侧

（图 3.27），两峰间距 209 Hz。两卫星峰的峰面积相等，图中以等高峰出现，且与主峰间的距离相等。两卫星峰的峰面积之和占主峰峰面积的 1.1%。利用此量的关系，可以进行某些定量处理。

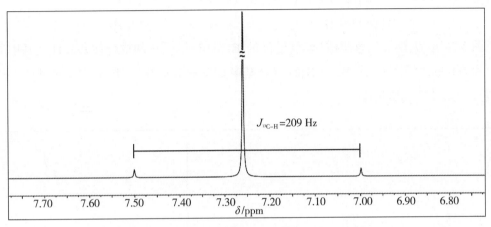

图 3.27　$CHCl_3$ 的 ^1H NMR（放大）谱（400 MHz，$CDCl_3$）

2. ^{19}F 对 ^1H 的耦合

^{19}F（$I=1/2$）对 ^1H 的耦合符合（$n+1$）规律。^2J（H—C—F）45～90 Hz，^3J（CH—CF）0～45 Hz，^4J（CH—C—CF）0～9 Hz。氟苯衍生物，J_o 6～10 Hz，J_m 4～8 Hz，J_p 0～3 Hz。如果化合物含氟，在解析 ^1H NMR 图谱时，应考虑 ^{19}F 对 ^1H 的耦合。

2,2,3,3-四氟丙醇的 ^1H NMR 谱见图 3.28。由图可知，$^2J=53.2$ Hz，$^3J=4.3$ Hz，13.2 Hz，$^4J=1.6$ Hz。

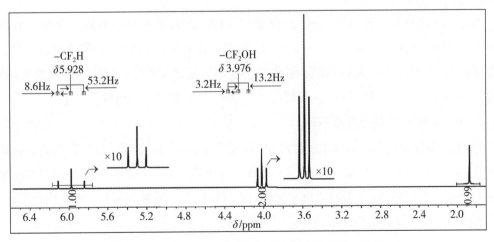

图 3.28　$HCF_2CF_2CH_2OH$ 的 ^1H NMR 谱（400 MHz，$CDCl_3$）

3. ^{31}P 对 ^{1}H 的耦合

$^{31}P(I=1/2)$ 对 ^{1}H 的耦合亦符合 $(n+1)$ 规律。一些化合物 ^{31}P 对 ^{1}H 的耦合常数为

CH_3P $\qquad$ $^{2}J=2.7\ Hz$ $\qquad$ $(CH_3CH_2)_3P$ $\qquad$ $^{2}J=13.7\ Hz$，$^{3}J=0.5\ Hz$

$(CH_3CH_2O)_3P=O$ $\qquad$ $^{2}J=16.3\ Hz$ $\qquad$ $(CH_3CH_2O)_3P=O$ $\qquad$ $^{3}J=8.4\ Hz$

$\qquad\qquad\qquad\qquad\quad$ $^{3}J=11.9\ Hz$ $\qquad\qquad\qquad\qquad\qquad\quad$ $^{4}J=0.8\ Hz$

图 3.29 是 O,O-二乙基-丙酮基-膦酸酯的 ^{1}H NMR 谱。^{31}P 的耦合使 $COCH_2P$ 基中 CH_2 裂分为等高的双峰，$^{2}J\approx23\ Hz$。CH_3CH_2OP 基中 CH_2 的五重峰是 ^{31}P 及 CH_3 对其产生的耦合裂分，$^{3}J_{PH}$ 与 $^{3}J_{HH}$ 值接近。

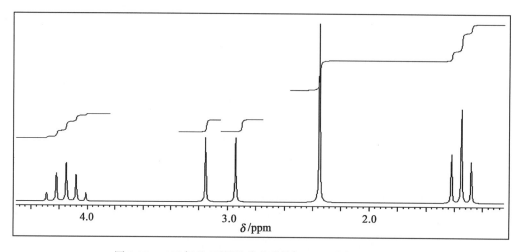

图 3.29　二乙氧基-丙酮基磷酸酯的 ^{1}H NMR 图（100 MHz）

4. 重氢（^{2}D）对 ^{1}H 的耦合

$^{2}D(I=1)$ 对 ^{1}H 的耦合符合 $(2nI+1)$ 规律，即 1D，将 H 裂分为等高的三重峰，2D 将 H 裂分为五重峰，强度之比为 $1:2:3:2:1$。除氘代样品外，^{2}D 对 ^{1}H 的耦合仅在氘代试剂中表现出来。氘代乙腈、氘代丙酮、氘代二甲亚砜等氘代试剂中，氘代不完全的氢（残留氢）以 CD_2H 形式存在，D 与 H 之间耦合，$J\approx1\ Hz$，H 被裂分为五重峰。

Cl，Br，I 对 ^{1}H 的耦合忽略不计。

^{14}N 电四极矩较适中，其弛豫过程对 ^{1}H NMR 产生较复杂的影响。往往使与氮直接相连的氢的共振吸收产生不同程度的加宽，不与氮直接相连的氢，一般不考虑 ^{14}N 对其共振吸收的影响。这是由于 N—H 分子间的快速交换，使与氮相连的氢对邻位 C—H 的耦合平均化，不表现出裂分。甲胺在强酸性溶液中（pH=0.87），出现很宽的三个峰（—NH_3^+）是 ^{14}N 对 ^{1}H 的耦合，符合 $(2nI+1)$ 规律。CH_3 与 NH_3^+ 相互耦合也表现出来，是因为形成铵盐后分子间

N—H 交换速度变得很慢, 可观测到 $^3J_{HH}(HC—NH) = 7.4$ Hz。

3.7 常见的自旋系统

3.7.1 核磁共振氢谱谱图的分类

核磁共振氢谱谱图分为一级谱图和二级谱图。一级谱图可用 $(n+1)$ 规律近似处理, 对于 $I \neq 1/2$ 的核, 则用 $(2nI+1)$ 规律处理, 但 $(n+1)$ 规律不适用于二级谱图。

1. 一级谱图(first-order spectra)

它具有以下特征:

(1)相互耦合的两组质子的化学位移之差(Hz)远远大于其耦合常数。

(2)耦合峰的裂分数目符合 $(n+1)$ 规律, 裂分峰的强度比大致符合二项展开式的系数比, 通常内侧峰偏高, 外侧峰偏低。

(3)由谱图可直接近似读出化学位移值和 J 值(峰间距)。

2. 二级谱图(second-order spectra)

一级谱图的特征在二级谱图中均不存在。例如 β-氯乙醇 $ClCH_2CH_2OH$ 和邻二氯苯的 ^1H NMR 谱(图 3.30), 1-溴-2-氯乙烷 $ClCH_2CH_2Br$ 的 ^1H NMR 谱(图 3.31)谱峰的数目远远大于 $(n+1)$ 的数目, 是二级谱图。二级谱图具有以下特征:①耦合峰的数目超出 $(n+1)$ 规律的计算数目;②裂分峰的相对强度关系复杂;③δ 值、J 值通常情况下不能直接读出, 需进行某些计算。

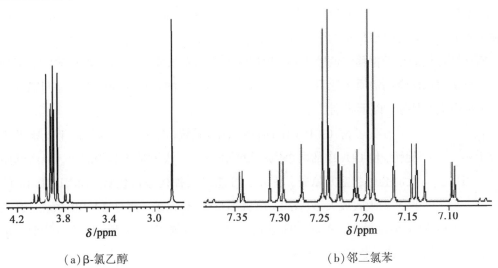

(a)β-氯乙醇   (b)邻二氯苯

图 3.30 ^1H NMR 谱

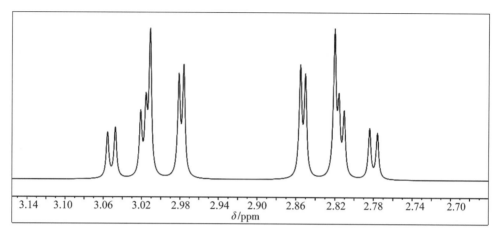

图 3.31　1-溴-2-氯乙烷的^{1}H NMR 谱(400 MHz, CDCl$_3$)

对于一些典型的"二级谱图"裂分,前人已做出计算,并归类成相应的自旋系统,能识别常见的自旋系统,了解它们的特征及计算方法,对谱图的解析很有帮助。

3.7.2　自旋系统的分类与命名

分子中相互耦合的核构成一个自旋系统,系统内的核相互耦合,但不与系统外任何核发生耦合。一个分子中可以有几个自旋系统。以苯丙酮 C$_6$H$_5$COCH$_2$CH$_3$ 为例,CH$_3$CH$_2$ 构成一个自旋系统,苯环上的 5 个氢构成另一个自旋系统。

相互耦合核的化学位移差值较大时($\Delta\nu\gg J$),用不连续的大写英文字母 A,M,X 表示,字母右下标的数字表示磁全同质子的数目。如 CH$_3$CH$_2$CO 为 A$_3$X$_2$ 系统。A$_3$ 表示 CH$_3$ 中三个磁全同的氢,X$_2$ 表示 CH$_2$ 中两个磁全同的氢。

相互耦合核的化学位移差值较小时,用连续的大写英文字母如 A, B, C 表示,字母右下标的数字表示磁全同的质子数目。化学等价而磁不等价的核用相同的大写字母表示,可在一字母右上角加撇,以示区别。

β-氯乙醇 ClCH$_2$CH$_2$OH 为 A$_2$B$_2$ 系统(图 3.30),这是由于 σ 键的快速旋转,使 CH$_2$ 中的两个氢环境平均化,可认为是磁等价的核。但当基团较大时会引起空间障碍,使分子可能以某种构象占优势。ClCH$_2$CH$_2$Br 的核磁共振吸收放大谱(图 3.31)就不是 A$_2$B$_2$ 系统,而是 AA′BB′系统。这主要是由于 Cl, Br 原子半径较大,引起空间障碍,使分子主要以右图所示构象占优势,每个CH$_2$ 基的两个氢不是磁等价的,构成 AA′BB′系统。

130

3.7.3 二旋系统

两个氢核相互耦合的系统统称二旋系统,见图3.32。常见的二旋系统有 AX, AB, A_2 系统。当 $\Delta\nu \gg J$ 时,为 AX 系统。随着 $\Delta\nu/J$ 值减小,内侧峰升高,外侧峰降低,为 AB 系统。当 $\Delta\nu=0$ 时,构成 A_2 系统,为一单峰。

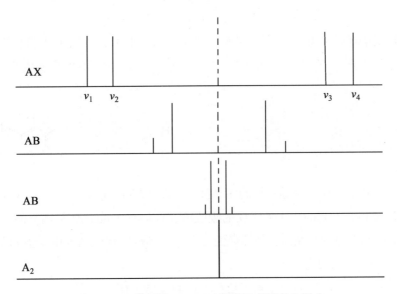

图 3.32　二旋系统:$\Delta\nu/J$ 对谱线相对强度的影响

1. AX 系统

可按 $(n+1)$ 规律处理,各二重峰间的距离等于 J_{AX},各质子的化学位移于双峰的中心。严格的 AX 系统少见,如 5-氟尿嘧啶的 6-位氢与 5-位氟构成 AX 系统,在氢谱中,仅看到6-位氢被 5-位氟裂分的等高的双重峰。

2. AB 系统

出现 4 条峰,A 2 条峰,B 2 条峰。从左至右 1~4 谱线的相对吸收频率为 ν_1, ν_2, ν_3, ν_4(图3.32),[1-2],[3-4]分别为 1,2 峰、3,4 峰间距。

$$J_{AB}=[1-2]=[3-4] \tag{3.24}$$

δ 值可以估计(二重峰的重心处),也可以精确计算如下:

设　　　　　　　　　　$[1-3]=[2-4]=D \quad (\nu_A > \nu_B)$

则　　　　　　　　　　$\Delta\nu_{AB}=\sqrt{D^2-J_{AB}^2}$

$$\nu_{中心}=\frac{1}{2}(\nu_1+\nu_4)=\frac{1}{2}(\nu_2+\nu_3)$$

$$\begin{cases} \nu_A = \nu_{中心} + \dfrac{1}{2}\Delta\nu \\[2mm] \nu_B = \nu_{中心} - \dfrac{1}{2}\Delta\nu \end{cases} \tag{3.25}$$

AB 四条谱线的强度(I)不同,内侧峰强度大,外侧峰强度小,其强度比满足以下关系:

$$\frac{I_2}{I_1} = \frac{I_3}{I_4} = \frac{D+J}{D-J} = \frac{[1-4]}{[2-3]}$$

解析 AB 四重峰时注意:AB 系统的谱线不能交叉,即 1,2 线属于 A 核(或 B 核),3,4 线属于 B 核(或 A 核),2,3 线不能互换(当 $\nu_A = \nu_B$ 时,$\Delta\nu = 0$,不可能发生交叉)。常见的 AB 系统有

$$H_a\text{—}C=C\text{—}H_b \qquad H_a\text{—}C=C\text{—}H_b \qquad H_a\text{—}C=C\text{—}H_b \qquad H_a\text{—}\text{—}H_b$$

例　2,3-二甲氧基-β-硝基苯乙烯的 ^{1}H NMR 谱见图 3.33。$\delta\,3.85$(s,3H)和 3.89(s,3H)分别为化学环境稍有不同的 2 个 CH_3O 的吸收峰,$\delta\,6.8 \sim 7.4$ ppm 是苯环上的 3 个 H 的峰。$\delta\,7.6 \sim 8.2$ ppm 的 2H 属 AB 系统,是烯烃的 2 个氢。烯烃的取代情况由 J 值判断,δ 值可以估计,也可按 AB 系统处理。

$$J_{AB} = [1-2] = [3-4] = 15.3 \text{ Hz}$$

$$\delta_A = 8.19 \text{ ppm}$$

$$\delta_B = 7.98 \text{ ppm}$$

根据 $J_{AB} = 15.3$ Hz,确定烯烃上的 2 个氢互为反式氢。

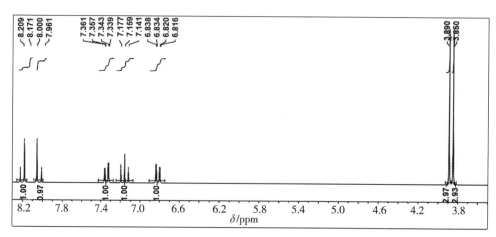

图 3.33　2,3-二甲氧基-β-硝基苯乙烯的 ^{1}H NMR(400 MHz,CDCl$_3$)

3.7.4 三旋系统

三旋系统内有三个相互耦合的核,可分为以下几种情况:A_3,AX_2,AB_2,AMX,ABX 及 ABC 系统。常见的三旋系统有 CH_3—,CH_2=CH—,$\diagdown$CH—CH_2—,三取代苯及双取代吡啶等。

1. A_3 系统

磁全同的三个核相互耦合,但不表现出裂分,^{1}H NMR 谱中出现峰面积为 3H 的单峰。如 CH_3O—,CH_3CO—,CH_3Ph—等。

2. AX_2 系统

按一级谱图分析,A(t, 1H),X(d, 2H),共五条谱线,耦合常数由峰间距求得,化学位移位于各组峰的中心处。如图 3.15,1,1,2-三氯乙烷,分子中的三个氢为 AX_2 系统。

3. AB_2 系统

AX_2 系统中随着 ν_A,ν_X 差值减小,由 AX_2 系统转化成 AB_2 系统。AB_2 系统共出现九条谱线,A 四条峰[1—4],B 四条峰[5—8],一条综合峰[9]。综合峰一般太弱,观测不到,见图 3.34。谱线的位置及相对强度随 $\Delta\nu/J$ 值的不同而发生改变,5,6 线,7,8 线往往合并在一起,呈较宽的单峰。

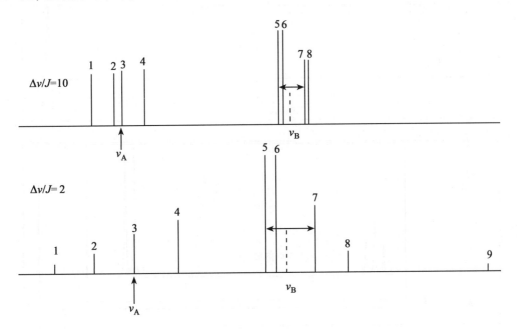

图 3.34 AB_2 系统

设 $\nu_A > \nu_B$，谱线编号由左至右，谱线之间的距离有以下规律：

$$[1-2] = [3-4] = [6-7]$$

$$[1-3] = [2-4] = [5-8]$$

$$[3-6] = [4-7] = [8-9]$$

$$\begin{cases} \nu_A = \nu_3 \\ \nu_B = \dfrac{1}{2}(\nu_5 + \nu_7) \end{cases} \tag{3.26}$$

$$J_{AB} = \frac{1}{3}\{[1-4] + [6-8]\} \tag{3.27}$$

2,6-二甲基吡啶中吡啶环上的 3 个氢，在 60 MHz 核磁共振仪上共 8 条峰，构成典型的 AB_2 系统；而在 400 MHz 核磁共振仪上测得的谱图简化为 AX_2 系统，可按一级谱图处理，见图 3.35。

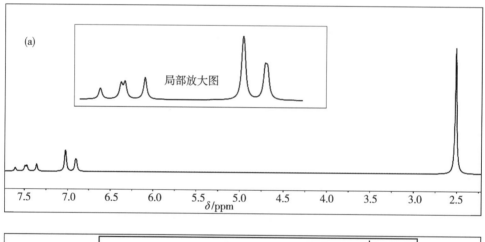

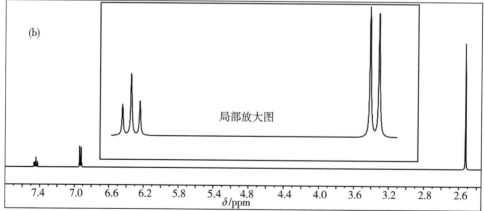

图 3.35　2,6-二甲基吡啶的 ^{1}HNMR 图（$CDCl_3$，(a)60 MHz；(b)400 MHz）

4. AMX 系统

三个相互耦合的核，各核间的化学位移差值($\Delta\nu$)均远远大于任意一耦合常数 J 时，构成 AMX 系统。AMX 系统中共 12 条谱线，3 种耦合常数(J_{AM}，J_{AX}，J_{MX})。A，M，X 各占 4 条谱线，谱线的强度接近。每组 4 条谱线中，[1-2]线间的距离代表一种耦合常数，[1-3]线间距离代表另一种耦合常数(图 3.36)，δ 值位于各四重峰的中心处。

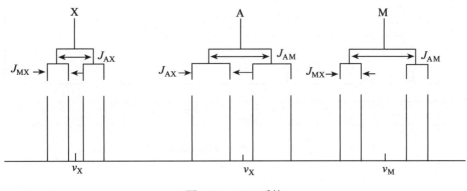

图 3.36　AMX 系统

苯基环氧乙烷的 ^{1}H NMR 谱(部分展开)见图 3.37。图中三组 dd 峰为 AMX 系统。与苯基相连的碳上的氢位于最高频(H_X，δ 3.82 ppm)，[1-2]=2.6 Hz($^3J_{反}$)，[1-3]=4.1 Hz($^3J_{顺}$)。δ 3.09 ppm 的四条峰中[1-2]=4.1 Hz，该氢与 H_X 互为顺位(H_A)。δ 2.76 ppm 的四条峰中[1-2]=2.5 Hz，该氢与 H_X 互为反位(H_M)。此两组峰的[1-3]=5.5 Hz，为 $^2J(J_{AM})$，见表 3.7。苯氢 δ 7.25~7.46 ppm。

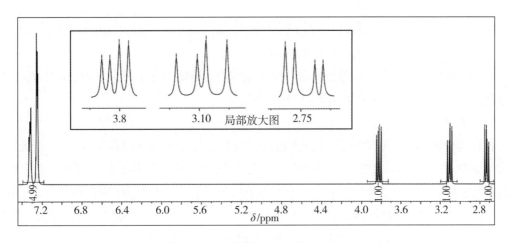

图 3.37　苯基环氧乙烷的 ^{1}H NMR 谱(400MHz，CDCl$_3$)

α-呋喃甲酸甲酯的 ^{1}H NMR 谱见图 3.38。

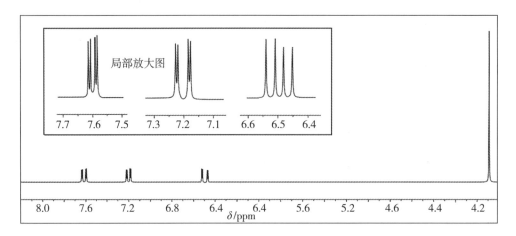

图 3.38　α-呋喃甲酸甲酯的 ^{1}H NMR 谱（400 MHz，CDCl$_3$）

5. ABX 系统

ABX 系统是常见的二级谱体系。若 AMX 系统中，A 核与 M 核的化学位移接近，即构成 ABX 系统。ABX 系统最多出现 14 条峰，其中 AB 部分 8 条峰，X 部分 4 条峰，2 条综合峰（第 9，14 峰），综合峰强度较弱，难以观测到。

若 $\Delta\nu_{AB}$ 不是太小，ABX 的谱线可按以下方法解析，找出 AB 部分的 8 条峰及 X 部分的 4 条峰（图 3.39）。

1，3，5，7 为一个 AB 四重峰；2，4，6，8 为另一个 AB 四重峰，四个相等的裂距为 J_{AB}。

$$\begin{cases} J_{AB} = [1-3] = [2-4] = [5-7] = [6-8] \\ J_{AX} \approx [1-2] = [3-4] \\ J_{BX} \approx [5-6] = [7-8] \end{cases} \qquad (3.28)$$

ν_A，ν_B 的计算较复杂，可近似处理。若 $\Delta\nu_{AB}$ 太小，裂距不等于耦合常数，J_{AX}，J_{BX} 也要进行复杂的运算（可参照梁晓天编著《核磁共振》）。

6. ABC 系统

相互耦合的三个不等价质子，当它们的 $\Delta\nu$ 与其 J 的比值很小时即构成 ABC 系统。其峰形与 ABX 峰形的不同之处在于中间峰强度大，两侧峰较弱，最多出现 15 条峰。三个质子的共振吸收峰相互交叉，难以归属，裂距不等于耦合常数。丙烯腈（60 MHz 谱仪测定）中三个氢构成 ABC 系统。解析 ABC 系统的谱图很难，需用计算机处理。通常是通过提高仪器的磁场强度（见 3.8）使 $\Delta\nu/J$ 值增大，将 ABC 系统简化为 ABX 系统或 AMX 系统，再进行解析。

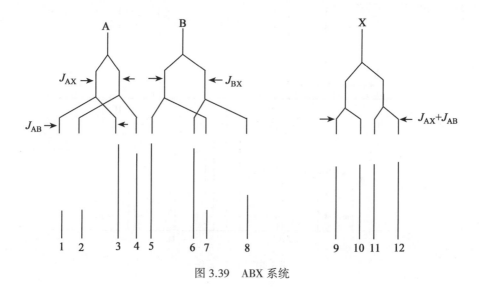

图 3.39 ABX 系统

3.7.5 四旋系统

四个质子间的相互耦合称四旋系统。常见的四旋系统有 AX_3，A_2X_2，A_2B_2，AA′XX′，AA′BB′等。

1. AX_3 系统

一级谱图。A 四重峰(1H)，X 双峰(3H)，裂距等于耦合常数 J_{AX}。如乙醛（CH_3CHO）中四个质子构成 AX_3 系统。

2. A_2X_2 系统

一级谱图。A 三重峰（2H），X 三重峰（2H），峰强度之比为 1：2：1。例如（CH_3）$_2NCH_2CH_2OCOCH_3$ 中—CH_2CH_2—构成 A_2X_2 系统，化学位移近似为各三重峰的中心。

3. A_2B_2 系统

谱图特征是左右对称(图 3.40)。理论上有 18 条峰，常见 14 条峰，A 7 条峰，B 7 条峰，4 条综合峰。若仪器分辨不好，各组峰可能少于 7 条峰，往往 2，3 峰，4，5 峰，6，7 峰重叠。β-氯乙醇中 CH_2CH_2 构成 A_2B_2 系统(图 3.30)。

A_2B_2 系统只有一种耦合常数(J_{AB})，按(3.29)式计算。化学位移近似为各 7 条峰的第 5 峰($\nu_A = \nu_5$，$\nu_B = \nu_5'$)。

$$J_{AB} = \frac{1}{2}[1-6] \tag{3.29}$$

137

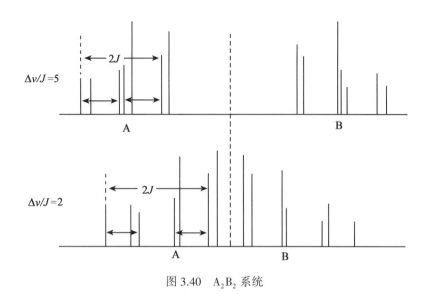

图 3.40　A_2B_2 系统

4. AA'XX'或 AA'BB'系统

AA'XX'或 AA'BB'系统谱图的特征是对称性强。AA'BB'系统理论上有 28 条峰，AA'有 14 条峰，BB'有 14 条峰。因谱线重叠或某些峰太弱，实际谱线数目往往远少于 28。

常见 AA'XX'或 AA'BB'系统有对位双取代苯，邻位双取代苯及某些 XCH_2CH_2Y 体系，例如：CH_3O—⬡—CH_2Cl（图 3.41），⬡ $\genfrac{}{}{0pt}{}{OH}{OH}$（图 3.41），⬡ $\genfrac{}{}{0pt}{}{Cl}{Cl}$（图 3.30），

⬡ $\genfrac{}{}{0pt}{}{CHO}{CHO}$, $ClCH_2CH_2Br$（图 3.31）等。

AA'与 BB'化学位移差值较大时，AA'BB'系统谱线较少。随着 $\Delta\nu$ 减小，耦合增强，谱图变得复杂化，但仍是对称峰形，见图 3.41（b）、（c）。

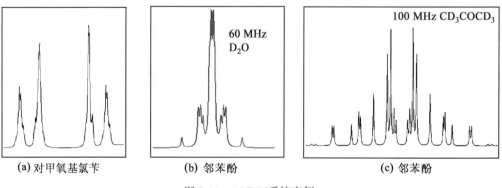

(a) 对甲氧基氯苄　　(b) 邻苯酚　　(c) 邻苯酚

图 3.41　AA'BB'系统实例

对位双取代苯的 AA'XX' 或 AA'BB' 系统谱线较少，主峰类似于 AB 四重峰，每一主峰的两侧又有对称(指与主峰间距离对称)的两条小峰，见图 3.41(a)。主峰[1-2]=[3-4]=J_o+$J_p \approx J_o$，主峰两侧小峰间距近似等于 $2J_m$。$\delta_{AA'}$ 的近似值由 1，2 主峰的"重心"读出，$\delta_{BB'}$ 近似值由 3，4 主峰的"重心"读出，或由(3.25)式经验计算，理论计算复杂。

邻羟基苯酚、邻二氯苯等 AA'XX' 或 AA'BB' 系统谱线较多、较复杂，δ 值可近似估计(可参阅梁晓天编著《核磁共振》)。

值得注意的是：在 ¹H NMR 谱中可能会出现虚假远程耦合和假象简单谱图。

虚假远程耦合(virtual long-range coupling)谱峰的数目大于按($n+1$)规律计算的理论数目，好像还有某种氢对其耦合，实际上这种耦合并不存在。

假象简单图谱(deceptively simple spectra)是由于谱峰的重叠或谱峰太弱未检测出峰，造成谱峰的数目小于理论数目，给人以假象，误作一级谱处理而判断出错误的 J 值。呋喃是典型的假象简单图谱，仅出现两组三重峰，而理论上存在 $J_{2,3}$，$J_{2,4}$，$J_{3,4}$ 的复杂耦合。

3.8 简化 ¹H NMR 谱的实验方法

多旋系统及二级谱图的解析有很大难度，采用某些实验方法可使谱图简化。

3.8.1 使用高频(或高场)谱仪

$\Delta\nu/J$ 与谱图的复杂程度有关。J 值为自旋核之间的相互耦合值，是分子所固有的，不随测试仪器 B_0 场的不同而改变。$\Delta\nu$(耦合核的共振频差值)与 B_0(或射频频率 ν)成正比。随着仪器磁场强度增大，$\Delta\nu$ 增大，$\Delta\nu/J$ 值增大，可将二级谱图降为一级谱图，使其简化。

如丙烯腈 60 MHz 仪器测试为 ABC 系统；100 MHz 仪器测试，简化为 ABX 系统；在 400 MHz 仪器上测试，可当做 AMX 系统处理。

3.8.2 重氢交换法

1. 重水交换

重水(D_2O)交换对判断分子中是否存在活泼氢及活泼氢的数目很有帮助。—OH，—NH，—SH 在溶液中存在分子间的交换，其交换速度顺序为—OH>—NH>—SH，这种交换的存在使这些活泼氢的 δ 值不固定且峰形加宽，难以识别。可向样品管内滴加 1~2 滴 D_2O，振摇片刻后，重测 ¹H NMR 谱，比较前后谱图峰形及积分比的改变，确定活泼氢是否存在及活泼氢的数目。若某一峰消失，可认为其为活泼氢的吸收峰。若无明显的峰形改变，但某组峰积分比降低，可认为活泼氢的共振吸收隐藏在该组峰中。注意：交换速度慢的活泼氢需振摇，放置一段时间后，再测试。样品中的水分对识别活泼氢有干扰。交换后的 D_2O

以 HOD 形式存在,在 $\delta\,4.79$ ppm 处出现吸收峰(CDCl$_3$ 溶剂中),在氘代丙酮或氘代二甲亚砜溶剂中,于 $\delta\,2.84$ 或 3.33 ppm 出峰。由分子的元素组成及活泼氢的 δ 值范围判断活泼氢的类型。

2. 重氢氧化钠(NaOD)交换

NaOD 可以与羰基 α-位氢交换,由于 $J_{DH} \ll J_{HH}$,NaOD 交换后,可使与其相邻基团的耦合表现不出来,从而使谱图简化。NaOD 交换对确定化合物的结构很有帮助。例如:

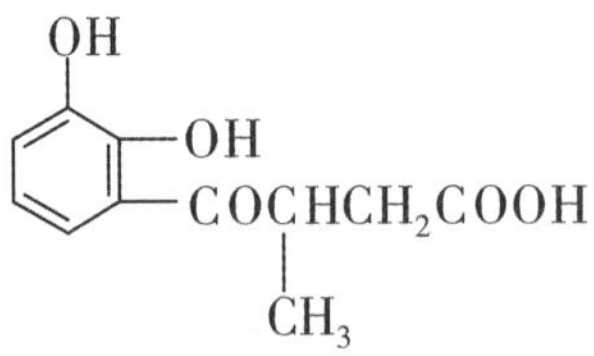

代合物(34)和(35)在 CDCl$_3$ 溶剂中测^{1}H NMR,$\delta\,1.3$(d, 3H)CH$_3$;δ 约 3.9(m, 1H)CH;$\delta\,2.3 \sim 3.3$(m, 2H)CH$_2$。各组峰的 δ 值接近,耦合裂分一致,难以区分。加 NaOD 振摇后重测^{1}H NMR 谱,化合物(34)中 $\delta\,1.3$(s, 3H)CH$_3$;$\delta\,2.3 \sim 3.3$(dd, 2H)CH$_2$;δ 约 3.9 的多重峰消失。化合物(35)中 $\delta\,1.3$(d, 3H)CH$_3$;δ 约 3.9(q, 1H)CH;$\delta\,2.3 \sim 3.3$ 的多重峰消失。因此利用 NaOD 交换法可区分化合物(34)与(35)。

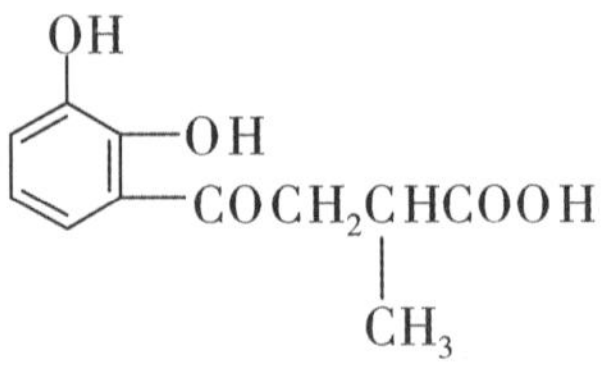

3.8.3 溶剂效应

溶剂对^{1}H NMR 的影响在 3.4.5 中已讨论。苯、乙腈等分子具有强的磁各向异性。在样品中加入少量此类物质,会对样品分子的不同部位产生不同的屏蔽作用。这种效应称溶剂效应。如在^{1}H NMR 测试中,使用 CDCl$_3$ 作溶剂,若有些峰组相互重叠,可滴加几滴氘代苯溶剂,由于 C$_6$D$_6$ 的各向异性,容易接近样品分子的 δ 正端而远离 δ 负端,使得 δ 值相近的峰组有可能分开,从而使谱图简化,便于解析。

在 4-羰基己酸甲酯(CH$_3$OCOCH$_2$CH$_2$COCH$_2$CH$_3$)的^{1}H NMR 谱(图 3.42)中,$\delta\,2 \sim 3$ ppm 的多重峰为三个 CH$_2$ 的共振吸收。若在 30% C$_6$D$_6$ 的 CCl$_4$ 溶剂中测试(见附图),与 CH$_3$ 相连的 CH$_2$ 的四重峰可明显分开,而在 $\delta\,2.5$ 附近出现一单峰(4H),表明两个 CH$_2$ 受 C$_6$D$_6$ 分子的溶剂效应,δ 值巧合相等,不表现出耦合裂分,因而简化了谱图。

3.8.4 位移试剂(shift reagents)

位移试剂与样品分子形成配合物,使 δ 值相近的复杂耦合峰有可能分开,从而使谱图简化。常用的位移试剂是镧系元素铕(Eu)或镨(Pr)与 β-二酮的配合物。如下列配合物:

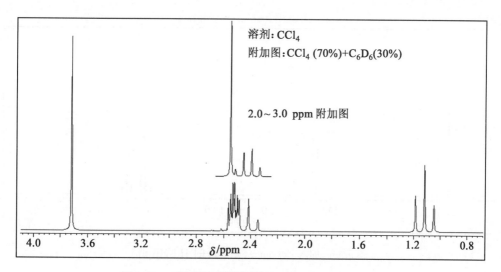

图 3.42 4-羰基己酸甲酯的¹H NMR(60 MHz, CCl₄)

$R=t-C_4H_9$, Eu(dpm)₃
$R=CF_2CF_2CF_3$, Eu(fod)₃

$R=t-C_4H_9$, Pr(dpm)₃

顺磁性的金属配合物使邻近的氢核向高频位移，Eu(dpm)₃ 的加入使谱线高频位移。抗磁性的金属配合物使邻近的氢核向低频位移，Pr(dpm)₃ 的加入，使谱线低频位移。相对而言，Eu(dpm)₃ 使用得较多。

位移试剂的作用(δ值的位移)与金属离子和所作用核之间的距离(r)的三次方成反比，即随空间距离的增加而迅速衰减，使样品分子中不同基团质子受到的作用不同。位移试剂对样品分子中带孤对电子基团(形成络合物的作用点)的化学位移影响最大，对不同带孤对电子基团的影响顺序为

$$—NH_2 \quad > \quad —OH > \quad C{=}O \quad > —O— > —COOR > — \quad C{\equiv}N$$

位移试剂的浓度增大，位移值增大。但当位移试剂增大到某一浓度时，位移值不再增加。

位移试剂对苄醇¹H NMR 谱的影响见图 3.43。在 1 mmol 样品中加入 0.39 mmol Eu(dpm)₃，使原来近于单峰的苯环上的五个氢(AA′BB′C 系统)分为三组。由高频至低频，积分比为 2：2：1，类似为一级谱的耦合裂分。

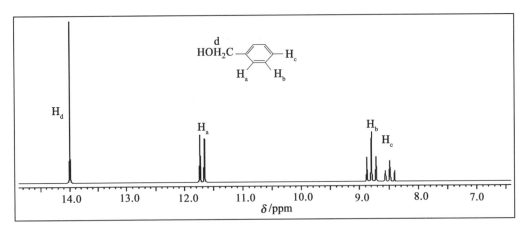

图 3.43　加入 Eu(dpm)$_3$ 后苄醇的 ^{1}H NMR 谱

3.8.5　双照射

除了激发核共振的射频场(B_1)外,还可施加另外一个射频场(B_2),这样的照射称双照射(double irradiation),亦称双共振。若再施加第三个射频场(B_3),则称三重照射或多重照射。根据被 B_2 场照射的核和通过 B_1 场所观测的核是否相同种类,双照射可分为同核双照射和异核双照射两类。同核双照射记作 ^{1}H{^{1}H},异核双照射以 ^{13}C NMR 谱中质子去耦为例,记作 ^{13}C{^{1}H}。括号外为观测核,括号内为被(B_2)场照射的核。^{13}C{^{1}H} 将在第四章中详细讨论。使用双共振或双照射去耦可使谱图解析大为简化,进一步了解结构信息。

1. 自旋去耦(spin decoupling)

相互耦合的核 H$_a$,H$_b$,若以强功率射频 ν_2 照射 H$_a$ 核,使其达到饱和,H$_a$ 在各自旋态(+1/2,−1/2)间快速往返,或用 π 脉冲或组合脉冲(composite pulse decoupling,CPD)间歇但快速地(快于耦合常数的速率)迫使质子来回反转。这样 H$_b$ "感受"到的是 H$_a$ 平均化的环境(H$_a$ 产生的局部磁场平均为零),从而去掉了对 H$_b$ 的耦合作用,使 H$_b$ 以单峰出现。若以射频场 ν_2 照射 H$_b$,同样使 H$_a$ 去耦。这种实验技术称为自旋去耦。双照射自旋去耦可使图谱简化,找出相互耦合的峰和隐藏在复杂多重峰中的信号。

以化合物甘露醇三乙酸酯(36)为例,部分 ^{1}H NMR 谱见图 3.44。图 3.44(a)为正常谱,难以归属及解析。图 3.44(b)为自旋去耦谱。化合物(36)除乙酰基外有七个氢相互耦合,在 δ3.5~5.5 范围给出七组多重峰[图 3.44(a)],每组峰为一个质子,从化合物结构分析,H$_1$ 位于最高频端,δ5.4(m)。H$_6$ 与 H$_6'$ 位于最低频端,相互耦合裂分为 AB 四重峰($J_{AB}\approx$ 10 Hz),又与 H$_5$ 耦合,裂分为两组 dd(δ3.85,4.22)。其余四组峰难以归属。

若用 ν_2 照射 $\delta 4.6$ ppm 的多重峰,使其达到饱和[图 3.44(b)],使 $\delta 3.85,4.22$ 处的两组 dd 峰简化为两组双峰,表明被照射的核为 H_5,是它去掉了对 H_6, $H_6{}'$ 的耦合。$\delta 5.0$ ppm 的 dd 峰几乎不变,表明该核不与 H_5 耦合,与其他两个氢耦合,从结构上分析应是 H_2。H_2 与 H_1 和 H_3 存在邻位耦合且 J 值不等。H_3 与 H_2, H_4 也存在邻位耦合,与 H_5, H_1 存在 W 型远程耦合($J \approx 1 \mathrm{Hz}$),产生复杂的多重峰。当照射 H_5 时,H_3 的谱峰简化,故 $\delta 5.25(\mathrm{m})$ 为 H_3。$\delta 4.8$ 经双照射由原来的三重峰变为双峰,表明该氢与两个氢相互耦合,且 J 值相近,巧合为三重峰,双照射消除了 H_5 的耦合,故 $\delta 4.8$ 为 H_4。最高频的 $H_1(\mathrm{m})$ 经过双照射变得清晰,H_1 与 H_5 之间存在的 W 型耦合被消除,但还存在与 H_2 的邻位耦合和 H_3 的 W 型耦合。

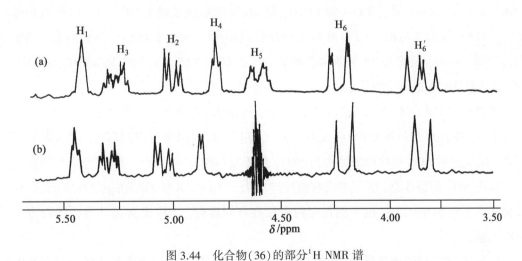

图 3.44 化合物(36)的部分¹H NMR 谱

2. 核 Overhauser 效应

核 Overhauser 效应是另一种类型的双照射。它不仅可以找出相互耦合核之间的关系,而且可以找出虽不互相耦合,但空间距离接近的核之间的关系。

分子内有空间接近的两个质子,若用双照射法照射其中一个核并使其饱和,另一个核的信号就会增强, 这种现象称核的 Overhauser 效应, 简称 NOE(nuclear overhauser effect), 见 4.2.1。

例如化合物(37): 照射 $\delta 1.42$ 的 CH_3, H_a 峰面积增加 17%; 照射 $\delta 1.97$ 的 CH_3, H_a 共振吸收峰面积不变。表明 H_a 与 $\delta 1.42$ 的 CH_3 靠近, 互为顺式。又如化合物(38): 照射 H_a, H_b 吸收峰面积增加 45%; 照射 H_b, H_a 吸收峰面积增加 45%, 说明 H_a 与 H_b 空间接近。

在五味子有效成分结构的确定中, 其可能结构为(39)或(40)。

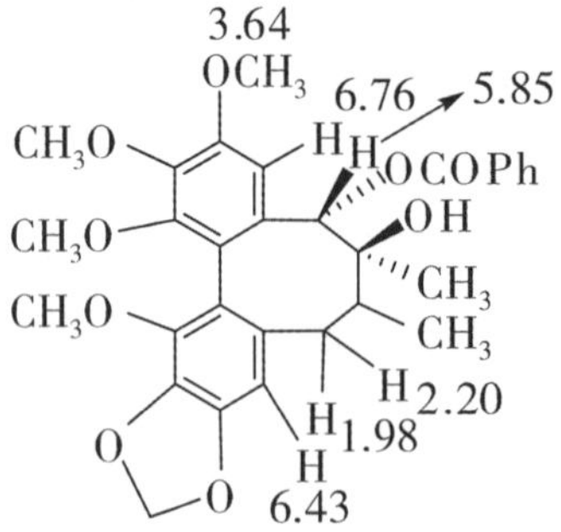

(39) 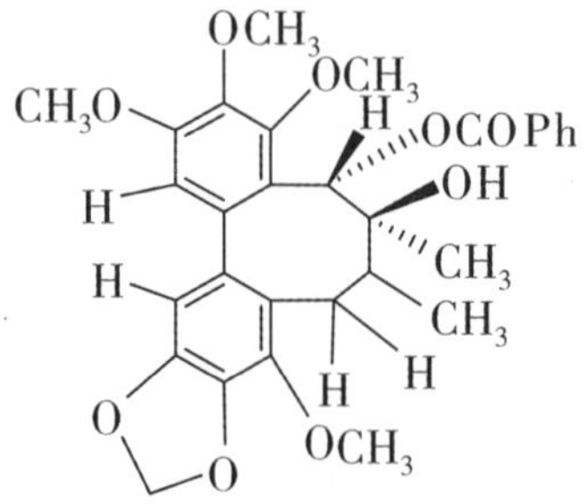　　　　　　　(40)

^1H NMR 测得苯环上两个氢的 δ 值为 6.76, 6.43 ppm, 四个 CH_3O 的 δ 值分别为 3.78, 3.64, 3.46, 3.24 ppm。照射 $\delta 3.64$ 的 CH_3O, 则 $\delta 6.76$ 吸收强度增大 19%, $\delta 6.43$ 吸收强度不变, 可知 $\delta 6.76$ 的氢与 $\delta 3.64$ 的 CH_3O 空间接近; 若照射其余三个 CH_3O, 该氢的吸收强度不变; 若照射 $\delta 6.76$, 则使 $\delta 5.85$ 吸收强度增加 13%, 可知 $\delta 5.85$ 为八元环上与氧相连的碳上的氢, 该氢与 $\delta 6.76$ 的氢空间接近。

若分别照射 $\delta 1.98$, 2.20 的八元环上的氢, 均使 $\delta 6.43$ 吸收强度增加 11% ~ 14%, $\delta 6.76$ 强度不变, 由此可知苯环上 $\delta 6.43$ 的氢与八元环上 CH_2 的两个氢空间靠近。综合以上分析可知, 用双照射 NOE 效应确定结构为(39), 而不是(40)。

应用 NOE 时需注意: ①只有吸收强度增强大于 10%, 才能判断两组氢在空间靠近; ②即使观察不到 NOE 增强, 也不能否定两个核在空间靠近, 因可能存在其他干扰而掩盖了 NOE 增强。

NOE 差谱实验能测量低于 1% 的增强效果, 通过交替记录耦合谱和选择性双重照射的谱图, 相减后未受影响的共振峰消失, 剩下的谱峰为 NOE 增强谱峰。如某 γ-丁内酯的 500 MHz 的 ^1H NMR 谱和选择性 NOE 谱如图 3.45 所示。内酯环可以以顺式(u-1)或反式(t-1) 与四氢呋喃环连接。谱图中 α 表示质子朝下, β 表示质子朝上。照射 H_{3a}, 芳环 H, 6β 质子 NOE 增强; 照射芳环 H, 3a 和 6β 质子明显 NOE 增强。NOE 差谱结果表明芳环、H_{3a} 和 6β 质子处于同侧, 构型为 u-1。

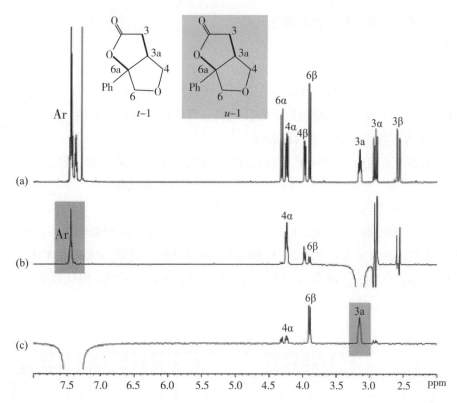

图 3.45 某 γ-丁内酯的选择性 NOE 差谱((a)常规[1]H NMR;(b)照射 H_{3a};(c)照射芳环的 H[4]

3.9 核磁共振氢谱解析及应用

3.9.1 ^{1}H NMR 谱解析一般程序

3.9.1.1 识别干扰峰及活泼氢峰

解析一张未知物的[1]H NMR 谱,要识别溶剂的干扰峰,识别强峰的旋转边带(只有当主峰很强或磁场非常不均匀时才出现);识别杂质峰(判断是否杂值峰往往要根据积分面积、样品来源、处理途径等具体分析,^{1}H NMR 谱中积分比不足一个氢的峰可作杂质峰处理);识别活泼氢的吸收峰(烯醇式、羧酸、醛类、酰胺类的活泼氢干扰小,可直接识别。醇类、胺类等吸收峰干扰大,不易识别,需用 D_2O 交换以确认)。

3.9.1.2 推导可能的基团

解析[1]H NMR 谱之前,若已知化合物的分子式,应先计算 UN,判断是否含有苯环,C=O, C=C 或 N=O 等。若无分子式,应先由 MS 测得精确分子量或由低分辨 MS 测得分子离子峰,再与元素分析配合求得分子式。

1. 计算各组峰的质子最简比

计算各组峰的积分面积之简比,即为质子数目的最简比,最小积分面积的峰至少含有1个氢(杂质峰除外)。若积分简比数字之和与分子式中氢数目相等,则积分简比代表各组峰的质子数目之比。若分子式中氢原子数目是积分简比数字之和的 n 倍,则积分简比要同时扩大 n 倍才等于各组峰的质子数目之比。

例如,1,2-二苯基乙烷的分子式为 $C_{14}H_{14}$, ^1H NMR 出现两组峰,积分简比为5:2,14/(5+2)=2,则质子数目之比为10:4,表明分子中存在对称结构。

2. 判断相互耦合的峰

利用(n+1)规律和向心规则,判断相互耦合的峰。如图 3.46 中低频的三组峰,积分比为1:1:1,质子数目比为2:2:2。根据(n+1)规律及向心规则, $\delta3.66$ 的 CH_2(t)不可能与 $\delta3.30$ 的 CH_2(t)耦合,两者只可能都与 $\delta2.14$ 的 CH_2(五重峰)相互耦合,因而具有 $X—CH_2CH_2CH_2—Y$ 的结构。

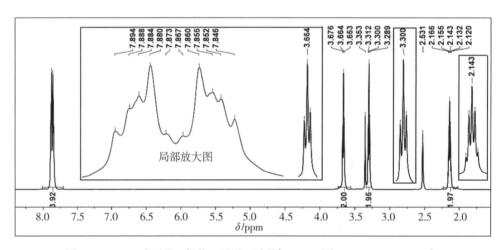

图 3.46 N-(3-碘丙基)-邻苯二甲酰亚胺的 ^1H NMR 图(600 MHz,DMSO-d^6)

3. 判断自旋系统

分析 ^1H NMR 谱各组峰的 δ 范围,质子数目及峰形,判断可能的自旋系统。如 A_2B_2 系统,峰形对称(4H), $\delta2\sim4$ ppm 可能为—CH_2CH_2—。AA′BB′系统,峰形对称性强(4H), $\delta7\sim8$ ppm 可能为相同取代基的邻位二取代苯或对位二取代苯。图 3.46 中 $\delta7\sim8$ ppm 4H 构成 AA′BB′系统,具有邻位取代苯的结构。

4. 识别特征基团的吸收峰

根据 δ 值、质子数目及一级谱的裂分峰形可识别某些特征基团的吸收峰。如 $\delta3.3\sim3.9$

(s，3H)为 CH_3O 的共振吸收，醚类化合物位于较低频，酯类化合物位于较高频，苯酯或烯酯 CH_3O 位于更高频。$\delta2.0\sim2.5$（s，3H）可能为 $CH_3—CO$ 或 CH_3Ph 的共振吸收峰。$\delta1\sim1.3$ ppm 裂分明显的复杂（多个氢），再结合约 0.9 ppm 的三重峰（3H），认为化合物可能含有长链烷基 $CH_3—(CH_2)_n—$，由积分比可计算出 n 值，低频吸收峰为 CH_3 的共振吸收。

根据 δ 值、耦合峰和质子数目可判断 CH_3CH_2X，$X—CH_2CH_2—Y$，$(CH_3)_2CH—$，$X—CH_2CH_2CH_2—Y$，$(CH_3)_3C—$，$C_6H_5CH_2—$ 或 $C_6H_5O—$，$CH_2=CH—$，$—CH=CH—$ 等基的存在。

3.9.1.3 确定化合物的结构

综合以上分析，根据化合物的分子式、不饱和度、可能的基团及相互耦合情况，导出可能的结构式。注意：①不含质子基团（如 NO_2，$C=O$，$C\equiv N$，$C\equiv C$，$—X$，$—SO—$，$—SO_2—$ 等）的存在由分子式、不饱和度减去所推导出的可能基团的 C，H，O 原子数目及不饱和度数目之后推导出；②结构对称的化合物，^1H NMR 谱大大简化。

验证所推导的结构式是否合理：组成结构式的元素的种类和原子数目是否与分子式的组成一致，基团的 δ 值及耦合情况是否与谱图吻合。若这两点均满足，可认为结构合理。有的谱图可能推导出一种以上的结构，难以确证时，需与其他谱（MS，^{13}C NMR，IR，UV）配合或查阅标准谱图。

根据以上分析，图 3.46 的可能结构为

3.9.2 ^1H NMR 谱解析实例

例1 化合物分子式 $C_{10}H_{12}O$，^1H NMR 谱见图 3.47，推导其结构。

解： 分子式 $C_{10}H_{12}O$，UN=5，化合物可能含有苯基，$C=C$ 或 $C=O$ 双键。

由高频至低频共 6 组峰，积分面积简比为 2:2:1:1:3:3，其数字之和与分子式中氢原子数目一致，故积分面积简比等于氢原子数目之比。

$\delta3.73$（s，3H）为 OCH_3 的特征峰。$\delta7.22$ 和 6.80 ppm 的谱峰对称性强，积分面积各为 2H；主峰粗看像 2 个双重峰，放大后明显可看出每个主峰的双侧均有 2 个小峰，应为 AA'XX' 系统。结合 UN=5 可知化合物含 X—〈〉—Y 或 结构；芳环氢的 $\delta<7.26$ ppm，表明苯环与推电子基（-OR）相连。

147

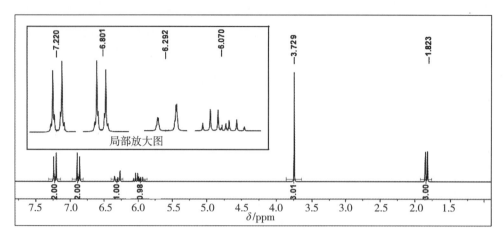

图 3.47　$C_{10}H_{12}O$ 的 ^1H NMR 图（400MHz，$CDCl_3$）

$\delta 1.83$（d，$J = 5.6$ Hz，3H）为 CH_3，且应与 ═CH 相连。$\delta 6.07$（A）和 $\delta 6.29$（B）的积分面积各为 1H 的谱峰应为双取代烯氢，烯氢与 $\delta 1.83$ ppm 的 $CH_3(X_3)$ 构成 ABX_3 系统。$\delta 6.07$（A）的烯氢与 $\delta 6.29$（B）烯氢的耦合，各自裂分为双峰（$J = 15.6$ Hz，为反式耦合），又受 $\delta 1.83$ 的 $CH_3(X_3)$ 的耦合，每条峰裂分为四重峰，A 核和 B 核各自表现为 2 个四重峰，其中 CH_3 对 A 核的耦合为 ^3J 耦合（$J = 5.6$ Hz），对 B 核为远程耦合（$J = 2.0$ Hz）。由此可知化合物存在 —CH═CH—CH_3 基团，且为反式双取代。$\delta 6.29$（B）核对 $\delta 1.83$ 的 $CH_3(X_3)$ 的远程耦合未显示出来。

化合物的结构为

$$\underset{}{\text{CH}_3\text{O}}\text{—}\underset{}{\overset{}{\bigcirc}}\text{—}\overset{6.29 \atop H}{C}=\underset{H\ 6.07}{\overset{CH_3}{C}}$$

例 2　化合物分子式 $C_{11}H_{14}O_3$，HNMR 谱见图 3.48，推导其结构。

解：分子式 $C_{11}H_{14}O_3$，UN = 5。图中共有 9 组峰，由高频至低频积分面积简比为 1：1：1：1：1：2：2：2：3，其数字之和与分子式中氢原子数目一致，故积分面积简比等于氢原子数目之比。

$\delta 10.85$ ppm 的谱峰用 D_2O 交换后消失，故为活泼氢的共振吸收，由化学位移值分析该峰可能为 —COOH 或形成分子内氢键的酚羟基的吸收峰。$\delta 6.8 \sim 7.9$ ppm 的积分面积为 4 的 4 个氢为双取代芳环氢；$\delta 4.29$（t，2H）为与氧和另一个 CH_2 相连的 CH_2（—OCH_2CH_2—）；$\delta 1.73$（quint，2H）为 —$CH_2\underline{CH_2}CH_2$—；$\delta 1.46$（sext，2H）为 —$CH_2\underline{CH_2}CH_3$；$\delta 0.98$（t，3H）为与 CH_2 相连的 CH_3。

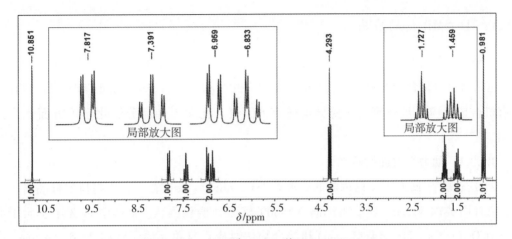

图 3.48 $C_{11}H_{14}O_3$ 的 ^1H NMR 谱(400MHz,CDCl$_3$)

综合以上分析,苯环上的 2 个取代基可能为 —OH 和—COOCH$_2$CH$_2$CH$_2$CH$_3$ 或—COOH 和—OCH$_2$CH$_2$CH$_2$CH$_3$。

苯环上取代基位置的分析: δ7.82 (dd, 1H), [1-3]=[2-4]≈7 Hz, [1-2]=[3-4]≈2 Hz, 表明该氢与邻位氢耦合, 又与间位氢耦合, 具有(a)结构。δ7.39 (td,1H), 该氢与 2 个邻位氢耦合, 被裂分为三重峰(J≈7 Hz), 又与 1 个间位氢耦合(J=2 Hz), 每条峰又被裂分为双峰, 故化合物具有(b)结构。

δ6.95 (dd, 1H)的耦合分析同 δ7.82 氢的耦合分析。δ6.83 (td, 1H)的共振峰, 其耦合分析同 δ7.39 氢的耦合分析。(b)结构的分析均可满足 δ6.95, 6.83 的耦合分析。

综合以上分析, 未知物的可能结构为

(c)分子间缔合程度因位阻而降低, δ_{COOH} 低频位移。(d)形成分子内氢键 δ_{OH} 高频位移, 可与其他谱配合分析。实际结构为(d)。

149

3.9.3　^{1}H NMR 谱的应用

在有机结构分析中，^{1}H NMR 谱是鉴定有机化合物结构的有效方法。对分子结构的测定，包括对有机化合物绝对构型的测定和对复杂化合物结构的解析。除此以外，^{1}H NMR 谱在有机合成反应机理研究、互变异构研究[5]、组合化学[6]和高分子化学等方面也广泛应用。

3.9.3.1　动力学方面的研究

刘立建等[7,8]研究了 ε-己内酯的微波开环聚合反应。反应在真空中封口的样品管中进行，定时用美国 Varian 公司 Mercury VX-300 核磁共振仪测试。单体中 ω-亚甲基质子峰（—$CH_2OC(O)$—，2H，δ 4.23 ppm）和聚合物中对应重复单元质子峰（2H，δ 4.04 ppm）在 ^{1}H NMR 谱中分隔明显且均为清晰的三重峰。反应时间 $t=0$ 时，以 δ 4.23 ppm 的积分面积 S_0 表征起始浓度 c_0；随着反应的进行，S_0 逐渐减弱，t_i 时测得该吸收峰的积分面积 S（代表此时体系中单体的浓度为 c），以 $\ln(c_0/c)$ 对时间 t 作图，得一直线，说明反应为一级反应。

文献[9]报道了核磁共振法研究聚甲基氢硅氧烷的硅氢加成反应。以 ≡CH—质子吸收峰面积的改变作为定量的依据，讨论了不同催化剂、溶剂、烯烃底物及温度对反应的影响，认为对于大分子反应，利用气相色谱跟踪难以实现时，用 ^{1}H NMR 跟踪反应过程是一种较好的方法。

3.9.3.2　配位化合物的研究

配位化合物的形成及其结构确定可通过比较配位前后 NMR 谱的变化来研究[10,11]。

文献[12]报道了 1,2-双（2,2′-联吡啶）乙烷及其 Cu（Ⅰ）配合物的 ^{1}H NMR，配体和配合物的结构见图 3.49。200 MHz ^{1}H NMR 测得配体 3,3′-位氢 δ 8.22（dd,4H），4,4′-位氢 δ 7.68（tt,4H），5,5′-位氢 δ 7.15（dd,4H）及 δ 3.44（s,4H）CH_2CH_2 的共振吸收。配合物中联吡啶环上质子的共振吸收明显位移，而且桥联的 CH_2CH_2 的 δ 值位移更大，由配体中的磁全同核（A_4）变成 AA′BB′ 系统，出现复杂的耦合裂分（图 3.49），形成了双核螺旋配合物。

3.9.3.3　聚合物的研究

核磁共振氢谱在高聚物研究中最基本的应用是利用化学位移、自旋裂分与耦合常数、谱峰强度等解析高聚物结构，包括分子量的测定、均聚物立规性分析、序列分布及等规度的分析、共聚物组成及序列分布分析、异构体的鉴别、端基表征等。

1. 测定共聚比

以 N-乙烯基吡咯烷酮与 N-甲基丙烯酰基-N'-α-萘基硫脲嵌段共聚为例[13]，共聚物结构如下，由 ^{1}HNMR 求其共聚比（$m:n$）。

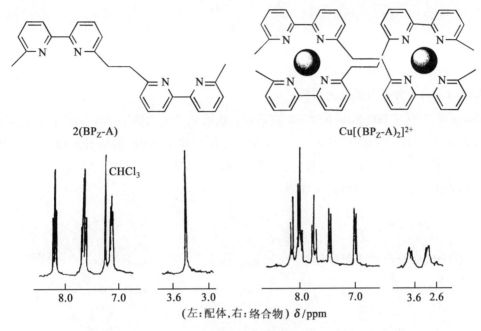

2(BP_Z-A)   Cu[(BP_Z-A)_2]^{2+}

(左：配体，右：络合物) δ/ppm

图 3.49   1,2-双(2,2'-联吡啶)乙烷配体及配合物的 ^1H NMR 谱

共聚比的测定基于聚合物中不同链节特征质子基团等数目氢的积分高度之比。该共聚物中 N-CH 在 δ 3.42~4.08 ppm 的共振吸收峰、萘基氢在 δ 6.80~7.93 ppm 的共振吸收峰与其他峰无干扰，它们的积分面积分别为 S_1，S_2，该共聚物的共聚比可按下式计算：$m:n = S_1:(S_2/7)$。

2. 测定分子量

分子量的测定同样基于每摩尔等质子数目基的积分强度相等。将一定重量($W_标$)的已知分子量($M_标$)的物质(作为标准物质，物质的量为 $W_标/M_标$)加到含一定重量(W_S)的未知分子量(M_S)的样品中去，样品的物质的量为 W_S/M_S。^1H NMR 测出标样与试样互不干扰的特征基团(质子数目分别为 $n_标$，n_s)的积分高度为 $h_标$，h_s，则下列等式成立。

$$\frac{h_{标}}{\dfrac{W_{标}}{M_{标}} \cdot n_{标}} = \frac{h_S}{\dfrac{W_S}{M_S} \cdot n_S} \tag{3.30}$$

由(3.30)式可求得化合物的分子量 M_S。

3.9.3.4　用于分子自组装的研究

Zhong 等[14]利用 600 MHz 的 NMR 波谱仪，在重氢二氯乙烷溶剂中，研究了主体分子 (H)与客体分子(G)之间的相互作用。主体分子的结构和[1]H NMR 谱见图 3.50(a)。主体分子与客体分子以 2∶3(摩尔比)混合后，立即测试的[1]H NMR 谱，见图 3.50(b)，该混合物放置 9 天后测试[图 3.50(c)]结构式如下：

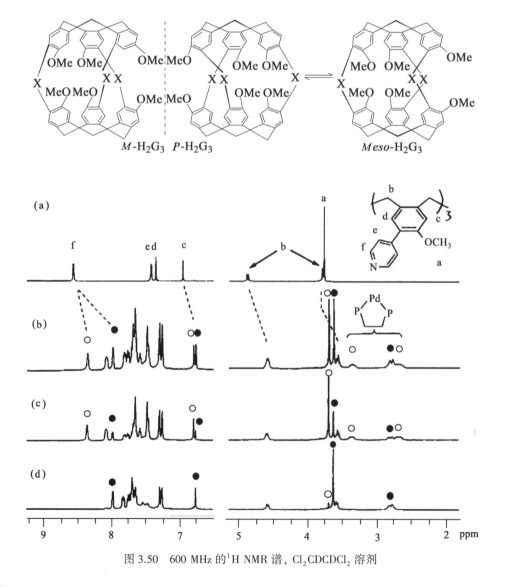

图 3.50　600 MHz 的[1]H NMR 谱，$Cl_2CDCDCl_2$ 溶剂

该研究证明了主体分子与客体分子之间相互作用，自组装生成了外消旋的 H_2G_3($P+M$) 和内消旋的 H_2G_3($meso$-H_2G_3) 的混合物。图 3.50(b) 表明内消旋的 H_2G_3 对外消旋的 H_2G_3($P+M$) 的摩尔比为 1：1；图 3.50(c) 表明内消旋的 H_2G_3 对外消旋的 H_2G_3($P+M$) 的摩尔比为 2.5：1。图 3.50(d) 为 P-H_2G_3 的混合物。这表明在混合物中，两种异构体可以转换，放置有利于 H_2G_3 内消旋异构体的生成。H_2G_3 的结构通过电喷雾质谱检测也得到了证实(见2.6.3)。

3.9.3.5 在分子识别中的应用

Gong 等[15]通过 ^{1}H NMR 滴定实验研究了硫杂杯[4]芳烃四氨基吡啶衍生物与 $AgClO_4$ 之间的相互作用模式，即它们对 Ag^+ 的络合计量比和识别位点。以混合试剂($CDCl_3$：DMSO-d6 = 1：1，V/V)为溶剂，将主体分子和客体分子配成浓度均为 2 mmol/L 的溶液，逐次向含有主体分子的溶液中滴加定量客体分子，剧烈震荡后分别测出对应的核磁图谱。在主体分子对 Ag^+ 的核磁滴定过程中，^{1}H NMR 谱图中并没有出现新的信号峰，只是主体分子原有的部分信号峰发生了明显的位移，表明 Ag^+ 在自由主体分子和主体分子的 Ag^+ 复合物之间的交换频率很快，以至于核磁共振仪在其响应时间内只能探测到 Ag^+ 在主体分子和主体分子的 Ag^+ 复合物核磁信号的平均值。根据主体分子与 Ag^+ 相互作用的核磁滴定实验作出了核磁滴定曲线，如图 3.51 所示，横坐标表示 Ag^+ 与主体分子(包括自由主体分子与复合主体分子)的浓度之比，纵坐标表示滴定过程中主体分子中每个氢原子的化学位移变化值($\Delta\delta$)。从图中可见，当 Ag^+ 与主体分子的浓度之比从 0 增加到 1 时，主体分子的化学位移变化比较明显；当 Ag^+ 与主体分子计量比从 1 增加到 3 时，^{1}H NMR 谱图不再有明显的变化，由此可以得出 Ag^+ 与主体分子的络合计量比为 1：1。主体分子与 Ag^+ 络合后基团化学

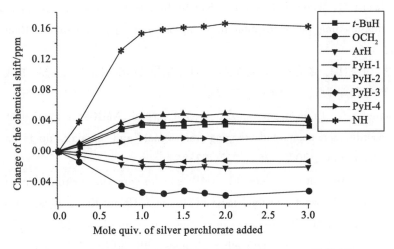

图 3.51 硫杂杯[4]芳烃四氨基吡啶衍生物与 $AgClO_4$ 核磁滴定

位移变化差异较大，化学位移变化的最大值为酰胺基团上氢的化学位移变化值，而其他基团上氢的化学位移值的变化则相对较小，表明主体分子对 Ag^+ 的络合模式就如同"三明治"的形状一样，主要通过硫杂杯芳烃骨架同侧一对侧链上的两个羰氧原子对 Ag^+ 进行络合，同侧的一对侧链将 Ag^+ 夹在主体分子环腔的内部。

参 考 文 献

1. 高汉宾, 张振芳. 核磁共振原理与实验方法[M]. 武汉：武汉大学出版社, 2008.

2. Becker E D. High resolution NMR: theory and chemical applications, 3rd ed [M]. Academic Press, NY, 1999.

3. [美]约瑟夫 B. 兰伯特, [美]尤金 P. 马佐拉, [美]克拉克 D. 里奇著. 核磁共振波谱学 原理、应用和实验方法导论(原著第 2 版)[M]. 向俊锋, 周秋菊, 等译. 北京：化学工业出版社, 2021.

4. Xie X, Tschan S, Glorius F. Determination of the stereochemistry of g-butyrolactones by DPFGSE-NOE experiments[J]. Magn. Reson. Chem., 2007, 45: 381-388.

5. Claramunt R M, Lo'pez C, Santa Mar\i'a M D, et al. The use of NMR spectroscopy to study tautomerism[J]. Prog. Nucl. Magn. Reson. Spectrosc., 2006, 49: 169-206.

6. 姚念环, 贺文义, 刘刚. 核磁共振技术(NMR)在组合化学中的应用[J]. 化学进展, 2004, 16(5): 696-707.

7. Li H, Liao L Q, Wang Q R, Liu L J. Flash-heating-enhanced ring-opening polymerizations of ε-caprolactone under conventional conditions[J]. Macromol. Chem. Phys., 2006, 207: 1789-1793.

8. Li H, Liao L Q, Wang Q R, Liu L J. Kinetic Investigation into the non-thermal microwave effect on the ring-opening polymerization of ε-caprolactone [J]. Macromol. Rapid Commun., 2007, 28: 411-416.

9. 孟令芝, 黄麒麟, 张先亮. 核磁共振法研究聚甲基-氢-硅氧烷的硅氢加成反应[J]. 武汉大学学报(自然科学版), 1989(1): 71-75.

10. Bellachioma G, Ciancaleoni G, Zuccaccia C, et al. NMR investigation of non-covalent aggregation of coordination compounds ranging from dimers and ion pairs up to nano-aggregates [J]. Coordin. Chem. Rev., 2008, 252: 2224-2238.

11. Pastor A, Mart'\inez-Viviente E. NMR spectroscopy in coordination supramolecular chemistry: a unique and powerful methodology[J]. Coordin. Chem. Rev., 2008, 252: 2314-2345.

12. He Y B, Lehn J M. Complexation properties and synthesis of 1,2-bis(2,2'-bipyridinyl) ethylene and 1,2-bis(2,2'-bipyridinyl) ethane ligands with Cu(Ⅰ) [J]. Chem. J. Chinese Univ. (English Ed.), 1990, 6(3): 183-187.

13. Lu X J, Gong S L, Meng L Z, et al. Controllable synthesis of poly(*N*-vinylpyrrolidone) and its block copolymers by atom transfer radical polymerization [J]. Polymer, 2007, 48: 2835-2842.

14. Zhong Z L, Ikeda A, Shinkai S, et al. Creation of novel chiral cryptophanes by a self-assembling method utilizing a pyridyl-Pd(Ⅱ) interaction[J]. Org. Lett., 2001, 3(7): 1085-1087.

15. Li X, Gong S L , Yang W P, et al. The influence of Isomerism on the self-assembly behavior and complexation property of 1, 3-alternate tetraaminopyridyl-thiacalix [4] arene derivatives[J]. Tetrahedron, 2008, 64: 6230-6237.

习 题

1. 分子式 $C_4H_8O_2$，^{1}H NMR 谱(400 MHz)如下，由谱图推导其可能结构。

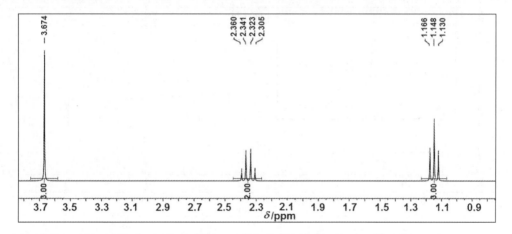

2. 分子式 $C_5H_9NO_4$，^{1}H NMR 谱(400 MHz)如下，由谱图推导其可能结构。

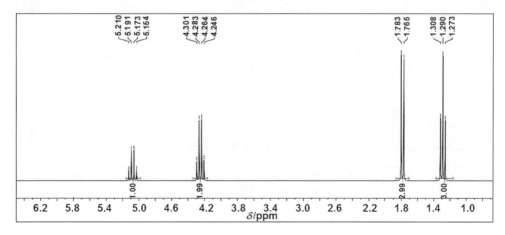

3. 分子式 $C_{10}H_{12}O_2$ ，三种异构体的 ^1H NMR 谱（400 MHz）如下，由谱图推导其可能结构。

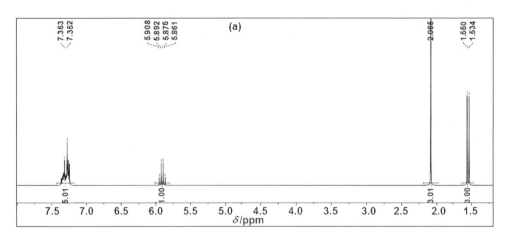

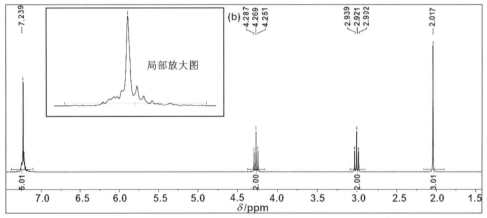

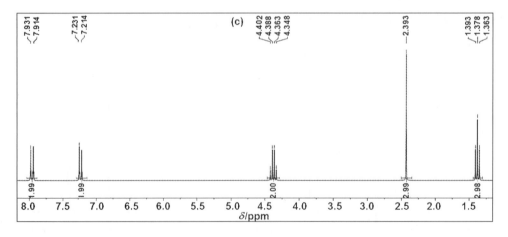

4. 分子式 C_3H_5NO，^1H NMR 谱（400 MHz）如下，由谱图推导其可能结构。

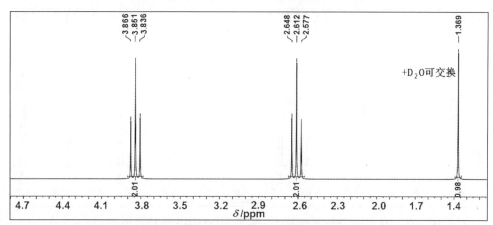

5. 分子式 $C_6H_{13}NO_2$，^1H NMR 谱（400 MHz）如下，由谱图推导其可能结构。

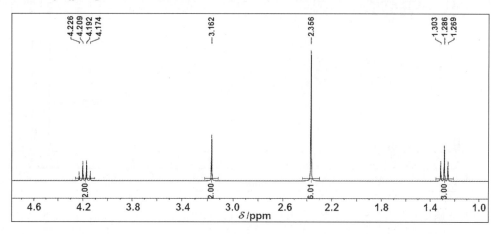

6. 分子式 $C_8H_{12}O_4$，^1H NMR 谱（400 MHz）如下，由谱图推导其可能结构。

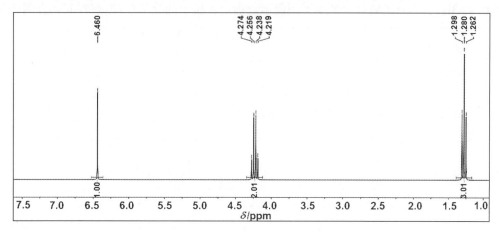

7. 分子式 $C_6H_{10}O_2$，^1H NMR 谱(400 MHz)如下，由谱图推导其可能结构。

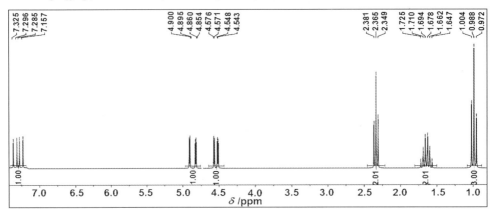

8. 分子式 $C_8H_{11}NO_2$，^1H NMR 谱(400 MHz)如下，由谱图推导其可能结构。

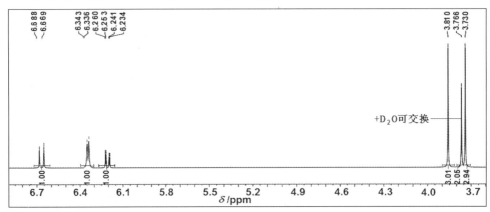

9. 糠基甲基硫醚 $\underset{O}{\bigcirc}\diagup S\diagdown$ 的^1H NMR(400 MHz，$CDCl_3$)：$\delta7.344$（dd，$J=1.8$，0.9 Hz，1H），6.292（dd，$J=3.2$，1.8Hz，1H），6.166（dd，$J=3.2$，0.9Hz，1H），3.664（s，2H），2.059（s，3H），部分区域放大图如下图所示。确定各质子的化学位移，解释其耦合裂分。

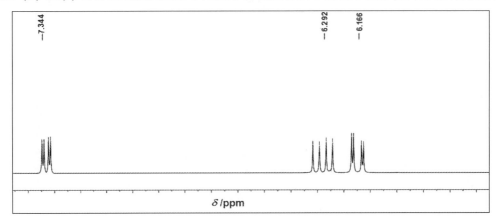

10. 2-[(4-烯丙基-2-甲氧基苯氧基)甲基]环氧乙烷 的 ^{1}H NMR 谱图

(400 MHz)及部分放大图如下,结构式中的数字代表 C 的编号。请详细归属各 H 的化学位移和分析峰型(耦合裂分情况)(H 编号与 C 编号相同;若同一碳上的氢为非等价质子时,请用 H_n, H_n' 表示, n 为编号)。

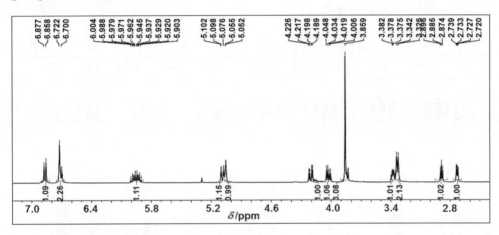

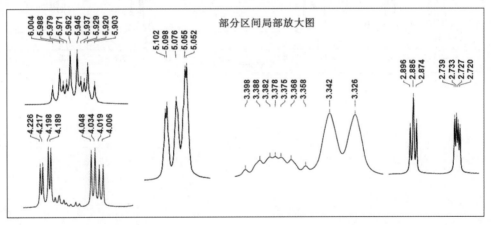

部分区间局部放大图

11. 化合物(4S)-2,2-二甲基-4-丙炔氧甲基-1,3-二氧杂环戊烷 的 ^{1}H NMR(400

MHz)谱图及部分放大图如下,结构式中的数字代表 C 的编号。详细解释 ^{1}H NMR 谱图(H 编号与 C 编号相同;若同一碳上的氢为非等价质子时,请用 H_n, H_n' 表示, n 为编号)。

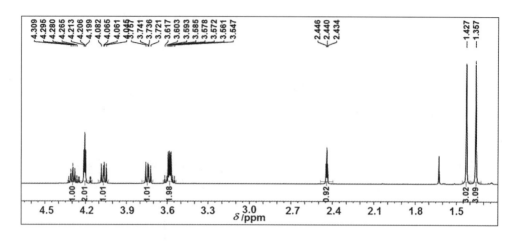

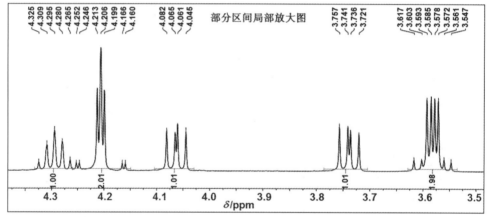

部分区间局部放大图

第4章 核磁共振碳谱

大多数有机化合物的分子骨架由碳原子组成，用^{13}C核磁共振研究有机分子的结构显然是十分理想的。由于碳元素的唯一磁性同位素^{13}C的天然丰度仅为^{12}C的1.1%，且^{13}C的磁旋比γ约为^{1}H的1/4，核磁共振的灵敏度与γ^3成正比，所以^{13}C NMR的灵敏度仅相当于^{1}H NMR灵敏度的1/5800[1.1%×(1/4)^3]，碳的核磁共振信号很弱，记录一张有实际价值的^{13}C NMR比^{1}H NMR谱需要更高浓度的样品及较长的采样时间。加之^{13}C与^{1}H之间存在着耦合($^1J\sim{^4}J$)，裂分峰相互重叠，难解难分，给谱图解析带来了许多困难。尽管Lauterbur1957年首次观察到核磁共振碳谱信号后，化学工作者已认识到其重要性，但直至20世纪70年代开始，PFT-NMR谱仪的出现和去耦技术的发展，^{13}C NMR测试变得简单易行，才开始用^{13}C核磁谱直接研究有机分子的结构。目前PFT-^{13}C NMR已成为阐明有机分子结构的常规方法，广泛应用于涉及有机化学的各个领域。在结构测定、构象分析、动态过程讨论、活性中间体及反应机制的研究、聚合物立体规整性和序列分布的研究及定量分析等方面都显示了巨大威力，成为化学、生物、医药等领域不可缺少的测试方法。

4.1 ^{13}C NMR的特点

(1)化学位移范围宽。

^{1}H NMR常用δ值范围为0~10 ppm(有时可达16 ppm)；^{13}C NMR常用δ值范围为0~220 ppm(正碳离子可达330 ppm，而CI$_4$约为-292 ppm)，约是氢谱的20倍，其分辨能力远高于^{1}H NMR。

胆固醇的^{1}H NMR谱只能识别出几个甲基氢和位于高频的烯氢、羟基氢及与其相连的碳上的氢。其余氢的共振吸收在0.6~2.5 ppm范围内，重叠交错，无法辨认。^{13}C NMR谱(图4.1)出现26条谱线，对判断化合物的结构十分有利。一般情况下，在结构不对称的化合物中，每种化学环境不同的碳原子都可以给出其特征谱线。图4.1中有一条谱线比其他谱线高得多，这是由于化学位移十分接近的两条谱线重叠在一起而造成的。

(2)^{13}C NMR给出不与氢相连的碳的共振吸收峰。

季碳、$>$C=O，—C≡C—，—C≡N，$>$C=C$<$等基团中的碳不与氢直接相连，在^{1}H

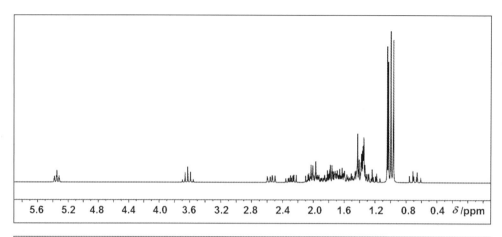

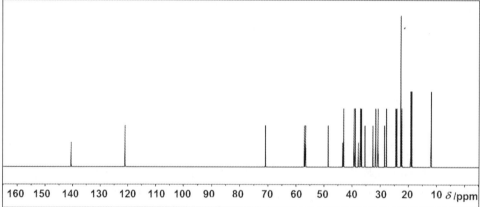

^{1}H NMR   0.6~2.5   m

H–3 3.52   m, 1H;

H–6 5.35   m, 1H.

^{13}C NMR

C–18,	11.9	C–15,	24.3	C–22,	36.2	C–9,	50.2
C–21,	18.7	C–25,	28.0	C–10,	36.6	C–17,	56.2
C–19,	19.4	C–16,	28.2	C–1,	37.3	C–14,	56.8
C–11,	21.2	C–2,	31.7	C–24,	39.6	C–3,	71.8
C–26,	22.6	C–8,	31.9	C–12,	39.8	C–6,	121.7
C–27,	22.8	C–7,	32.3	C–13,	42.2	C–5,	140.8
C–23,	23.9	C–20,	35.8	C–4,	42.4		

图 4.1 胆固醇的^{1}H NMR(400 MHz, CDCl$_3$)和^{13}C NMR 谱(100 MHz, CDCl$_3$)

NMR 谱中不能直接观测,只能靠分子式及其对相邻基团 δ 值的影响来判断。而在 ^{13}C NMR 谱中,均能给出各自的特征吸收峰。

(3) ^{13}C NMR 灵敏度低,耦合复杂。

4.2 ^{13}C NMR 的去耦技术及实验方法

4.2.1 ^{13}C NMR 的去耦技术[1-5]

在 ^{1}H NMR 谱中, ^{13}C 对 ^{1}H 的耦合峰仅以极弱的卫星峰(图 3.27)出现,可以忽略不计。反过来,在 ^{13}C NMR 谱中, ^{1}H 对 ^{13}C 的耦合是普遍存在的,且 ^1J 值宽到几十至几百赫兹范围;加之 $^2J\sim{}^4J$ 的存在,虽能给出丰富的结构分析信息,但谱峰相互交错,难以归属,给谱图解析和结构推导带来了极大的困难。耦合裂分的同时,又大大降低了 ^{13}C NMR 的灵敏度。通常采用去耦技术解决这些问题。

1. 质子宽带去耦及 NOE 增强

质子宽带去耦(proton broad band decoupling)谱为 ^{13}C NMR 的常规谱,是一种双共振技术,记做 ^{13}C{^{1}H}。这种异核双照射的方法是在用射频场(B_1)照射各种碳核,使其激发产生 ^{13}C 核磁共振吸收的同时,附加另一个射频场(B_2,又称去耦场),使其覆盖全部质子的共振频率范围(通常在 1 kHz 以上),且用强功率照射使所有的质子达到饱和,或用 π 脉冲或组合脉冲(composite pulse decoupling,CPD)间歇但快速地(快于耦合常数的速率)迫使质子来回反转,则与其直接相连的碳或邻位、间位碳感受到平均化的环境,从而使质子对 ^{13}C 的耦合全部去掉。结果得到相同环境的碳均以单峰出现(非 ^{1}H 耦合谱例外)的 ^{13}C NMR 谱。这样的谱称为质子宽带去耦(或质子噪声去耦)谱。如 2-甲基-1,4-丁二醇的质子宽带去耦谱[图 4.2(a)],图中出现五条单峰,对应于五种化学环境不同的碳,分子中无对称因素存在。除特殊注明外,本章给出的 ^{13}C NMR 谱均是质子宽带去耦谱。

图 4.3 给出了邻苯二甲酸二乙酯($C_{12}H_{14}O_4$)的质子耦合谱及质子宽带去耦谱。耦合谱可以观察到 H—C 之间的耦合信息(^1J),邻碳 H—C—C 之间的耦合信息(^2J)通过局部的扩展谱也可以观察到。宽带去耦谱中出现的 6 条谱线表明分子中存在平面的对称结构。

^{13}C NMR 常规谱实验通常是在整个实验时间内去耦门始终都开着,为全程去耦(图 4.4)。全程去耦的质子宽带去耦谱不仅使 ^{13}C NMR 谱大大简化,而且由于耦合的多重峰的合并,使其信噪比(S/N)提高,灵敏度增大。然而灵敏度增大程度远大于复峰的合并强度,这种灵敏度的额外增强是 NOE 效应影响的结果。

NOE 是由于分子中偶极-偶极弛豫过程引起的,一个自旋核就是一个小小的磁偶极。分子中两类自旋核(如 ^{13}C, ^{1}H)之间可以通过波动磁场(分子中移动、振动和转动运动所导

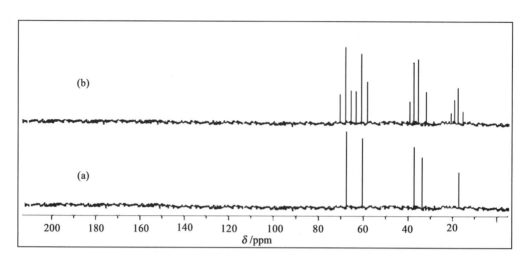

图 4.2 2-甲基-1,4-丁二醇的质子宽带去耦谱(a)及偏共振去耦谱(b)

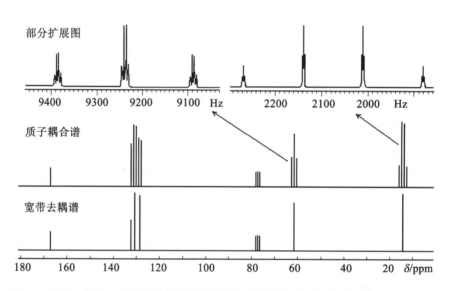

图 4.3 邻苯二甲酸二乙酯的质子宽带去耦谱、质子耦合谱及部分扩展谱(150.9 MHz)

致)传递能量。在 $^{13}C\{^1H\}$ NMR 实验中，观测 ^{13}C 核的共振吸收时，照射 ^1H 核。由于干扰场 (B_2) 非常强，同核弛豫过程不足使其恢复到平衡，经过核之间的偶极-偶极相互作用，^1H 核将能量传递给 ^{13}C 核，^{13}C 核吸收这部分能量后，犹如本身被照射而发生弛豫。这种由双共振引起的附加异核弛豫过程，使 ^{13}C 核在高低能级上分布的核数目差增加，共振吸收信号的增强称之 NOE。

在 $^{13}C\{^1H\}$ NMR 实验中，最大 NOE 提高因子 $f_{^{13}C(^1H)}$ 取决于 ^1H 与 ^{13}C 的磁旋比：

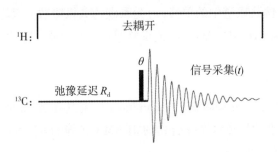

图 4.4 全程去耦示意图[6]

$$f_{^{13}C(^1H)} = \frac{\gamma_{^1H}}{2\gamma_{^{13}C}} \tag{4.1}$$

式中，$\gamma_{^1H}$ 和 $\gamma_{^{13}C}$ 分别为 26 752 和 6 726 rad · s^{-1} · G^{-1}。

$$f_{^{13}C(^1H)} = 1.988$$

在 ^{13}C{^{1}H} 实验中，最大的 NOE 提高因子约为 2，与实测值基本一致。NOE 对 ^{13}C NMR 灵敏度的提高十分明显，但在 ^{1}H{^{13}C} 实验中，$f_{^1H(^{13}C)}$ 仅为 0.126。

质子宽带去耦谱使得分子中相同环境的 C 原子均以单峰出现，这种简化的谱图给识谱带来了方便，但也失去了与 H—C 耦合相关的有用信息，无法识别伯、仲、叔、季不同级别的碳。近几十年来，人们围绕着既简化谱图、又提供 H—C 耦合信息的目标，开展了许多实验技术方面的研究。虽然有的技术目前已不使用，但较早的文献中仍然出现，新的技术也是在原有技术的基础上发展起来的。

2. 偏共振去耦

偏共振去耦(off resonance decoupling)是早期使用的一种识别碳级的实验技术。采用一个频率范围很小、比质子宽带去耦功率弱很多的射频场(B_2)，其频率略高或低于待测样品所有氢核的共振吸收位置的频率(如在 TMS 的低频 0.1~1 kHz 范围)，使 ^{1}H 与 ^{13}C 之间在一定程度上去耦，不仅消除了 ^2J~^4J 的弱耦合，而且使 ^1J 减小到 J'($J' \ll ^1J$)。J' 称表观耦合常数。J' 与 ^1J 的关系见(4.2)式。

$$J' = {}^1J\frac{\Delta\nu}{\gamma B_2/2\pi} \tag{4.2}$$

式中，$\Delta\nu$ 为质子共振频率与照射场频率的偏移值；γ 为 ^{1}H 核的磁旋比；B_2 为照射场的强度。$\Delta\nu$ 与 $\gamma B_2/(2\pi)$ 的比例可以调整，如以 $\Delta\nu = 300$ Hz，$\gamma B_2/(2\pi)$ 为 3000 Hz 时，测得 J' 为 ^1J 的 1/10。采用偏共振去耦，既避免或降低了谱线间的重叠，具有较高的信噪比，又保留了与碳核直接相连的质子的耦合信息。

根据 $(n+1)$ 规律，在偏共振去耦谱中，^{13}C 裂分为 n 重峰，表明它与 $(n-1)$ 个质子直接相连,见图 4.2(b)。偏共振谱中的单峰(s)为季碳的共振吸收,双峰(d)为 CH,三重峰(t)为 CH_2,四重峰(q)为 CH_3 基,即 q,t,d,s 峰对应于伯、仲、叔、季碳(如 F、P 存在时,判断不成立)。

3. 质子选择性去耦

质子选择性去耦(proton selective decoupling)是偏共振去耦的特例。当测一个化合物的 ^{13}C NMR 谱,而又准确知道这个化合物的 ^1H NMR 各峰的 δ 值及归属时,就可测选择性去耦谱,以确定碳谱谱线的归属。

当调节去耦频率 ν_2 恰好等于某质子的共振吸收频率,且 B_2 场功率又控制到足够小(低于宽带去耦采用的功率)时,则与该质子直接相连的碳会发生全部去耦而变成尖锐的单峰,并因 NOE 而使谱线强度增大。对于分子中其他的碳核,仅受到不同程度的偏移照射($\Delta\nu\neq0$),产生不同程度的偏共振去耦。如此测得的 ^{13}C NMR 谱称为质子选择性去耦谱。

质子宽带去耦失去了所有的耦合信息,偏共振去耦保留了 ^{13}C 与 ^1H 之间的部分耦合信息,但都因分子中碳核感受到的 NOE 不同而使信号相对强度与所代表的碳原子数目不成比例。

4. 门控去耦和反转门控去耦

对于 ^{13}C NMR 谱的一维去耦实验,并不一定在整个实验时间内施加去耦射频场,去耦门的开和关是可以控制的。如果只在脉冲前的等待时间内开启去耦门,在采样期间关闭去耦门,则为门控去耦(图 4.5)。如果在脉冲前的等待时间内关闭去耦门,在采样期间开启去耦门,则为反转门控去耦(图 4.6)。

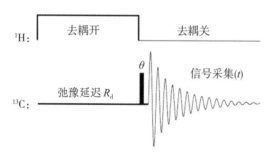

图 4.5　门控去耦示意图[6]

门控去耦(gated decoupling):又称交替脉冲去耦或预脉冲去耦,见图 4.5。射频场(B_1)脉冲发射前,预先施加去耦场(B_2)脉冲,此时自旋体系被去耦,同时产生 NOE。接着关闭 B_2 脉冲,开启 B_1 射频脉冲,进行 FID 接收。由于 B_2 的关闭,自旋核间立即恢复耦合。因发射脉冲为微秒数量级,而 NOE 的衰减和 T_1 均为秒数量级,所以接收到的信号既有耦合,又有呈现 NOE 增强的信号。邻溴苯胺的^{13}C NMR 谱，用同样的脉冲间隔和扫描次数，门控去耦谱的强度比未去耦共振谱的强度增强近一倍。

反转门控去耦：为抑制 NOE 的门控去耦（gated decoupling with suppressed NOE），可得到全去耦的定量碳谱。脉冲间隔 $t_R > 5T_1$。

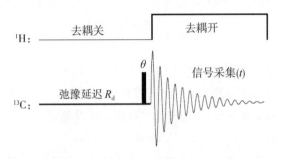

图 4.6　反转门控去耦示意图[6]

反转门控去耦实验的特点是关闭射频脉冲的同时，开启去耦脉冲场（B_2）与接收 FID 同时进行（图 4.6），并且延长发射脉冲的间隔时间 T_d，满足 $T_d > 5T_1$（T_1 为测试样品中各^{13}C核中最长纵向弛豫时间），使所有的碳核都能充分有效地弛豫，达到平衡分布状态，得到利于碳核定量的全去耦谱。在 FID 接收的同时，氢核对碳核的耦合由于去耦脉冲的照射而去掉。此时 NOE 效应增益很少，因去耦时间被控制为最短，NOE 刚刚产生随即被终止，谱线高度正比于碳原子的数目。比较图 4.7 的（a）与（b）两谱，可以看出抑制 NOE 的门控去耦谱提供了碳原子的定量信息。

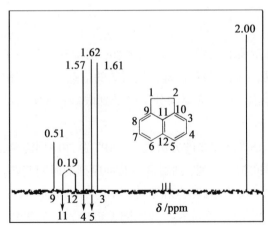

（a）质子宽带去耦谱

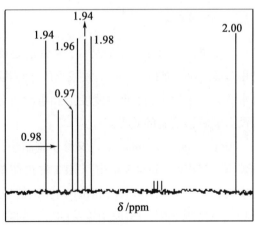

（b）反转门控去耦谱

图 4.7　抑制 NOE 的门控去耦示意图

4.2.2　^{13}C NMR 灵敏度的提高

核磁共振一般以一个基准物质(如 1% 乙基苯的氘代氯仿溶液)的信号(S)和噪声(N)之比作为灵敏度。S/N 正比于谱仪的磁场强度 B_0、测定核的磁旋比 γ、待测核的自旋量子数 I 及其核的数目 n,反比于测试时的绝对温度 T,其关系式见(4.3)式。

$$S/N \propto \frac{B_0^2 \gamma^3 n I(I+1)}{T} \tag{4.3}$$

提高灵敏度的问题也就是如何改善信噪比(S/N)的问题。

增加测试样品的体积和浓度可使 ^{13}C 核的数目(n)增加,而体积的增加受到磁体之间空隙的限制,浓度的增加又受到样品溶解度的限制。所以测试 ^{13}C NMR 时,尽可能配制较高浓度的试样溶液。

降低测试温度(T)可稍微提高 ^{13}C NMR 的灵敏度。但要注意某些化合物的 ^{13}C NMR 谱可能随温度而变。增大磁场强度(B_0),可有效地改善信噪比。

采用 CAT(computer averaged transients)方法,信号因在计算机中累加而增强。噪声因被平均化而分散,信噪比(S/N)随累加扫描次数 ns 的增大而按方程(4.4)增大。

$$(S/N)_n = (S/N) \cdot \sqrt{ns} \tag{4.4}$$

如果信噪比增加到 2 倍,那么扫描次数增加到 4 倍。这样随着扫描次数 $1,4,16,64,256,1024(1k)$,$2k,4k,16k,\cdots$ 逐级增加,采样时间迅速增加。

将 PFT 与去耦技术结合也能增强 ^{13}C NMR 灵敏度。另外一种提高灵敏度的方法就是极化转移,将高灵敏度 ^{1}H 核的能量磁化转移给低灵敏度的 ^{13}C,从而提高 ^{13}C 核的检测能力。其基本原理见文献[1-3]。

4.2.3　谱编辑技术[1-3]

为了推断有机化合物的结构,常常需要确定所有碳原子的取代类型,明确每个碳原子是甲基碳、亚甲基碳、次甲基碳或季碳。偏共振去耦实验可以提供碳级数的信息,但由于耦合常数分布不均匀,多重谱线变形和重叠等原因,在研究复杂分子时受到限制,且实验结果没有编辑谱实验的效果好。

APT(attached proton test)又称 J 调制法,是确定碳级的方法之一。APT 脉冲序列简单,季碳也可以出峰。图 4.8 给出了 APT 法最简单的脉冲序列,通过调节脉冲序列的时间间隔,使季碳和亚甲基(CH_2)碳的相位向上(正信号),次甲基(CH)和甲基(CH_3)的相位向下(负信号)。实验中利用与碳原子连接的质子的耦合信息,测试并区分不同类型碳原子的级数。APT 的不足之处是 ^1J 数值的变化对此法不利,对 CH 和 CH_3 的分辨也有困难。现在 APT 基本不使用。

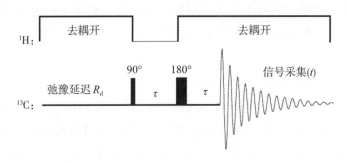

图 4.8　APT 最简单的脉冲序列[6]

DEPT（distortionless enhancement by polarization transfer）法是"不失真地极化转移增强"，不失真系指相位不失真，已发展为确定为确定碳级数的首选程序。其脉冲序列见图 4.9。DEPT 脉冲序列的显著特征是质子的脉冲角度（θ）是可改变的。通过对不同碳核的不同调制，使得其在谱图中的相位和强度不同。如 DEPT 45，除季碳（不出峰）外，所有碳核都出正峰；DEPT 90，只出现 CH 峰；DEPT 135，CH_3 和 CH 为正峰，而 CH_2 为负峰。通过对这三个谱的编辑，可以得到只含 CH_3，CH_2，CH 的谱。Bruker 和 Varian NMR 谱仪都各有其默认的实验模式，可选不同的模式（如 θ 角设为 45°，90°，135°）测试后再对谱图进行编辑。若不编辑谱图，可测 DEPT 90，135 或只测 DEPT 135 即可。

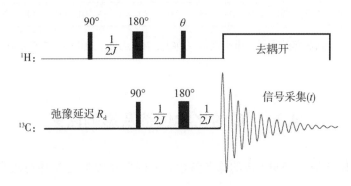

图 4.9　DEPT 的脉冲序列[6]

DEPT 通过 H 核的极化转移到 C 核，其灵敏度要比普通的 C 谱高好几倍；对 J 和脉冲宽度的要求不如 APT 严格，即使 ¹J 值在一定范围内变化，也能得到比较好的实验结果；脉冲序列也不太复杂，配合质子宽带去耦谱图，可清楚地识别各种碳原子的级数。

小蠹烯醇（$C_{10}H_{18}O$）宽带去耦和 DEPT 谱见图 4.10[6]。质子宽带去耦谱除溶剂 $CDCl_3$ 峰外，给出了 10 条谱峰，表明化合物中的 10 个 C 为化学环境不同的 C，其中位于最高频的吸收峰强度最弱，可能为不与氢直接连接的季 C，这在 DEPT 135 谱中得到了证实，对应于该碳的化学位移处未出峰。DEPT 135 谱图中的 4 条负峰表明分子中有 4 种化学环境不同的 CH$_2$，其中 δ 114 和 118 ppm 的 2 条峰分别对应于两个 sp^2 杂化的 CH$_2$，δ 40.5 和 46.5 ppm 的 2 条峰分别对应于两个 sp^3 杂化的 CH$_2$。DEPT 135谱图中的 5 条正峰表明分子中有 5 种化学环境不同的 CH$_3$，CH；对这两种 C 核的识别可通过 DEPT 90 谱进行。DEPT 90 谱给出了 3 条峰，表明分子中有 3 种化学环境不同的 CH，位于高频的为 sp^2 杂化的 ═CH（δ 138 ppm），δ 67.5 ppm 为 CH—OH，δ 24.5 ppm 为与 sp^3 杂化 C 连接的 CH。与 DEPT 90 谱比较，DEPT 135 谱图中 δ 22 和 23 ppm 的 2 条峰分别对应于两个 CH$_3$。图 4.10 的 DEPT 135 谱和 DEPT 90 谱为碳谱的分析、确定 C 核级数(识别伯、仲、叔、季 C)提供了直观的有用信息。

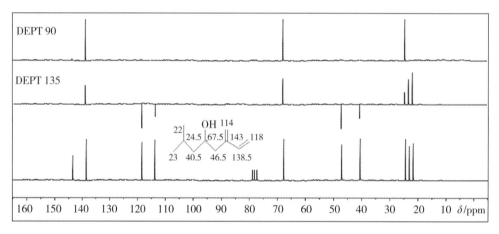

图 4.10　小蠹烯醇的质子宽带去耦谱(CDCl$_3$，75.5 MHz)，DEPT135 谱和 DEPT90 谱

4.3　^{13}C 的化学位移及影响因素

^{13}C 的化学位移是 ^{13}C NMR 谱的重要参数，由碳核所处的化学环境决定。^{13}C 的共振频率及化学位移的计算式见(4.5)式。

$$\nu_C = \frac{\gamma_C}{2\pi} B_0 (1-\sigma_i)$$

$$\delta_C = \frac{\nu_{样} - \nu_{标}}{\nu_{标}} \times 10^6 \qquad (\text{ppm}) \tag{4.5}$$

式中，σ_i 为碳核 i 的屏蔽常数；B_0 为外磁场的磁场强度。

由于 TMS 在 ^{1}H NMR 与 ^{13}C NMR 中的某些相似性(化学位移位于低频，4 个 CH$_3$ 化学环境相同)，^{13}C NMR 化学位移的标准物也是 TMS。标准物可作为内标，直接加入到待测样品中，也可用作外标。实际上，溶剂的共振吸收峰经常作为^{13}C 化学位移的第二个参考标度。

不同环境的碳，受到的屏蔽作用不同，σ_i 值不同，其共振吸收频率 ν 也不同。

σ_i 值越大，屏蔽作用越强，$(1-\sigma_i)$ 就越小，δ_C 位于低频端。

4.3.1 屏蔽原理

原子核的屏蔽是指原子核外围电子(包括核本身的电子及周围其他原子的电子)环流对该核所产生屏蔽作用的总和，即

$$\sigma_i = \sigma^{dia} + \sigma^{para} + \sigma^{n} + \sigma^{med} \tag{4.6}$$

1. $\sigma^{dia}(\sigma^{抗磁})$

σ^{dia} 为核外局部电子环流产生的抗磁屏蔽，即在外磁场 B_0 诱导下，产生与 B_0 场方向相反的局部磁场。σ^{dia} 随核外电子云密度的增大而增加。例如：

π 电子云密度：	1.200	1.000	0.857
δ_C(ppm)：	96	128.5	150

根据 Lamb 公式有
$$\sigma_N^{dia} = \frac{e^2}{3mc^2} \sum_i \frac{1}{r_i} \tag{4.7}$$

式中，r_i 为 i 电子(如 s 电子或 p 电子)环流与核间距离的平均值；m,e 分别为自由原子的质量和电荷；c 为光速。由该式可知：

$$\sigma_N^{dia} \propto \frac{1}{r}$$

因 $r_s : r_p = 1 : \sqrt{3}$，所以对于 H 核，以 σ_N^{dia} 的影响为主；对于 C 核，应用 Lamb 公式计算，^{13}C 的 2p 轨道增加 1 个电子，约产生 14 ppm 的屏蔽。

考虑邻近原子对 N 核的影响时，可用下列半经验公式：

$$\sigma_N^{dia} = \frac{e^2}{3mc^2} \sum_i \frac{1}{r_i} + \frac{e^2}{3mc^2} \sum_{K \neq N} Z_K (R_{NK})^{-1} \tag{4.8}$$

式中，Z_K 为邻近原子 K 的原子序数；R_{NK} 为核 N 与原子 K 间的距离。

2. $\sigma^{para}(\sigma^{顺磁})$

σ^{para} 为各向异性的非球形电子(如 p 电子)环流产生的顺磁屏蔽(去屏蔽)，与 σ^{dia} 方向相反，反映了各向异性。除 ^{1}H 核外的各种核，都以 σ^{para} 项为主。^{13}C 核的屏蔽，顺磁屏蔽项是主要的。根据 Karplus 和 Pople 公式，σ^{para} 与电子激发能(ΔE)，2p 电子与核 N 间的距离

(r_{2p}) 和键序有关, 见(4.9)式。

$$\sigma^{para} = -\frac{e^2 h^2}{2m^2 c^2}(\Delta E)^{-1}(r_{2p})^{-3}(Q_{NN} + \sum_{B \neq N} Q_{NB}) \tag{4.9}$$

由(4.9)式可知, 顺磁屏蔽作用随电子平均激发能(ΔE)和 2p 电子与核间距离(r_{2p})三次方的减少而增加。

在有机分子中电子由低能级跃迁到高能级所需的能量 ΔE 按 $\sigma \to \sigma^*$, $\pi \to \pi^*$, $n \to \pi^*$ 跃迁的顺序降低, σ^{para} 负值增大, 即去屏蔽效应增强, δ_C 依次增大。碳核 2p 轨道上每增加一个 2p 电子, 相当于扩大了 2p 轨道, 即 r 增大, 导致顺磁屏蔽效应降低, δ_C 减小, 信号向低频位移。

(4.9)式中 $\frac{e^2 h^2}{2m^2 c^2}$ 作为常数计入。Q_{NN} 为核 N 的电子密度, 取决于 2p 轨道的电子数目。

$\sum Q_{NB}$ 为原子核 N 和 B 间的键级, 是多重键的贡献。只有当 N, B 间既有 σ 键又有 π 键时, Q_{NB} 才有非零值。两项之和的因子也称为分子轨道(MO)体系电荷密度矩阵, 它对 ^{13}C δ 值的影响见表 4.1。

表 4.1 　　　　　　　　　　 $(Q_{NN} + \sum_{N \neq B} Q_{NB})$ 与 δ_C 的关系举例

	CH_3CH_3	$H_2C{=}CH_2$	⬡	⬡(benzene)	$CH_2{=}CH{-}CH{=}CH_2$	
Q_{NN}	1.0	1.0	1.0	1.0	1.0	1.0
Q_{NB}	0	1.0	0	0.667+0.667	0.894	0.894+0.447
$(Q_{NN}+Q_{NB})$	1.0	2.0	1.0	2.334	1.849	2.341
δ_C(ppm)	5.7	123.5	26.6	128.5	114.7	136.1

苯分子的 $Q_{NN} = 1.0$。相对于苯而言, 非苯型芳香离子 ^{13}C NMR 的化学位移与其 π 电子密度呈线性关系。如环戊二烯负离子中, 环戊二烯碳的 π 电子密度($Q_{NN} = 1.2$), 高于苯环碳的 π 电子密度, 导致 r 值增大, σ^{para} 减小, 碳核更加屏蔽, δ_C 低频位移。反之环庚三烯正离子中碳核的 π 电子密度($Q_{NN} = 0.857$), 低于苯环碳的 π 电子密度, 导致 r 值降低, σ^{para} 增大, σ_C 高频位移(图 4.11)。

3. σ^N(邻近各向异性效应)

σ^N 为核的邻近原子或基团的电子环流产生的磁各向异性对该核的屏蔽作用, 与邻近原子或基团的性质及立体结构有关, 此项对 ^{13}C 核的影响较小。

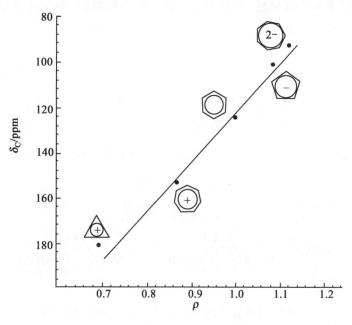

图 4.11 π 电子云密度与化学位移

4. σ^{med}(介质屏蔽作用)

溶剂的种类、溶液的浓度、pH 值等对碳核的屏蔽也可产生相当的影响。如用苯作溶剂，运动自由的链端 CH$_3$ 正处于苯环的屏蔽区时，δ_C 低频位移。分子中含有—OH，—NH$_2$，—COOH 等可离解的基团时，δ_C 随浓度、pH 值变化较大，有时可达10 ppm 以上。

4.3.2　影响 δ_C 的因素

4.3.2.1　碳的轨道杂化

碳原子的轨道杂化(sp^3，sp^2，sp)在很大程度上决定着^{13}C 化学位移的范围。杂化效应在^{13}C NMR 中和^{1}H NMR 中相似。以 TMS 为基准物，sp^3 杂化碳的 δ 值在 0~60 ppm 范围，sp^2 杂化碳的 δ 值在 100~220 ppm 范围，其中 C=O 中的碳位于 150~220 ppm 范围的高频端，这是由于电子跃迁类型为 n→π*，ΔE 值较小。炔碳为 sp 杂化的碳，由于其多重键的贡献，$\sum Q_{NB} = 0$，顺磁屏蔽降低，比 sp^2 杂化碳处于较低频端，δ 值在 60~90 ppm 范围。

4.3.2.2　碳的电子云密度

^{13}C 的化学位移与碳核外围电子云密度有关，核外电子云密度增大，屏蔽效应增强，δ 值低频位移，见图 4.11。

碳正离子 δ 值出现在高频端，碳负离子 δ 值出现在低频端。这是由于碳正离子电子短缺，强烈去屏蔽所致。例如：

$$(CH_3)_3C^{\oplus} \qquad (CH_3)_3CH \qquad (CH_3)_3\overset{\ominus}{C}Li$$

δ（ppm）：　　　　330　　　　　　25.0　　　　　　10.7

1. 共轭效应

由于共轭引起电子分布不均匀性，导致 δ_C 高频或低频位移。例如：

CH_2=CH_2
123.3

CH_3 134.6 H
C=C
H 154.3 194.0 CHO

200.5
CH_3CHO

114.1
120.8 ⬡ OCH_3
128.5　　129.5 159.9

130.1
133.7 ⬡ COOH
128.4 130.6

反式 2-丁烯醛，3-位碳带有部分正电荷，较 2-位碳高频位移，而 C=O 的 C 较乙醛分子中 C=O 的 δ 位于更低频（ $\overset{\delta+}{C}=C-\overset{\delta-}{C}=O$ ）。在茴香醚分子中，诱导效应使 C_1 带有较多的正电荷，较苯分子中 δ_C 高频位移；但是电子 p-π 共轭，使 C_2，C_4 带有部分负电荷，故邻、对位 C 的 δ 低频位移。在苯甲酸分子中，邻、对位碳的 δ 值的改变相反，这是由于 π-π 共轭，使芳环电子云密度降低。

2. 诱导效应

与电负性取代基相连，使碳核外围电子云密度降低，δ 值高频位移（如苯甲醚中 δ_{C-1} 为 159.8 ppm）。取代基电负性愈大，δ 值高频位移愈大。例如：

	CH_3I	CH_3Br	CH_3Cl	CH_3F
δ（ppm）：	−24.0	9.6	25.6	71.6

	CH_4	CH_3Cl	CH_2Cl_2	$CHCl_3$	CCl_4
δ（ppm）：	−2.3	25.6	54.0	77.2	96.1

CH_3I 中 δ_C 较 CH_4 位于更低频，是由于 I 原子核外围有丰富的电子，I 的引入对与其相连的碳核产生抗磁性屏蔽作用，又称重原子效应。同一碳原子上，I 取代数目增多，屏蔽作用增强。如 CI_4 中 δ_C 为 -292.5 ppm。

诱导效应是通过成键电子沿键轴方向传递的，随着与取代基距离的增大，该效应迅速减弱。卤代正辛烷中取代基对相应碳的 δ 增值，见表 4.2。

表 4.2　　　　　　　　　　　　　卤代正辛烷的 $\Delta\delta$（ppm）*

		$\overset{\alpha}{X—CH_2}$	$\overset{\beta}{—CH_2}$	$\overset{\gamma}{—CH_2}$	$\overset{\delta}{—CH_2}$	$\overset{\varepsilon}{—CH_2}$	$\overset{\xi}{—CH_2}$	$\overset{\eta}{—CH_2}$	$\overset{\theta}{—CH_2}$
X＝H	δ	14.2	22.9	32.2	29.5	29.5	22.9	22.9	14.2
I	$\Delta\delta$	−7.3	10.8	−1.6	−0.4	−1.0	0.4	−0.2	−0.1
Br		19.6	10.1	−3.9	−0.7	−0.3	−0.3	−0.2	−0.1
Cl		31.0	9.9	−5.2	−0.5	−0.3	−0.3	−0.2	−0.1
F		70.0	7.7	−6.9	−0.2	−0.2	−0.3	−0.2	−0.1

*　　$\Delta\delta=\delta_{RX}-\delta_{RH}$。

表 4.2 中数据表明：除 I 原子外，α-C，β-C 的 δ 值均高频位移，α-C 的 δ 值位移十几至几十 ppm，β-C 的 δ 值位移约 10 ppm。γ-C 的 δ 值均低频位移（2~7 ppm），这是空间作用的影响。对于 γ-位以上的碳，诱导效应的影响可忽略不计。

4.3.2.3　立体效应

δ_C 对分子的构型十分敏感。碳核与碳核或与其他核相距几个键时，其间的相互作用会大大减弱。但若空间接近时，彼此会强烈影响。在 Van der Waals 距离内紧密排列的原子或原子团会相互排斥，将核外电子云彼此推向对方核的附近，使其受到屏蔽。如 C—H 键受到立体作用后，氢核"裸露"，而成键电子偏向碳核一边，δ_C 低频位移。

表 4.2 中 γ-位碳低频位移 2~7 ppm，这种影响称为 γ-邻位交叉效应或 γ-旁位效应（γ-gauch effect），该效应在链烃和六元环系化合物中普遍存在。如下图所示：

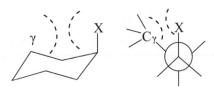

链烃中烷基取代，γ-C 的 δ 值低频位移约 2 ppm；其他取代基，δ 值低频位移可达 7 ppm。

构象确定的六元环化合物中，取代基为直立键比为平伏键时的 γ-C 的 δ 值低频位移 2~6 ppm。例如：

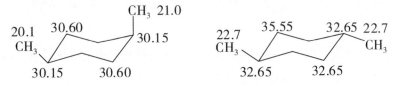

在以下化合物中，也存在立体效应：

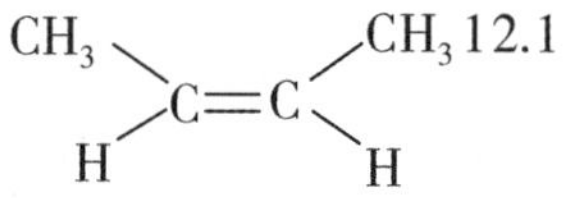

分子中空间位阻的存在，也会导致 δ 值改变。如下列分子，π-π 共轭程度降低，羰基 δ 值高频位移。

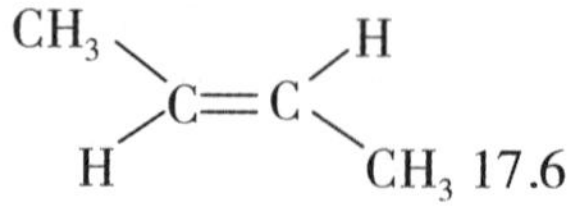

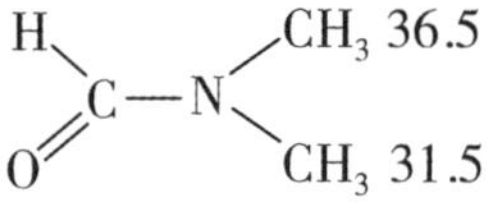

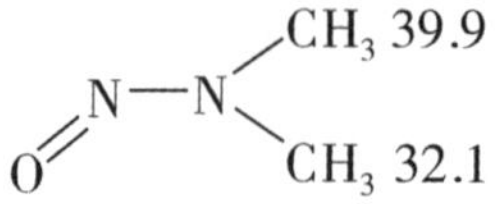

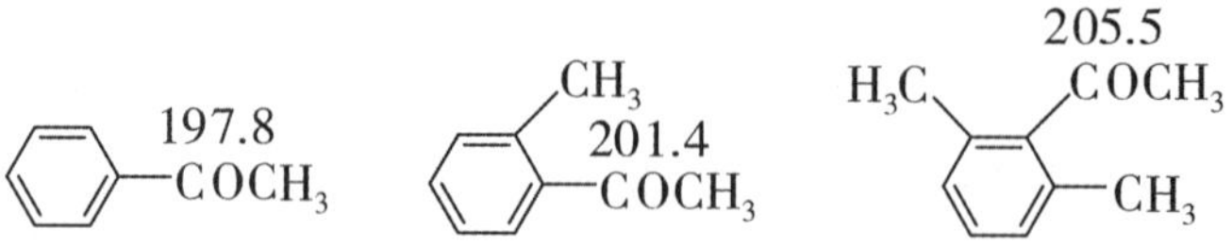

4.3.2.4　其他影响

1. 溶剂

不同溶剂测试的 ^{13}C NMR 谱，δ_C 改变几至十几 ppm。以苯胺为例，不同溶剂中的 δ 值见表 4.3。

表 4.3　　　　　　　　　　　　　　苯胺 δ_C 的溶剂效应 (ppm)

溶剂	C-1	C-2, 6	C-3,5	C-4
CCl_4	146.5	115.3	129.5	118.8
$(CD_3)_2CO$	148.6	114.7	129.1	117.0
$(CD_3)_2SO$	149.2	114.2	129.0	116.5
CH_3COOH	134.0	122.5	129.9	127.4

2. 氢键

下列化合物中，氢键的形成使 C=O 中碳核电子云密度降低，$\delta_{C=O}$ 高频位移。

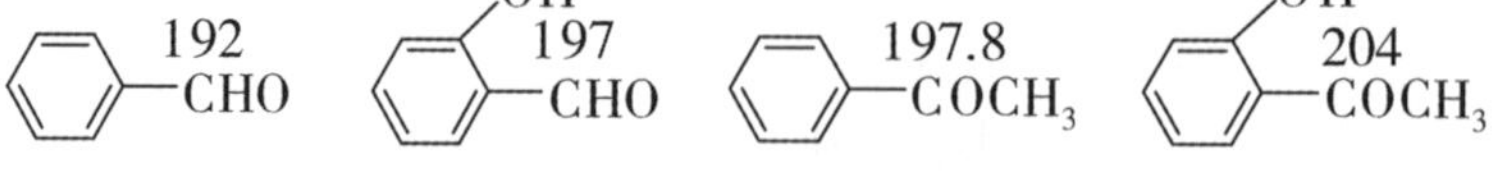

3. 温度

温度的改变可使 δ_C 有几个 ppm 的位移。当分子有构型、构象变化或有交换过程时，谱线的数目、分辨率、线型都将随温度变化而发生明显变化。

如吡唑在 $-40℃$ 时有两条谱线，分别对应于 C-3,5 和 C-4。温度降低，C-4 谱线基本不变，C-3,5 谱线逐渐变宽，在 −110℃ 时呈现两个宽峰，随着温度进一步降低，在 −118℃ 时，呈现两条分开的谱线(图 4.12)。

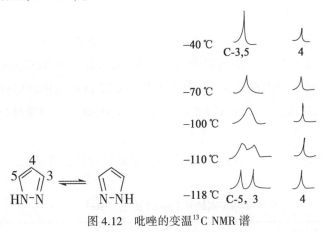

图 4.12　吡唑的变温 ^{13}C NMR 谱

4.3.3　各类碳核的化学位移范围

^{13}C NMR 的化学位移与 ^{1}H NMR 的化学位移有一定的对应性。若 ^{1}H 的 δ 值位于低频，

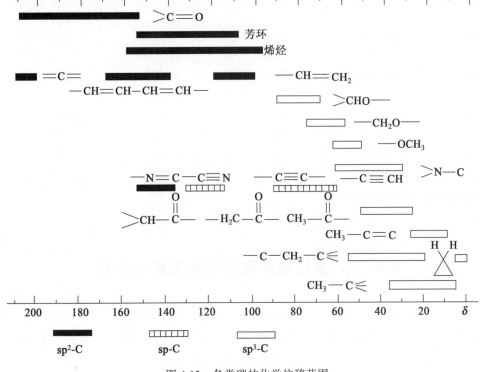

图 4.13　各类碳的化学位移范围

则与其相连的碳的 δ 值亦位于低频。如环丙烷：δ_H 0.22 ppm，δ_C 约 -2.8 ppm。醛（—CHO）：δ_H 9~10 ppm，δ_C 200±5 ppm。但并非每种核的共振吸收都存在这种对应的关系。各类碳及氢核的化学位移范围见图 4.13。

绝大部分氘代溶剂都含有碳，会出现溶剂的 ^{13}C 共振吸收峰，而且，由于 D 与 ^{13}C 之间耦合，溶剂的 ^{13}C 共振吸收峰往往被裂分为多重峰，CDCl$_3$ 在 δ 76.9 ppm 处出现三重峰，CD$_3$COCD$_3$ 在 δ 29.8 ppm 处出现七重峰。图 4.10 中在 δ 77 ppm 范围内出现的一组等高三重峰为氘代氯仿中碳的吸收。在分析 ^{13}C NMR 谱时，要先识别出溶剂的吸收峰，常用溶剂的 ^{13}C 的 δ 值（用 δ_C 表示）见表 4.4。

重水（D$_2$O）不含碳，在 ^{13}C NMR 谱中无干扰，是理想的极性溶剂。

表 4.4　　　　　　　　　　　常用溶剂的 δ_C(ppm) 及 $^1J_{CD}$(Hz)

溶剂	质子溶剂	氘代溶剂	$^1J_{CD}$	峰形
氯仿	77.2	76.9	27	三重峰
甲醇	49.9	49.0	21.5	七重峰
DMSO	40.9	39.7	21	七重峰
苯	128.5	128.0	24	三重峰
乙腈	1.7, 18.2	1.3	21	七重峰
		18.2	<1	*
乙酸	20.9, 178.4	20.0	—	七重峰
		178.4	<1	*
丙酮	30.7, 206.7	29.8	20	七重峰
		206.5	<1	*
DMF	30.9, 36.0,	30.1, 35.2	21, 21	七重峰，七重峰
	167.9	167.7	30	三重峰
CCl$_4$	96.0	—	—	单峰
CS$_2$	192.8	—	—	单峰

﹡远程耦合的多重峰不能分辨。

4.4　sp^3 杂化碳的化学位移及经验计算

影响 ^{13}C 化学位移的因素很多，碳谱的解释往往比氢谱解释更为困难。在进行未知物的鉴定和标识谱峰时，常采用一些经验的计算方法。这些方法都是靠累积大量实验数据，归纳整理后，找出各种类型取代基的取代参数，这些参数与取代基的相对位置有关。同一取代基，相对于某碳的位置（α，β，γ，δ）不同，或键型（指环烷体系中的直立键或平伏键）不

同，其参数亦不相同。利用经验加和规律可预测 δ_C 值，经验加和规律的通式为

$$\delta_{C_i} = B + \sum (n_{ij}A_j) \tag{4.10}$$

式中，B 为基值，化合物类型不同，B 值不同。烷烃以 CH_4 为基准物（$\delta = -2.3$ ppm），烯烃以 $CH_2\!=\!CH_2$ 为基准物（$\delta = 123.3$ ppm），芳烃以苯为基准物（$\delta = 128.5$ ppm），等等。

n_{ij} 为相对于 C_i 的 j 位取代基的数目，$j = \alpha$，β，γ，δ；A_j 为相对于 C_i 的 j 位取代基的取代参数。

利用经验式进行计算，需用修正项（$\sum S$）加以修正。

4.4.1 烷烃

烷烃 δ_C 为 $-2.3 \sim 60$ ppm。$C_1 \sim C_{10}$ 直链烷烃的 δ 值见表 4.5。

表 4.5 　　　　　　　　　　　$C_1 \sim C_{10}$ 直链烃的 δ_C 值（ppm）

烷烃	C-1	C-2	C-3	C-4	C-5
CH_4	−2.3				
C_2H_6	7.3				
C_3H_8	15.4	15.9			
C_4H_{10}	13.0	24.8			
C_5H_{12}	14.2	22.8	34.8		
C_6H_{14}	14.2	22.9	31.9		
C_7H_{16}	14.1	22.9	32.1	29.3	
C_8H_{18}	14.2	22.9	32.2	29.5	
C_9H_{20}	14.1	22.8	32.3	29.5	29.8
$C_{10}H_{22}$	14.2	22.9	32.2	29.6	29.9

由表中数据可以看出，长链烷烃中，末端 CH_3 的 δ 为 $13 \sim 14$ ppm，C-2 的 δ 为 $22 \sim 23$ ppm。

烷烃 δ 值的经验计算：烷烃的 δ 值是计算各种取代烷烃 δ 值的基础。Grant and Paul 归纳了直链和支链烷烃 δ 值的经验计算式：

$$\delta_{C_i} = -2.3 + \sum n_{ij}A_j + \sum S \tag{4.11}$$

式中，−2.3 为 CH_4 的 δ 值；A 为位移参数；S 为修正值（见表 4.6）。

表 4.6　　　　　　　　　　　　　　　烷烃 δ_C 的位移参数（ppm）*

C_i	A	C_i	S
α	9.1	1(3)	−1.1
β	9.4	1(4)	−3.4
γ	−2.5	2(3)	−2.5
δ	0.3	2(4)	−7.2
ε	0.1	3(2)	−3.7
		3(3)	−9.5
		4(1)	−1.5
		4(2)	−8.4

*表中 1(3)，1(4)，2(3)，2(4)，… 分别为 CH_3 与 CH，CH_3 与季 C，CH_2 与 CH，CH_2 与季 C，… 相连，依此类推。表中未列出项的 S 值近似等于 0，略去不计。

利用（4.11）式计算直链烷烃时，$\sum S$ 略去不计。正己烷 δ_C 计算如下（括号内为实测值）。

$$\underset{1}{CH_3}\ \underset{2}{CH_2}\ \underset{3}{CH_2}CH_2CH_2CH_3$$

$\delta_{C\text{-}1} = -2.3 + 9.1 \times 1 + 9.4 \times 1 - 2.5 \times 1 = 13.7$　　　（14.2）

$\delta_{C\text{-}2} = -2.3 + 9.1 \times 2 + 9.4 \times 1 - 2.5 \times 1 = 22.8$　　　（22.9）

$\delta_{C\text{-}3} = -2.3 + 9.1 \times 2 + 9.4 \times 2 - 2.5 \times 1 = 32.2$　　　（31.9）

计算值与实测值相符甚好。

利用表 4.6 的参数，计算支链烷烃碳的 δ 值（括号内为实测值）。

2,2-二甲基辛烷的 ^{13}C NMR 见图 4.14。

例 1

$$\overset{\displaystyle CH_3}{\underset{1}{CH_3}-\underset{2}{CH}-\underset{3}{CH_2}-\underset{4}{CH_3}}$$

$\delta_{C\text{-}1} = -2.3 + 9.1 \times 1 + 9.4 \times 2 - 2.5 \times 1 + (-1.1) = 22.0$　　　（22.3）

$\delta_{C\text{-}2} = -2.3 + 9.1 \times 3 + 9.4 \times 1 + (-3.7) = 30.7$　　　（30.0）

$\delta_{C\text{-}3} = -2.3 + 9.1 \times 2 + 9.4 \times 2 + (-2.5) = 32.2$　　　（31.9）

$\delta_{C\text{-}4} = -2.3 + 9.1 \times 1 + 9.4 \times 1 + (-2.5) \times 2 = 11.2$　　　（11.8）

例 2

$$\overset{\displaystyle CH_3}{\underset{\displaystyle CH_3}{\underset{1}{CH_3}-\underset{2}{C}-\underset{3}{CH_2}-\underset{4}{CH_3}}}$$

$\delta_{C\text{-}1} = -2.3 + 9.1 \times 1 + 9.4 \times 3 - 2.5 \times 1 + (-3.4) = 29.1$　　　（29.0）

$\delta_{C\text{-}2} = -2.3 + 9.1 \times 4 + 9.4 \times 1 + (-1.5) \times 3 + (-8.4) = 30.6$　　　（30.4）

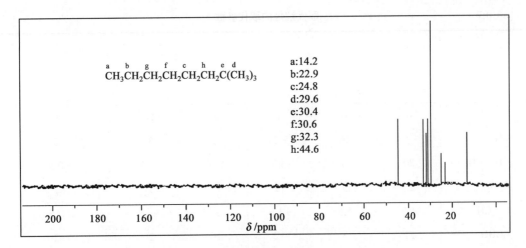

图 4.14　2,2-二甲基辛烷的¹³C NMR 谱

$$\delta_{C-3} = -2.3 + 9.1 \times 2 + 9.4 \times 3 + (-7.2) = 36.9 \qquad (36.5)$$
$$\delta_{C-4} = -2.3 + 9.1 \times 1 + 9.4 \times 1 - 2.5 \times 3 = 8.7 \qquad (8.9)$$

4.4.2　取代烷烃

各种取代基对烷烃碳原子 δ 值有很大影响。不少人进行了这方面的工作，归纳出一些取代基对 α, β, γ 位碳的位移参数，现将部分取代参数列入表 4.7。表中参数分正取代烷烃（末端取代）及异取代烷烃（取代基与叔碳或季碳相连）。

取代烷烃碳原子 δ 值的计算是利用(4.11)式，先计算烷烃 C_i 的 δ 值，再与表 4.7 中相应的取代参数相加。3,4-二乙基-3-己醇的¹³C NMR 见图 4.15。

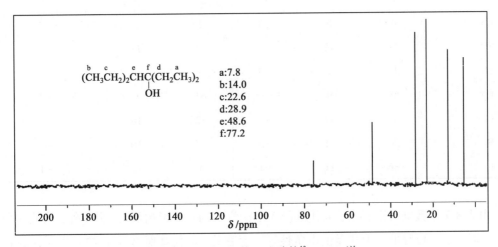

图 4.15　3,4-二乙基-3-己醇的¹³C NMR 谱

表 4.7　　　　　　　　　　　　　　　**取代烷烃的取代参数**

取代基—X	正取代　（X—$\overset{\alpha}{C}$—$\overset{\beta}{C}$—$\overset{\gamma}{C}$）			异取代　$-\overset{\gamma}{C}-\overset{\beta}{C}-\overset{\alpha}{C}(X)-\overset{\beta}{C}-\overset{\gamma}{C}-$		
	α	β	γ	α	β	γ
CH_3	9	10	−2	6	8	−2
$CH{=}CH_2$	20	6	−0.5	—	—	−0.5
C_6H_5	23	9	−2	17	7	−2
$C{\equiv}CH$	4.5	5.5	−3.6	—	—	−0.5
COOH	21	3	−2	16	2	−2
COOR	20	3	−2	17	2	−2
COR	30	1	−2	24	1	−2
CHO	31	—	−2	—	—	—
COCl	33	—	—	28	2	−3
$CONH_2$	22	0	−0.5	2.5	—	−0.5
OH	48	10	−5	41	8	−5
OR	58	8	−4	51	5	−4
OCOR	51	6	−3	45	5	−3
NH_2	29	11	−5	24	10	−5
NHR	37	8	−4	31	6	−4
NO_2	63	4	0	57	4	0
CN	4	3	−3	1	3	−3
SH	11	12	−4	11	11	−4
SR	20	7	−3	—	—	—
F	68	9	−4	63	6	−4
Cl	31	11	−4	32	10	−4
Br	20	11	−3	25	10	−3
I	−6	11	−1	4	12	−1

　　由表 4.7 中数据可以看出，取代基（X）对 α 位 C 的 δ 值影响最大。除 I 外，均使 α 位 C 的 δ 高频位移，位移值与取代基的电负性等因素有关。取代基对 β 位 C 的 δ 值同样高频位移，位移值随 X 不同变化不大。取代基对 γ 位 C 的 δ 值的影响与前二者相反，均低频位移，

主要是 γ-gauch 效应在起作用。

计算实例如下(括号内为实测值)。

例 1

$$\underset{4}{CH_3}-\underset{3}{CH}-\underset{2}{CH_2}-\underset{1}{CH_2}-X \qquad \overset{CH_3}{|}$$

X=H,利用(4.11)式计算得 $\delta_{C-1}=11.2$,$\delta_{C-2}=32.2$,$\delta_{C-3}=30.7$,$\delta_{C-4}=22.0$

X=OH:

$$\delta_{C-1}=11.2+48=59.2 \qquad (61.0)$$

$$\delta_{C-2}=32.2+10=42.2 \qquad (41.8)$$

$$\delta_{C-3}=30.7-5=25.7 \qquad (24.8)$$

$$\delta_{C-4}=22.0 \qquad (22.7)$$

例 2

$$\underset{1}{CH_3}\underset{2}{CH_2}\underset{3}{CH}-CH_2CH_3 \qquad \overset{X}{|}$$

X=H: $\delta_{C-1}=13.7$,$\delta_{C-2}=22.8$,$\delta_{C-3}=34.7$

X=OH:

$$\delta_{C-1}=13.7-5=8.7 \qquad (9.8)$$

$$\delta_{C-2}=22.8+8=30.8 \qquad (29.7)$$

$$\delta_{C-3}=34.7+41=75.7 \qquad (73.8)$$

4.4.3 环烷烃及其衍生物

一些环烷、杂环烷的 δ_C 列于表4.8,由表中数据可以看出,环烷烃为张力环时,δ_C 位于较低频。环丙烷的 δ_C 位于 TMS 以上的低频端(-2.8 ppm),五元环以上的环烷烃,δ_C 都在 26 ppm 左右。相应的杂环化合物,由于受杂原子电负性的影响,δ_C 高频位移。

表 4.8　　　　　　　　　　　环烷烃及杂环化合物的 δ_C(ppm)

化合物	δ_C	化合物	δ_C		
环丙烷	-2.8	环氧丙烷	39.5		
环丁烷	22.9	环硫丙烷	18.7		
环戊烷	25.6	环氮丙烷	18.2		
环己烷	26.6	环氧戊烷	68.4	26.5	
环庚烷	28.2	环氮戊烷	47.1	25.7	
环辛烷	26.6	环硫戊烷	31.7	31.2	
环壬烷	25.8	环氧己烷	69.5	27.7	24.9
环癸烷	25.0	二氧六环	66.5		

烷基取代基的引入，使环烃的 α-C，β-C 的 δ 值高频位移，γ-C 的 δ 值低频位移。

环戊烷的 δ_C 为 25.6 ppm；甲基环戊烷中 CH_3 的取代使 C-1，C-2 的 δ 值分别高频位移 9.1，9.3 ppm，C-3 的 δ 值低频位移 0.2 ppm。

环己烷的 δ_C 为 26.6 ppm；单取代环己烷，取代基处于直立键(a 键)或平伏键(e 键)时，对碳的 δ 值有不同程度的影响(见表 4.9)。

表 4.9　　　　　　　　　　　　环己烷(基值 26.6ppm)的取代参数 A_i(ppm)

取代基	C-1		C-2,6		C-3,5		C-4	
	a	e	a	e	a	e	a	e
CH_3	1.4	6.0	5.4	9.0	−6.4	0	0	−0.2
OH	39	43	5	8	−7	−3	−1	−2
OCH_3	47	52	2	4	−7	−3	−1	−2
OAc	42	46	3	5	−6	−2	0	−2
F	61	64	3	6	−7	−3	−2	−3
Cl	33	33	7	11	−6	0	−1	−2
Br	28	25	8	12	−6	1	−1	−1
I	11	3	9	13	−4	3	−1	−2

表 4.9 中的数据表明，取代基使 C-1 δ 值位移显著，位移值与取代基的电负性有关。C-2,6(β-C)的 δ 值也高频位移，C-3,5，C-4(γ-C，δ-C)的 δ 值绝大多数低频位移。除 Cl，Br，I 外，取代基为 e 键比为 a 键对应碳的 δ 值更向高频位移。后者是由于 γ-gauch 效应的影响。多取代环己烷碳的 δ 值与取代基的键型及相对位置有关。例如：

顺1,2-二甲基环己烷　　　　　　反1,2-二甲基环己烷

取代环己烷化学位移经验计算式为

$$\delta_{C_i} = 26.6 + \sum A_i \tag{4.12}$$

计算实例(括号内为实测值)。

$$\delta_{C\text{-}1} = 26.6 + 43 = 69.6 \qquad (69.5)$$
$$\delta_{C\text{-}2} = 26.6 + 8 = 34.6 \qquad (35.5)$$
$$\delta_{C\text{-}3} = 26.6 + (-3) = 23.6 \qquad (24.4)$$
$$\delta_{C\text{-}4} = 26.6 + (-2) = 24.6 \qquad (25.9)$$

4.5 sp², sp 杂化碳的化学位移及经验计算

4.5.1 烯烃及其衍生物

与双键相连的碳为 sp² 杂化的碳。烯碳的 δ 值为 100 ~ 165 ppm。乙烯的 δ 值为 123.3 ppm，辛烯与辛烷中各碳的 δ 值比较如下：

$$CH_3{-}CH_2{-}CH_2{-}CH_2CH_2CH_2CH_2CH_3$$
$$14.2 \quad 22.9 \quad 32.1 \quad 29.5$$

$$CH_2{=}CH{-}CH_2{-}CH_2 \quad CH_2 \quad CH_2 \quad CH_2 \quad CH_3$$
$$114.1 \quad 139.2 \quad 33.9 \quad 29.0 \quad 29.1 \quad 31.9 \quad 22.8 \quad 14.1$$

烯烃中双键的引入，对 sp³ 杂化碳的 δ 值的影响并不十分显著。小分子烯烃的 δ_C 列于表 4.10。

表 4.10 烯烃的 δ_C(ppm)

化合物	C-1	C-2	C-3	C-4	C-5	C-6
乙烯	123.3	123.3				
丙烯	115.9	136.2				
1-丁烯	113.3	140.2				
1-戊烯	114.3	138.5				
1-己烯	114.5	138.7				
顺-2-丁烯	12.1	124.6				
反 2-丁烯	17.6	126.0				
顺-2-己烯	12.6	124.0	137.2	29.4	22.6	13.7
反-2-己烯	17.7	125.1	131.7	35.3	23.2	13.7

表 4.10 中数据表明, 顺式或反式中间烯的烯碳 δ 值差别不大。2-己烯中, 顺式 $=CH$ 的 δ 值较相应反式 $=CH$ 的 δ 值低频位移约 1 ppm。丙烯以上的单取代烯, C-1 的 δ 为 112~114 ppm, C-2 的 δ 为 137~139 ppm。C-2 的 δ 值位于高频是由于取代基的影响。取代基对烯碳 δ 值的影响见表 4.11。该影响与取代基的相对位置有关。

对于取代烯, 大致有 δ $>\!\!\!C=\ >\delta\ -CH=\ >\delta\ CH_2=$ 。端烯 $CH_2=$ 的 δ 值位于烯碳的低频端。

取代烯结构通式: $-\overset{\gamma'}{C}H_2\overset{\beta'}{C}H_2\overset{\alpha'}{C}H_2-CH=\overset{X}{\underset{\mid}{C_i}}-\overset{\alpha}{C}H_2\overset{\beta}{C}H_2\overset{\gamma}{C}H_2-$ 。

表中数据可以看出, 除 Br, I(重原子效应) 和 CN(键的各向异性)外, 取代基均导致 α-C 的 δ 值高频位移, OR 基的影响最大(29 ppm), 且取代基对 α'-C 的影响因取代基不同而有较大不同, 与 $C=O$ 共轭时, α'-C 的 δ 高频位移。

烯碳 δ 值的经验计算式见(4.13)式, 以乙烯 δ 123.3 ppm 为基值。

$$\delta_{C_i} = 123.3 + \sum n_{ij}A_i + \sum S \tag{4.13}$$

表 4.11　　　　　　　　　　取代基对烯碳 δ 值的位移参数(ppm)

取代基	α	β	γ	α'	β'	γ'	修正值　　　S^*	
C	10.6	7.2	−1.5	−7.9	−1.8	1.5		
C(CH$_3$)$_3$	26			−14.8			$\alpha\alpha'$　　(trans)	0
							(cis)	−1.1
C$_6$H$_5$	12.5			0			$\alpha\alpha$	−4.8
OH		6			−1		$\alpha'\alpha'$	+2.5
OR	28.8	2		−37.1	−1		$\beta\beta$	+2.3
OCOR	18.4			−26.7				
COCH$_3$	13.8			4.7				
CHO	15.3			14.5				
COOH	5.0			9.8				
COOR	6.3			7.0				
Cl	3	−1		−6	2			
Br	−8			−1	2			
I	−38			7				
CN	−16			15				

*修正值为两个取代基互为顺式、反式、同碳($\alpha\alpha$、$\beta\beta$、$\alpha'\alpha'$)时的 δ 校正值, 单取代烯 $S=0$。

例1　$\underset{}{CH_3CH_2}-\underset{}{\overset{CH_3}{CH}}-\underset{2}{CH}=\underset{1}{CH_2}$（$\delta$ ppm，括号内为实测值）

$$\delta_{C-1} = 123.3+(-7.9)+(-1.8)\times2+1.5 = 113.3 \quad （112.9）$$

$$\delta_{C-2} = 123.3+10.6+7.2\times2+(-1.5) = 146.8 \quad （144.9）$$

例2　$\underset{1}{CH_3}\overset{cis}{\underset{2}{CH}}=CHCH_2CH_2CH_3$（$\delta$ ppm，括号内为实测值）

$$\delta_{C-1} = 123.3+10.6+(-7.9)+(-1.8)+1.5+(-1.1) = 124.6 \quad （124.0）$$

$$\delta_{C-2} = 123.3+10.6+7.2+(-1.5)+(-7.9)+(-1.1) = 130.6 \quad （137.2）$$

例3　$(CH_3)_2CH\overset{cis}{\underset{2}{CH}}=\underset{1}{CH}COOH$（$\delta$ ppm，括号内为实测值）

$$\delta_{C-1} = 123.3+5+(-7.9)+(-1.8)\times2+(-1.1) = 115.7 \quad （116.4）$$

$$\delta_{C-2} = 123.3+10.6+7.2\times2+9.8+(-1.1)+(2.3) = 159.3 \quad （158.5）$$

例4　分子式 $C_6H_{12}O$ 两种异构体（A，B）的 ^{13}C NMR 谱及偏共振信息见图4.16(a)和(b)。红外光谱表明二者均无羰基的振动吸收带，推导并验证其结构。

解：由分子式可知，UN=1。既然分子中无羰基存在，那么分子中应该有一个碳碳双键或环状的结构。图4.16(a)给出的6条谱峰代表了分子中6种化学环境不同的碳，表明分子中无对称因素存在。化学位移表明分子中有4种 sp^3 杂化的碳，2种 sp^2 杂化的碳。偏共振信息表明分子中有1个 CH_3，4个 CH_2，1个 CH，质子数目之和与分子式相符，这意味着分子中无活泼氢存在。$\delta67.9$ ppm 的 CH_2 应与氧相连，$\delta86.1$ ppm 的 CH_2 和 $\delta152.1$ ppm 的 CH 应为 sp^2 杂化的碳，表明分子中有末端烯，且 $=CH$ 与氧原子相连，p-π 共轭，导致 $\diagup CH_2=$ 低频位移，氧原子的诱导效应导致 $CH=$ 高频位移。综合以上分析，异构体 A 的可能结构为

$$\underset{H}{\overset{H}{\diagdown}}\underset{152.1}{\overset{86.1}{C}}=\underset{O-CH_2-CH_2-CH_2-CH_3}{\overset{H}{C}}\quad 67.9\quad 31.5\quad 19.5\quad 13.9$$

利用表4.11的数据计算如下：

$$\delta_{C-1} = 123.3+(-37.1) = 86.2（实测值：86.1 ppm）$$

$$\delta_{C-2} = 123.3+28.8 = 152.1（实测值：152.1 ppm）$$

利用表4.7的数据计算结构中 sp^3 杂化碳的化学位移值与实测值接近。根据以上分析和计算可知，该结构与图4.16(a)相符，为异构体 A 的结构。

由异构体 B 的 ^{13}C NMR 谱（图4.16(b)）可知，分子中有6种化学环境不同的碳，其中2种为 sp^2 杂化的碳。由偏共振信息可知，分子中有1个与氧原子相连的活泼氢，两个 sp^2 杂

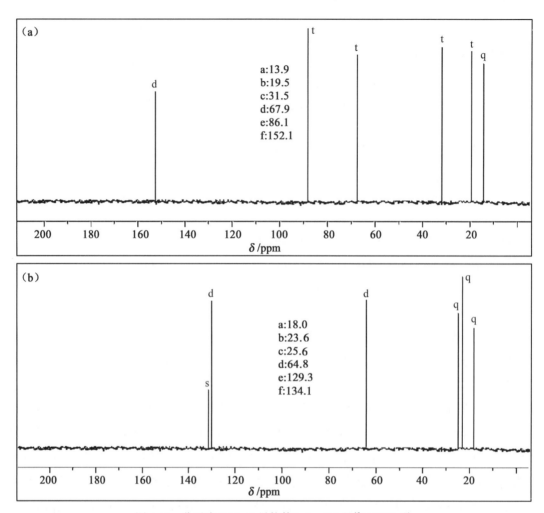

图 4.16　分子式 $C_6H_{12}O$ 异构体(a), (b)的 ^{13}C NMR 谱

化的碳中 1 个季 C、1 个 CH, 表明为三取代烯基, 即存在 $\diagup C{=}CH{-}$ 基。烯碳的化学位移值表明, 二者均不与电负性氧原子相连。分子中 4 种 sp^3 杂化的碳为 3 个 CH_3, 1 个 CH, 无 CH_2 基存在。$\delta 64.8$ ppm 的 CH 应与氧原子相连, 即分子中存在 $\diagup CH{-}OH$ 基。综合以上分析, 异构体 B 的结构应为

$$
\begin{array}{c}
25.6\,CH_3 \diagdown \quad 134.1 \quad \diagup H \\
C{=}C \\
18.0\,CH_3 \diagup \quad 129.3 \quad \diagdown \underset{|}{\overset{64.8}{CH}}{-}CH_3\ 23.6 \\
OH
\end{array}
$$

以上结构还可通过 ^{1}H NMR 谱的信息进一步证实。

4.5.2 芳烃、杂芳烃及其衍生物

苯的 δ_C 为 128.5 ppm，取代苯以 128.5 ppm 为基值，δ 值在 100～160 ppm 范围。不同取代基对 C-1 及邻、间、对位碳的影响不同，取代参数见表 4.12。经验计算式为

表 4.12　　　　　　取代苯的取代参数 A_i(ppm)

取代基	C-1	邻位 C	间位 C	对位 C
CH_3	9.2	0.7	−0.1	−3.0
CH_3CH_2	11.7	−0.6	−0.1	−2.8
$(CH_3)_3C$	18.6	−3.3	−0.4	−3.1
$CH_2{=}CH$	8.9	−2.3	−0.1	−0.8
C_6H_5	8.1	−1.1	0.5	−1.1
$CH{\equiv}C$	−6.2	3.6	−0.4	−0.3
$C{\equiv}N$	−16.0	3.5	0.7	4.3
CHO	8.2	1.2	0.5	5.8
$COCH_3$	8.9	0.1	−0.1	4.4
COC_6H_5	9.3	1.6	−0.3	3.7
COOH	2.1	1.6	−0.1	5.2
$COOCH_3$	2.0	1.2	−0.1	4.3
COCl	4.7	2.7	0.3	6.6
OH	28.8	−12.8	1.4	−7.4
OCH_3	33.5	−14.4	1.0	−7.7
OC_6H_5	27.6	−11.2	−0.3	−6.9
$OCOCH_3$	22.4	−7.1	0.4	−3.2
NH_2	18.2	−13.4	0.8	−10.0
NO_2	19.9	−4.9	0.9	6.1
SH	4.0	0.7	0.3	−3.2
SCH_3	10.0	−1.9	0.2	−3.6
F	33.6	−13.0	1.6	−4.4
Cl	5.3	0.4	1.4	−1.9
Br	−5.4	3.3	2.2	−1.0
I	−31.2	8.9	1.6	−1.1

＊表中数据以 $CDCl_3$-CCl_4 为溶剂测得，溶剂和浓度不同，A_i 值有一定的差异。

$$\delta_C = 128.5 + \sum A_i \tag{4.14}$$

在质子宽带去耦谱中，取代苯最多出现的谱峰数如下：

利用 (4.14) 式计算实例 (δ ppm，括号内为实测值) 如下。

例 1

$\delta_{C-1} = 128.5 + (-16.0) + (-1.9) = 110.6$ （110.8）

$\delta_{C-2} = 128.5 + 3.5 + 1.4 = 133.4$ （133.4）

$\delta_{C-3} = 128.5 + 0.7 + 0.4 = 129.6$ （129.7）

$\delta_{C-2} = 128.5 + 5.3 + 4.3 = 138.1$ （139.5）

例 2　$NO_2 \overset{4}{-}\overset{}{\underset{3\ 2}{\bigcirc}} \overset{1}{-} O\ CH_2\ CH_2\ CH_2\ CH_3$ （δ ppm，括号内为实测值）
　　　　　　　　　　　　　　　　　68.8　31.0　19.1　13.7

$\delta_{C-1} = 128.5 + 33.5 + 6.1 = 168.1$ （164.6）

$\delta_{C-2} = 128.5 + (-14.4) + 0.9 = 115$ （114.4）

$\delta_{C-3} = 128.5 + 1.0 + (-4.9) = 124.6$ （125.9）

$\delta_{C-4} = 128.5 + (-7.7) + 19.9 = 140.7$ （141.3）

表 4.12 数据表明：

(1) 除 $C \equiv N$，$C \equiv C$ 中 π 电子云的各向异性及 Br，I 的重原子效应致使 δ_{C-1} 低频位移外，其余取代基均使 δ_{C-1} 高频位移。

(2) 电负性较大的 F，O，N 原子使 δ_{C-1} 高频位移较大，邻、对位碳 δ 值低频位移也较大。

(3) $C = O$ （如 CHO，COR，COOH）使邻、对位碳的 δ 值略向高频位移。

(4) 所有取代基对间位碳的 δ 值影响较小，在 $-0.1 \sim 1.6$ ppm 范围内。

苯肼的 ^{13}C NMR 谱见图 4.17。图中 C-1 与 N 原子相连，位于最高频，δ_{C-1} 151.6 ppm。p-π 共轭，导致苯环电子云密度增加，使得邻位两个化学等价的碳位于最低频，δ_{o-C} 112.2 ppm，对位碳的化学位移次之，δ_{p-C} 119.1 ppm，间位两个化学等价的碳化学位移变化不大，δ_{m-C} 129.1 ppm。

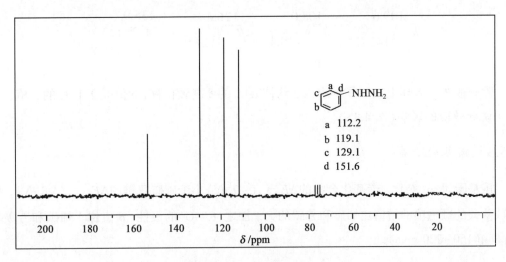

图 4.17　苯肼的¹³C NMR 谱（CDCl₃）

3-氯-吡啶的¹³C NMR 谱见图 4.18。位于最高频的 2 条谱线应为 $\delta_{2\text{-C}}$ 和 $\delta_{6\text{-C}}$。由于受取代基对其对位 C 的影响，$\delta_{6\text{-C}}$ 较 $\delta_{2\text{-C}}$ 略向低频位移。

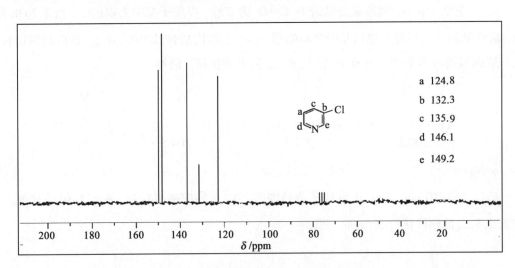

图 4.18　3-氯-吡啶的¹³C NMR 谱（CDCl₃）

稠环及杂芳环中碳的 δ 值在芳烃及其衍生物 δ 值范围内。例如：

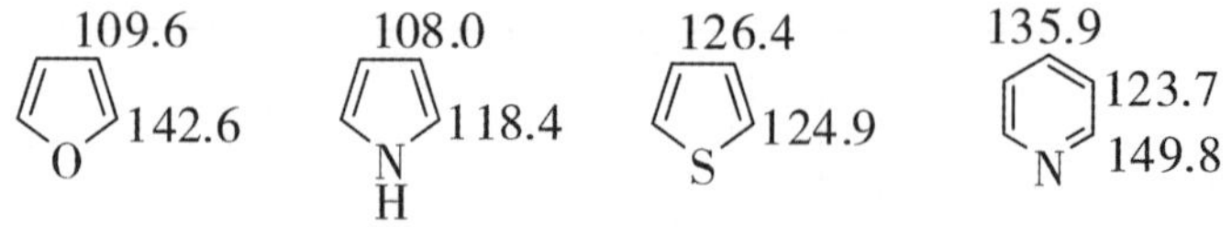

$$
\begin{array}{cccc}
\overset{109.6}{\underset{O}{\bigcirc}} 142.6 & \overset{108.0}{\underset{N}{\underset{H}{\bigcirc}}} 118.4 & \overset{126.4}{\underset{S}{\bigcirc}} 124.9 & \overset{135.9}{\underset{N}{\bigcirc}} \begin{array}{l} 123.7 \\ 149.8 \end{array}
\end{array}
$$

除噻吩外，芳环上杂原子的引入，均使 α-C 的 δ 高频位移，δ 值大于 β-C 的 δ 值，应归于诱导效应的影响（图 4.18）。

4.5.3 羰基化合物

羰基碳为 sp^2 杂化。羰基化合物的 $\Delta E_{n \to \pi^*}$（~7 eV）小于碳碳双键的 $\Delta E_{\pi \to \pi^*}$（~8 eV），所以羰基碳的顺磁项的增值比烯碳和芳碳的大。加之 C=O 的极性，δ 值位于烯碳和芳碳的更高频（160~220 ppm）处。

$$
{>}C{=}O \quad \longleftrightarrow \quad {>}\overset{\oplus}{C}{-}\overset{\ominus}{O}
$$

除醛基外，羰基碳不与氢相连，在偏共振去耦谱中均以单峰出现，在质子宽带去耦谱中无 NOE 效应，C=O 的共振吸收峰都较弱，在谱图中极易辨认。

1. 醛

$\delta_{C=O}$ 200±5 ppm，偏共振去耦谱中 C=O 为双峰，在质子宽带去耦谱中，由于 NOE 效应，醛羰基的吸收峰较其他羰基吸收峰略强。α-C 上取代基数目增加，$\delta_{C=O}$ 稍向高频位移；当与碳碳双键或苯基产生 π-π 共轭时，$\delta_{C=O}$ 向低频位移。例如：

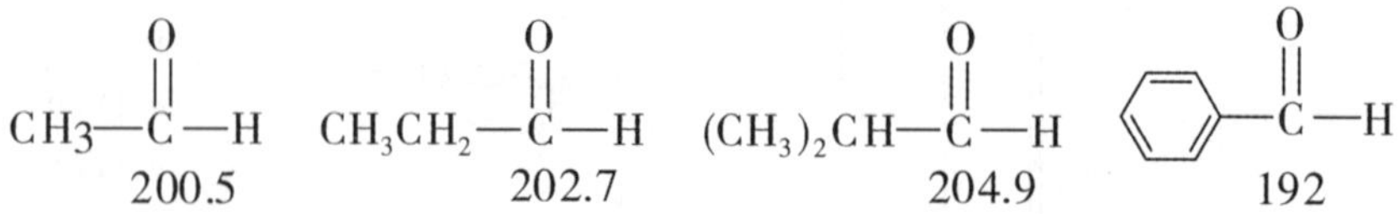

$$
\underset{200.5}{CH_3{-}\overset{\overset{O}{\|}}{C}{-}H} \qquad \underset{202.7}{CH_3CH_2{-}\overset{\overset{O}{\|}}{C}{-}H} \qquad \underset{204.9}{(CH_3)_2CH{-}\overset{\overset{O}{\|}}{C}{-}H} \qquad \underset{192}{\bigcirc{-}\overset{\overset{O}{\|}}{C}{-}H}
$$

2. 酮

$\delta_{C=O}$ 210±10 ppm。α-C 上取代基数目增多，$\delta_{C=O}$ 略向高频位移。β-二酮烯醇式 $\delta_{C=O}$ 较酮式 $\delta_{C=O}$ 低频位移约 10 ppm。例如：

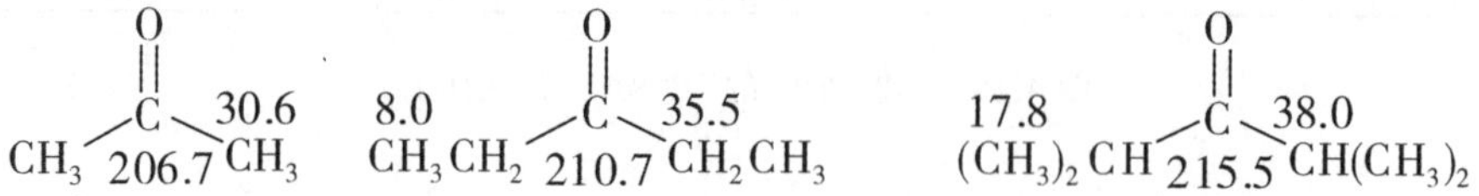

$$
\underset{CH_3 \; 206.7 \; CH_3}{\overset{\overset{O}{\|}}{C}} \overset{30.6}{} \qquad \underset{CH_3CH_2 \; 210.7 \; CH_2CH_3}{\overset{8.0 \qquad \overset{O}{\|} \qquad 35.5}{C}} \qquad \underset{(CH_3)_2CH \; 215.5 \; CH(CH_3)_2}{\overset{17.8 \qquad \overset{O}{\|} \qquad 38.0}{C}}
$$

$$
\underset{\underset{201.1}{CH_3} \; \underset{}{CH_2} \; CH_3}{\overset{\overset{O}{\|} \quad \overset{O}{\|}}{C \; 56.6 \; C \; 28.5}} \qquad \underset{\underset{24.8}{CH_3} \quad \underset{101.1}{CH} \quad \underset{24.8}{CH_3}}{\overset{O{-}H{\text{-}\text{-}\text{-}\text{-}}O}{192.6 \; C{=}C \qquad C \; 192.6}}
$$

α,β-不饱和醛、酮由于 π-π 共轭，$\delta_{C=O}$ 低频位移 5 ~ 10 ppm，β-烯碳则高频位移。例如：

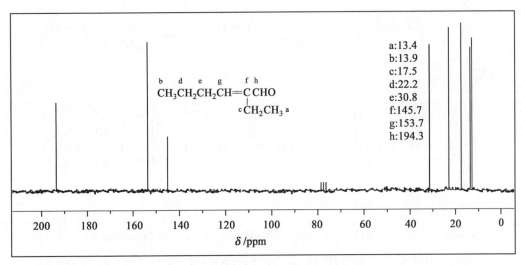

2-乙基-2-己烯醛的 ¹³C NMR 谱见图 4.19。醛羰基与碳碳双键共轭，羰基碳低频位移，$\delta_{C=O}$ 194.3 ppm；α-烯碳高频位移，δ 145.7 ppm；β-烯碳较 α-烯碳更向高频位移，δ 153.7 ppm。

图 4.19　2-乙基-2-己烯醛的 ¹³C NMR 谱

3. 羧酸、酯、酰胺、酰氯、酸酐

羰基与具有孤对电子的杂原子基相连，诱导效应使得羰基碳原子的电子短缺现象得以缓和。p-π 共轭，导致 C=O 的 π 轨道能量降低，π* 轨道的能量升高，而 C=O 的 n 轨道能级变化不大，使得 $\Delta E(n \rightarrow \pi^*)$ 略有升高，顺磁性屏蔽降低，C=O 的化学位移低频位移，故 $\delta_{C=O}$ 较醛，酮低频位移。这类羰基的 δ 值在 160 ~ 185 ppm 范围。乙酸烯丙酯的 ¹³C NMR 谱（图 4.20）中 $\delta_{C=O}$ 170.3 ppm。与不饱和基相连，$\delta_{C=O}$ 亦低频位移。

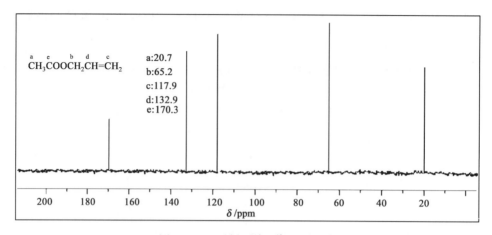

图 4.20　乙酸烯丙酯的 ^{13}C NMR 谱

例如：

对氨基苯甲酸酯的 ^{13}C NMR 谱见图 4.21。酯羰基与苯环共轭，δ 166.8 ppm，较图 4.20 中的酯羰基低频位移。

4.5.4　sp 杂化碳的化学位移及经验计算

炔烃及其衍生物的 δ 值范围为 70~90 ppm，乙炔碳的化学位移为 71.9 ppm，炔碳 δ 值的经验计算见(4.15)式。

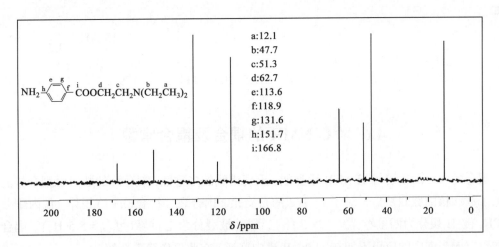

图 4.21 $H_2NC_6H_4COOCH_2CH_2N(CH_2CH_3)_2$ 的 ^{13}C NMR 谱

$$\delta_{C_i} = 71.9 + \sum A_i \qquad (4.15)$$

烷基取代基对炔碳 δ 值的取代参数(A_i)为

α	β	γ	δ	α′	β′	γ′	δ′
6.9	4.8	−0.1	0.5	−5.7	2.3	1.3	0.6

炔烃的通式为

$$\overset{\delta'}{-C}-\overset{\gamma'}{C}-\overset{\beta'}{C}-\overset{\alpha'}{C}-C \equiv \overset{\alpha}{C_i}-\overset{\beta}{C}-\overset{\gamma}{C}-\overset{\delta}{C}-$$

例 计算 2-庚炔中炔碳的 δ 值，括号内为实测值。

$$CH_3CH_2CH_2CH_2-C \equiv C-CH_3$$

$$\delta_{C\text{-}2} = 71.9 + \alpha + \alpha' + \beta' + \gamma' + \delta' = 74.7 \quad (74.2)$$

$$\delta_{C\text{-}3} = 71.9 + \alpha + \beta + \gamma + \delta + \alpha' = 78.3 \quad (77.6)$$

碳碳三键的存在，使与其相连的 α, β-位碳均明显低频位移。例如：

$$\underset{14.2\ \ 22.9\ \ 32.1}{CH_3-CH_2-CH_2-CH_2CH_2CH_2CH_3}$$

$$\underset{14.5\ \ 12.6\ \ \ 81.0}{CH_3-CH_2-\ C\ \equiv C-CH_2-CH_3}$$

烷基以外的取代基，对炔碳的 δ 值影响较大，使得炔碳的 δ 值超出 70~90 ppm 范围。例如：

$$\underset{28\ \ 89}{CH_3-C\equiv C-OCH_3} \qquad \underset{94.8\ \ -7.6}{C_4H_9-C\equiv C-I}$$

腈化物因受氮的电负性的影响，使腈基碳较炔碳的 δ 值位于较高频(110~126 ppm)。

195

例如：

$$CH_3—CN \qquad CH_3CH_2—CN \qquad CH_2=CH—CN$$

$$1.7 \quad 117.4 \qquad 10.6 \ 10.8 \ 120.8 \qquad 137.5 \ 107.8 \ 117.2$$

132.0 118.7
132.8 CN
129.2 112.5

4.6　^{13}C NMR 的耦合及耦合常数

耦合的 ^{13}C NMR 谱与 ^{1}H NMR 谱类似，出现谱线的多重性，裂分峰的数目由耦合核的自旋量子数和核的数目决定。对于 $I=1/2$ 的自旋核，耦合裂分符合 $(n+1)$ 规律。如丙酮分子中 CH_3 被 ^{1}H 裂分为四重峰（$^1J=125.5$ Hz），羰基被裂分为七重峰（$^2J_{CCH}=5.5$ Hz）。耦合常数在 ^{13}C NMR 谱中的应用不如在 ^{1}H NMR 谱中广泛，在此仅作简单介绍。

4.6.1　^{1}H 与 ^{13}C 的耦合

4.6.1.1　一键碳氢的耦合常数（$^1J_{CH}$）

与碳直接相连的氢对碳的耦合用 $^1J_{CH}$ 表示，$^1J_{CH}$ 值较大，在 120～320 Hz 范围内。引起 $^1J_{CH}$ 值增大有两种结构因素，即碳原子杂化轨道中 s 成分增大以及碳原子与电负性取代基相连时，随着取代基的电负性增大，碳原子上的取代程度增多，$^1J_{CH}$ 值增大。

sp^{3}C	$>$C—H	$^1J_{CH}=120～130$ Hz
sp^{2}C	$=$C—H	$^1J_{CH}=150～180$ Hz
spC	$\equiv$C—H	$^1J_{CH}=250～270$ Hz

$^1J_{CH}$ 值可由碳原子杂化轨道中 s 成分近似计算。

$$^1J_{CH}=5×(s\%)\,Hz \tag{4.16}$$

举例如下（括号内为实测值，单位 Hz）：

$CH_3—CH_3$	sp^{3}C	$s\%=25$	$^1J_{CH}=5×25=125\,(124.9)$
$CH_2=CH_2$	sp^{2}C	$s\%=33$	$^1J_{CH}=5×33=165\,(156.2)$
C_6H_6	sp^{2}C	$s\%=33$	$^1J_{CH}=5×33=165\,(159.0)$
$HC\equiv CH$	spC	$s\%=50$	$^1J_{CH}=5×50=250\,(249.0)$

1. 取代基的影响

电负性取代基的诱导效应使 $^1J_{CH}$ 值增大。

	CH_4	CH_3NH_2	CH_3OH	CH_3Cl	CH_2Cl_2	$CHCl_3$
$^1J_{CH}$(Hz)	125	133	141	150	178	209

$^1J_{CH}$ 与键长有线性关系，可根据测得的 $^1J_{CH}$ 值，利用（4.17）式进行计算，计算值与实测

值相当接近，式中 r 为 C—H 键长。

$$r_{C—H} = 1.1597 - 4.17 \times 10^{-4} \cdot {}^{1}J_{CH} \tag{4.17}$$

计算实例见表 4.13。

表 4.13 　　　　　　　　　　　　某些化合物 $^{1}J_{CH}$ 与 C—H 键长 (r)

化　合　物	$^{1}J_{CH}(Hz)$	键长 $r(\text{Å})$	
		计算值	实测值
$CH_3C\equiv CH$	132	1.1047	1.1046
$CH_3C\equiv N$	136	1.1030	1.1025
$CH_3—F$	149	1.0976	1.0970
$CH_3—Cl$	150	1.0972	1.0975
$CH_3—Br$	152	1.0963	1.0954

诱导效应是通过成键电子传递的，取代基对 $^{1}J_{CH}$ 的影响随取代基与碳原子间距离的增大而减小。如单取代苯，$^{1}J_{CH}(o) > {}^{1}J_{CH}(m) > {}^{1}J_{CH}(p)$。

	C_6H_5Cl	C_6H_5Br	$C_6H_5NO_2$
$^{1}J_{CH}(o)(Hz)$：	165	171	171
$^{1}J_{CH}(m)(Hz)$：	161	164	167
$^{1}J_{CH}(p)(Hz)$：	161	161	163

2. 环张力的影响

$^{1}J_{CH}$ 与环张力有关，环张力增大，$^{1}J_{CH}$ 值也增大。因此，$^{1}J_{CH}$ 还可给出环大小的信息。例如：

sp^3 C	△	▢	⬠	⬡	直链烷烃
$^{1}J_{CH}(Hz)$：	160	134	128	125	~125
sp^2 C	△	▢	⬠	⬡	$CH_2=CH_2$
$^{1}J_{CH}(Hz)$：	220	170	160	157	156

3. 杂芳环

杂原子的引入，$^{1}J_{CH}$ 值增大，且与杂原子的相对位置有关。例如：

4.6.1.2 二键、三键、四键碳氢的耦合常数($^2J_{CCH}$，$^3J_{CCCH}$，$^4J_{CCCCH}$)

^2J 在 5~60 Hz 范围，难以估算，它与碳原子的杂化轨道及取代基有关，^2J 值的变化趋势与 $^1J_{CH}$ 相似。其典型值如下：

$$C{-}C{-}H \quad C{=}C{-}H \quad C{-}CHO \quad CH{-}CO \quad C{\equiv}C{-}H$$
$$^2J\,(Hz):\quad 1{\sim}6 \quad\quad 1{\sim}16 \quad\quad 20{\sim}25 \quad\quad 5{\sim}8 \quad\quad 40{\sim}60$$

反式 1,2-二氯乙烯 $^2J=0.8$ Hz，顺式 1,2-二氯乙烯 $^2J=16$ Hz。

D-葡萄糖 α,β-异构组分中 C_1 的 ^1J、^2J 不同，其异构体结构如下：

α-异构体
C_1-OH(a)

β-异构体
C_1-OH(e)

α-异构体中 C-1 和 C-2 上的 OH 互为顺式，$^1J_{C_1H_1}=170$ Hz，$^2J_{C_1H_2}<1$ Hz。β-异构体 C-1 和 C-2 上的 OH 互为反式，$^1J_{C_1H_1}=162.5$ Hz，$^2J_{C_1H_2}=6$ Hz。C-1 的 ^{13}C NMR 的耦合谱及全去耦谱见图 4.22，(a) 图为质子宽带去耦谱，出现两个吸收峰，$\delta\,95.1$，98.95 ppm，对应于 α 或 β 异构体。(b) 为耦合谱，共出现两组峰，各自为 dd，dd 峰。$\delta\,95.1$ ppm 的峰，$^1J=170$ Hz，$^2J\approx0$（较 (a) 图谱线稍宽，^2J 耦合不明显，可忽略不计），应为 α 异构体（$^2J_{C_1H_2}<1$ Hz）。$\delta\,98.95$ ppm 的峰 $^1J=162.5$ Hz，$^2J_{C_1H_2}=6$ Hz 对应于 β 异构体。若根据耦合谱的积分比，还可近似求得两种异构体的摩尔比。

直链烃的 ^3J 值在 0~30 Hz 范围。芳烃、杂芳烃的 ^3J 为 5~15 Hz，^4J 为 0~2 Hz。其典型值如下：

γ-gauch
anti
cis
trans

$$^3J\,(Hz):\quad \sim0 \quad\quad 5{\sim}7 \quad\quad \geqslant12 \quad\quad \geqslant18$$

对于芳香族化合物 C，H 间的远程耦合，通常 ^3J 值最大。$^1J_{C-H}$ 为 155~168 Hz，$^2J=1\sim5$ Hz，$^3J=5\sim11$ Hz，$^4J=1\sim2$ Hz。例如：

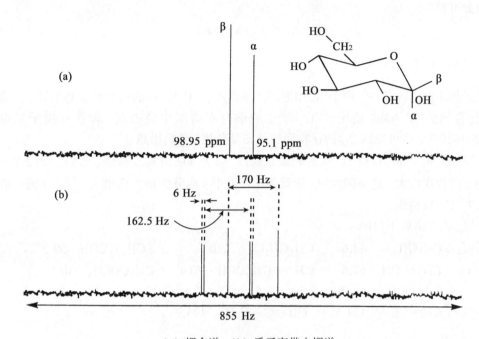

（a）耦合谱，（b）质子宽带去耦谱

图 4.22 D-葡萄糖 α,β-混合异构 C-1 的 ^{13}C NMR 谱

C_1H_2 -3.4	C_1H_3 11.1	C_1H_4 -2.0
C_2H_3 1.4	C_2H_4 7.9	C_2H_5 -1.2
C_3H_2 0.3	C_2H_6 5.0	C_3H_6 -0.9
C_3H_4 1.6	C_3H_5 8.2	
C_4H_3 0.9	C_4H_2 7.4	

4.6.2 ^{2}H 与 ^{13}C 的耦合

在普通化合物的 ^{13}C NMR 谱中，^{2}H 即重氢(D)的耦合裂分来源于样品测试时使用的重氢试剂。在对 ^{13}C NMR 解析之前，要注意识别重氢试剂的干扰峰。常用重氢试剂的 δ 值及 $^{1}J_{CD}$ 见表 4.1。$^{2}J_{CCD} < 1$ Hz，通常忽略不计。D 对 ^{13}C 的耦合符合 $(2n+1)$ 规律，如 CDCl$_3$ 中 ^{13}C 的三重峰强度比近似为 $1:1:1$，CD$_3$ 基中 ^{13}C 的七重峰强度比近似为 $1:3:6:7:6:3:1$。

$^{1}J_{CD}$ 值比 $^{1}J_{CH}$ 值小得多，是因为 $J \propto \gamma_N \gamma_N{}'$。N, N'为相互耦合的核，$\gamma$ 为核的磁旋比。$\gamma_D = 4.11(10^7\ \text{rad} \cdot \text{T}^{-1} \cdot \text{S}^{-1})$。利用 $^{1}J_{CH}$ 值和(4.18)式，可近似地计算 $^{1}J_{CD}$ 值。

$$^{1}J_{CD}/^{1}J_{CH} = \gamma_D/\gamma_H = 1/6.5$$

由此可得

$$^1J_{CD} = \, ^1J_{CH}/6.5\,(\,Hz\,)\qquad\qquad(4.18)$$

4.6.3 ^{13}C 与 ^{13}C 的耦合

在天然丰度的样品中,两个 ^{13}C 相遇的概率极小,^{13}C 与 ^{13}C 的耦合可忽略不计。在富集的 ^{13}C 化合物的 ^{13}C NMR 谱中,^{13}C 与 ^{13}C 的耦合在谱图中会出现。即使在质子宽带去耦 ^{13}C NMR 谱中,也可能因 $^1J_{CC}$ 的存在而使谱图复杂化,解析困难。

$^1J_{CC}$ 在 30~180 Hz 范围。烷烃及取代烷烃 $^1J_{CC}$ 为 30±10 Hz,烯烃、芳烃、炔烃中不饱和碳的 J 值依次增大。这是因为 $^1J_{CC}$ 随碳杂化轨道中 s 成分的增大而增大。^2J,^3J 值一般较小,在 7~15 Hz 范围。

$^1J_{CC}$ 典型值如下(Hz):

sp^{3}C: **CH$_3$CH$_3$** 34.6 **CH$_3$CH$_2$CN** 33.0 **(CH$_3$)$_3$COH** 39.5

sp^{2}C: **CH$_2$═CH$_2$** 67.6 **CH$_2$═CHCOOH** 70.4 **CH$_3$COCH$_3$** 40.1

C$_6$H$_5$OCH$_3$ 58.2(C$_2$,C$_3$), 56.0(C$_3$,C$_4$)

spC: **CH≡CH** 171.5 **CH≡C—C$_6$H$_5$** 175.9

4.6.4 ^{19}F 与 ^{13}C 的耦合

^{19}F 对 ^{13}C 的耦合裂分符合($n+1$)规律。

$^1J_{CF}$ 值很大,且多为负值,为 -350 ~ -150 Hz,在谱图中以绝对值表示。$^2J_{CCF}$ 为 20~60 Hz,$^3J_{CCCF}$ 为 4~20 Hz,^4J 为 0~5 Hz。^{19}F 与 ^{13}C 耦合的典型值见表 4.14。

表 4.14 　　　　　　　　　　　　^{19}F 与 ^{13}C 耦合的典型值

化　合　物	$^1J_{CF}$	$^2J_{CCF}$	$^3J_{CCCF}$	$^4J_{CCCCF}$
CH$_3$F	-157.5			
CF$_3$CH$_3$	-271.0	41.5		
CF$_3$CH$_2$OH	-287.0	35.3		
F$_2$CHCOOC$_2$H$_5$	-243.9	29.1		
CF$_3$COOH	-283.2	44		
CH$_3$(CH$_2$)$_3$CH$_2$F	-165.4	19.8	4.9	<2
CF$_2$═CH$_2$	-287			
CF$_3$CH═CH$_2$	-270	37.5	4	
C$_6$H$_5$F	-245.3	21.0	7.7	3.3
p-FC$_6$H$_4$OCH$_3$	-237.6	22.8	7.8	1.7

三氟乙酸甲酯的^{13}C NMR 耦合谱及质子宽带去耦谱分别见图 4.23、图 4.24。

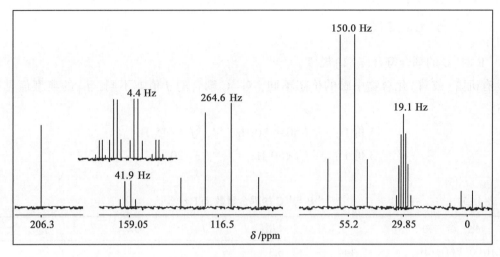

图 4.23　三氟乙酸甲酯的^{13}C NMR 耦合谱（CD$_3$COCD$_3$）

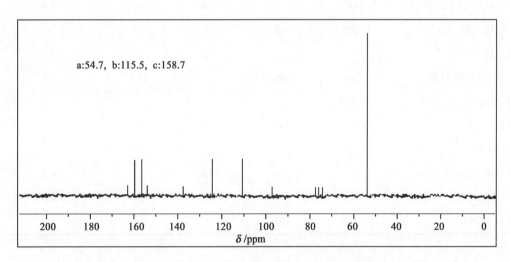

图 4.24　三氟乙酸甲酯的质子宽带去耦^{13}C NMR 谱（25 MHz，CDCl$_3$）

图 4.23 中 δ 206.3，29.9 ppm 处的单峰和七重峰分别为氘代丙酮中 CO 和 CD$_3$ 的共振吸收。δ 55.2 ppm 的四重峰在质子宽带去耦谱（图 4.24）中为单峰，表明只存在$^1J_{CH}$（150 Hz），为 CH$_3$O 的共振吸收。δ 116.5 ppm 的四重峰在图 4.24 中保持不变，应归于 CF$_3$ 的共振吸收（$^1J_{CF}=264.6$ Hz）。δ 159.05 ppm 的四重峰（$J=41.9$ Hz）在图 4.24 中也保持不变，应为 CF$_3$CO 中 CO 的共振吸收（$^2J_{CCF}=41.9$ Hz），该羰基碳又受 CH$_3$O 的远程耦合的作用，使四

重峰的每一条谱线又裂分为四重峰(见展开图, $^3J_{C—O—C—H}=4.4$ Hz), 这种远程耦合在图4.24中消除。

4.6.5　^{31}P 与 ^{13}C 的耦合

^{31}P 对 ^{13}C 的耦合符合 $(n+1)$ 规律。

有机膦(或磷)化合物中磷的价态不同, 对 ^{13}C 耦合的 J 值亦不同, J_{CP} 的典型值见表 4.15。

$$5 \text{价 P}: \quad ^1J \, 50\sim180 \text{ Hz}, \ ^2J 、\ ^3J \, 4\sim15 \text{ Hz}$$
$$3 \text{价 P}: \quad ^1J_{CP} < 50 \text{ Hz}, \ ^2J 、\ ^3J \, 3\sim20 \text{ Hz}$$

表 4.15　　　　　　　　　　　　^{31}P 与 ^{13}C 的耦合常数 J(Hz)

化　合　物	$^1J_{CP}$	$^2J_{CCP}$	$^2J_{COP}$	$^3J_{CCCP}$	$^3J_{CCOP}$
$(CH_3O)_2P(O)CH_3$	144	6.3			
$(C_2H_5O)_2P(O)C_2H_5$	143.4	7.3	6.9	—	6.2
$(C_3H_7O)_2P(O)CH_2Cl$	158.6	—	7.4	—	4.9
$(C_6H_5)_3P{=}O$	105	10	—	12	—
$(C_6H_5O)_3P{=}O$	—	—	7.6	—	5.0
$C_6H_5P(O)H(OH)$	100	14.6	—	12.3	—
$P(CH_3)_3$	−13.6				
$P(C_6H_5)_3$	−12.4	19.6	—	6.7	—
$P(OCH_3)_3$	—	—	9.7	—	—
$P(OC_2H_5)_3$	—	—	10.6	—	4.5
$P(OC_6H_5)_3$	—	—	7.1	—	3.6
$P(C_6H_5CH_3)_3$	10.0	19.6	—	7.1	—

乙基磷酸二乙酯 $(CH_3CH_2O)_2P(O)CH_2CH_3$ 的质子宽带去耦 ^{13}C NMR 谱见图 4.25, 分子中有 4 种化学环境不同的碳, 谱图中出现 8 条峰, 是由于 ^{31}P 对 ^{13}C 的耦合裂分所致。

$$\delta(\text{ppm}): \quad 6.6(d) \qquad 16.6(d) \qquad 19.1(d) \qquad 61.3(d)$$
$$J(\text{Hz}): \quad 7.4 \qquad\quad 4.9 \qquad\qquad 144 \qquad\quad 7.3$$

图 4.26 是 4-膦酰丁烯酸三乙酯 $(CH_3CH_2O)_2P(O)CH_2CH{=}CHCOOCH_2CH_3$ 的质子宽带去耦 ^{13}C NMR谱。分子中有 8 种化学环境不同的碳, 谱图中共出现 13 条峰, 也是因为存在 ^{31}P 对 ^{13}C 的耦合裂分。详细分析如下:

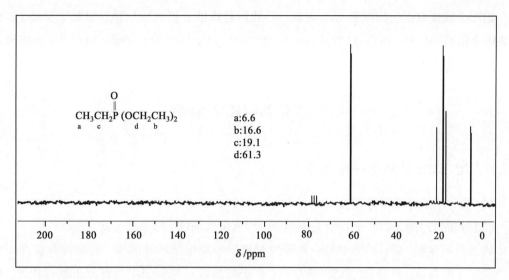

图 4.25　乙基磷酸二乙酯 $(CH_3CH_2O)_2P(O)CH_2CH_3$ 的 ^{13}C NMR 谱

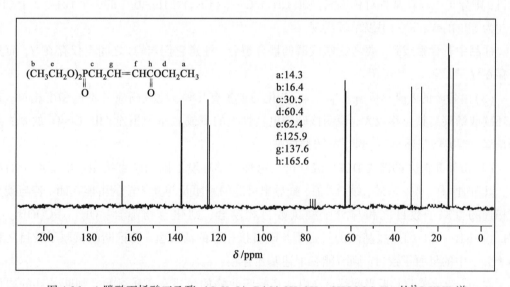

图 4.26　4-膦酰丁烯酸三乙酯 $(C_2H_5O)_2P(O)CH_2CH$=$CHCOOC_2H_5$ 的 ^{13}C NMR 谱

δ(ppm)：	14.3	16.4	30.5	60.4	62.4	125.9	137.6	165.6
	s	d	d	s	d	d	d	s
J(Hz)：	—	4.7	138.4	—	4.9	14.0	11.7	—
	—	$^3J_{CCOP}$	$^1J_{C-P}$	—	$^2J_{COP}$	$^3J_{C=CCP}$	$^2J_{C=CCP}$	—

谱图中碳碳双键与酯羰基 π-π 共轭，导致羰基碳的 δ 值低频位移，相对于羰基，β-位烯碳的 δ 值高频位移。所以 δ137.6 ppm 的吸收峰应归于标记为 g 的碳，δ125.9 ppm 的吸收峰应归于标记为 f 的碳。

4.7　^{13}C NMR 谱解析

4.7.1　^{13}C NMR 谱解析一般程序

（1）由分子式计算不饱和度。

（2）分析^{13}C NMR 的质子宽带去耦谱，识别重氢试剂峰，排除其干扰。

样品若不含氟、磷，谱图中每一条谱线对应于一种化学环境的碳。若谱峰数目高于分子中碳原子的数目，可能有"杂质"峰存在；若谱峰的数目与分子中的碳原子数目相等，则分子中无对称因素存在，每个碳的化学环境均不相同；若谱峰的数目小于分子中碳原子的数目，则分子中存在某种对称因素。如$(CH_3)_3C—$，$(CH_3)_2CH—$基中的 3 个 CH_3，2 个 CH_3 分别为等价的碳，谱图中以单峰出现。

样品中若含氟或磷，要考虑氟或磷的耦合裂分。注意它们与^{13}C 之间不仅存在^1J，而且还存在^2J，^3J 等。

（3）由各峰的 δ 值分析 sp^3，sp^2，sp 杂化的碳各有几种，此判断应与不饱和度相符。若苯环碳或烯碳高频位移较大，说明该碳与电负性大的氧或氮原子相连。由 C＝O 的 δ 值判断是醛、酮类羰基还是酸、酯、酰胺类羰基。

（4）由偏共振去耦谱或 DEPT 谱分析与每种化学环境不同的碳直接相连的氢原子的数目，识别伯、仲、叔、季碳，结合 δ 值，推导出可能的基团及与其相连的可能基团。若与碳直接相连的氢原子数目之和与分子中氢数目相吻合，则化合物不含—OH、—COOH、—NH_2、—NH—等，因这些基团的氢是不与碳直接相连的活泼氢。若推断的氢原子数目之和小于分子中的氢原子数目，则可能有上述基团存在。

在 sp^2 杂化碳的共振吸收峰区，由苯环碳吸收峰的数目和季碳数目，判断苯环的取代情况。

（5）综合以上分析，推导出可能的结构，进行必要的经验计算以进一步验证结构。如有必要，进行偏共振去耦谱的耦合分析及含氟、磷化合物宽带去耦谱的耦合分析。

（6）化合物结构复杂时，需其他谱(MS, ^{1}H NMR, IR, UV)配合解析；或合成模拟物分析；或采用^{13}C NMR 的某些特殊实验方法，如 4.9 介绍的自旋-晶格弛豫时间 T_1 的测量；或4.10 介绍的 2DNMR 的实验方法等。必要时还可查阅标准谱。

（7）化合物不含氟或磷，而谱峰的数目又大于分子式中碳原子的数目，可能有以下情况存在：

①异构体：异构体的存在，会使谱峰数目增加。如 β-戊二酮，有酮式和烯醇式异构体存在，谱图中出现 6 条峰，酮式 3 条峰（δ：28.5，56.6，201.1 ppm），烯醇式 3 条峰（δ：24.8，101.1，192.6 ppm）。

②常用溶剂峰：样品在处理过程中常用到溶剂，若未完全除去，在 ^{13}C NMR 谱中会产生干扰峰。样品若经过进一步纯化处理，溶剂峰会减弱。如残留的高沸点溶剂 DMSO（δ：40.8 ppm）及 DMF（δ：31.4，36.5，162.3 ppm）都会出峰。

③杂质峰：样品纯度不够，有其他组分干扰。

4.7.2　^{13}C NMR 谱解析实例

例 1　化合物的分子式为 $C_{10}H_{13}NO_2$，其质子宽带去耦和 DEPT 90、135 谱如图 4.27 所示，试推导其可能结构。

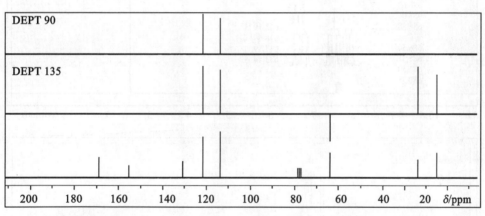

图 4.27　$C_{10}H_{13}NO_2$ 的 ^{13}C NMR 谱（100 MHz，$CDCl_3$）

解：由分子式 $C_{10}H_{13}NO_2$ 计算，UN ＝ 10＋1＋1/2－13/2 ＝ 5，推断分子中可能有苯基或吡啶基存在。质子宽带去耦谱中 δ 77 的三重峰为 $CDCl_3$ 的溶剂峰。谱图中有三种 sp^3 杂化的碳，五种 sp^2 杂化的碳，谱峰的数目小于碳数目，表明分子中有某些对称因素存在。由谱峰强度分析，sp^2 杂化碳的峰区，有两条峰分别为两个等价碳的共振吸收峰。结合 DEPT 谱信息，分子中可能存在以下基团：

δ（ppm）：sp^3 C　14.7 CH_3—C　　sp^2 C　114.5　2CH　　　168.8　C＝O

　　　　　　　24.1 CH_3—C　　　　　　　121.0　2CH

　　　　　　　63.7 CH_2—O　　　　　　　131.7　C

　　　　　　　　　　　　　　　　　　　　155.8　C—O

δ 值及基团分析表明分子中有 CH_3CH_2O-、对位双取代的苯基及酸、酯或酰胺中的 $C=O$ 存在。与分子式相比，碳的数目相符，氢数目少一个，可能为 COOH 或 NH 中的活泼氢(不与碳直接相连)。由于分子中只有两个氧原子，且一个与苯基相连，故不可能有 COOH 存在，结合 δ 168.8 ppm 的 $C=O$ 吸收峰，应判断为 CONH 基存在。

综合以上分析，推导化合物的可能结构为

$$CH_3NHCO-\langle \bigcirc \rangle-OCH_2CH_3 \quad , \qquad CH_3CONH-\langle \bigcirc \rangle-OCH_2CH_3$$
$$(C) \qquad\qquad\qquad\qquad\qquad\qquad (D)$$

由 δ 24.1 ppm 的 CH_3 峰，判断结构应为(D)而不是(C)。

例 2　化合物分子式 C_6H_6OS，^1H NMR、^{13}C NMR 谱见图 4.28，推导其结构。

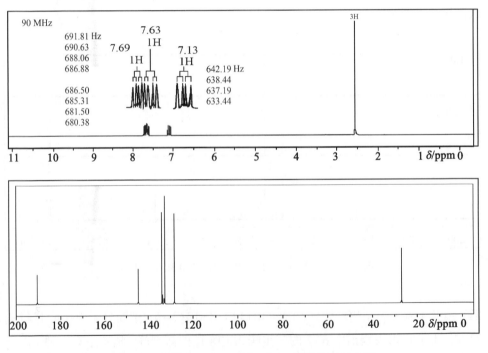

图 4.28　分子式 C_6H_6OS 的 ^1H NMR 谱和 ^{13}C NMR 谱

解：由分子式 C_6H_6OS 计算化合物的不饱和度 UN = 4，推断化合物可能含有苯环或杂环。^{13}C NMR 谱给出了 6 条谱峰，化学位移值分别位于 190.7，144.5，133.8，132.6，128.2 和 26.8 ppm，表明分子中的 6 个 C 分别为化学环境不同的 C。位于 26.8 ppm 处 sp^3 杂化的 C 的出现表明分子结构中无苯环存在。分子中含有氧并结合位于 190.7 ppm 处的 sp^2 杂化的 C，表明分子中含有醛或酮羰基结构；位于144.5，133.8，132.6，128.2 ppm 的 4 个 sp^2 杂化

的 C,并结合分子中还存在除羰基外的 3 个不饱和度,表明分子中应存在含硫的杂环结构,这一点可通过 ^{1}H NMR 谱进一步证实。

^{1}H NMR 谱中 9~10 ppm 范围无共振吸收峰出现,表明分子中不存在醛基;位于 2.56 ppm 的 3 个 H 的单峰,表明分子中存在 CH$_3$ 基,结合 ^{13}C NMR 谱的羰基 C 和 sp^3 杂化的 C,表明分子中存在 CH$_3$CO 基团。^{1}H NMR 谱中 δ7.69(1H,dd,J=3.8 Hz,1.5 Hz),δ7.63(1H,dd,J=5.0 Hz,1.5 Hz),δ7.13(1H,dd,J=5.0 Hz,3.8 Hz)。

综合以上分析,化合物中应该含有噻吩结构单元,且为乙酰基取代的噻吩。取代基的位置可通过噻吩环上 3 个氢的耦合进行分析。查阅表 3.7 中噻吩质子之间的耦合信息:$^3J_{23}$ = $^3J_{45}$ = 4.7 Hz,$^3J_{34}$ = 3.4 Hz,$^4J_{25}$ = 3.0 Hz,$^4J_{24}$ = $^4J_{35}$ = 1.5 Hz。结合 ^{1}H NMR 谱的耦合分析,CH$_3$CO 基的位置应位于 2 位,化合物的结构为 2-乙酰基噻吩。^{1}H NMR 和 ^{13}C NMR的信息进一步归属如下:

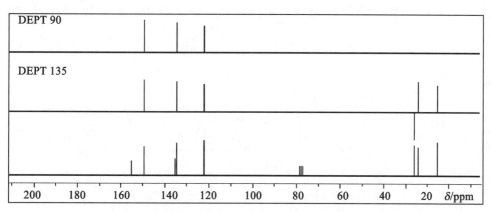

例 3 化合物分子式 $C_8H_{11}N$,^{13}C NMR 谱见图 4.29,由谱图推导其结构。

图 4.29 分子式 $C_8H_{11}N$ 的 ^{13}C NMR 谱(CDCl$_3$)

解:由分子式计算 UN=4,表明分子中可能含有苯环或杂芳环。^{13}C NMR 谱给出了 8 条峰,表明分子中存在 8 种化学环境不同的碳。其中有 3 种 sp^3 杂化的碳,5 种 sp^2 杂化的碳,结合分子式和不饱和度,表明分子中含有吡啶环。DEPT 信息表明分子中存在 2 个 CH$_3$ 基,1 个 CH$_2$ 基,3 个 CH 基和 2 个季碳。其中 3 个 CH 和 2 个季碳为 sp^2 杂化碳,表明分子为双取代吡啶。两个取代基只可能是 CH$_3$,CH$_3$CH$_2$ 基。δ155.6 ppm 的季 C 及 δ148.8 ppm 的 CH

分别为吡啶 2-和 6-位的 C，δ 155.6 的更高频的位移表明该碳与取代基相连，δ 148.8 的 CH 表明其不与取代基相连。δ 15.3 ppm 的 CH$_3$ 不可能与 2-C 相连(β-位 N 的影响，导致其 δ 值更加高频位移)，只可能与 δ 25.7 ppm 的 CH$_2$ 相连。δ 23.8 ppm 的 CH$_3$ 应与 2-C 相连。CH$_3$CH$_2$ 基位于吡啶环的位置(3-,4-, 还是 5-)，应由吡啶衍生物的经验计算，或由 ^{1}H NMR 谱配合，或查阅 C-13 NMR 谱的标准谱图才能确定。化合物的实际结构为 5-乙基-2-甲基吡啶。吡啶环碳的化学位移值依次为 2-C 155.6 ppm，3-C 122.6 ppm，4-C 135.4 ppm，5-C 135.9 ppm，6-C 148.8 ppm。

4.8　^{13}C NMR 的应用

4.8.1　^{13}C NMR 在立体化学中的应用

由于位阻效应对 ^{13}C NMR 化学位移的影响很敏感，所以 ^{13}C NMR 广泛应用于立体化学的研究。

例如化合物 A 有两种异构体(A_1，A_2)[7]。在与磷酸酯的反应中，理论上认为有两种开环方式——顺式开环和反式开环。每一种开环方式又有两种产物，共 8 种产物，实际上，A_1，A_2 反应均只得到一种产物。由 ^{13}C NMR 确定其反应产物的结构。可能的反应方式如下：

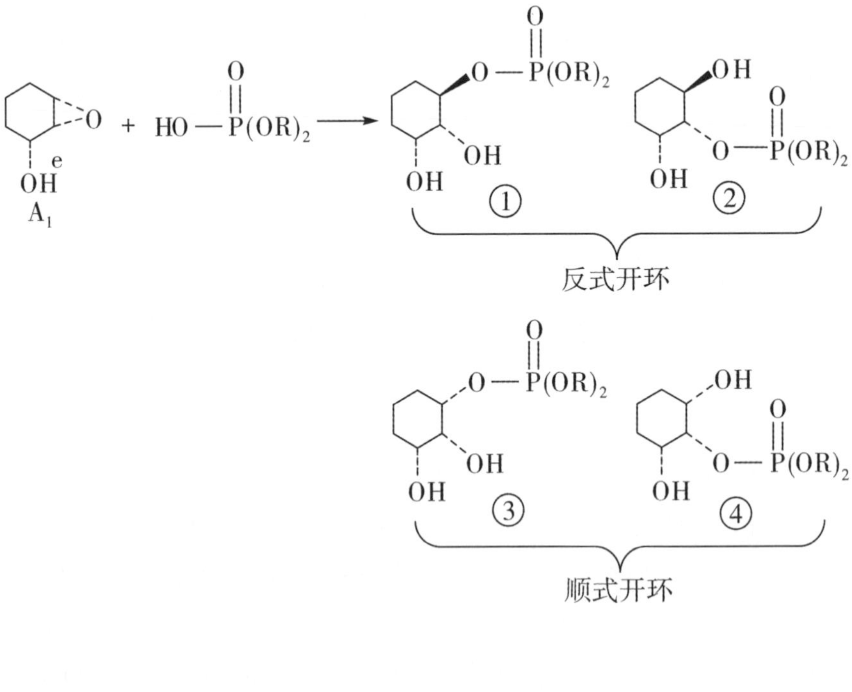

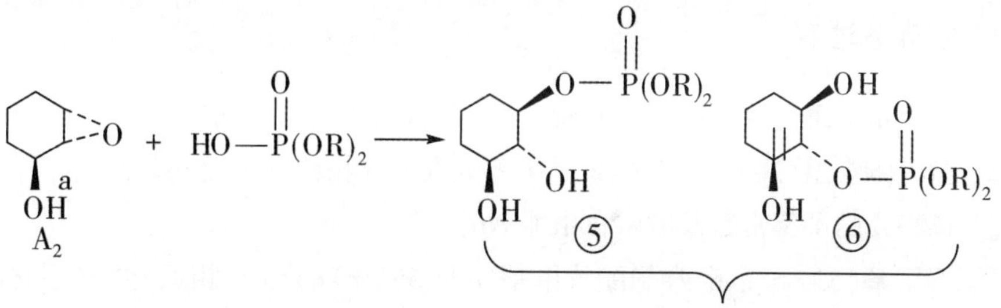

^{13}C NMR 测得^{31}P 与一个 CHOH 及 6-位碳远程耦合，排除产物②，④，⑥，⑧的可能性。

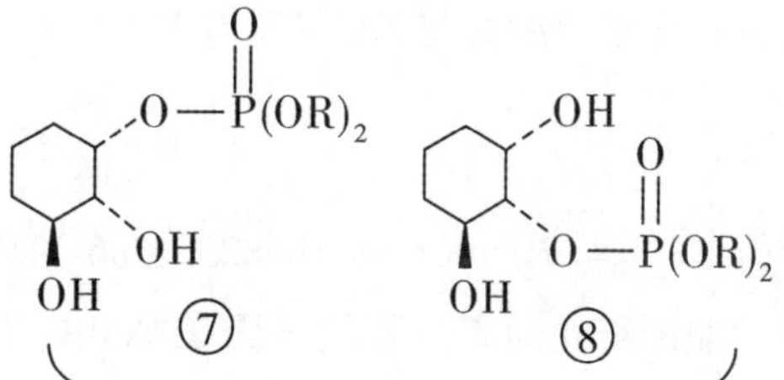

取代环己烷中相邻两取代基互为 a，e 键时为顺式，取代基 a 键数目增加，环上^{13}C 的 δ 值低频位移。由此分析异构体若为反式开环，产物①中三个取代基为 eea，环碳的 δ 值较⑤中 eee 的 δ 值降低。若为顺式开环，产物③中三个取代基为 eae，环碳的 δ 值较⑦中 eaa 的 δ 值升高。当 R 为苯基时，^{13}C NMR 测得 A_1 开环产物的 $C_1 \sim C_3$ 及 C_6 的 δ 值依次为 81.4，74.4，69.9 及 30.4 ppm；A_2 开环产物的 $C_1 \sim C_3$ 及 C_6 的 δ 值依次为 82.4，78.7，72.9 及 31.3 ppm，由此认为 A_1，A_2 的开环产物为①、⑤。

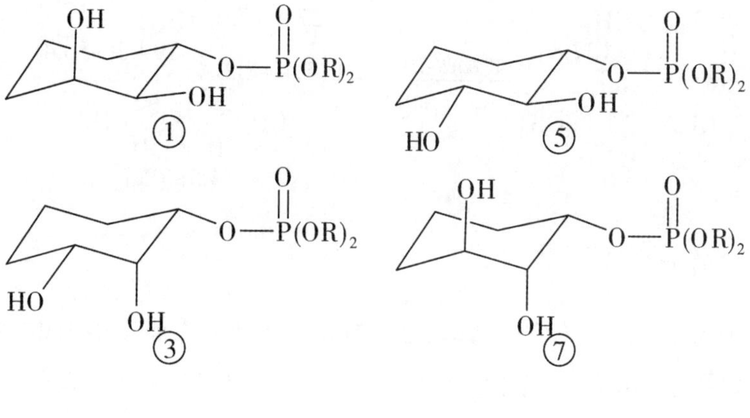

4.8.2 研究动态过程[8]

^{13}C NMR 可用于研究动态过程和平衡过程，计算各种动力学的参数。

例如乙酰丙酮常温（20℃）下有酮式及烯醇式互变异构体并平衡共存，利用[13]C NMR谱，可求酮式及烯醇式的平衡常数及摩尔自由能 ΔG。

由于酮式甲基（δ30.6 ppm）和烯醇式甲基（δ24.6 ppm）的 NOE 相近，可利用它们的积分比作为定量的依据，或采用特殊实验方法加以改进，使峰强度与核数目成比例。

由积分高度求得酮式与烯醇式摩尔比为 14∶86。20℃时，体系的平衡常数为

$$K=\frac{86}{14}=6.14$$

摩尔自由能 $\Delta G^0_{293}=-RT\ln K=-8.314\times293\times\ln6.14=-4.41$ kJ/mol。

用[13]C NMR 研究动态过程优于用[1]H NMR，因其 δ 范围宽，许多较快的反应也能用[13]C NMR 测定。

4.8.3 正碳离子的研究[9]

正碳离子在研究有机反应机理和理论计算方面，引起了化学家们极大的兴趣。^{13}C NMR 可直接观察到正碳离子的存在，且对其存在形式、动态平衡等方面均可获得有意义的信息。

例如：1,3,5-三甲苯的质子宽带去耦[13]C NMR 谱中有三条峰，δ 值为 20.5（CH_3），137.8（C-1），127.2（C-2）。在-20℃的超强酸（如发烟的 H_2SO_4-SbF_5，SO_2FSO_3-SbF_5 等）中，对应的 δ 值为 27.5，194.2，135.4 ppm，并出现一条新峰（δ54.5 ppm），为质子化的碳的吸收峰，质子化的碳，屏蔽作用大大增强，δ 值向低频位移 72.7 ppm（$\Delta\delta$ = 54.5-127.2 ppm）。说明有一个电子转移到质子化的碳原子上，由于苯环上的 π 电子不再均匀分布，形成了正碳离子，除质子化碳外，其余碳的 δ 值均高频位移。

4.8.4 高分子的研究[10]

^{13}C NMR 因 δ_C 范围宽，对空间结构敏感，在高分子研究方面比[1]H NMR 更为广泛和有效。例如测定共聚物的组成，均聚物的几何构型、空间立构等，还可测试多种高分子化合物的序列分布，头尾、头头连接，交替与嵌段，各种单元组的数量，并可利用统计规律，研究

聚合机理，求竞聚率、聚合速度常数等动力学参数。

例如：聚丙烯有等规立构排列，以 m(meso) 表示；间规立构排列，以 r(racemic) 表示。其相邻两个链节的排列次序如下：

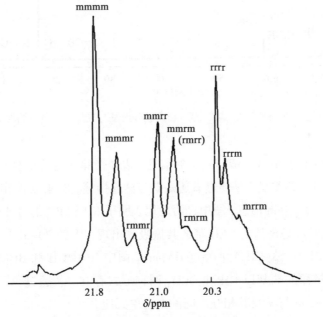

等规聚丙烯有 3 个单峰，CH₃ 21.8 ppm，CH 28.5 ppm，CH₂ 46.5 ppm；间规聚丙烯也有 3 个单峰，CH₃ 21.0 ppm，CH 28.0 ppm，CH₂ 47.0 ppm。但无规聚丙烯的 3 个峰都比较宽，CH₃ 20~22 ppm，CH 27~29 ppm，CH₂ 44~47 ppm，由化学位移值可分辨聚丙烯的不同立构体[11]。无规聚丙烯¹³C NMR 谱甲基部分的展开图见图 4.30。图中给出了可以识别 5 单元组分的吸收峰。

图 4.30　无规聚丙烯 α-CH₃¹³C NMR 谱的展开图

4.8.5　有机硅聚合物结构分析[12]

典型的醇硅树脂含有乙氧基(EO)和异丙氧基(PO)，结构式如下：

$$Me_3SiO—(Me_2SiO)_x—(MeRSiO)_y—SiMe_3$$

$$R = -CH_2CH_2CH_2O - (CH_2CH_2O)_m - (CH_2CHO)_n - Me$$
$$| \\ CH_3$$

式中 m 和 n 值可以在 0~18 范围改变。聚二元醇类硅树脂的 ^{13}C NMR 谱见图4.31。

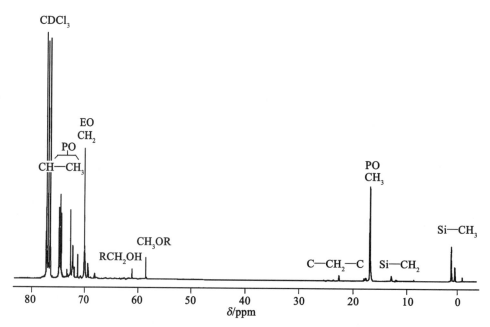

图 4.31　醇硅树脂的 ^{13}C NMR 谱, 聚二醇一端通过硅丙基与硅连接, 另一端为—OMe 或—OH

　　由 ^{13}C NMR 谱可以获取许多醇硅树脂的信息, 诸如聚醇存在的类型、对硅氧烷的比例、嵌段的长度、聚醇端基的类型、是通过氧还是碳与硅连接等。图 4.31 给出了与 Si 直接连接的 CH$_3$ 基、CH$_2$CH$_2$CH$_2$ 基的信息; 图中也清楚地表明了 EO 和 PO 的特征峰。在 ^{13}C NMR 谱中, EO 和 PO 单元是容易辨认的。EO 基的共振吸收出现在大约 70 ppm, 而 PO 基的 ^{13}C 核分别出现在 16.5(CH$_3$), 73(CH$_2$) 和 75(CH) ppm。图中 RCH$_2$OH 和 ROCH$_3$ 吸收峰的同时出现, 意味着聚醇链段的端基以 OH 和 OCH$_3$ 两种形式存在。若通过 ^{13}C NMR 谱的定量分析, 可以求出 x 与 y, m 与 n 及其相互之间的聚合单元比。

4.9　自旋-晶格弛豫时间(T_1) [1,2,4]

　　T_1 是 ^{13}C NMR 的又一重要参数, 与分子结构有密切关系。若 ^{13}C NMR 谱线过分拥挤, 采用去耦等实验方法难以标识时, T_1 显得更为有用。弛豫时间提供了另一个与结构和动态信息两个因素相关的重要观测量。利用 T_1 研究分子结构和分子运动的某些动态过程受到重视。

4.9.1 自旋-晶格弛豫机制

自旋-晶格弛豫是激发态的核将其能量传递给周围环境，回到低能态重建 Boltzmann 分布的过程。在含有大量分子的体系中，某激发态的核受其他核磁矩提供的瞬息万变的局部磁场作用，该局部磁场有各种不同的频率，当某一频率恰好与某一激发态核的回旋频率一致时，即可能发生能量转移而产生弛豫。

能提供起伏的局部场就能引起核弛豫。起伏的局部场来源于核的相互作用(偶极-偶极弛豫，dipole-dipole，DD)，核的自旋-转动(spin rotation，SR)，化学位移各向异性(chemical shift-anisotropy，CSA)，标量耦合(scalar coupling，SC)等，这些均引起相应的弛豫。一般观测到的弛豫速率($1/T_1$)是各种弛豫贡献的总和，见(4.19)式。

$$\frac{1}{T_{1(测)}} = \frac{1}{T_{1(DD)}} + \frac{1}{T_{1(SR)}} + \frac{1}{T_{1(CSA)}} + \cdots \tag{4.19}$$

1. DD 弛豫机制

引起偶极-偶极弛豫的起伏局部场是由核磁矩偶极作用造成的。在大多数情况下，^{13}C 的弛豫以此项占优势。DD 弛豫与相关核之间的距离(r)及与碳直接相连的氢核数目 n 有如下关系：

$$\frac{1}{T_1} \propto \frac{1}{r^6} \cdot n$$

不同类型碳的 T_1 值大致有以下规律：

$$\begin{array}{ccccc} \rangle C{=}O & > & 季碳 & > & \rangle CH{-} & > & {-}CH_2{-}, {-}CH_3 \end{array}$$

苯乙烯分子中烯碳及苯乙烷饱和碳的弛豫速率之比与其相连的氢数目之比接近，DD 弛豫起主要作用。

	$C_6H_5{-}CH{=}CH_2$		$C_6H_5{-}CH_2{-}CH_3$	
$T_1(s)$:	17.0	7.8	13	19
$1/T_1$ 的比值:	1 :	2.2	2 :	2.9

2. SR 弛豫机制

自旋-转动弛豫是当分子整体或分子链段转动时，核外电子也要转动，电子的磁矩随着转动所产生起伏的局部磁场作用于激发态的核，由此引起的弛豫。这种自旋-转动相互作用的效应，正比于转动速率，反比于分子的惯量。

小分子 CCl_4，CH_4，环丙烷等惯量小，转动快，T_1 很长。烷烃的端甲基、支链甲基及甾体类的角甲基，因能较自由地转动，T_1 也较长。这都是由于 SR 机制起较大作用。高分子化合物因分子链较长，转动不易，它们的 T_1 都较短，如聚苯乙烯主链上 CH，CH_2 的 T_1 分别为

0.06，0.03 s。聚丙烯侧链 CH_3 的 $T_1(2.1\ s)$ 大于主链上 CH，CH_2 的 T_1。聚丙烯、氯代胆甾烯、正癸烷及 1-溴代正癸烷的 T_1 值如下(s)：

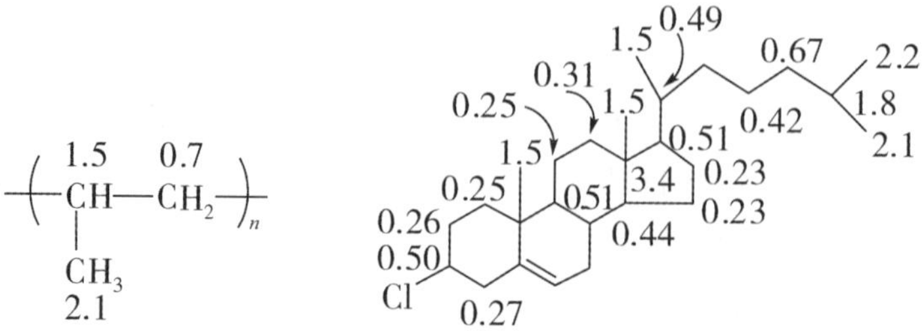

```
8.47 6.64 5.71 4.95 4.36
CH₃ CH₂ CH₂ CH₂ CH₂CH₂ CH₂ CH₂CH₂CH₃
5.3  3.9  3.1  2.2  2.1 2.1 2.0 1.9 2.7 2.8
CH₃ CH₂  CH₂  CH₂ CH₂ CH₂ CH₂ CH₂ CH₂ CH₂Br
```

胆甾体分子骨架上，—CH_2— ~0.25 s，〉CH— ~0.52 s，季碳~3.4 s，这是 $T_{1(DD)}$ 占优势；但是端甲基、角甲基的 T_1 长，可认为是 $T_{1(SR)}$ 起作用。

SR 弛豫速率随温度升高而增加。这是因为温度升高，转动速度增加，总的效果是 $T_{1(SR)}$ 减小，$1/T_{1(SR)}$ 增大。

3. CSA 弛豫机制

在外磁场中，某一分子相对于磁场运动时，屏蔽常数(σ)是不断改变的，故化学位移各向异性，由此可产生起伏的局部场，引起弛豫。该项贡献与核所处的外磁场强度的平方成反比。

CSA 弛豫对一般化合物并不重要，但对某些圆柱形分子，尤其是不与氢相连的碳，$T_{1(CSA)}$ 占很大比重。例如：

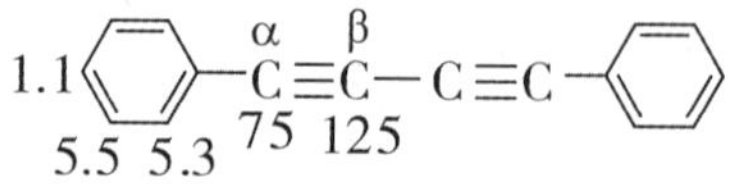

当 β-位碳距离氢的距离大于 3 Å 时，$T_{1(DD)}$ 不重要，在高强磁场中，$T_{1(CSA)}$ 占 T_1 的 90%。

4. SC 弛豫

标量耦合弛豫指的是相互耦合或交换的 AB 两核，当 A 核快速弛豫或交换时，能使 B 核也加快弛豫。这是因为 A 核快速弛豫或交换，使 B 核感受到磁场起伏，故加速弛豫。SC 弛豫一般不大，是二级效应，在整个弛豫中不可能占优势。但对于和具有电四极矩的核(如 Br)相连的碳，SC 弛豫的贡献相当大。例如：

CHCl$_3$ $T_1 = 32.4(\text{s})$,   CHBr$_3$ $T_1 = 1.65(\text{s})$

$I>1/2$ 的核都具有大小不等的四极矩，在均匀电场中，这些核并没有电偶极矩，当存在电位梯度时，则造成起伏电场，引起弛豫。$I>1/2$ 的核，T_1 都很短，是四极矩弛豫起主导作用。另外，顺磁性物质因有未成对电子，电子的磁矩比核磁矩大 3 个数量级，所以顺磁性物质的存在会造成极强的局部场而引起极为有效的弛豫。Fe^{3+}，Co^{2+}，Ni^{2+}，Mn^{2+} 等均可导致此弛豫。氧也是一种顺磁性物质，故样品在去氧前后测得的 T_1 有时会相差很远。

由质子宽带去耦谱中可得到 NOE。即在 $^{13}C\{^1H\}$ 谱中，如果信号增强（η）只与 $T_{1(DD)}$ 有关，某一弛豫完全由 DD 作用，则 NOE 达最大值，$\eta_{最大} = 1.988$。

若有其他弛豫贡献时，$\eta<1.988$，可由实测的信号增强 η 和 T_1 值求 $T_{1(DD)}$。

$$T_{1(DD)} = 1.988 \frac{T_{1(实测)}}{\eta_{(实测)}} \tag{4.20}$$

例如苯分子在 C_6D_6 中测得 $T_1 = 29.3$ s，$\eta = 1.6$。由（4.20）式求得 $T_{1(DD)} = 36.4$ s，再由（4.19）式求得 $T_{1(其他)} = 150$ s。

4.9.2 T_1 的应用

1. 识别季碳

对于分子结构复杂，季碳较多时，要识别它们，应用 T_1 值有时是较好的方法。例如：

(E) $T_{1(a)} = 51$ s   (F) $T_{1(a)} = 56$ s
     $T_{1(b)} = 59$ s, $T_{1(b)} = 112$ s

化合物（E）或（F）中的 a、b 虽都是季碳，但因邻位碳与氢相连的数目不同，使 DD 弛豫的影响不同，T_1 值亦不同，因此由 T_1 可识别它们。

睾丸甾酮丙酸酯分子中有五个季碳，C_3，C_{20} 为 C=O；C_5 为 =C；C_{10}，C_{13} 为 sp^3 杂化碳，其结构、δ_C 及 T_1 值如下：

	C_3	C_5	C_{10}	C_{13}	C_{20}
δ(ppm):	199.2	170.8	38.6	42.5	174.3
T_1(s):	17.7	13.3	11.8	10.8	28.7

C_3 为酮羰基（δ_C 位于最高频），容易识别。但由 δ 值识别 C_5 与 C_{20} 就困难了，若由 T_1 来识别它们则比较容易，因 $T_{1(C=O)}>T_{1(C=C)}$，所以 C_{20} 为酯羰基。由 δ 值也难以识别 C_{10}，C_{13}，

同样用 T_1 可识别它们, 这是因为 C_{13} 邻碳上有 7 个氢, T_1 小于邻位碳上只有 6 个氢的 C_{10} 的 T_1, 此处只考虑 DD 弛豫。

2. 研究空间位阻

若分子中有空间位阻存在, 运动受阻时, SR 减弱, T_1 值降低。

沉香醇系列化合物中与烯碳相连的两个 CH_3 可由 T_1 标识。顺位 CH_3 因运动受阻, T_1 值约是反位 CH_3 T_1 的 1/2。例如:

3. 研究分子链的柔顺性和内运动

与大分子骨架相连的长链链端 CH_3 或支链 CH_3, 其运动比分子整体运动要快得多 (SR 弛豫占优势), T_1 值较大。而骨架上的碳较固定, T_1 值较小, 因此可用 T_1 来研究分子链的柔顺性和内运动。

下面列出两种不同链长的脂肪酸磷酯的 T_1 值, 碳链愈长, 末端 CH_3 的 T_1 值愈大, 其余碳的 T_1 由链端向内逐渐减小。链长较短时, 链的内部活动性较大, T_1 值较大。

$$CH_3CH_2CH_2(CH_2)_nCH_2CH_2COOCH_2 \quad O^-$$
$$CH_3CH_2CH_2(CH_2)_nCH_2CH_2COOCHCH_2OP(O)OCH_2CH_2\overset{+}{N}(CH_3)_3$$

n=2 2.9 1.3 0.9 0.6 0.5 0.3 0.2 0.1 0.6 1.0 1.2

n=10 3.3 1.5 1.13 0.53 0.22 0.10 0.1 0.11 0.27 0.32 0.7

4. T_1 值的其他应用

T_1 值不仅可用来标识谱线, 解释某些分子动态, 还可用于研究蛋白质、多肽的构型、构象, 测定生物大分子的活性及其运动。

在医疗方面, 利用核磁共振成像可测定不同部位的 T_1 值, 以区别不同内脏器官的正常组织与病变组织, 作为肿瘤等的诊断手段。如正常肝 ^1H 弛豫时间 T_1 值为 140~170 ms, 肝硬化 T_1 值为 180~300 ms, 肝癌 T_1 值为 300~450 ms。

化学工业上, 在不损坏样品的情况下, 利用 T_1 的测定, 以快速、定量地测出食品、种子、木材、煤、石油及许多天然产品中的含水量、含油量及含氢量, 也可用 T_1 测定食品中蛋白质、动植物油等的含量。

4.10 二维核磁共振谱

二维核磁共振(two-dimensional NMR,2DNMR)的出现和发展,是近代核磁共振波谱学的最重要的里程碑。Jeener 在 1971 年首次提出了二维核磁共振的概念,但并未引起足够的重视。后经过 Ernst 和 Freeman 等人的努力,并进行了大量卓有成效的研究,为推动二维核磁共振的发展起了重要的作用。他们发展了多种二维核磁共振的实验方法,在多肽、蛋白质、核酸等复杂结构的研究方面,取得了很大的成功。为此 Ernst 教授荣获了 1991 年 Nobel 化学奖。在此仅对有机化合物结构分析中常用的几种二维核磁共振谱进行简单介绍。

4.10.1 2DNMR 实验方法及分类[2,13-15]

2DNMR 信号是两个独立频率变量的函数,记做 $S(\omega_1,\omega_2)$。共振吸收分布在由两个频率轴组成的平面上,即化学位移、耦合常数等核磁共振参数在二维平面上展开,构成二维核磁共振平面图,从而减少了谱线的拥挤和重叠,提供了自旋核之间相互关系的新信息。

4.10.1.1 2DNMR 实验方法

1. 频率域实验

用强的射频频率 ω_2 扰动自旋系统,用弱的射频场 ω_1 探测频率响应,得到的信号是两个频率的函数,记做 $S\omega_2(\omega_1)$。系统地改变 ω_1 和 ω_2 可得到 2DNMR 谱。

2. 时域、频域混合实验

自旋系统受射频频率 ω_2 扰动,探测的是脉冲响应时域信号(FID),记做 $S\omega_2(t)$,系统地改变 ω_2,得到一系列时域信号,经 Fourier 变换得到 2DNMR 谱。

以上两种实验方法类似。

3. 二维时域实验

以两个独立的时间变量进行一系列实验,得到的信号是时域函数,记做 $S(t_1,t_2)$。再经两次 Fourier 变换,才能得到 $S(\omega_1,\omega_2)$ 的二维核磁共振谱。

用"时间分割轴"把时间轴分段,以得到两个独立的时间变量 t_1,t_2,见图 4.32。整个时间轴被分割成三个区间:预备期、演变期(evolution)t_1、探测期 t_2(图 4.33)。

(1)预备期

以较长的延迟时间(T_d)和激发脉冲组成。$T_d \geqslant 5T_1$,以等待自旋体系恢复 Boltzmann 分布,建立热平衡。在预备期末,施加一个或多个 90°脉冲,使系统建立非平衡状态。

(2)演变期

又称发展期,预备期末建立的非平衡状态,在物理环境的影响下演变。t_1 以固定增量 Δt 改变。不同的 t_1,其对应的磁化强度的相位和幅度也不同。

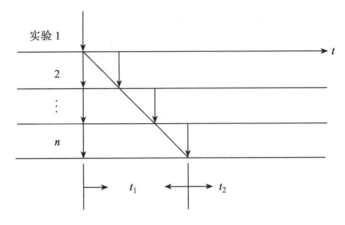

图 4.32　时间分割轴，产生两个独立的时间变量

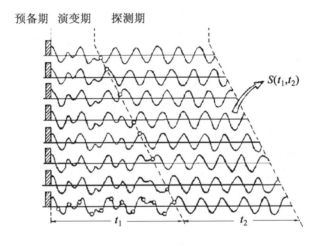

图 4.33　演变期的信息包含在探测期的起始条件中

（3）混合期

有时在发展期和检测期之间插入一个混合期，在混合期建立信号检出的条件。混合期不是必不可少的条件，要视二维核磁共振谱的种类而定，可存在也可不存在。

（4）探测期

在 t_1 末进行检测，对 FID 信号取数，每个 t_1 对应于一个 FID 信号。探测到的这些 FID 不仅是 t_2 的函数，也受 t_1 的调制。

t_1	$t_1+\Delta t$	$t_1+2\Delta t$	$\cdots$	$t_1+(n-1)\Delta t$	$t_1+n\Delta t$
$S_1(t_2)$	$S_2(t_2)$	$S_3(t_2)$	$\cdots$	$S_n(t_2)$	$S_{n+1}(t_2)$

由此得到以时间变量 t_1，t_2 为行列排列的数据阵 $S(t_1, t_2)$。

4.10.1.2　2DNMR 谱的分类

根据演变期和探测期中信息间的关系，二维谱可分为两大类：二维 J 分解谱和二维相关谱。

1. 二维 J 分解谱（J resolved spectroscopy）

二维 J 分解谱在演变期和探测期之间不存在混合期和混合脉冲，不同核的磁化之间没有转移。二维 J 分解谱一般不提供比一维谱更多的信息，只是将化学位移和耦合作用分解在两个不同轴上，使重叠在一起的一维谱在平面上分解、展开，便于解析。

2. 二维相关谱（correlation spectroscopy）

二维相关谱中，在演变期和探测期之间加一混合期。由一组固定长度的脉冲和延迟组成，此期间通过相干或极化的传递建立检测条件。若不同核的磁化之间的转移是由 J 耦合作用传递的，这种二维相关谱称二维位移相关谱。二维位移相关谱又分为同核位移相关谱和异核位移相关谱。若磁化转移是由混合期的动态过程如交叉弛豫或化学交换传递的，这种二维相关谱称为二维 NOE 谱和化学交换谱。

核磁共振测试的共振吸收谱线，通常为单量子跃迁（$\Delta m = \pm 1$）。发生多量子跃迁时，Δm 为大于 1 的整数。利用合适的脉冲序列可以检测出多量子跃迁，得到多量子跃迁的二维谱。

4.10.1.3　2DNMR 谱的表现形式

1. 堆积图（stacked trace plot）

堆积图是由很多条类似于一维谱的谱线紧密排列组成。该图的优点是有立体感、直观；缺点是作堆积图耗时，且难以定出吸收峰的准确频率、一些较弱的吸收峰可能被强的吸收峰所掩盖。

2. 等高线图（contour plot）

等高线图类似于等高线地图，最中心的圆圈表示峰的位置，圆圈的数目表示峰的强度。其优点是作图快，容易准确读出峰的频率；缺点是低强度的峰可能被漏画。等高线图的实用性优于堆积图，二维位移相关谱均采用等高线图。

4.10.2　几种二维谱的信息[13-15]

4.10.2.1　二维 J 分解谱

二维 J 分解谱反映了磁性核之间的耦合关系。以横轴（F_2 频率轴）为化学位移，纵轴（F_1 频率轴）为耦合常数，在平面上展开，得到相应于某化学位移的核的耦合情况。

1. 同核 2DJ 分解谱

同核 2DJ 分解谱的基本脉冲序列见图 4.34，演变期中间插入一个核选择 180°脉冲。由于 180°脉冲的重聚作用，在演变期末，消除了化学位移的影响，保留了耦合作用。

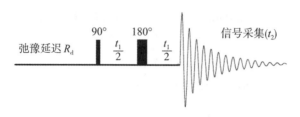

图 4.34　同核 2DJ 分解谱的基本脉冲序列[13]

$C_{11}H_{14}O_2$ 的同核 2DJ 谱见图 4.35，δ_H 与 J_{HH} 在图中展开，化合物的结构为苯甲酸正丁酯。

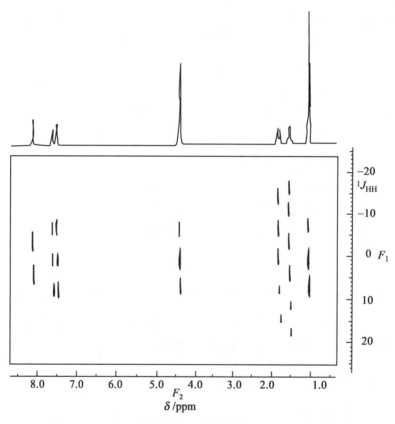

图 4.35　$C_{11}H_{14}O_2$ 的同核 2DJ 分解谱（300 MHz，CDCl$_3$）

2. 异核 2DJ 分解谱

异核 2DJ 分解谱的基本脉冲见图 4.36，对异核耦合系统只加 ^{13}C 180°脉冲就会消除 J 耦合作用，所以必须同时加 ^{1}H 180°脉冲才能保存异核间的耦合作用。

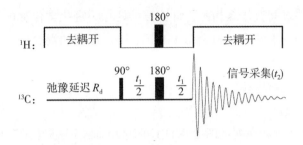

图 4.36 异核 2DJ 分解谱的基本脉冲序列[13]

5α-雄甾烷的异核 2DJ 分解谱见图 4.37。质子耦合谱 4.37(a)在 $\Delta\delta$ 约 50 ppm 范围内，呈多重峰，谱峰相互交错重叠，难以解析；质子宽带去耦谱 4.37(b)出现 18 条峰，其中 4,6-位碳 δ 值相等，谱峰重叠，且无耦合信息；(c)谱为异核 2DJ 分解谱，频率轴 F_2 为 δ_C，频率轴 F_1 为 J_{CH}，使 δ_C 和 J_{CH} 在平面上展开。该图既可读出每种化学环境不同的碳的 δ 值，又可以清晰地看到 C—H 之间的耦合情况及 $^1J_{CH}$ 值。

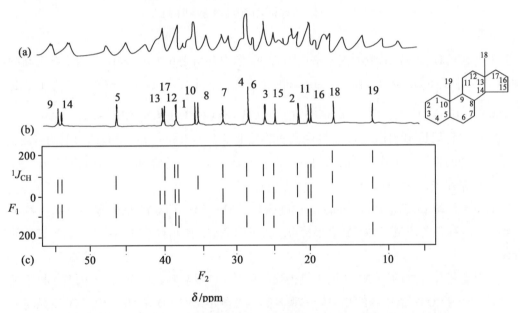

图 4.37 5α-雄甾烷(a)质子耦合的^{13}C NMR 谱，(b)质子去耦的^{13}C NMR 谱，
(c)异核 2DJ 分解谱(50 MHz)

4.10.2.2 二维位移相关谱

在二维相关谱实验中，若不同核的磁化之间的转移是由 J 耦合作用传递的，则这种二维相关谱称二维位移相关谱或 COSY 谱(COSY 是 2D correlation spectroscopy 的简称)。其实

它并不表示化学位移之间有什么相关,而是表示具有一定化学位移的核信号之间的联系。二维位移相关实验的基本脉冲序列见图 4.38,t_1 和 t_2 之间的混合脉冲,同核用一个 90° 脉冲;异核由 ^{1}H 的 90° 脉冲和 ^{13}C 的 90° 脉冲组成。其作用是产生相干转移。二维位移相关谱的两个频率轴均表示化学位移。

1. 同核位移相关谱

同核位移相关谱(脉冲序列见图 4.38)中两个频率轴都表示化学位移,对角线上的信号与一维谱相同,在偏离对角线的两侧可以获得交叉峰。交叉峰以对称形式出现,说明了对应于对角线上的两个质子之间存在着耦合。

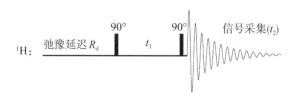

图 4.38　同核位移相关谱的基本脉冲序列[13]

3-庚酮 $C_7H_{14}O$ 的 ^{1}H-^{1}H COSY 谱见图 4.39。谱中共出现 6 组峰(14H),由低频至高频依次标记为 a,b,c,d,e,f。括号内为各峰的相关峰,分析如下:a(c),b(f),c(a,d),d(c,e),e(d),f(b)。因此 $C_7H_{14}O$ 的结构为 $\overset{b}{C}H_3\,\overset{f}{C}H_2CO\,\overset{e}{C}H_2\,\overset{d}{C}H_2\,\overset{c}{C}H_2\,\overset{a}{C}H_3$。

值得注意的是 ^{1}H-^{1}H COSY 谱图中的对称性通常并不十分完美,对角线边上的峰簇,尤其是非耦合的强峰的干扰,对谱图的解析带来困难。这往往需要对实验进行精修或改进。

2. 双量子滤波 ^{1}H-^{1}H COSY

双量子滤波 COSY(double-quantum filtered COSY,DQF-COSY)从机理上讲属于双量子二维谱,但其谱图外观与 COSY 谱很接近,从应用考虑,在此对 DQF ^{1}H-^{1}H COSY 进行简单介绍。

针对有机化合物的 ^{1}H NMR 谱中有很强的单峰,如甲氧基、乙酰基、异丙基、叔丁基等的存在,影响 COSY 谱中弱的相关峰的观测甚至检测不出时,DQF ^{1}H-^{1}H COSY 就显得尤为重要。DQF ^{1}H-^{1}H COSY 的脉冲序列是在 ^{1}H-^{1}H COSY(图 4.38)的第二个 90° 脉冲之后紧接着再加一个 90° 脉冲,使两者之间仅相差几个 μs。第三个 90° 脉冲的作用是除去或"滤掉"单量子过渡态,保留双量子或更高的过渡态。

DQF ^{1}H-^{1}H COSY 谱中抑制了非耦合的强吸收单峰和溶剂峰,使其吸收信号大大降低;图中对角线峰与交叉峰峰型一样,均为吸收型,且对角线的峰型有较大的改善,降低了对交叉峰的干扰。与 ^{1}H-^{1}H COSY 比较,DQF ^{1}H-^{1}H COSY 谱显得更加清晰,对谱图的解析也

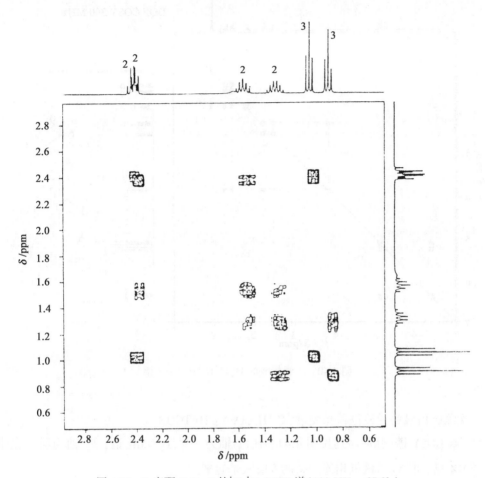

图 4.39　3-庚酮 $C_7H_{14}O$ 的 ^1H-^1H COSY 谱（300 MHz，$CDCl_3$）

更加容易。小蠹烯醇的 DQF ^1H-^1H COSY 谱简称 DQF COSY，见图 4.40。

小蠹烯醇的分子式 $C_{10}H_{18}O$，UN = 2，含有两个双键。^1H NMR 谱中与 OH 连接的 CH（3.8，1H）和 $2CH_3$（0.95，6H）的吸收峰容易识别，其他质子的吸收峰，难以归属。图 4.40 表明 a（6H），$2CH_3$，与 d（1H）相关，表明 d 为 2-H。b（1H）与 c（1H）、d（1H）、g（1H）相关，表明 b 为 3-H。c（1H）与 b（1H）、d（1H）、g（1H）相关，表明 b 为 3′-H。结合 b，c 的相关分析，可以认为 g（1H）为 4-H；其化学位移也表明了该质子与 OH 连接。e（1H）与 f（1H）、g（1H）相关，表明 e 为 5-H。f（1H）与 e（1H）、g（1H）相关，表明 f 为 5′-H。h（2H）与 e（1H），f（1H）相关，表明 h 为 9-H。位于最高频 j（1H）应归属为＝CH，为 7-H，图中表明 j 与 i（2H）相关，表明 i 为 8-H。

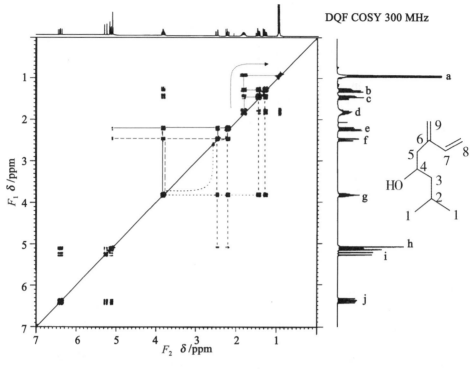

图 4.40　小蠹烯醇的 DQF ^{1}H-^{1}H COSY 谱

3. 检测碳信号的异核位移相关谱^{13}C-^{1}H COSY：HETCOR

^{13}C-^{1}H COSY 谱(脉冲序列见图 4.41)中 F_1 轴为一维^{1}H NMR 谱，F_2 轴为质子宽带去耦^{13}C NMR 谱，把 δ_H 与该氢相连的碳的 δ 值联系起来。

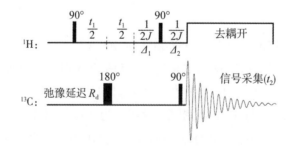

图 4.41　HETCOR 的基本脉冲序列[6]，J 为$^1J_{CH}$，约 145 Hz

香叶醇的^{13}C-^{1}H COSY 谱见图 4.42。碳谱 10 条谱线由低频至高频用 a 至 j 10 个英文字母标记。^{1}H NMR 中 δ：1.6 ppm 为 8-位 CH$_3$，与 b 峰相关($\delta_{C\text{-}8}$)。1.7 ppm 为10-位CH$_3$，与 a 峰相关($\delta_{C\text{-}10}$)。1.72 ppm 为 9-位 CH$_3$，与 c 峰相关($\delta_{C\text{-}9}$)。2.02 ppm 为 4-位 CH$_2$，与 e 峰相

关(δ_{C-5})。2.09 ppm 为 5-位 CH$_2$，与 d 峰相关(δ_{C-5})，3.8 ppm 为 OH，无相关峰。4.34 ppm 为 1-位 CH$_2$，与 f 峰相关(δ_{C-1})，5.1 ppm 为 6-位 CH，与 g 峰相关(δ_{C-6})，5.42 ppm 为 2-位 CH，与 h 峰相关(δ_{C-2})。i，j 无相关峰，为 δ_{C-7}，δ_{C-3}。

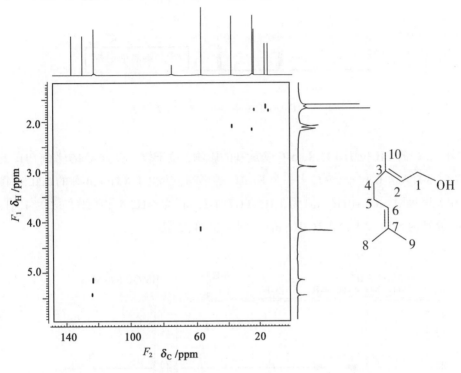

图 4.42 香叶醇的 ^{13}C-^{1}H COSY 谱(500 MHz ^{1}H NMR，CDCl$_3$)

图 4.41 的脉冲序列已表明了图 4.42 实际上是检测碳信号的 ^{13}C-^{1}H COSY(HETCOR)。由于 ^{13}C 核与 ^{1}H 核核磁共振灵敏度的巨大差异，使得检测质子信号的 ^{1}H-^{13}C COSY 在实验室非常有用，在此简单介绍。

4. 检测质子信号的 ^{1}H-^{13}C COSY：HMQC

检测质子信号的 ^{1}H-^{13}C COSY(heteronuclear multiple quantum correlation)简称 HMQC。HMQC 实验的脉冲序列见图 4.43。在开启 ^{1}H 核磁共振信号检测的同时，开启 ^{13}C 核的去耦器，得到的质子信号不会被 ^{13}C 核耦合裂分。HMQC 谱的 F_2 是质子的化学位移，F_1 是 ^{13}C 核的化学位移。2-甲基环戊酮的 HMQC 谱见图 4.44[6]。尽管 2-甲基环戊酮分子中只有 10H，但谱图的解析却有一定的难度。分子的环状结构和羰基、甲基的存在，导致环上的同 C 质子的化学环境不同，出现复杂的耦合裂分。^{1}H NMR 谱中除 6 位甲基(6-CH$_3$)位于最低频外，其余 δ 位于大约 1.4(1H，m)，1.7(1H，m)，1.9(1H，m)，2.0(2H，m)，2.2(2H，m)的吸收峰，难以归属。但对其碳谱的归属是比较容易的，除位于最高频 δ 202 的酮羰基、δ 14

225

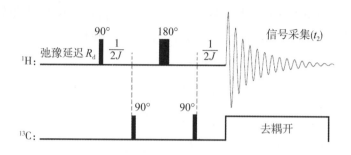

图 4.43　HMQC 的基本脉冲序列[6]，J 为 $^1J_{CH}$

的 CH_3 外，2-C 的 CH 位于 $\delta 43.8$，5-C 受羰基的影响，位于较 3-C、4-C 的两个 CH_2 的更高频，$\delta 37.5$；3-C 与 4-C 比较，3-C 多一个 β-CH_3 的影响，应位于 $\delta 31.7$，4-C 的 $\delta 20.5$。图 4.44 的异核相关谱表明：$\delta 1.4(1H, m)$ 为 3-H，$\delta 1.7(1H, m)$ 为 4-H，$\delta 1.9(1H, m)$ 为 4′-H，$\delta 2.0$ $(2H, m)$ 分别为 5-H、2-H，$\delta 2.2(2H, m)$ 分别为 3′-H、5′-H。

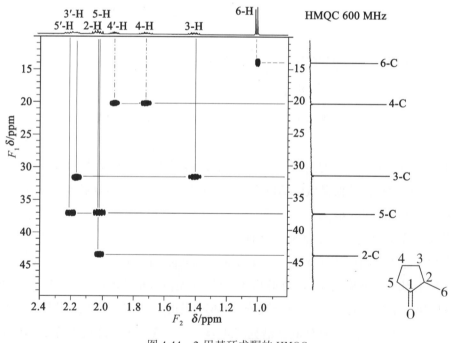

图 4.44　2-甲基环戊酮的 HMQC

5. 检测质子信号的远程 ^1H–^{13}C 异核相关：HMBC

HMQC 只显示碳氢一键相关的信号，消除了碳氢二键和三键耦合的相关信号。HMBC

（heteronuclear multiple bond coherence）实验也是检测质子的信号，但它显示碳氢二键和三键等耦合的相关信号，从而也间接得到碳碳相关信号，还可以观察到季碳和邻近质子的相关信号。

HMBC 实验的脉冲序列见图 4.45。HMBC 图中碳原子和氢原子长程耦合相关峰容易识别，是一个个孤立的峰。在 HMBC 谱中水平方向出现一对峰，其中心对准氢谱的一个组峰（或那一对峰中间还有一条峰，此峰正对氢谱峰组的中心），水平线则穿过碳谱中的一条谱线，这说明有关的氢原子与碳原子是直接相连的。

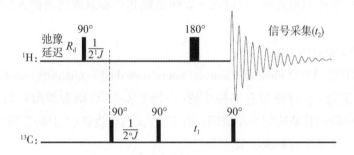

图 4.45　HMBC 的基本脉冲序列[6]，^1J 为 $^1J_{CH}$，^nJ 为 $^2J_{CH}$，$^3J_{CH}$

乙酸丁酯的 HMBC 图见图 4.46。乙酸丁酯的氢谱容易解析，$\delta 3.97$（t）为 3-H，$\delta 1.96$

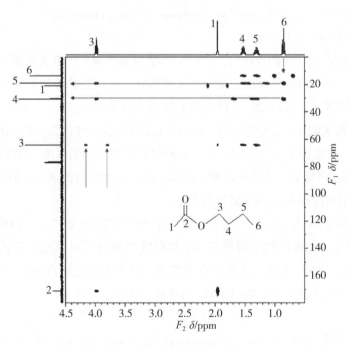

图 4.46　乙酸丁酯的 HMBC（CDCl$_3$）

(s)为 1-H，δ1.60（m）为 4-H，δ1.39（m）为 5-H，δ0.89（t）为 6-H。其碳谱的归属 2 位的羰基碳 δ171.2，3 位与酯基相连的亚甲基碳 δ64.4 和 6 位甲基碳 δ13.7 较易区分，1,4 和 5 位的碳较难归属。HMBC 表明 δ21.0 的谱峰没有相关峰，但水平方向出现一对峰，其中心对准氢谱的 δ（1.96，s）的 1-H，说明 1-H 与 δ21.0 是直接相连的，δ21.0 为 1-C；δ19.2 的谱峰与 δ3.97（t）的 3-H，δ1.60（m）为 4-H 和 δ0.89（t）的 6-H 相关，同时水平方向出现一对峰，其中心对准氢谱的 δ1.39（m）为 5-H，说明 δ19.2 的谱峰为 5-C；剩下 δ30.7 的谱峰为 4-C，出现了与 3-H，5-H，6-H 的相关峰，同时水平方向出现其中心对准氢谱的 δ1.60（m）4-H 的一对峰。

6. ^{13}C-^{13}C 相关谱：INADEQUATE

二维的 INADEQUATE（incredible natural abundance double quantum transfer experiment），稀核双量子转移实验，可以通过直接相连的（一键）^{13}C—^{13}C 耦合找出它们之间的连接关系，使构建分子中碳的骨架比较简单清晰。由于 ^{13}C 天然丰度低（1.1%），两个 ^{13}C 连接的概率只有万分之一，该实验的灵敏度低。

4.10.2.3 二维化学交换和二维 NOE 谱

在 COSY 实验中，磁化传递是靠核间的标量耦合机制进行的，要求存在可分辨的 J 耦合裂分。核间的磁化传递也可通过非相干作用传递，主要靠交叉弛豫机理和化学交换来进行。交叉弛豫依赖于核间的偶极-偶极相互作用，这种机理称为 NOE，借助交叉弛豫完成磁化传递的二维实验称为 NOESY（nuclear overhauser effect spectroscopy）

1. 二维交换谱（EXSY）

考察的核之间不存在 J 耦合作用，但存在化学交换情况。二维交换谱可用于化学交换过程的研究，并可明确测定交换途径及交换速率常数。例如七甲基苯正离子[16]中的一甲基基团可以在 6 个可能的位置移动，通过二维交换谱可以证实。

在 1DNMR（图 4.47（a））的研究中认为仅在 1,2-位交换，这是因为在 1DNMR 谱（40℃）中出现 4 条单峰，强度为 2:2:2:1，代表 4 种化学环境不同的甲基。但随着温度升高，谱峰加宽，4 峰合并，再变成一尖锐的单峰，此时，虽显示出交换的迹象，但无法区别 1,2 交换和杂乱交换，也无法确定 1,2-位交换占优势。

2DNMR 谱（图 4.47（b））中对角线上给出了 4 个强度为 2:2:2:1 的峰，相当于 40℃时，1DNMR 谱中 4 种化学环境不同的甲基。对角线两侧的三对强度相等的交叉峰表明了 1,2-位之间，2,3-位之间，3,4-位之间存在着交换，且 1,2-位交换占优势。除此之外，七甲基苯正离子中还存在杂乱交换，如图 4.47（c）中虚线所示。

2. 二维 NOE 谱

二维 NOE 谱简称 NOESY（nuclear overhauser effect spectroscopy）谱。NOE 的检测可采用一维谱或二维谱的方式。一维谱（见 3.8.5）的选择性照射不仅费时，而且还有可能遗漏。若

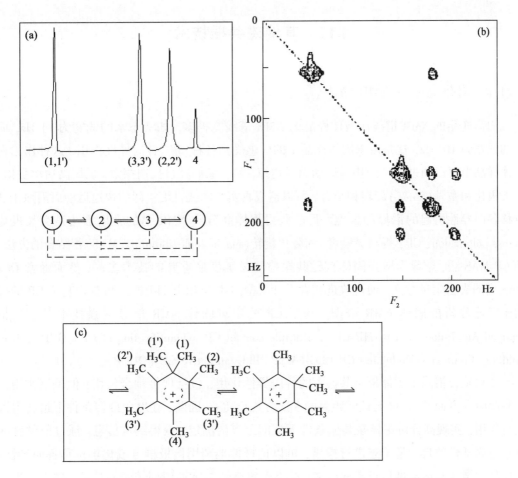

图 4.47　七甲基苯正离子的 1DNMR(a)，2DNMR 化学交换谱(b)及交换图示(c)

采用二维谱的方式，将所有基团间的 NOE 谱在一张二维谱图中展示，这是很有用的，即使其灵敏度较低。NOESY 对确定有机化合物的结构，构型、构象及生物大分子的分析等能提供重要的信息。

　　NOESY 中的质子谱受到广泛重视，是因为它能提供空间关系方面的信息。大分子运动速度缓慢，偶极-偶极相互作用不能有效地平均掉，导致谱线加宽，但这也提供了交叉弛豫的机制，因此特别适用于 NOESY 研究。如 NOSEY 能给出蛋白质中相邻氨基酸的信息。

　　ROESY 是旋转坐标系下的 NOESY。NOESY 在分子量大和小的分子体系中，灵敏度很高。中等分子或特殊形状分子，在 NOESY 中得不到交叉峰。而 ROESY 交叉峰与分子量的大小无关，这时可以用 ROESY 得到距离信息。

4.11　其他磁共振技术

4.11.1　固体高分辨 NMR 谱[17]

固体样品的 NMR 谱线比液体样品的 NMR 谱线宽得多。如液态水的线宽为0.1 Hz，而冰的线宽为 10^5 Hz，这是由于固体样品中的核感受到各种"静"各向异性作用，这种作用在液体样品中可以通过分子的快速运动而平均掉。科学家们经过长期探索，采用高功率去耦、交叉极化和魔角(54.7°)旋转相结合，可以造成真实空间或自旋空间的快速运动而消除化学位移各向异性引起的谱峰的加宽。目前获得固体高分辨 NMR 谱的常用方法是交叉极化(cross polarizaion, CP, 提高灵敏度)和魔角旋转(magic angle spinning, MAS)相结合的方法，即 CP-MAS 法，它成为增强固体核磁共振检测灵敏度最重要的技术之一，然而通常 CP/MAS 谱图失去定量意义。通过改进或者设计新型固体 NMR 脉冲序列，可获得基于 CP 的可用于定量分析的固体 NMR 谱图。基于 CP 的定量固体 NMR 信号增强技术[18]，包括 Ramped-Amplitude CP (RAMP-CP)，Multiple-contact CP、Quantification of CP (QCP)，Lee-Goldburg Frequency Modulated CP (LG-FMCP)和 Quantitative CP (QUCP)。

魔角旋转消除了固体核磁共振中的各向异性作用，包括偶极耦合作用，但是该作用包含核间距离方面的信息(与核间距离的 3 次方成反比)。因此，在魔角旋转条件下重新引入耦合作用，实现高分辨率核磁共振条件下核间距离的测定，获得结构信息。通过射频脉冲序列对原子核的自旋量子态进行操纵，可以选择性地利用偶极耦合或化学位移各向异性，将样品的结构与运动性信息提取出来。此类魔角旋转与脉冲序列结合的技术，称为偶极重耦(Dipolar Recoupling)或化学位移重耦(Chemical Shift Anisotropy Recoupling)技术[19-21]。

4.11.2　三维和四维核共振

1DNMR 实验是通过预备期→(使体系恢复动态平衡)→激发(脉冲发射)→检出期(t)，得到的信号(S)是含有一个时间变量的函数，记做 $S(t)$。经过 Fourier 变换，得到频率域的 IDNMR 谱。

2DNMR 实验是通过预备期→发展期(t_1)→混合期→检出期(t_2)，得到的信号(S)是含有两个时间变量的函数，记做 $S(t_1, t_2)$，经过两次 Fourier 变换，得到频率域的 2DNMR 谱。

3DNMR 实验是在 2DNMR 实验基础上发展起来的，是通过预备期→发展期(t_1)混合期(1)→发展期(t_2)→混合期(2)→检出期(t_3)，记做 $S(t_1, t_2, t_3)$，经过三次 Fourier 变换，得到频率域的 3DNMR 谱。4DNMR 可简单地看作由三个 2DNMR 实验所组成，分别略去了第一个 2D 实验的检测期，第二个 2D 实验的预备期和检测期，及第三个 2D 实验的预备期。多维 NMR 实验可测试更高分子量(>20000)的生物大分子溶液三维结构,研究生物大分子运动状态等[22-25]。

4.11.3 磁共振成像

磁共振成像(magnetic resonance images,MRI)是基于核磁共振基本原理,利用原子核在磁场内共振所产生信号经重建成像的一种成像技术[26]。从磁共振图像中我们可以得到物质的多种物理特性参数,如质子密度、自旋-晶格弛豫时间 T_1、自旋-自旋弛豫时间 T_2、扩散系数、磁化系数、化学位移等等。对比其他成像技术如 CT,超声 PET 等,磁共振成像方式更加多样,所得到信息也更加丰富,在诊断疾病中显示出很大的优越性。MRI 技术已成为一种常规的医学检测手段,检查范围基本上覆盖了全身各系统[27]。MRI 具有很高的空间分辨率和清晰度,可获得人体横面、冠状面、矢状面及任何方向断面的图像,有利于病变的三维定位,不会产生 CT 检测中的伪影。MRI 的不足之处在于它的空间分辨率不及 CT,由于强磁场的原因,MRI 对诸如体内有磁金属或起搏器的特殊病人不能适用,且价格高。

4.12 其他重要自旋核的核磁共振

除 ^{1}H,^{13}C 核外,其他重要的 $I=1/2$ 的自旋核,如 ^{19}F,^{31}P,^{29}Si 等核在有机化合物、天然产物、药物合成等研究领域很重要,这些核的 NMR 分析也是很有用的,在此进行简单介绍。^{19}F,^{31}P,^{29}Si 自旋核的天然丰度、γ 值、磁矩、共振吸收频率和相对于 ^{1}H 核的 NMR 的灵敏度见表 4.16。

表 4.16 ^{19}F,^{31}P,^{29}Si 核的性质

自旋核	自然丰度 (%)	磁旋比 γ (10^7 rad · T^{-1} · s^{-1})	NMR 频率 (Hz)	相对灵敏度	检测范围 (ppm)
^{1}H	99.985	26.7501	300	1.00	0~10
^{13}C	1.108	6.7263	75.432	$1.76×10^{-4}$	0~220
^{19}F	100	25.1665	282.231	0.83	270~−280
^{31}P	100	10.840	121.442	$6.63×10^{-2}$	270~−480
^{29}Si	4.7	−5.319	59.595	$3.69×10^{-4}$	80~−380

4.12.1 ^{19}F 核磁共振谱

^{19}F 核的自然丰度100%,$I=1/2$,灵敏度仅次于 ^{1}H 核,是 NMR 研究的理想核。早期的

文献报道, ^{19}F NMR 测试通常是以 CF_3COOH 为外标的参比化合物, 测试样品的化学位移值以其为参考值。目前, ^{19}F NMR 测试通常是以 $CFCl_3$(0 ppm)为参考标准, 相对于 $CFCl_3$ 的 0 ppm, CF_3COOH 的化学位移值为−78.5 ppm。$CFCl_3$ 标准样品基本上是惰性的。各类含 F 化合物的化学位移范围见图 4.48[28]。影响 ^{19}FNMR 化学位移的因素尤其复杂, 缺乏明显的规律。

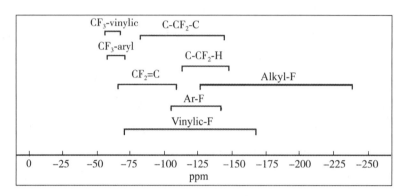

图 4.48　各类含 F 化合物的化学位移范围($CFCl_3$, 0 ppm)

^{19}F 与 ^{1}H 之间的耦合: 在 3.6.4 及 4.6.4 中, 我们分别介绍了 ^{19}F 核对 ^{1}H 核和 ^{13}C核的自旋耦合和裂分。同样的, ^{1}H 核和 ^{13}C 核对 ^{19}F 核也表现出自旋耦合和裂分, 只是自然丰度的化合物中 ^{13}C 核的含量很低, 对 ^{19}F 的耦合峰仅以卫星峰出现, 可忽略不计。3.6.4 给出了氟苯和 $CHF_2CF_2CH_2OH$ 中 ^{19}F 对 ^{1}H 核的耦合信息; 4.6.4 给出了 CF_3COOCH_3 中 ^{19}F 对 ^{13}C 核的耦合信息。当然 ^{1}H 对 ^{19}F 核的耦合信息在 ^{19}F NMR 谱中也可观测到。

^{19}F 与 ^{1}H 之间的耦合与裂分与 ^{1}H, ^{1}H 之间的耦合裂分类似, 裂分峰的数目同样用(n + 1) 或(n +1)(m+1)规律来推算, 只不过耦合常数 ^2J, ^3J 甚至 ^4J 的变化范围更大。$^2J_{H-C-F}$ 为 45~90 Hz, $^3J_{H-C-C-F}$ 为 0~45 Hz, $^4J_{H-C-C-C-F}$ 为 0~9 Hz。

氟代丙酮的 ^{1}H 耦合和去耦的 ^{19}F NMR 谱见图 4.49[6]。^{1}H 去耦谱表明, 分子中存在 1 个 F, 给出 1 条强的单峰, δ−224.67。而 ^{1}H 的耦合谱表明, 分子中存 ^{1}H 对 ^{19}F 的耦合裂分, 同碳质子对 F 的耦合 $^2J_{H-C-F}$ 为 48 Hz, 而 CH_3 对 F 的耦合 $^4J_{H-C-C-C-F}$ 为 4.3 Hz。图 4.49 还表明质子对 F 核的耦合裂分严格符合(n+1)规律。CH_2F 基中的 2 个等价质子把 F 裂分为 1:2:1的三重峰, 每一峰又被 CH_3 基中的 3 个等价质子进一步裂分为 1:3:3:1 的四重峰。

4.12.2　^{31}P 核磁共振谱

^{31}P 核的自然丰度 100%, I=1/2, 灵敏度次于 ^{19}F 核, 也是 NMR 研究的理想核。化学家

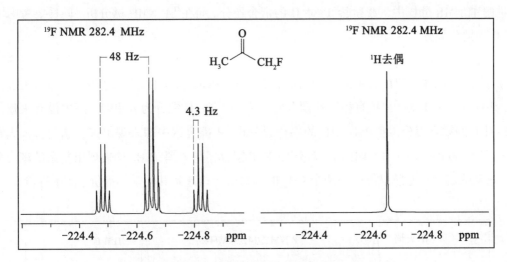

图 4.49 氟代丙酮 ^{1}H 耦合和去耦的 ^{19}F NMR 谱

对含磷的化合物一直是感兴趣的，无论是无机的、还是有机的含磷化合物。磷元素是生物体内不可缺少的元素之一，含磷化合物在机体的能量代谢，脂肪、糖类的代谢，酸碱平衡控制等各种生命活动中都起着非常重要的作用，对于含磷化合物的研究尤为重要[29]。

一些含 P 化合物的化学位移值见表 4.17。^{31}P 的化学位移变化范围大，对它进行概括较难。一种核的化学位移究竟是移向低频还是高频，按照传统的方法理解，是由核周围电子云密度的大小决定的。但是对于 ^{31}P NMR，则有许多情形完全与之相反。有机磷化合物的 ^{31}P NMR 化学位移不仅仅与电子云密度有关，核外电子云的球对称效应有决定影响[30]。

表 4.17　　　　　　　　　一些含 P 化合物 ^{31}P NMR 的化学位移值

P（Ⅲ）	δ（ppm）	P（Ⅲ）	δ（ppm）	P（Ⅴ）	δ（ppm）	P（Ⅴ）	δ（ppm）
PMe_3	−62	$P(t\text{-}Bu)_3$	63	Me_3PO	36.2	Et_3PS	54.5
PEt_3	−20	$PMeH_2$	−163.5	Et_3PO	48.3	$[PF_6]^-$	−145
$P(n\text{-}Pr)_3$	−33	PMe_2H	−99	PF_5	−80.3	$[PO_4]^{3-}$	6
$P(i\text{-}Pr)_3$	19.4	$PMeCl_2$	192	PCl_5	−80	$[Me_4P]^+$	24.4
$P(n\text{-}Bu)_3$	−32.5	PMe_2Cl	92	Me_3PS	59.1	$[Et_4P]^+$	40.1

^{31}P 与 ^{1}H 之间的耦合：^{31}P 与 ^{1}H 之间的耦合与裂分与 ^{1}H，^{1}H 之间的耦合裂分类似，耦合裂分峰的数目同样用 $(n+1)$ 或 $(n+1)(m+1)$ 规律来推算。耦合常数 ^2J，^3J 的变化范围较大，与 P 的价态（三价或五价）有关。在 3.6.4 及 4.6.5 中，我们分别介绍了 ^{31}P 核对 ^{1}H 核和 ^{13}C 核的自旋耦合和裂分。同样的，^{1}H 核和 ^{13}C 核对 ^{31}P 核也表现出自旋耦合和裂分。含 P 化

合物的 ^1H NMR 分析中，要考虑 ^{31}P 对 ^1H 的耦合裂分。而在 ^{31}P NMR 谱分析，同样要考虑 ^1H 对 ^{31}P 的耦合裂分。

二乙基膦酰氯 $(C_2H_5)_2P(O)Cl$ 的 ^1H 耦合和去耦的 ^{31}P NMR 谱、^{31}P 耦合和去耦的 ^1H NMR 谱见图 4.50[6]。^1H 去耦的 ^{31}P NMR 谱给出 1 条单峰，但 ^1H 耦合的谱图中却给出 5 条峰，表明 2 个 CH_2 对 ^{31}P 核有相近的耦合值，导致 P 被 4H 裂分为五重峰，图中没有表现出 CH_3 对 P 的耦合裂分。但 P 对 CH_3 的耦合裂分在 ^{31}P 耦合谱中却表现出来，$^3J_{H-C-C-P}$ 大约 1Hz。但在 600 MHz 的 ^1H NMR 谱，无论 ^{31}P 核的耦合还是去耦，CH_2 均表现出复杂的耦合裂分，这意味着二乙基膦酰氯中的两个 CH_2 的非对映异构导致其化学不等价、磁不等价。

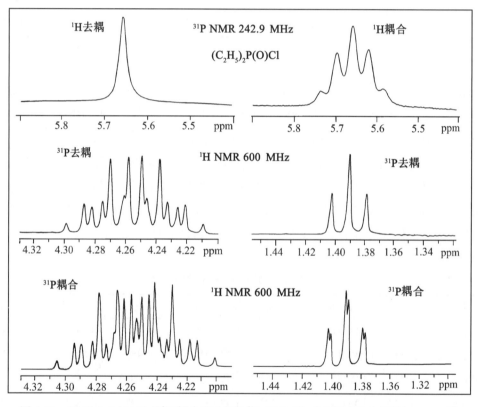

图 4.50 $(C_2H_5)_2P(O)Cl$ 的 ^1H 耦合和去耦的 ^{31}P NMR 谱、^{31}P 耦合和去耦的 ^1H NMR 谱

4.12.3 ^{29}Si 核磁共振谱

随着 NMR 技术的发展，使自然丰度为 4.7%，自旋量子数 $I = 1/2$ 的 ^{29}Si NMR 的分析已成为可能。^{29}Si 的磁旋比 $\gamma = -5.3141$ ($10^7\ rad \cdot T^{-1} \cdot s^{-1}$)，虽然其 NMR 的相对灵敏度高于

[13]C 核，但由于负的 γ 值导致其质子去耦中[29]Si NOE 谱的增强为负值，且[29]Si 核的弛豫时间可能较长，测试[29]Si NMR 谱时，对实验技术和实验条件都有特殊的要求[32]。^{29}Si NMR 谱的常用范围在 10～−150 ppm。目前，^{29}Si NMR 也成为许多从事有机硅研究实验室结构测定的例行分析方法。

甲基硅氧烷类化合物或聚合物的[1]H，[13]C，^{29}Si NMR 化学位移比较见图4.51[12]。该图表明，在甲基硅氧烷类化合物或聚合物的[1]H 或[13]C NMR 谱中，是无法区分与不同硅相连的甲基数目（如 M，D，T，Q）；但在[29]Si 的 NMR 谱中，它们是可以清楚地分辨出取代基的数目不同的硅核。图中随着 Si 原子上氧原子基数目的增加，[29]Si 的 δ 值位移，这显然与硅核外围的电子云密度有关。各类硅化合物的[29]Si NMR 谱化学位移范围见图 4.52[6]。

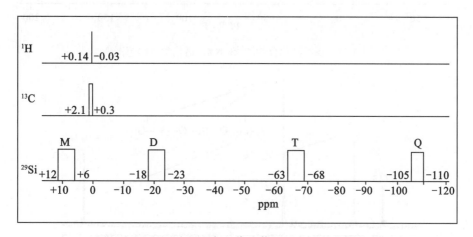

图 4.51　甲基硅氧烷的[1]H，[13]C，^{29}Si NMR 谱的化学位移

有机硅化合物的[1]H NMR 谱能够反映出与硅直接连接的基团的信息。在[29]Si NMR测试中会出现来自玻璃样品管的背景吸收。样品测试之前可先记录加有溶剂的样品管的背景吸收，然后从测试样品的[29]Si NMR 谱中去除来自玻璃样品管背景的干扰，也可使用非玻璃的样品管测试。

含有 Si—H 和 $RSiO_{3/2}$（T）结构单元的高度规整的线性聚硅氧烷的[29]Si NMR 谱见图4.53[33]。图中清楚地给出了 SiH 基的 $\delta-6.23$ ppm，T 结构单元（$MeSiO_{3/2}$ 基）的 $\delta-65.34$ ppm，而 D 结构单元（Me_2SiO 基）的 $\delta-21.51$ ppm。^{29}Si NMR 谱给出的这些结构信息通过[1]H NMR 或[13]C NMR 是无法实现的。

[29]Si 与[1]H 之间的耦合：[29]Si 同位素（$I=1/2$）因其自然丰度 4.7%，对质子产生耦合裂分，致使质子主峰两侧出现一对卫星峰，其强度分别大约为主峰强度的2.4%，这对卫星峰有时被误认为是杂质峰或其他影响。Si—Me 在 0 ppm 附件出现特征的尖锐单峰，甲基质子仅仅

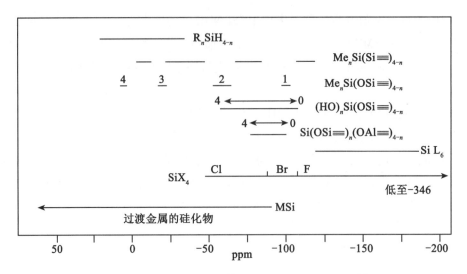

图 4.52　各类硅化合物的^{29}Si NMR 谱化学位移范围[6]

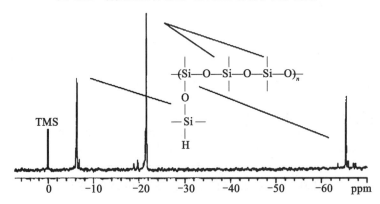

图 4.53　含有 Si—H 和 $RSiO_{3/2}$(T)结构单元的高度规整的聚硅氧烷的^{29}Si NMR 谱(丙酮-d_6)

被与硅连接的质子(H—Si—Me)裂分。所以在有机硅化合物的^{1}H NMR 谱中，一般不考虑^{29}Si核对质子的耦合裂分。但在^{29}Si NMR 谱中，^{1}H 对^{29}Si 核的耦合是普遍存在的。

参 考 文 献

1. [美]约瑟夫·B. 兰伯特，[美]尤金·P. 马佐拉，[美]克拉克·D. 里奇著. 核磁共振波谱学原理、应用和实验方法导论(原著第 2 版) [M]. 向俊锋，周秋菊，等译. 北京：化学工业出版社，2021.

2. 高汉宾，张振芳. 核磁共振原理与实验方法[M]. 武汉：武汉大学出版社，2008.

3. 毛希安. 现代核磁共振实用技术及应用[M]. 北京：科学技术文献出版社，2000.

4. Breitmaier E, Voelter W. Carbon-13 NMR spectroscopy, 3rd Edition, VCH, Weinheim, 1989.

5. 周原朗, 李华立. 核 OVERHAUSER 效应（NOE）的应用［J］. 有机化学, 1986, 1：1-18.

6. ［美］Silverstein R M, ［美］Webster F X, ［美］Kiemle D J, 等著. 有机化合物的波谱解析（原著第 8 版）［M］. 药明康德新药开发有限公司译. 上海：华东理工大学出版社, 2017.

7. 陈德恒等编著. 有机结构分析［M］. 北京：科学出版社, 1985.

8. 沈其丰. 核磁共振碳谱［M］. 北京：北京大学出版社, 1988.

9. Olah G A, White A M. Stable carbonium ions. XCI. Carbon-13 nuclear magnetic resonances spectroscopic study of carbonium ions［J］. J. Am. Chem. Soc., 1969, 91（2）：5801-5810.

10. ［美］艾伦. 托内利（Alan E. Tonelli）著. 吴大诚, 王瑞霞校. 核磁共振波谱学与聚合物微结构［M］. 杜宗良, 成煦, 王海波, 等译. 北京：化学工业出版社, 2021.

11. Wesslén B, Lenz R W, Bovey F A. Poly（ethyl-chloroacrylates）. Nuclear magnetic resonance spectra and tetrad analysis［J］. Macromolecules, 1971, 4（6）：709-712.

12. Smith A L（editor）. The analytical chemistry of silicones［M］. Wiley-Interscience, New York, 1991.

13. 杨立编著. 二维核磁共振简明原理及图谱解析［M］. 兰州：兰州大学出版社, 1996.

14. Simpson J H. Organic structure determination using 2-D NMR spectroscopy, a problem-based approach 2nd Edition［M］. Elsevier Inc., 2011.

15. 赵天增, 秦海林, 张海艳, 等编著. 核磁共振二维谱［M］. 北京：化学工业出版社, 2018.

16. Meier B H, Ernst R R. Elucidation of chemical exchange networks by two-dimensional NMR spectroscopy：the heptamethylbenzenoniumion［J］. J. Am. Chem. Soc., 1979, 101（21）：6441-6442.

17. Andrew E R, Szczesniak E. A historical account of NMR in the solid state［J］. Prog. Nuel. Mag. Res. Sp.,1995, 28：11-36.

18. 梁力鑫, 邓风, 侯广进. 固体核磁共振魔角旋转条件下的定量交叉极化技术［J］. 波谱学杂志, 2020, 37（01）：1-15.

19. Ji Y, Liang L X, Hou, G J. Recent progress in dipolar recoupling techniques under fast MAS in solid-state NMR spectroscopy［J］. Solid State Nucl. Mag., 2021, 112：101711.

20. Gopinatha T, Veglia G. Simultaneous acquisition of multiple fast MAS solid-state NMR experiments via orphan spin polarization［J］. Ann. Rep. NMR Spectro., 2021, 102：247-268.

21. Liang L X, Ji Y, Chen K Z,et al. Solid-state NMR dipolar and chemical shift anisotropy

recoupling techniques for structural and dynamical studies in biological systems[J]. Chem. Rev. 2022, 122: 9880-9942.

22. 王宏钧, 张惠苓, 卢葛覃. 三维 NMR 谱[J]. 光谱实验室, 1995, 12(1): 1-10.

23. 王宏钧, 张惠苓, 卢葛覃. 四维 NMR 谱[J]. 光谱实验室, 1995, 12(1): 11-15.

24. 夏佑林, 吴季辉, 刘琴, 等. 生物大分子多维核磁共振[M]. 合肥: 中国科学技术大学出版社, 1999.

25. 尹林, 申峻丞, 杨立群. 核磁共振波谱法在蛋白质三维结构解析中的应用[J]. 生物化学与生物物理进展, 2022, 49(7): 1273-1290.

26. 袁勤, 曾怀忍, 毕文伟主编. 核磁共振成像原理与技术[M]. 成都: 电子科技大学出版社, 2015.

27. [瑞士]沃尔·M. 朗格, [德]沃尔夫冈·R. 尼兹, [美]米格尔·泰勒斯, [美]弗兰克·L. 戈纳. 临床 MR 成像原理图解[M]. 3 版. 天津: 天津科技翻译出版公司, 2020.

28. Dolbier W R JR. Guide to Fluorine NMR for Organic Chemists[M]. John Wiley & Sons, Inc., Hoboken, 2008.

29. 瞿润连, 李婷, 邓鹏翅. 生物体内含磷化合物的核磁共振研究进展[J]. 化学研究与应用, 2018, 30(12): 1929-1937.

30. Olaf Kühl. Phosphorus-31 NMR Spectroscopy: A concise introduction for the synthetic organic and organometallic chemist [M]. Springer, Berlin, 2008.

31. 胡文祥. 有机磷化合物[31]P-NMR 及其规律研究 I. ^{31}P-NMR 化学位移变化新的经验规律和原理[J]. 军事医学科学院院刊, 1993, 17(1): 1-6.

32. Kintzinger J-P, Marsmann H. Oxygen-17 and Silicon-29 [M]. Springer-Verlag Berlin Heidelberg, 1981.

33. Cai G P, Weber W P. Synthesis and properties of novel isomeric regular polysiloxanes that contain both Si-H and RSiO3/2 (T) units: Poly (1-hydrido-1-trimethylsiloxy-tetramethyltrisiloxane) and poly(1-dimethyl-siloxypentamethyltrisiloxane) [J]. Macromolecules, 2000, 33: 8976-8982.

习　　题

1. 计算下列化合物中 sp^3 杂化碳的 δ 值。

　　1) $(CH_3CH_2)_2CHCH_2CH_3$　　　2) $CH_3CH_2CH_2CH_2COOH$

　　3) $CH_3CH_2CH_2CH_2OH$　　　　4) $CH_3CH_2CH_2CH_2NH_2$

　　5) $CH_3CH_2CH_2CH_2CN$　　　　6) $CH_3CH_2CHBrCH_2CH_3$

2. 计算下列化合物中烯烃碳，芳烃碳的 δ 值。

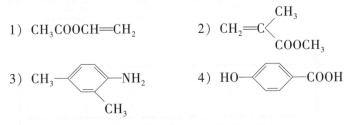

1) $CH_3COOCH{=}CH_2$

2) $CH_2{=}C\begin{smallmatrix}CH_3\\COOCH_3\end{smallmatrix}$

3)

4) $HO{-}\langle\quad\rangle{-}COOH$

3. 分子式 $C_4H_6O_2$，^{13}C NMR 谱如下，推导其结构。

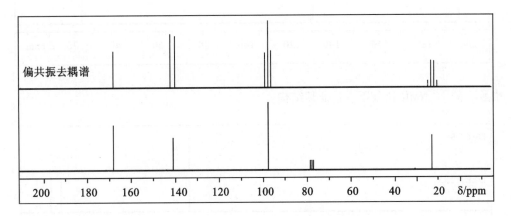

偏共振去耦谱

4. 分子式 $C_8H_5NO_2$，^1H NMR 谱、^{13}C NMR 谱如下，推导其结构。

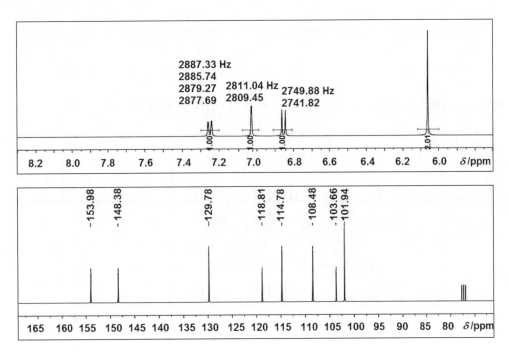

2887.33 Hz
2885.74
2879.27　2811.04 Hz　2749.88 Hz
2877.69　2809.45　2741.82

5. 分子式 C_8H_7OCl，^{13}C NMR 谱如下，推导其结构。

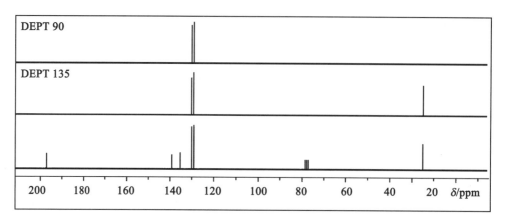

6. 庚醇-3 的 ^{13}C NMR 谱如下，验证其结构。

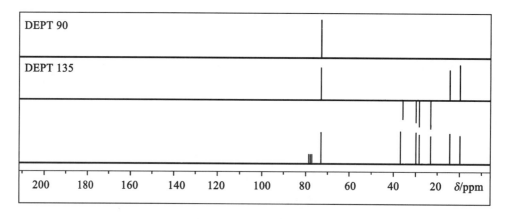

7. $CF_3CF_2COOCH_2CH_3$ 的 ^{13}C NMR 谱如下，解释 ^{19}F 对 ^{13}C 的耦合裂分。

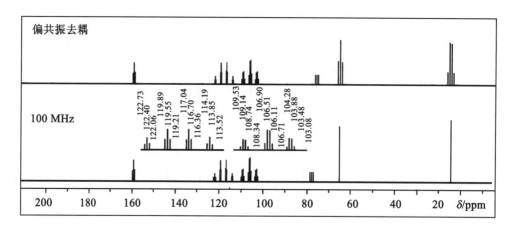

8. 分子式 $C_5H_{10}Br_2$，^{13}C NMR 谱如下，推导其可能结构。

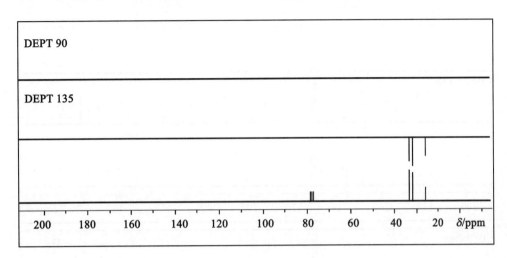

9. 分子式 $C_6H_{10}O$，两种异构体的^{13}C NMR 谱如下，推导其可能结构。

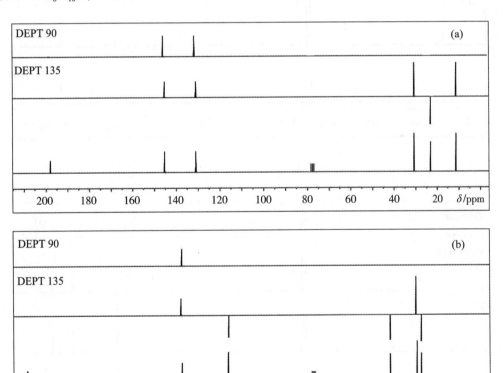

10. 分子式 $C_9H_{10}O$，两种异构体的 ^{13}C NMR 谱如下，推导其可能结构。

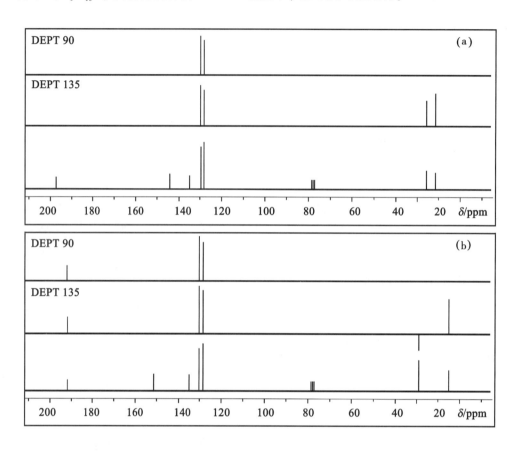

11. 分子式 $C_{10}H_{13}NO$，两种异构体的 ^{13}C NMR 谱如下，推导其可能结构

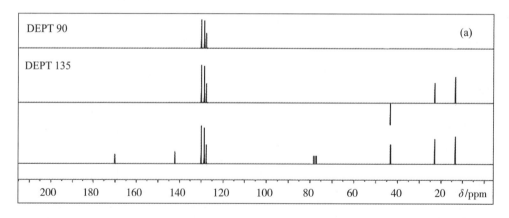

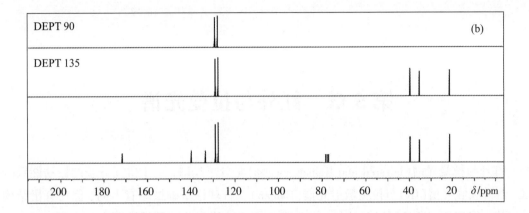

第5章 红外与拉曼光谱

红外与拉曼光谱(infrared and Raman spectra)是分子光谱,用于研究分子的振动能级跃迁。红外吸收光谱(IR)与拉曼散射光谱(Raman)二者理论基础虽略有不同,但在有机结构分析中,得到的信息是可以互补的,它们都是有机功能团鉴定及结构研究的常用方法。相对而言,IR 的应用更为普遍。

5.1 基 本 原 理

红外光波波长位于可见光波和微波波长之间 $0.75 \sim 1000$ μm(1 μm $= 10^{-4}$ cm)范围。其中 $0.75 \sim 2.5$ μm 为近红外区,$2.5 \sim 25$ μm 为中红外区,$25 \sim 1000$ μm 为远红外区,最常用的红外及拉曼光谱区域是 $2.5 \sim 25$ μm。

电磁波的波长(λ)、频率(ν)及能量(E)之间的关系如下:

$$E = h\nu \qquad (h: \text{Plank 常数})$$

$$c = \lambda\nu \qquad (c: \text{光速})$$

$$\nu = c/\lambda = c\,\bar{\nu} \quad (\bar{\nu}, \text{波数}, \text{cm}^{-1})$$

$$\bar{\nu}(\text{cm}^{-1}) = \frac{10^4}{\lambda(\mu m)}$$

由上式可知,$2.5 \sim 25$ μm 波长范围对应于 $4000 \sim 400$ cm^{-1}。

5.1.1 红外吸收与拉曼散射

1. 红外吸收

一定波长的红外光照射被研究物质的分子,若辐射能($h\nu$)等于振动基态(V_0)的能级(E_1)与第一振动激发态(V_1)的能级(E_2)之间的能量差(ΔE)时,则分子可吸收能量,由振动基态跃迁到第一振动激发态($V_0 \rightarrow V_1$):

$$\Delta E = E_2 - E_1 = h\nu$$

分子吸收红外光后,引起辐射光强度的改变,由此可记录红外吸收光谱,通常以波长(μm)或波数(cm^{-1})为横坐标,百分透过率($T\%$)或吸光度(absorbance, A)为纵坐标记录,见图 5.1。

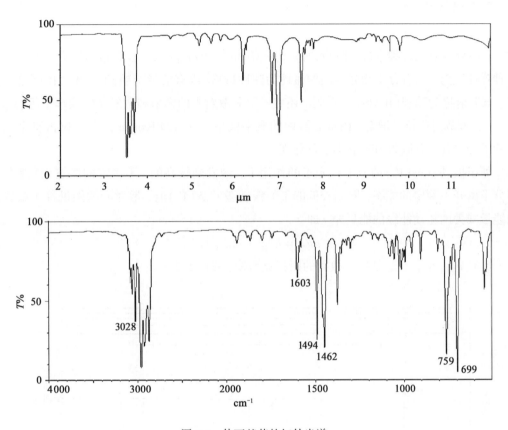

图 5.1 仲丁基苯的红外光谱

$T\%$（Percent Transmittance）愈低，吸光度就愈强，谱带强度就愈大。根据 $T\%$，谱带强度大致分为：很强吸收带（vs，$T\% < 10$）、强吸收带（s，$10 < T\% < 40$）、中强吸收带（m，$40 < T\% < 90$）、弱吸收带（w，$T\% > 90$）和宽吸收带（用 br 表示）。

红外光谱谱带的吸光度与透过率的关系如下：

$$A = \lg \frac{I_0}{I} = \lg \frac{1}{T}$$

式中，I_0，I 分别为入射光和透射光的强度。

稀溶液中测得的红外光谱，其谱带的吸光度遵守 Lambert-Beer 定律：

$$A = alc$$

式中，a 为吸光系数；l 为吸收池的厚度；c 为溶液的浓度。若 c 用摩尔浓度表示，则 a 用 ε 表示，ε 为摩尔吸光系数。a 或 ε 仅在定量分析时使用。红外光谱用于结构分析及结构鉴定时，均使用相对强度 $T\%$（或 A），此时所指的强吸收带或弱吸收带是对于整个光谱图的相对强度而言。

2. 拉曼散射

拉曼散射是分子对光子的一种非弹性散射效应。当用一定频率($\nu_{激}$)的激发光照射分子时，一部分散射光的频率($\nu_{散}$)和入射光的频率相等，即 $\nu_{散}=\nu_{激}$。这种散射是分子对光子的一种弹性散射。只有分子和光子间的碰撞为弹性碰撞（没有能量交换）时，才会出现这种散射。该散射称为瑞利（Reyleigh）散射。还有一部分散射光的频率和激发光的频率不等（$\nu_{散} \neq \nu_{激}$），这种散射称拉曼散射。Raman 散射的概率极小，最强的 Raman 散射也仅占整个散射光的千分之几，而最弱的甚至小于万分之一。

处于振动基态（V_0）的分子在光子的作用下，激发到较高的、不稳定的能态（称虚态），当分子离开不稳定的能态，回到较低能量的振动激发态（V_1）时，散射光的能量等于激发光的能量减去两振动能级的能量差。即

$$h\nu_{散} = h\nu_{激} - \Delta E_{(V_0 \to V_1)}$$

此时 $\nu_{散射} < \nu_{激发}$。这是拉曼散射的斯托克斯线，见图 5.2。

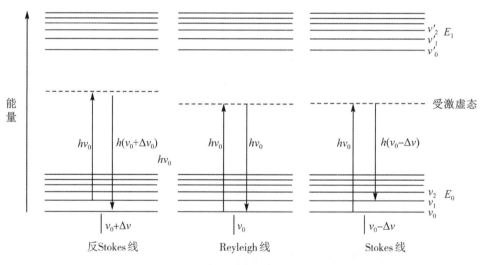

图 5.2　拉曼散射与拉曼位移

如果光子与处于振动激发态（V_1）的分子相互作用，被激发到更高的不稳定的能态，当分子离开不稳定的能态回到振动基态（V_0）时，散射光的能量等于激发光的能量加上两振动能级的能量差。即

$$h\nu_{散} = h\nu_{激} + \Delta E_{(V_0 \to V_1)}$$

此时 $\nu_{散射} > \nu_{激发}$，这是拉曼散射的反斯托克斯线。

常温下，大部分分子处于能量较低的基态，所以反斯托克斯线比斯托克斯线要弱得多。

已发表的拉曼光谱图通常只有斯托克斯线。无论是 $\nu_{散射} < \nu_{激发}$，还是 $\nu_{散射} > \nu_{激发}$，都会造成和 $\nu_{激发}$ 有一个频率的位移 $(\Delta\nu)$，该位移称拉曼位移。$\nu_{散} = \nu_{激} \pm \Delta\nu$。位移值相对的能量变化对应于分子的振动和转动能级的能量差。所以同一振动方式的拉曼位移频率和红外吸收频率是相等的。拉曼位移是在 $\nu_{激发}$ 作为零值时的相对频率坐标上度量的，因此不管用多大频率的光去照射某一物质的分子，记录的谱带都具有相同的拉曼位移值(图 5.2)。

Raman 图谱示例于图 5.3。纵坐标为谱带的相对强度，横坐标为波数。

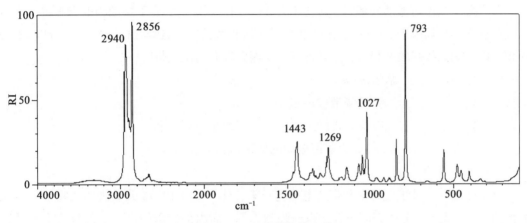

图 5.3 环己醇的拉曼光谱

5.1.2 振动自由度与选律

1. 振动自由度

分子振动时，分子中各原子之间的相对位置称为该分子的振动自由度。一个原子在空间的位置可用 x，y，z 三个坐标表示，有 3 个自由度。n 个原子组成的分子有 $3n$ 个自由度，其中 3 个自由度是平移运动，3 个自由度是旋转运动，线型分子只有 2 个转动自由度(因有一种转动方式，原子的空间位置不发生改变)。所以，非线型分子的振动自由度为 $(3n-6)$，对应于 $(3n-6)$ 个基本振动方式。线型分子的振动自由度为 $(3n-5)$，对应于 $(3n-5)$ 个基本振动方式。这些基本振动称简正(normal)振动，简正振动不涉及分子质心的运动及分子的转动。例如苯分子(C_6H_6)由 12 个原子组成，振动自由度($36-6$)，有 30 种基本振动方式。理论上在红外或拉曼光谱中，应观测到 30 个振动谱带，实际观测谱带数目远小于理论值。这是因为在光谱体系中，能级的跃迁不仅是量子化的，而且要遵守一定的规律。

2. IR 选律

在红外光的作用下，只有偶极矩 (μ) 发生变化的振动，即在振动过程中 $\Delta\mu \neq 0$ 时，才会产生红外吸收。这样的振动称为红外"活性"振动，其吸收带在红外光谱中可见。在振动过程中，偶极矩不发生改变($\Delta\mu=0$)的振动称红外"非活性"振动，这种振动不吸收红外光，在 IR 谱中观测不到。如非极性的同核双原子分子 N_2，O_2 等，在振动过程中偶极矩并不发生变化，它们的振动不产生红外吸收谱带。有些分子既有红外"活性"振动，又有红外"非活性"振动。如 CO_2：

$$\overset{\leftarrow}{O}=C=\vec{O}:$$ 　　　对称伸缩振动，$\Delta\mu=0$，红外"非活性"振动；

$$\vec{O}=\overset{\leftarrow}{C}=\vec{O}:$$ 　　　反对称伸缩振动，$\Delta\mu\neq0$，红外"活性"振动，$2349\ cm^{-1}$。

分子振动当做谐振动处理时，其选律为 $\Delta V=\pm1$。实际上，分子振动为非谐振动，非谐振动的选律不再局限于 $\Delta V=\pm1$，它可以等于任何整数值，即 $\Delta V=\pm1$，±2，…。所以 IR 谱不仅可以观测到较强的基频带，而且还可以观测到较弱的泛频带。

$V_0 \to V_1$	基频带(ν)	较强
$V_0 \to V_2$	一级泛频带($2\nu-a$)	弱
$V_0 \to V_3$	二级泛频带($3\nu-b$)	更弱，难以观测

$$(a,\ b\ \text{为非谐振动的修正值};a>b;a,\ b>0)$$

3. Raman 选律

分子可以看作带正电的核和带负电的电子集合体。在约 $10^{15}/s$ 数量级的高频单色激光光源照射下，光子与分子表面较轻的电子强烈作用，而内部较重的带正电的核几乎不受影响，致使电子云相对于核的位置产生波动，在分子中诱导出一振动偶极，此时分子被极化。诱导产生的振动偶极矩(P)与极化率(α)和入射光电场(F)有关。

$$P = \alpha F$$

在分子振动过程中，只有分子极化率有变化的振动，才有能量的转移，产生 Raman 散射，这种振动称 Raman"活性"振动。极化率无改变的振动为 Raman"非活性"振动。

CS_2 为线型分子，有四种基本振动方式(图5.4)，ν_4 与 ν_3 简并。

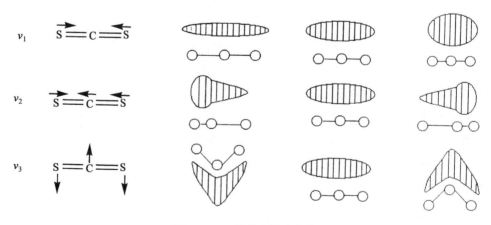

图 5.4　CS_2 的基本振动方式

ν_1 对称伸缩振动，通过平衡状态前后偶极矩不发生改变，IR 非活性；但电子云形状改变，故为Raman活性，在约 660 cm^{-1}出现一条拉曼谱带。ν_2 反对称伸缩振动及 ν_3（在纸平面上向上或向下弯曲）和 ν_4（在纸平面上方或下方弯曲）的弯曲振动，通过平衡状态前或后，电子云的形状是相同的，是 Raman"非活性"振动；但偶极矩发生改变，是红外"活性"振动，ν_3，ν_4 简并（ν_2 约 1530 cm^{-1}）。

由于红外振动为永久偶极矩的改变（$\Delta\mu \neq 0$），Raman 振动为极化率的改变，二者选律不同，所以每个化合物的红外光谱与其拉曼光谱是不同的。反式-二氯乙烯的部分红外和拉曼光谱见图 5.5。

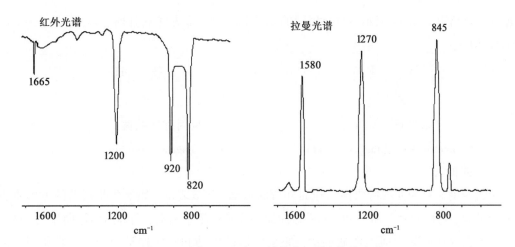

图 5.5　反式-1,2-二氯乙烯部分红外和拉曼光谱

对于具有对称中心的分子，若振动与对称中心有关，则红外光谱不可见，拉曼光谱可见；若振动与对称中心无关，则红外光谱可见，拉曼光谱不可见，二者可以互补。若分子在振动过程中，既有偶极矩的改变，又有极化率的改变，则振动谱带在红外和拉曼光谱中会同时出现。如果红外光谱中谱带较强（或较弱），则对应的拉曼光谱的谱带就较弱（或较强）。

例如非线型分子 SO_2 的三种振动方式（对称伸缩振动、反对称伸缩振动及弯曲振动）均引起极化率和偶极矩的改变。因此，SO_2 分子的三种振动方式在红外和拉曼光谱中均为"活性"振动。

又如 RCHO，　C$\Longrightarrow$O 伸缩振动的 IR：1740 ~ 1720 cm^{-1}强吸收带；Raman：1730 ~ 1700 cm^{-1}弱吸收带。

拉曼光谱同样也遵守 $\Delta V = \pm 1$，± 2，…的选择定则。

实验测得的红外光谱或拉曼光谱谱带远少于理论值，其原因除各自的选律及能量相等简并外，还有仪器的限制，弱的谱带测不出来，吸收带超出仪器测试范围无法检测，仪器分辨有限，能量相近的吸收带无法分开等。

5.1.3　分子的振动方式与谱带

一般把分子的振动方式分为两大类：化学键的伸缩振动和弯曲振动。

1. 伸缩振动

伸缩振动指成键原子沿着价键的方向来回地相对运动。在振动过程中，键角并不发生改变，如： $\overset{\rightarrow}{>}C\overset{\leftarrow}{-}H$ ， $\overset{\leftarrow}{>}C\overset{\rightarrow}{=}O$ ， $-\overset{\leftarrow}{C}\overset{\rightarrow}{\equiv}N$ 。伸缩振动又可分为对称伸缩振动和反对称伸缩振动，分别用 ν_s 和 ν_{as} 表示。两个相同的原子和一个中心原子相连时，如 $-CH_2-$ ，其伸缩振动如下：

　　　　对称伸缩振动(ν_s)　　　　　　　　　　　反对称伸缩振动(ν_{as})

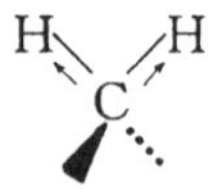

　　（Symmetric stretching vibration）　　（Ansymmetric stretching vibration）

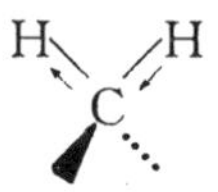

2. 弯曲振动

弯曲振动又分为面内弯曲振动和面外弯曲振动，用 δ 表示。如果弯曲振动的方向垂直于分子平面，则称面外弯曲振动；如果弯曲振动完全位于平面上，则称面内弯曲振动。剪式振动和平面摇摆振动为面内弯曲振动，非平面摇摆振动和卷曲振动为面外弯曲振动。以 $-CH_2-$ 为例：

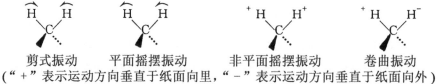

　　剪式振动　　　平面摇摆振动　　　非平面摇摆振动　　　卷曲振动
（"+"表示运动方向垂直于纸面向里，"-"表示运动方向垂直于纸面向外）

同一种键型，其反对称伸缩振动的频率大于对称伸缩振动的频率，远大于弯曲振动的频率，即 $\nu_{as} > \nu_s > \delta$，而面内弯曲振动的频率又大于面外弯曲振动的频率。

在红外光谱图中，除了以上的振动吸收带外，还可出现以下的吸收带和振动方式。

3. 倍频带(over tone)

倍频带指 $V_0 \rightarrow V_2$ 的振动吸收带，出现在强的基频带频率的大约两倍处(实际上比两倍要低)，一般都是弱吸收带。如 $>C=O$ 的伸缩振动频率约在 1715 cm^{-1} 处，其倍频带出现在约 3400 cm^{-1} 处，通常和 $-OH$ 的伸缩振动吸收带相重叠。

4. 合频带(combination tone)

合频带是弱吸收带，出现在两个或多个基频频率之和或频率之差附近。如基频分别为

X cm^{-1}和 Y cm^{-1}的两个吸收带,其合频带可能出现在($X+Y$)cm^{-1}或($X-Y$)cm^{-1}附近。

倍频带与合频带统称为泛频带,其跃迁概率小,强度弱,通常难以检出。

5. 振动耦合(vibrational coupling)

当分子中两个或两个以上相同的基团与同一个原子连接时,其振动吸收带常发生裂分,形成双峰,这种现象称振动耦合。有伸缩振动耦合、弯曲振动耦合、伸缩与弯曲振动耦合三类。如 IR 谱中在 1380 cm^{-1}和1370 cm^{-1}附近的双峰是 $\rangle$C(CH$_3$)$_2$ 弯曲振动耦合引起的。又如酸酐(RCO)$_2$O 的 IR 谱中在 1820 cm^{-1}和 1760 cm^{-1}附近,丙二酸二乙酯的在 1750 cm^{-1}和 1735 cm^{-1}附近,是 C=O 伸缩振动耦合引起的。

6. 费米共振(Fermi resonance)

当强度很弱的倍频带或组频带位于某一强基频吸收带附近时,弱的倍频带或组频带和基频带之间发生耦合,产生费米共振。如环戊酮,$\nu_{C=O}$ 于 1746 cm^{-1}和1728 cm^{-1}处出现双峰;用重氢氘代环氢时,则于 1734 cm^{-1}处仅出现一单峰。这是因为环戊酮的骨架呼吸振动 889 cm^{-1}的倍频位于 C=O 伸缩振动的强吸收带附近,两峰产生耦合(Fermi 共振),使倍频的吸收强度大大加强。当用重氢氘代时,环骨架呼吸振动 827 cm^{-1}的倍频远离 C=O 的伸缩振动频率,不发生 Fermi 共振,只出现 $\nu_{C=O}$ 的一个强吸收带。这种现象在不饱和内脂、醛及苯酰卤等化合物中也可以看到,在红外光谱解析时应注意。

5.2 仪器介绍及实验技术

5.2.1 Fourier 变换红外光谱仪

Fourier 变换红外光谱仪(Fourier transform infrared spectroscopy,FT-IR)主要由光学检测和计算机两大系统组成。光学检测系统的主要元件是 Michelson 干涉仪,见图 5.6(a)。

由光源(L)发出的未经调制的光射向分束器(BS),分束器是一块半反射半透射的膜片。射到 BS 上的光一部分透射过去射向动镜(MM),一部分被反射射向定镜(FM)。射向FM 的光束由 FM 反射回来透过分束器,射向 MM 的光束由 MM 反射回来,再由分束器反射出去。当两束光通过样品(S)到达检测器(D)时,由于光程差而产生干涉,得到一个光强度周期变化的余弦信号。单色光源只产生一种余弦信号,复色光源则产生对应各单色光频率的不同的余弦信号,见图 5.6(b)。这些信号强度相互叠加组合,得到一个迅速衰减的、中央具有极大值的对称形干涉图,见图 5.6(c)。

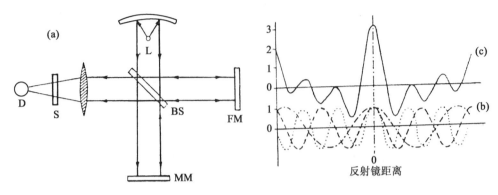

图 5.6　Michelson 干涉仪(a)和干涉图(b),(c)

通过样品(S)到达检测器(D)的干涉光的强度 I 将作为两束光的光程差 S 的函数 $I(S)$ 记录下来,经过傅里叶变换(计算机处理),将干涉谱 $I(S)$ 变成我们熟悉的光谱 $I(\nu)$。

FT-IR 仪测量光谱范围宽($10^4 \sim 10$ cm^{-1})、灵敏度高、分辨率高($0.1 \sim 0.005$ cm^{-1})、精度高(± 0.01 cm^{-1})、重现性好。FT-IR 仪扫描速度快,扫描过程的每一瞬间测量都包含了分子振动的全部信息,利于动态过程和瞬间变化的研究。除此之外,杂散光的干扰小,试样不会因红外聚焦产生的热效应的影响。FT-IR 仪具有强大的计算功能,可进行谱图识别和检索、谱图处理等。

5.2.2　激光拉曼光谱仪

激光单色性好,方向性强,亮度高,用于拉曼光谱非常合适。

5.2.2.1　色散型激光拉曼光谱仪

色散型激光拉曼光谱仪组成见图 5.7。

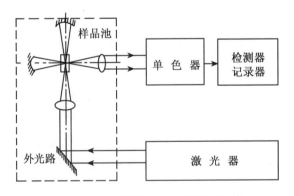

图 5.7　色散型激光拉曼光谱仪的组成

1. 激光器

常用的激光光源有 He-Ne 激光器 6328 Å，Ar 离子激光器 5145 Å 等。激光光源的谱线宽度十分狭窄，通常仅几埃，甚至小于 1 Å，窄的激发光提高了拉曼光谱测量精度。激光的方向性强，可使激光测量集中到极小的体积上。

2. 外光路系统

在激光器之后、单色器之前，有一整套光学系统，称为外光路系统，是为了分离出所需要的激光波长，最大限度地收集拉曼散射光。不同样品状态和不同温度的测试，对外光路的要求也有所不同。为了提高测试气体样品的信噪比，要采用多重反射装置(比一次反射可提高强度约 50 倍)。为了减少光热效应和光化学反应的影响，通常采用旋转样品池。

3. 单色器

它是把拉曼散射光分光并减弱杂散光。拉曼散射谱线很弱，约为 Rayleigh 散射的 10^{-6}。很强的 Rayleigh 散射光及各种杂散光对拉曼谱线的检测有很大影响，这就要求单色器的分辨率高而杂散光低。常用的有双光栅(又称双联)单色器，三光栅(又称三联)单色器。在 $\Delta\nu = 50$ cm^{-1} 范围内，前者的杂散光低至 10^{-11}，后者的杂散光低至 10^{-13}。三联单色器的分辨率虽高，但透过率低，只有 27.5%。双联单色器的透过率为 42%。双联或三联单色器为两个或三个光栅的组合，要求耦合极好。

4. 检测、放大和记录

使用不同波长的激光，拉曼散射也会落在不同的光谱区，应选用适合光谱响应的光电倍增管，以保证在整个拉曼光谱范围内谱带强度的真实性。用氦-氖激光的 6328 Å 谱线作激光线，则要用长波长灵敏的光电倍增管检测器。光电倍增管接收了光信号后转变为十分微弱的电信号($10^{-9} \sim 10^{-10}$A)，必须放大。当输出电流大于 10^{-9}A 时，则用直流放大器，若输出的电流小于 10^{-10}A 时，则用光子计数器。经检测和放大处理后的拉曼信号，推动外接的电位差计，记录下清晰的拉曼光谱图。

5.2.2.2 FT-Raman 光谱仪

FT-Raman 光谱仪是在 FT-IR 光谱仪基础上发展起来的，它主要由激光光源(Nd/Y AG 激光器，近红外 1.064 μm)、样品池、Michelson 干涉仪、光学过滤器(滤去占散射光绝大部分的 Rayleigh 散射光)、检测器及计算机等组成(图 5.8)。

FT-Raman 光谱仪由于采用近红外激光激发，能量低，既可避免荧光干扰，还可避免样品的光解和热解，扩大拉曼光谱的应用范围。FT-Raman 光谱仪分辨率高、波数精确，测量精度可达到 10^{-3} cm^{-1}，并且重现性好；测量速度快，一次扫描可完成全波段扫描范围测定，且仪器操作方便。不足之处：如单次扫描信噪比不高；低波数区扫描不如色散型拉曼光谱仪；水对近红外有吸收，会影响测试灵敏度等。

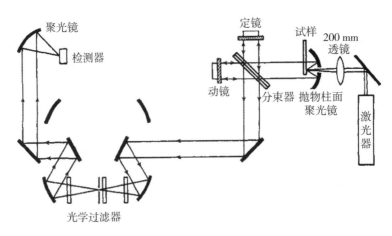

图 5.8　FT-Raman 光谱仪的组成

5.2.3　实验技术

5.2.3.1　样品池

红外光谱测试所需的样品池窗片一定要红外透明,一般是 NaCl,KBr 等盐晶制成,不能用玻璃或石英。含水分较多的样品或样品的水溶液,需用耐腐蚀的 CaF_2,AgCl 窗片。拉曼光谱测试所需的样品池窗片只要可见光透明,普通玻璃或石英容器均可。

5.2.3.2　红外样品制备

1. 气体

可直接在气体吸收池中测试。先将气体吸收池排空,再充入样品气体,密闭后测试。空气背景的红外光谱图见图 5.9。

图 5.9 中可见水分子伸缩和弯曲振动的精细结构及 CO_2 的反对称伸缩振动谱带。在 FT-IR 谱的测试中,为了避免空气对测试结果的影响,可先记录空气的红外光谱,再测试样品的红外光谱,以消除空气背景的影响。

2. 液体

可配制成溶液,在液体吸收池中测试。对于沸点不太低的液体样品,可用液膜法测试。取液体样品 1~10 mg 于两盐晶薄片之间,当薄片在固定架上夹紧时,样品形成一均匀薄膜。

3. 固体

固体样品用溶液(1%~5%)法得到的图谱分辨较好。糊状法是将固体样品和介质(如石蜡油、全氟丁二烯)在研钵中研磨均匀后,夹在两片盐晶之间,使之形成均匀的薄层后测试。要注意介质的干扰吸收带。通常采用压片法将固体样品 1~2 mg 与金属卤化物(大多采用 KBr)粉末 100~200 mg,在研钵中一起研磨均匀,置于压模具内,在减压下压成透明的薄

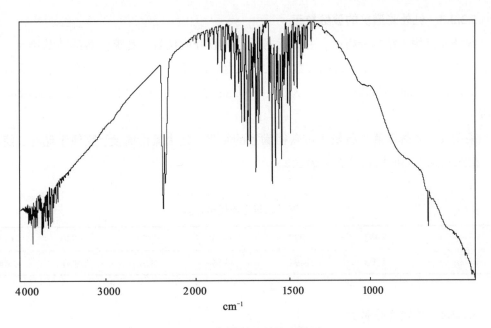

图 5.9　空气背景的红外光谱图

片, 置于样品架上测试。薄膜法多适用于聚合物的测试。可直接使样品成膜(如加热熔融后涂制或压制成膜), 也可间接成膜, 即将样品溶解在易挥发的溶剂中, 待溶剂挥发后成膜。

溶液法测红外光谱图, 选择适当的溶剂是非常重要的。一些溶剂的干扰范围见表 5.1。

表 5.1　　　　　　　　　　一些溶剂的干扰范围

5.2.3.3　红外光谱仪的波数校正

红外光谱用于结构分析时，主要依据样品吸收峰的位置，要求仪器的波数准确，重现性好。对于精密型红外光谱仪的波数校正多采用测试已知气体的振-转峰位置，与文献值比较。如 HCl 气体的振-转吸收校正在 $3100\sim2700$ cm^{-1} 范围，用 NH_3 气体校正在 $1200\sim800$ cm^{-1} 范围。

采用聚苯乙烯薄膜进行校正可获得满意的结果。此法操作简便，膜便于储存，使用广泛。聚苯乙烯主要吸收带位置见表 5.2。

表 5.2　　　　　　　　　　　　　　　　聚苯乙烯主要谱带位置

$\bar{\nu}(\,cm^{-1})$	3062	3027	2925	2851	1946	1802
$\bar{\nu}(\,cm^{-1})$	1603	1494	1154	1028	906	700

5.2.3.4　拉曼样品制备

拉曼光谱样品制备较红外光谱简单，可直接用单晶测试、固体粉末测试，也可配制成溶液，尤其是水溶液测试，因为水的拉曼光谱较弱，干扰小。测定只能在水中溶解的生物活性分子的振动光谱时，拉曼光谱优于红外光谱。不稳定的、贵重的样品可在原封装的安瓿瓶内直接测试，还可进行高温、低温样品的测试，有色样品和整体样品的测试，如阿司匹林药片等。注意：样品放置方式必须使激光最有效地照射样品和聚集散射辐射，才能获得高质量的 Raman 光谱。

5.3　影响振动频率的因素

影响振动吸收频率的因素有两大类：一是外因，由测试条件不同所造成；二是内因，由分子结构不同所决定。

5.3.1　外部因素

同一种化合物，在不同条件下测试，因其物理或某些化学状态不同，吸收频率和强度会有不同程度的改变。

气态分子间距离较大，除小分子羧酸外，分子基本上以游离态存在，不受其他分子的影响，可观测到分子的振动-转动光谱的精细结构。

液态分子间作用较强，有的可形成分子间氢键，使相应谱带向低频位移。

固态因分子间距离减小而相互作用增强，一些谱带低频位移程度增大。某些弯曲振动、骨架振动之间常相互作用使指纹区的光谱发生变化。同一种样品，不同晶形的 IR 光谱也有区别。

1. 状态的影响

图 5.10 是硬脂酸(n-$C_{17}H_{35}COOH$)的红外光谱。实线为晶体样品，KBr 压片法测得；虚线为液体样品，液膜法测得。液膜法测得的光谱在 1350～1180 cm^{-1}，只有一条宽吸收带。而晶体样品，因 CH_2 基的全反式排列振动的相互耦合，在此区间出现一系列间隔相等的吸收带。

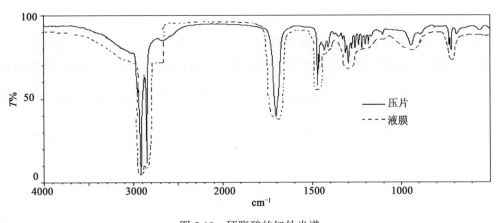

图 5.10　硬脂酸的红外光谱

$CH_3CONHCH_3$ 液体的主要吸收带是 1656 cm^{-1}，1565 cm^{-1} 和 1300 cm^{-1}，将其用非极性溶剂稀释后测得的相应吸收带是 1688 cm^{-1}，1534 cm^{-1} 和 1260 cm^{-1}。这是因为纯液体时，酰胺以多聚形式存在。多聚态使羰基双键性下降，$\nu_{C=O}$ 由稀溶液中（酰胺以单个分子状态存在）的 1688 cm^{-1} 降至 1656 cm^{-1}，多聚态使 δ_{N-H} 和 ν_{C-N} 的振动吸收波数增大。

2. 浓度的影响

溶液浓度对红外光谱的影响主要是对那些易形成氢键的化合物。分子内氢键与溶液的浓度和溶剂的种类无关，浓度对分子间氢键影响较大。以环己醇为例（图 5.11），随着浓度增加，OH 缔合程度增大，ν_{OH} 吸收谱带向低波数移动，强度增大，带变宽。游离态 OH 的伸缩振动位于高波数端，带尖锐。

5.3.2　内部结构因素

内部因素，指分子结构因素。了解并掌握分子结构因素对振动频率的影响，对解析红外光谱很有帮助。

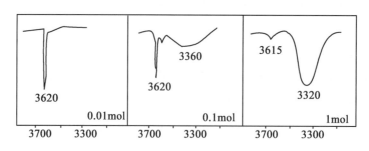

图 5.11　不同浓度环己醇溶液的 ν_{OH}（溶剂：CCl_4）

5.3.2.1　键力常数 K 和原子质量的影响

谐振子的振动频率 ν 是弹簧力常数 f 和小球质量 m 的函数。根据 Hoocke 和 Newton 定律，图 5.12（a）中回复到平衡位置时的力为 F，$F = -f\delta x = m\dfrac{d^2\delta x}{dt^2}$。简谐振动中质点的位移可认为是匀速圆周运动在其直径上的投影，$\delta x = A\cos 2\pi\nu t$，$d^2\delta x/d^2t = -4\pi^2\nu^2 A\cos 2\pi\nu t$。由此可导出：

$$\nu = \frac{1}{2\pi}\sqrt{\frac{f}{m}} \tag{5.1}$$

分子中成键原子的振动近似地当作谐振动处理，用经典力学模型来描述。成键双原子间的振动见图 5.12（b），图中 r_e 为平均核间距，r 为瞬时核间距。其振动频率 ν 为

$$\nu = \frac{1}{2\pi}\sqrt{\frac{K}{\mu}} \tag{5.2}$$

式中，K 为化学键力常数；μ 为成键两原子的折合质量，$\mu = m_1 \cdot m_2 / (m_1 + m_2)$。

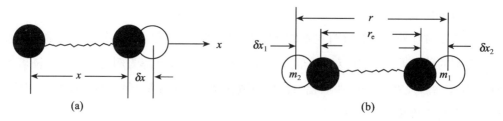

图 5.12　单一粒子的简谐振动（a）及成键双原子间的振动（b）

分子振动频率习惯以波数 $\bar{\nu}$ 表示：

$$\bar{\nu} = \frac{1}{2\pi c} \cdot \sqrt{\frac{K}{\mu}}$$

$$\bar{\nu} = \frac{1}{2\pi c} \cdot \sqrt{K \Big/ \frac{m_1 \cdot m_2}{m_1 + m_2}}$$

$$(5.3)$$

(5.3)式表明,分子中键的振动频率是分子固有的性质,与化学键的键力常数 K 和成键原子的质量有关。

若 K 的单位为 10^5 dyn·cm^{-1}(达因/厘米), μ 用原子质量单位, c 单位为 cm·s^{-1},则(5.3)式可简化为

$$\bar{\nu}(\text{cm}^{-1}) = 1307\sqrt{K/\mu} \qquad (5.4)$$

(5.4)式表明键力常数 K 增大,振动波数增高;原子的折合质量增大,振动波数降低。一些化学键的 K 值见表5.3。

表 5.3　　　　　　　　　一些化学键的键力常数 K(10^5 dyn·cm^{-1})

键　型	K	键　型	K	键　型	K
H—F	9.7	≡C—H	5.9	C—C	4.5
H—Cl	4.8	=C—H	5.1	C—O	5.4
H—Br	4.1	—C—H	4.8	C—F	5.9
H—I	3.2	—C≡N	18	C—Cl	3.6
O—H	7.7	—C≡C	15.6	C—Br	3.1
N—H	6.4	＞C=O	12	C—I	2.7
S—H	4.3	C=C	9.6		

利用(5.4)式和表5.3的 K 值,计算 C—O , C=O 伸缩振动的频率:

$$\nu_{\text{C-O}} = 1307\sqrt{5.4 \times \frac{12+16}{12 \times 16}} = 1160 \quad (\text{cm}^{-1})$$

$$\nu_{\text{C=O}} = 1307\sqrt{12 \times \frac{12+16}{12 \times 16}} = 1730 \quad (\text{cm}^{-1})$$

计算值在各种类型 C—O , C=O 伸缩振动 1300~1050 cm^{-1} 和 1800~1650 cm^{-1} 范围内。

这种按经典力学模型把成键基团的伸缩振动孤立起来进行计算,是一种极简化的近似计算。实际上分子中各原子之间存在着复杂的相互作用,对各基团的振动频率有着不同程度的影响。一些化学键的伸缩振动频率和 X—H 伸缩振动频率见表5.4和表5.5。

表 5.4 一些化学键的伸缩振动频率范围

键 型	$\bar{\nu}(\mathrm{cm}^{-1})$	键 型	$\bar{\nu}(\mathrm{cm}^{-1})$
C≡N	2260~2220	C—O	1300~1050
C≡C	2200~2060	C—N	1400~1020
C=O	1850~1650	C—F	1400~1000
C=C	1680~1600	C—Cl	800~600
C—C	1250~1150	C—Br	600~500

表 5.5 X—H 键伸缩振动频率(cm^{-1})

B—H	C—H	N—H	O—H	F—H
2400	2900	3400	3600	4000
Al—H	Si—H	P—H	S—H	Cl—H
1750	2150	2350	2570	2890
	Ge—H	As—H	Se—H	Br—H
	2070	2150	2300	2650
	Sn—H	Sb—H		I—H
	1850	1890		2310

表 5.5 数据表明，同一周期，从左至右，X 基电负性增大， X—H 键力常数 K 值增大。X—H 伸缩振动波数增高(以 K 值增大为主)。

同一主族，自上至下， X—H 键力常数 K 值依次下降，μ 增值明显， X—H 伸缩振动波数逐渐减小。

5.3.2.2 电子效应

电子效应是通过成键电子起作用。诱导效应和共轭效应都会引起分子中成键电子云分布发生变化。在同一分子中，诱导效应和共轭效应若同时存在，在讨论其对吸收频率的影响时，由效应较强者决定。该影响主要表现在 C=O 伸缩振动中。

1. 诱导效应(induction effect, I)

诱导效应沿分子中化学键(σ 键、π 键)而传递，与分子的几何状态无关。和电负性取代基相连的极性共价键，如 —CO—X，随着 X 基电负性增大，诱导效应增强， C=O 的伸缩振动向高波数方向移动。

例如：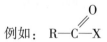

X 基：	R′	H	OR′	Cl	F
$\nu_{C=O}(\mathrm{cm}^{-1})$：	1715	1730	1740	1800	1850

丙酮中 CH_3 为推电子的诱导效应(+I)，使 C=O 成键电子偏离键的几何中心而向氧原子移动。 C=O 极性增强，双键性降低， C=O 伸缩振动较乙醛低频位移。较强电负性的取代基(Cl，F)吸电子诱导效应(−I)强，使 C=O 成键电子向键的几何中心靠近， C=O 极性降低，而双键性增强， $\nu_{C=O}$ 位于高频端。

带孤对电子的烷氧基(OR)既存在吸电子的诱导(−I)，又存在着 p-π 共轭，−I 影响较大，酯羰基的伸缩振动频率高于酮、醛，而低于酰卤。

推电子效应(+I)或拉电子效应(−I)的影响，使碳碳双键两个碳之间的电子云密度发生变化，伸缩振动键力常数减小，双键吸收频率变化。如碳碳双键标准频率 1686 cm^{-1} ，1-十四烯 $\nu_{C=C}$ 1641 cm^{-1} 。

2. 共轭效应(conjugation effect，C)

共轭体系，电子云在整个共轭体系中运动，原子间的键力常数变化，红外谱带发生位移。共轭效应分 p-π 共轭、π-π 共轭和超共轭效应。

p-π 共轭效应常引起 C=O 双键极性增强，双键性降低，伸缩振动频率向低波数位移。

$$\nu_{C=O}:\ 1690\ cm^{-1} \qquad\qquad 1680\ cm^{-1}$$

p-π 共轭，C>−I， $\nu_{C=O}$ 较醛、酮向低波数位移。

π-π 共轭，双键略有伸长，单键略有缩短，双键键力常数减小，伸缩振动频率向低波数位移。

$$\nu_{C=O}:\ 1730\ cm^{-1} \qquad 1690\ cm^{-1} \qquad\qquad 1663\ cm^{-1}$$

较大共轭效应的苯基与 C=O 相连，π-π 共轭致使苯甲醛中 $\nu_{C=O}$ 较乙醛降低 40 cm^{-1} 。对二甲氨基苯甲醛分子中，对位推电子基二甲氨基的存在，使共轭效应增大， C=O 极性增强，双键性下降， $\nu_{C=O}$ 较苯甲醛向低波数位移近 30 cm^{-1} 。3-庚酮的红外光谱见图 5.13， $\nu_{C=O}$ 1715 cm^{-1} 。π-π 共轭 $\nu_{C=O}$ 低波数位移。

存在于共轭体系中的 C≡N ， C=C 键，其伸缩振动频率也向低波数方向移动。

$$CH_3C\equiv N \qquad\qquad (CH_3)_2C=CH-C\equiv N$$

$$\nu_{C\equiv N}:\quad 2255\ cm^{-1} \qquad\qquad 2221\ cm^{-1}$$

$$\nu_{C=C}:\qquad\qquad\qquad\qquad 1637\ cm^{-1}(非共轭时，大约\ 1660\ cm^{-1})$$

又如：

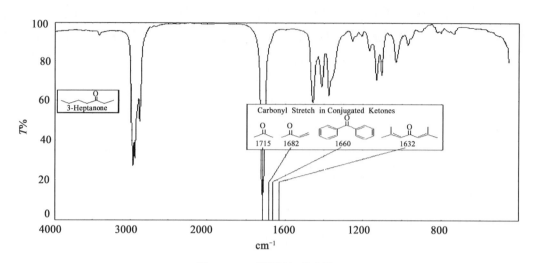

图 5.13　3-庚酮的红外光谱

$v_{C=O}$:　　1750 cm^{-1}　　　　　1740 cm^{-1}　　　　　1715 cm^{-1}　　　　　1680 cm^{-1}

　　苯酯基中氧原子的共轭分散，$-I$ 突出，$v_{C=O}$ 较烷基酯位于高波数端。苯甲酸酯中苯基对 C═O 的共轭效应与烷氧基对 C═O 的诱导效应部分抵消，使 $v_{C=O}$（1724 cm^{-1}，见图 5.14）较苯基酮位于高波数端。醋酸乙酯的红外光谱见图 5.14。$v_{C=O}$ 1742 cm^{-1}，不饱和酸酯 $v_{C=O}$ 低波数位移。

　　当 C-Hσ 键和 π 键（或 p 轨道）处于平行位置时，会产生离域现象，这种 C-H 键 σ 电子的离域现象称为超共轭效应。超共轭的结果，使 C-H 键电子云密度增加，v_{C-H} 增大。如丙酮的 CH$_3$ 反对称伸缩振动频率 3006 cm^{-1}，而通常烷烃的 CH$_3$ 反对称伸缩振动频率 2965 cm^{-1}。

5.3.2.3　场效应（field effect，F）

　　在分子的立体构型中，只有当空间结构决定了某些基团靠得很近时，才会产生场效应。场效应不是通过化学键，而是原子或原子团的静电场通过空间相互作用。场效应也会引起相应的振动谱带发生位移。

　　氯代丙酮存在以下两种不同的构象：

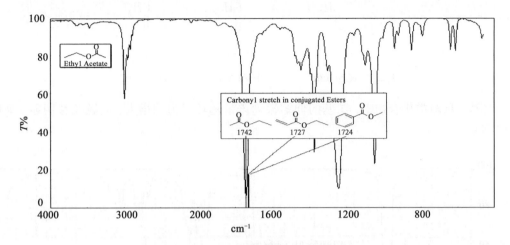

图 5.14　醋酸乙酯的红外光谱

红外光谱测试中，观测到 C＝O 的两个基频吸收带，1720 cm^{-1} 与丙酮 1715 cm^{-1} 接近，另一个谱带出现在较高波数处（1750 cm^{-1}），这是因为在 C—Cl 与 C＝O 空间接近的构象中，场效应使羰基极性降低，双键性增强，$\nu_{C=O}$ 向高波数位移。

α-溴代环己酮中，溴取代基为直立键时，场效应微弱，羰基的伸缩振动谱带与未取代的环己酮相近（1716 cm^{-1}）。在 4-叔丁基-2-溴代环己酮中，当溴取代基为平伏键时，$\nu_{C=O}$ 向高波数移至 1742 cm^{-1}。Bellamy 认为这种现象的产生是由于分子中带部分负电荷的溴原子与带负电荷的羰基氧原子空间接近，电子云相互排斥，产生相反的诱导极化，使溴原子和羰基氧原子的负电荷相应减小，C＝O 极性降低，双键性增强，伸缩振动频率增加。

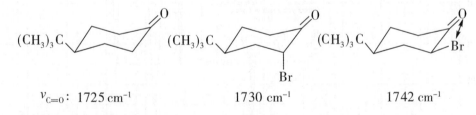

$\nu_{C=O}$：1725 cm^{-1}　　　　　　1730 cm^{-1}　　　　　　1742 cm^{-1}

在甾体类化合物中类似这种场效应的现象很普遍，称为"α-卤代酮规律"，即羰基 α 位 C—X 处于平伏键时，$\nu_{C=O}$ 向高波数位移。

5.3.2.4　空间效应

环张力和空间位阻统称空间效应或立体效应。

环张力引起 sp^3 杂化的碳-碳 σ 键角及 sp^2 杂化的键角改变，而导致相应的振动谱带位移。环张力对环外双键（ C＝C ， C＝O ）的伸缩振动影响较大。

环外双键的环烷系化合物中，随环张力的增大，$\nu_{C=C}$ 向高波数位移。

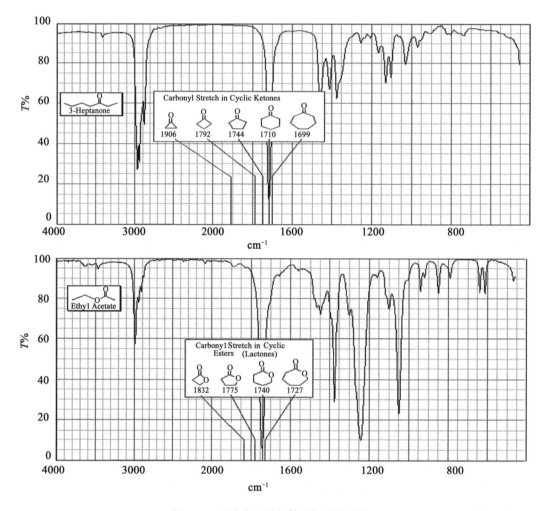

$v_{C=C}$:　1650 cm^{-1}　　　1660 cm^{-1}　　　1680 cm^{-1}

环酯、环酮类化合物中，羰基的伸缩振动谱带随环张力的增大，高频位移明显。如图 5.15 所示。

图 5.15　环张力对羰基伸缩振动的影响

环内双键的 C=C 伸缩振动与以上结果相反，随着环张力的增大，$v_{C=C}$ 向低波数位移。如环己烯、环戊烯及环丁烯的 $v_{C=C}$ 依次为 1645，1610，1566 cm^{-1}。

这是因为随着环的缩小，环内键角减小，成环 σ 键的 p 电子成分增加，键长变长，振动谱带向低波数位移。而环外双键随环内角缩小，环外 σ 键的 p 电子成分减少，s 成分增大，键长变短，振动谱带高波数位移。环烯中烯碳的碳氢键的伸缩振动也随环张力的增大而略向高波数位移，如环己烯、环戊烯、环丁烯中 $\nu_{=C-H}$ 依次为 3017，3040，3060 cm^{-1}。

空间位阻的影响是指分子中存在某种或某些基团因空间位阻影响到分子中正常的共轭效应或杂化状态时，导致振动谱带位移。例如：

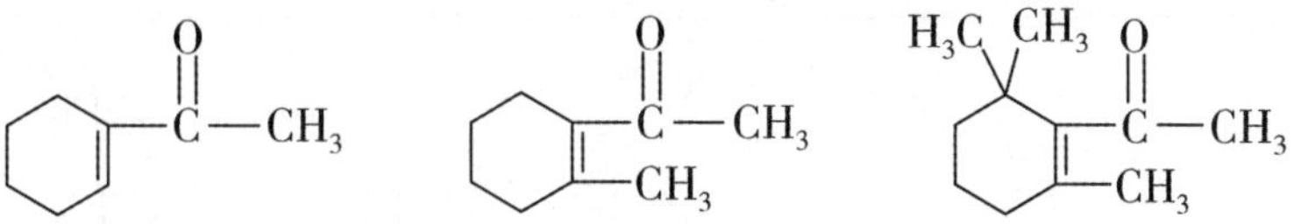

$\nu_{C=O}$： 1663 cm^{-1} 1686 cm^{-1} 1693 cm^{-1}

烯碳上甲基的引入，使羰基和双键不能在同一平面上，它们的共轭程度下降，羰基的双键性增强，振动向高波数位移。邻位另两个 CH_3 的引入，使立体位阻增大， C=O 与 C=C 的共轭程度更加降低，$\nu_{C=O}$ 位于更高波数。

5.3.2.5 跨环效应(transannular effect，T)

跨环效应是通过空间发生的电子效应。例如红外光谱测得化合物(a) $\nu_{C=O}$ 为 1675 cm^{-1}，低于正常酮羰基的振动吸收，这是因为分子中氨基和羰基空间位置接近。(a)与(b)之间存在以下平衡：

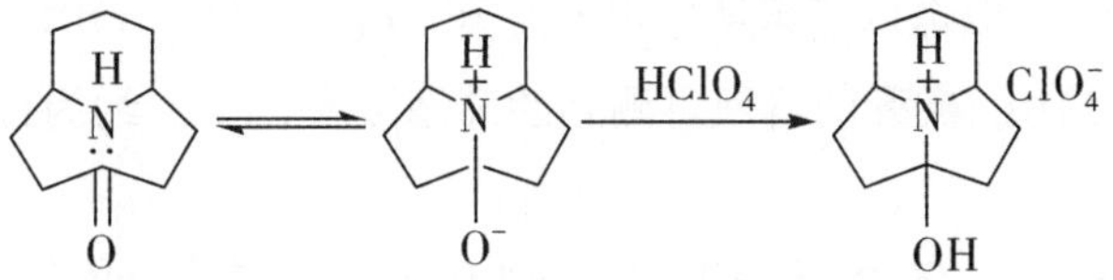

(b)中羰基极性增强，双键程度下降，$\nu_{C=O}$ 向低波数位移。在高氯酸溶液中测试，1675 cm^{-1} 谱带消失，3365 cm^{-1} 出现新的吸收带，为 OH 伸缩振动，说明(c)中不存在羰基。

5.3.2.6 氢键

羟基与羰基之间易形成分子内氢键而使 $\nu_{C=O}$，ν_{OH} 向低波数位移。如下列化合物，羰基的伸缩振动频率有较大差异。由此可判断分子中羟基的位置。

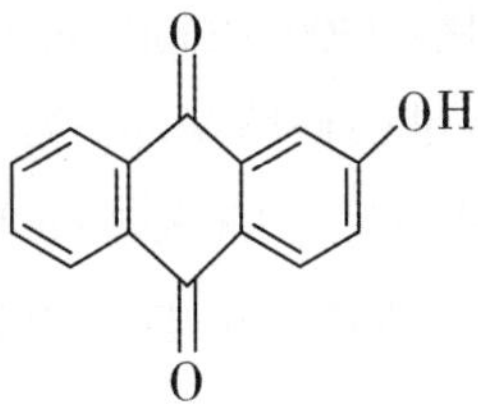

$\nu_{C=O}$ 1676 cm^{-1}
1673 cm^{-1}
ν_{O-H} 3610 cm^{-1}

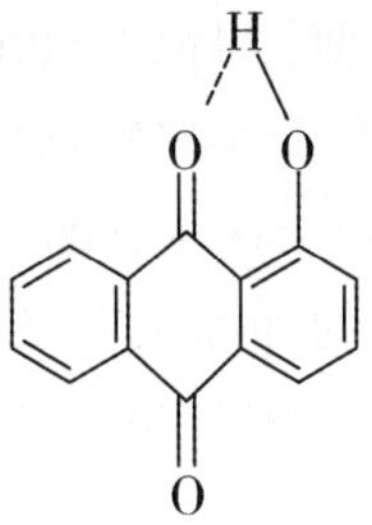

$\nu_{C=O}$ 1622 cm^{-1}
1675 cm^{-1}
ν_{O-H} 2843 cm^{-1} （宽）

分子间氢键的影响主要存在于醇、酚及羧酸类化合物中。醇、酚类化合物溶液浓度由小到大改变，红外光谱中可依次测得羟基以游离态、游离态及二聚态、二聚态及多聚态形式存在的伸缩振动谱带，频率为 3620，3485 及 3350 cm^{-1}。浓度不同，谱带的相对强度也不同(图 5.11)。液态苯酚的红外光谱见图 5.16。

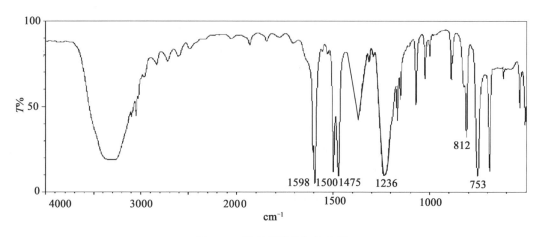

图 5.16　液态苯酚的红外光谱

固体或液体羧酸，一般都以二聚体的形式存在。$\nu_{C=O}$ 1720～1705 cm^{-1}，较酯羰基谱带向低波数位移，见图 5.10。极稀的溶液可测到游离态羧酸，$\nu_{C=O}$ 约为1760 cm^{-1}。

5.4　各类有机化合物的红外特征吸收

在红外光谱图中有许多谱带，其频率、强度和形状与分子结构密切相关。各类有机化合物含有其特定的功能基(如醇、酚含有 —OH 、羧酸含有 —COOH)，特定的功能基具有特有的红外吸收带，这些吸收带称特征吸收带。在了解并掌握这些特征吸收带的基础上，就可以根据红外光谱图，确认某些功能基的存在，判断化合物的类型。这对于红外光谱谱图的解析，推导化合物的结构很有帮助。本节将详细讨论各类有机化合物的特征吸收带。为了解析谱图和推导结构的方便，习惯上把红外光谱图按波数范围分为四大峰区(也有分为五大峰区)。每个峰区都对应于某些特征的振动吸收。第一峰区 (3700～2500 cm^{-1}) 为 X—H 的伸缩振动，第二峰区(2500～1900 cm^{-1})为叁键和累积双键的伸缩振动，第三峰区(1900～1500 cm^{-1})为双键的伸缩振动及 H—O，H—N 的弯曲振动。除氢外的单键 (Y—X)伸缩振动及各类弯曲振动位于第四峰区(1500～600 cm^{-1})，不同结构的同一类化合物，其红外光谱的差异主要在此峰区，故又称指纹区，见图 5.17。

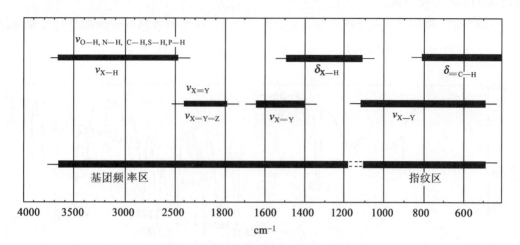

图 5.17 各类振动的红外吸收频率范围

5.4.1 第一峰区(3700~2500 cm^{-1})

此峰区为 X—H 伸缩振动吸收范围。X 代表 O，N，C，对应于醇、酚、羧酸、胺、亚胺、炔烃、烯烃、芳烃及饱和烃类的 O—H ， N—H ， C—H 伸缩振动。

5.4.1.1 O—H 伸缩振动

1. 醇与酚

醇与酚以游离态存在时，ν_{OH} 在 3650~3590 cm^{-1} 范围内中等强度吸收带，以 m 表示。

随着浓度增大，分子间氢键的形成，醇或酚以二聚态或多聚态存在，ν_{OH} 向低波数位移，且出现多条谱带。多聚态的醇或酚 O—H 伸缩振动约在 3350 cm^{-1} 出现强、宽吸收带，以 s，br 表示(图 5.16)。

羟基伸缩振动谱带因分子内或分子间氢键的形成而明显向低波数位移，且谱带变宽，强度增大。酚羟基内氢键的存在，使 ν_{OH} 向低波数位移幅度更大。

伯、仲、叔醇的区别在于 C—O 伸缩振动频率的差异(第四峰区)，醇与酚的区别在于后者存在苯基的特征吸收及位于高波数的 ν_{C-O}。

样品中含有水或分子中结晶水，红外光谱图中会出现 O—H 伸缩及弯曲振动谱带。在判断化合物为醇类或酚类时有干扰。

2. 羧酸

羧酸在固态、液态、极性溶剂及大于 0.01 mol 的非极性溶剂中，通常都以二聚体的形式存在。

二聚体羧酸 O—H 伸缩振动较醇、酚位于更低波数，通常在 3300~2500 cm^{-1} 范围，中

267

心约 $3000\ \text{cm}^{-1}$，谱带宽。

羧酸与醇、酚的区别在于前者有 $\nu_{C=O}$ 相关谱带。对硝基苯基丙炔酸的红外光谱见图 5.18，$3000\sim2500\ \text{cm}^{-1}$ 范围的宽、散谱带为二聚体羧基中 O—H 伸缩振动的特征谱带。

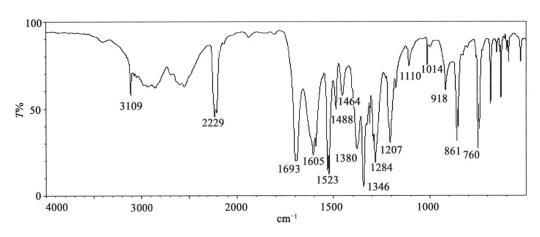

图 5.18　对硝基苯基丙炔酸的红外光谱

5.4.1.2　N—H 伸缩振动

含有 N—H 键的胺、酰胺及铵盐类在此峰区均出现 N—H 伸缩振动。胺或酰胺中 N—H 伸缩振动出现在 $3500\sim3150\ \text{cm}^{-1}$ 范围弱或中等强度吸收带，较 ν_{OH} 谱带弱、尖。

1. 胺类

伯胺在此范围出现两条谱带约 $3500, 3400\ \text{cm}^{-1}$，对应于 NH_2 的反对称伸缩振动和对称伸缩振动，有时在较低波数处出现第三条谱带（图 5.19），为缔合态 N—H 伸缩振动。仲胺在约 $3400\ \text{cm}^{-1}$ 出现一条谱带，叔胺无此带。

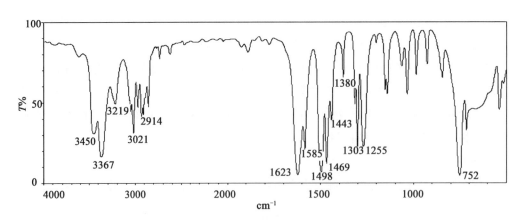

图 5.19　邻甲基苯胺的红外光谱

2. 酰胺类

酰胺除了极稀溶液中的游离态(ν_{N-H} 3500~3400 cm^{-1})外,一般以缔合状态存在。伯酰胺于3350, 3150 cm^{-1}附近出现双峰(图5.20)。谱带强度较游离态增大。仲酰胺于3200 cm^{-1}附近出现一条谱带,如 N-苯基丙炔酰胺, ν_{N-H} 3270 cm^{-1}(m)(图5.21)。N-叔丁基乙酰胺在CHCl$_3$ 溶液中测试,游离态 N—H 伸缩振动3400 cm^{-1},缔合态为 3300 cm^{-1}。KBr 压片,缔合态 ν_{N-H} 3268 cm^{-1},谱带变宽,强度增大。叔酰胺此范围无吸收带。

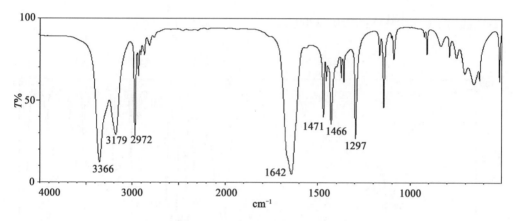

图 5.20 2-甲基丙酰胺的红外光谱

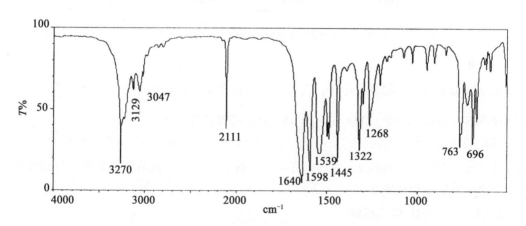

图 5.21 N-苯基丙炔酰胺的红外光谱

3. 铵盐

胺成盐时,分子中氨基转化为铵离子, $\overset{+}{N}$—H 键的伸缩振动较 ν_{N-H} 大幅度向低频位移,谱带形状与羧酸 ν_{O-H} 谱带类似,位于更低波数(3200~2200 cm^{-1})范围,出现强、宽、散吸收带。各级铵盐的 ν_{N-H} 谱带的频率及数目略有差别。

伯铵盐离子($-\overset{+}{N}H_3$)：　3200~2250 cm^{-1}　　　宽谱带，见图 5.22

　　　　　　　　　　　　　　2600~2500 cm^{-1}　　　一个或几个中等强度谱带，为泛频
　　　　　　　　　　　　　　　　　　　　　　　　　　带，有时不出现

　　　　　　　　　　　　　　2200~2100 cm^{-1}　　　弱谱带或不出现

仲铵盐离子（$>\overset{+}{N}H_2$）：3000~2200 cm^{-1}　　　强吸收，宽谱带

　　　　　　　　　　　　　　2600~2500 cm^{-1}　　　有明显多重吸收带

叔铵盐离子（$\geqslant\overset{+}{N}H$）：2750~2200 cm^{-1}　　　宽谱带

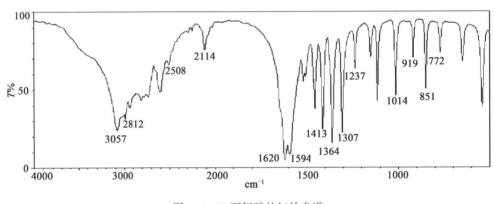

图 5.22　L-丙氨酸的红外光谱

　　氨基酸通常以内盐的形式存在，$\overset{+}{N}$—H 键伸缩振动与伯铵盐中 $\overset{+}{N}H_3$ 振动谱带一致。图
5.22 中 3057，2812，2508，2114 cm^{-1} 为 $\overset{+}{N}H_3$ 的振动吸收带。

　　铵盐与羧酸二聚体的区别除 $\nu_{\overset{+}{N-H}}$ 谱带频率较低，谱带更宽外，还在于羧酸有 $\nu_{C=O}$ 的
特征吸收带。当胺的鉴别难以确认时，可以用形成盐酸盐的形式测红外光谱，由谱带变宽
及大幅度向低频位移来确认。

5.4.1.3　C—H 伸缩振动

　　烃类化合物的 C—H 伸缩振动在 3300~2700 cm^{-1} 范围，不饱和烃 ν_{C-H} 位于高频端，
饱和烃 ν_{C-H} 位于低频端。通常 ≡C—H，=C—H 及芳烃的 C—H 伸缩振动大于 3000 cm^{-1}，
饱和 C—H 伸缩振动小于 3000 cm^{-1}。

　　1. 炔烃

　　炔烃的 $\nu_{\equiv C-H}$ 约为 3300 cm^{-1}（m）。该谱带位于缔合态的 ν_{OH}，ν_{NH} 范围内，在无羟基干
扰时，可以从谱带的强度及形状来识别。$\nu_{\equiv C-H}$ 谱带的特点是比缔合态的 ν_{OH} 吸收弱，比

ν_{NH}吸收强，谱带尖锐。1-己炔及 *N*-苯基丙炔酰胺的红外光谱见图 5.23 和图 5.21。≡C—H 与羰基共轭对 $\nu_{\equiv C-H}$ 吸收频率无明显影响。对硝基苯基丙炔酸(图 5.18)为双取代炔，无 ≡C—H 特征吸收。与 $\nu_{\equiv C-H}$ 吸收谱带相关的 C≡C 伸缩振动谱带位于第二峰区。

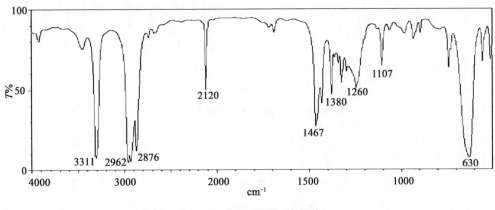

图 5.23　1-己炔的红外光谱

2. 烯烃

烯烃及芳烃的 C—H 伸缩振动位于 3100~3000 cm⁻¹ 范围。 RCH＝CH₂ 的 3095~3075 cm⁻¹(m)，3040 ~ 3010 cm⁻¹(m)为 ＝CH₂ 反对称伸缩振动和 ＝CH 伸缩振动。 R_1R_2C＝CH₂ 为 3100~3077 cm⁻¹(m);顺式及反式烯 $\nu_{\equiv C-H}$ 3100~3000 cm⁻¹，见图 5.24 和图 5.25。

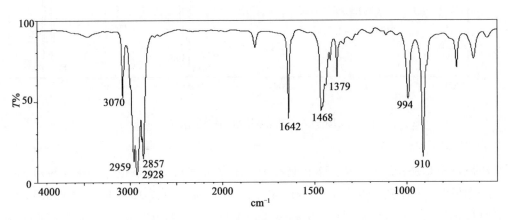

图 5.24　1-辛烯的红外光谱

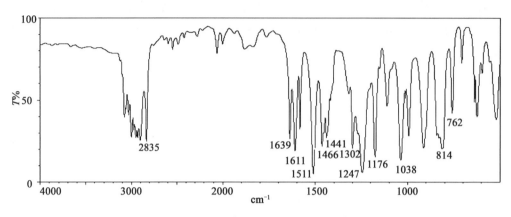

图 5.25 对丙烯基苯甲醚的红外光谱

3. 芳烃

芳烃 C—H 伸缩振动吸收带在 3100～3000 cm^{-1}范围可观测到多条谱带，如单取代苯由 2～3 条谱带组成。见图 5.26 的 3076 cm^{-1}，3060 cm^{-1}。这是芳环 C—H 伸缩振动和芳环骨架振动倍频带的共同贡献。较强的谱带来源于芳环 C—H 伸缩振动。图 5.18 中 3109 cm^{-1}及图 5.19 中 3021 cm^{-1}，均为苯环 C—H 伸缩振动。

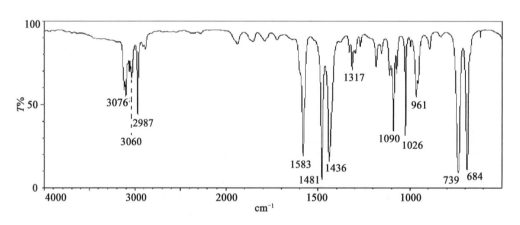

图 5.26 硫代苯甲醚的红外光谱

环张力较大的三元环体系，环上饱和 C—H 的伸缩振动谱带位于 3100～2990 cm^{-1}范围，强吸收带如环丙烷的 CH$_2$：ν_{as} 3060 cm^{-1}，ν_s 3000 cm^{-1}。1,2-环氧十二烷中 3030 cm^{-1}为环氧丙基 CH$_2$ 的反对称伸缩振动。饱和卤代烃中与卤素直接相连的 C—H 伸缩振动也位于此范围。如 CH$_3$I 3060 cm^{-1}，CH$_3$Br 3050 cm^{-1}，CH$_3$Cl 3042 cm^{-1}。

利用 $3100 \sim 3000 \ cm^{-1}$ 范围的谱带判断烯基及苯基的存在时,应注意三元环及卤代烃 C—H 伸缩振动的干扰。

4. 饱和烃基

—CH₃ , —CH₂— , $\rangle$CH— 这类饱和烃基的 C—H 伸缩振动位于$3000 \sim 2700 \ cm^{-1}$ 范围。

C—CH₃: ν_{as} 2960±15 cm^{-1}(s), ν_s 2870±15 cm^{-1}(m)

C—CH₂—C: ν_{as} 2926±5 cm^{-1}(s), ν_s 2850±5 cm^{-1}(s)

$\rangle$CH—: ν ~2890 cm^{-1}

$\rangle$CH— 的 C—H 伸缩振动较 CH₃,CH₂ 的 $\nu_{C—H}$ 谱带弱得多,无特征,通常被 CH₃,CH₂ 的 $\nu_{C—H}$ 谱带掩盖,无实际鉴定价值。

5. 醛基(—CHO)

醛基中 $\nu_{C—H}$ 位于$2850 \sim 2720 \ cm^{-1}$范围,是醛基中 C—H 伸缩振动和 C—H 弯曲振动(约 $1390 \ cm^{-1}$)的倍频之间 Fermi 共振的贡献,表现为双谱带,是醛基的特征吸收谱带。高波数端的频带有时仅以饱和 C—H 伸缩振动强吸收带的肩峰出现或被掩盖。庚醛的红外光谱见图 5.27,图中 2820,2717 cm^{-1}为醛基 C—H 的 Fermi 共振带。

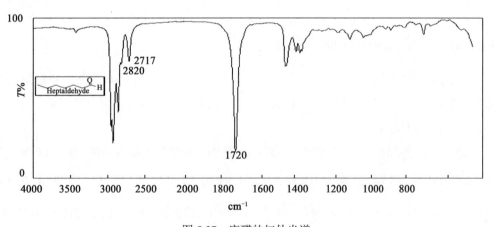

图 5.27 庚醛的红外光谱

含有甲氨基 $\left(CH_3N\langle\right)$、甲氧基 $\left(CH_3O—\right)$ 及与脂肪仲或叔氨基相连的 CH₂ 基 (—CH₂NH— , —CH₂—N$\langle$)化合物的红外光谱图有时在 $2850 \sim 2700 \ cm^{-1}$ 范围产生中等强度的吸收带,这些谱带对醛基的 Fermi 共振谱带的识别产生干扰。但几乎又是判断在该峰区无 N—H 特征吸收的脂肪族叔胺较好的方法。

少数醛类化合物，醛基 C—H 弯曲振动明显地偏离 1390 cm^{-1}，其倍频远离 C—H 伸缩振动谱带，不发生 Fermi 共振，只能观测到一条谱带。如三氯乙醛（CCl$_3$CHO），无饱和 C—H 伸缩振动干扰，仅在 2851 cm^{-1} 呈现单谱带。

6. 巯基

巯基化合物中 S—H 伸缩振动谱带位于 2600～2500 cm^{-1} 范围，谱带尖锐，容易识别，图 5.28 中 2564 cm^{-1} 为 $\nu_{S—H}$。

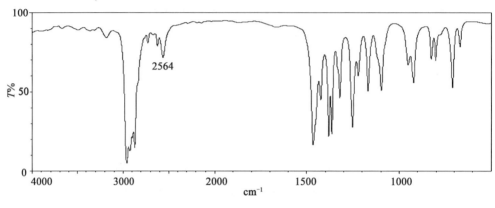

图 5.28　2-甲基丙硫醇的红外光谱

5.4.2　第二峰区（2500～1900 cm^{-1}）

叁键、累积双键及 B—H，P—H，I—H，As—H，Si—H 等键的伸缩振动吸收谱带位于此峰区。谱带为中等强度吸收或弱吸收。此峰区干扰小，谱带容易识别。

1. C≡C 伸缩振动

炔烃 C≡C 伸缩振动位于 2280～2100 cm^{-1} 范围。对硝基苯基丙炔酸（图 5.18）$\nu_{C≡C}$ 为 2229 cm^{-1}，因与苯基和羰基共轭，谱带强度增大，是 C≡C 键极化的结果（ —C≡C—C=O $\rightleftharpoons$ —$\overset{+}{C}$=C=C—$\overset{-}{O}$ ）。1-己炔（图 5.23）$\nu_{C≡C}$ 约为 2120 cm^{-1}，较图 5.18，该谱带弱得多。乙炔及全对称双取代炔 C≡C 伸缩振动在红外光谱中观测不到。在 Raman 光谱中可观测到，位于 2300～2190 cm^{-1} 范围，强吸收带。非对称双取代炔 C≡C 伸缩振动在红外光谱中可观测到，但谱带较末端炔基的伸缩谱带更弱。

多炔化合物的 C≡C 伸缩振动谱带数目可能超出叁键的数目，是振动耦合所致。1,4-壬双炔 $\nu_{C≡C}$：2260，2190，2150 cm^{-1}。1,5-己二炔的红外光谱见图 5.29，$\nu_{C≡C}$ 2147 cm^{-1}，$\nu_{≡C—H}$ 3297 cm^{-1}。

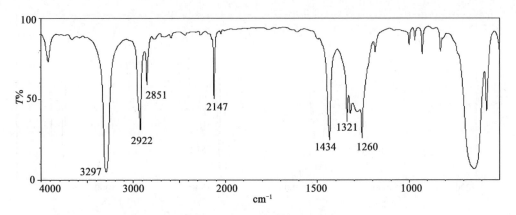

图 5.29　1,5-己二炔的红外光谱

2. C≡N 伸缩振动

腈基化合物中 C≡N 伸缩振动谱带在 2250~2240 cm^{-1} 范围。 C≡N 键极性较 C≡C 键强，其谱带强度也较 $\nu_{C≡C}$ 谱带强。 C≡N 与苯环或双键共轭，谱带向低波数位移 20~30 cm^{-1}。对氯苯腈(图 5.30)中 $\nu_{C≡N}$ 2228 cm^{-1}。

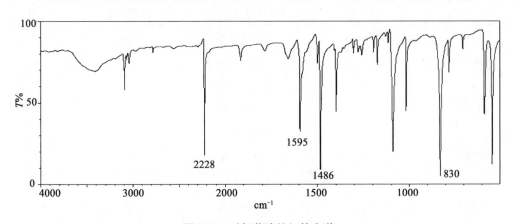

图 5.30　对氯苯腈的红外光谱

3. 重氮盐及累积双键的伸缩振动

重氮盐(R—$\overset{+}{N}$≡N$\overset{-}{X}$)中重氮基(—$\overset{+}{N}$≡N)的伸缩振动在 2290~2240 cm^{-1} 范围，谱带较强。累积双键类化合物，如丙二烯类(>C=C=C<)，烯酮类(>C=C=O)，异氰酸酯类(—N=C=O ，见图 5.31，ν_{as}: 2274,2262 cm^{-1} 强吸收，ν_s:1453, 1385 cm^{-1} 弱吸收)，叠氮化合物(—N=$\overset{+}{N}$=$\overset{-}{N}$)等，都有振动耦合谱带。反对称伸缩振动耦合带出现在

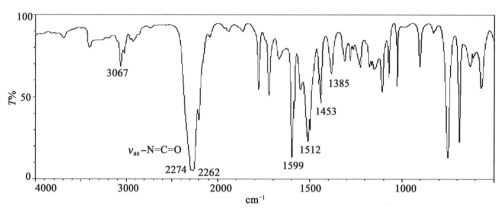

图 5.31　异氰酸苯酯的红外光谱

$2300 \sim 2100$ cm^{-1}，对称伸缩振动耦合带一般出现在指纹区，强度弱，干扰大，无鉴定价值。表 5.6 给出了这类化合物特征谱带的大致范围。

表 5.6　　　　　　　　　　　　重氮盐及累积双键伸缩振动的特征吸收带

类　别	基　团	谱带位置（cm^{-1}）	谱带强度	注
重氮盐	$-\overset{+}{N}\equiv N$	$2280 \sim 2240$	s	
异氰酸酯	$-N=C=O$	$2275 \sim 2250$	s	ν_{as}
		$1450 \sim 1370$	w	ν_{s}
丙二烯	$\rangle C=C=C\langle$	$2100 \sim 1950$	m	ν_{as}
		1070 左右	w	ν_{s}
烯酮类	$\rangle C=C=O$	2150 左右		ν_{as}
		1120 左右		ν_{s}
异腈类	$-\overset{+}{N}\equiv\overset{-}{C}$	$2200 \sim 2100$	s	
叠氮类	$-N=\overset{+}{N}=\overset{-}{N}$	$2160 \sim 2120$	s	ν_{as}
		$1350 \sim 1180$	w	ν_{s}
硫代氰酸酯	$-S-C\equiv N$	$2175 \sim 2140$	s	
异硫代氰酸酯	$-N=C=S$	$2140 \sim 1990$	s	
烯亚胺	$\rangle C=C=N$	2000 左右	m	

　　空气中二氧化碳（ $O=C=O$ ）在此峰区约 2350 cm^{-1} 出现吸收带，见图 5.9。芳环 C—H 面外弯曲振动的泛频带（倍频及合频带）出现在此峰区的低波数端 $2000 \sim 1670$ cm^{-1}

范围，谱带较弱、较宽，见图 5.42。

4. X—H（X：B，P，Se，Si）键的伸缩振动

B，P，Se，Si 与氢键合，其 X—H 键的伸缩振动在此峰区，谱带为强吸收或中强吸收。

有机硼化物中 ν_{B-H} 2640～2350 cm^{-1}。RBH$_2$：ν_{as} 2640～2571 cm^{-1}，ν_s 2532～2480 cm^{-1}，B···H···B 桥键的形成导致低波数位移（2200～1540 cm^{-1}），出现几条谱带。

有机膦化物中 ν_{P-H} 2450～2280 cm^{-1}，苯基膦化氢 ν_{PH_2} 2350 cm^{-1}，PH$_2$ 剪式振动 1070 cm^{-1}，PH$_2$ 非平面摇摆振动 830 cm^{-1}。二苯基膦化氢的红外光谱图见图 5.32，ν_{P-H} 2285 cm^{-1}。

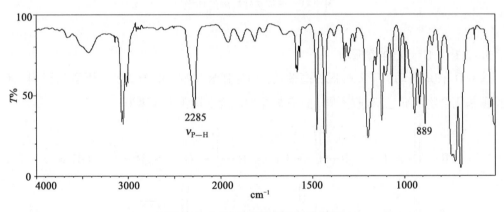

图 5.32　二苯基膦化氢的红外光谱

有机硒化物 ν_{Se-H} 2300～2280 cm^{-1}。

有机硅化物 ν_{Si-H} 2360～2100 cm^{-1}。R$_2$SiH$_2$ ν_{as} 与 ν_s 接近，于 2140～2120 cm^{-1} 出现一条谱带，三苯基硅烷中 ν_{Si-H} 2120 cm^{-1}（图 5.33）。

某些金属羰基配合物中羰基的伸缩振动位于 2200～1700 cm^{-1} 范围。如 Ni(CO)$_4$，Fe(CO)$_5$，约在 2030 cm^{-1} 处的强、宽吸收带，表明碳氧键只具有叁键特征。而在 Fe$_2$(CO)$_9$ 的红外光谱图中，除了在 2030 cm^{-1} 处的强、宽带外，在 1830 cm^{-1} 附近还出现另一强、宽带，这是分子中具有桥式羰基的标志。

5.4.3　第三峰区（1900～1500 cm^{-1}）

双键（包括 C=O，C=C，C=N，N=O 等）的伸缩振动谱带位于此峰区，利用该峰区的吸收带，对判断双键的存在及双键的类型极为有用。另外，N—H 弯曲振动也位于此峰区。

277

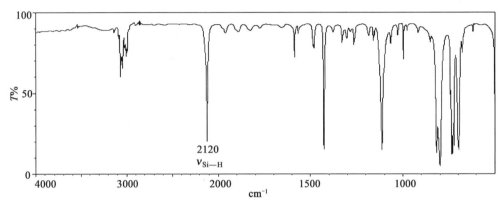

图 5.33　三苯基硅烷的红外光谱

5.4.3.1　C═O　伸缩振动

C═O 伸缩振动位于此峰区的高频端, 均为强吸收带。由于受各种因素的影响, 不同类型羰基化合物的 $\nu_{C═O}$ 吸收不同, 且有规律地改变。其变化规律为

$$R\!-\!\overset{\overset{\displaystyle O}{\|}}{C}\!\rightarrow\! F \;>\; R\!-\!\overset{\overset{\displaystyle O}{\|}}{C}\!\rightarrow\! Cl \;>\; R\!-\!\overset{\overset{\displaystyle O}{\|}}{C}\!-\!OR' \;>\; R\!-\!\overset{\overset{\displaystyle O}{\|}}{C}\!-\!OH \;>$$

$$R\!-\!\overset{\overset{\displaystyle O}{\|}}{C}\!-\!H \;>\; R\!-\!\overset{\overset{\displaystyle O}{\|}}{C}\!-\!R' \;>\; R\!-\!\overset{\overset{\displaystyle O}{\|}}{C}\!-\!\bigcirc \;>$$

$$R\!-\!\overset{\overset{\displaystyle O}{\|}}{C}\!-\!\bigcirc\!-\!\ddot{O}R \;>\; R\!-\!\overset{\overset{\displaystyle O}{\|}}{C}\!-\!\ddot{N}H_2$$

1. 酰卤

酰卤中 $\nu_{C═O}$ 吸收位于高波数端, 特征, 无干扰, 图 5.34 中硬脂酰氯的 $\nu_{C═O}$ 1802 cm^{-1}。

2. 酸酐

酸酐中两个羰基振动耦合产生双峰, $\Delta\nu$60~80 cm^{-1}, 开链酸酐(约 1830, 1760 cm^{-1})高波数谱带强度较大, 见图 5.35。环酸酐低波数谱带强度较大, 容易识别。且因环张力增大, $\nu_{C═O}$ 吸收向高波数位移。

3. 酯

脂肪酸酯 $\nu_{C═O}$ 约 1735 cm^{-1}, α,β-不饱和酸酯或苯甲酸酯, 由于 π-π 共轭, C═O 极性增强, 双键强度降低, 低波数位移(约 20 cm^{-1})。不饱和酯中氧原子 p-π 共轭分散, 诱导为主, $\nu_{C═O}$ 吸收向高波数位移(1745~1760 cm^{-1}), 如图 5.36 中的 1758 cm^{-1}。C═C 与

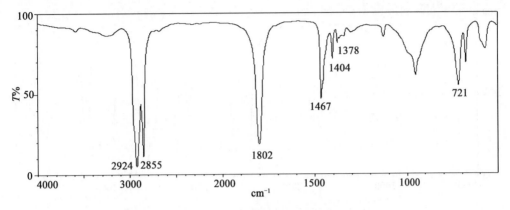

图 5.34 硬脂酰氯的红外光谱

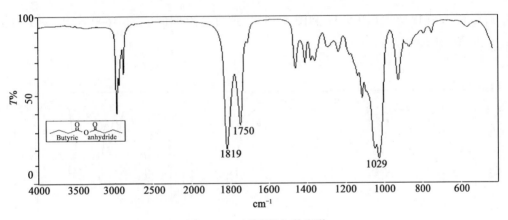

图 5.35 丁酸酐的红外光谱

C=O 共轭，$\nu_{C=C}$ 约为 1673 cm^{-1}，谱带强度增大。图 5.14 表明，π-π 共轭，$\nu_{C=O}$ 低波数位移。

4. 羧酸

羧酸通常以二聚体的形式存在，$\nu_{C=O}$ 约 1720 cm^{-1}。游离态 $\nu_{C=O}$（约1760 cm^{-1}）通常以肩峰出现。若在第一峰区约 3000 cm^{-1} 出现强、宽吸收，结合此谱带，可确认羧基存在。

5. 醛

醛基在 2850~2720 cm^{-1} 范围有 m 或 w 吸收，出现 1~2 条谱带，结合此峰区的 $\nu_{C=O}$ 吸收，可判断醛基的存在。图 5.27 庚醛的红外光谱中 $\nu_{C=O}$ 1720 cm^{-1}

6. 酮

酮类化合物 $\nu_{C=O}$ 吸收是其唯一特征吸收带。C=O 与 C=C 共轭，$\nu_{C=O}$ 低波数位

279

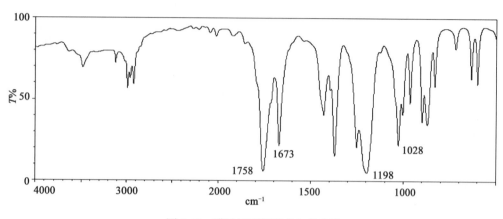

图 5.36　醋酸异丙烯酯的红外光谱

移，$\nu_{C=C}$ 吸收强度增大（图 5.37 和图 5.13）。异丙叉丙酮的 $\nu_{C=O}$ 1690 cm^{-1}，$\nu_{C=C}$ 1662 cm^{-1}，均为强吸收带。

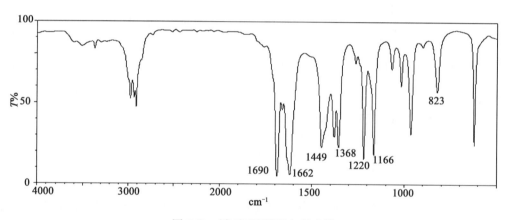

图 5.37　异丙叉丙酮的红外光谱

7. 酰胺

$\nu_{C=O}$ 吸收在 1690~1630 cm^{-1} 范围，缔合态及叔酰胺 $\nu_{C=O}$ 约 1650 cm^{-1}，影响较复杂。通常把酰胺的特征谱带分为 3 个带，分别称为酰胺 I 带、II 带和 III 带。伯酰胺 $\nu_{C=O}$ 1690 cm^{-1}，为酰胺 I 带。氢键的缔合导致该谱带移至 1650~1640 cm^{-1}，见图 5.20。酰胺 II 带主要是 N—H 弯曲振动（如—NH$_2$ 剪式振动），混有 C—N 伸缩振动。固态 —CONH$_2$ 在 1650~1640 cm^{-1} 出现 2 条谱带，分别为酰胺 I 带和 II 带。降低浓度可能观测到游离和缔合态产生的 4 条谱带。仲酰胺的 II 带在 1530 cm^{-1}（游离态）及 1550 cm^{-1}（缔合态）。酰胺 III 带主要是 C—N 伸缩振动,混有 N—H 弯曲振动,位于第四峰区,游离态约 1260 cm^{-1},缔合态约 1300 cm^{-1}。

内酯、环酮、内酰胺的 $\nu_{C=O}$ 吸收随环张力增大高波数位移,见图 5.15 和表 5.7。

表 5.7   环羰基的伸缩振动(cm^{-1})

类 别	内 酯	环 酮	内酰胺
六元环	1735	1715	1670
五元环	1770	1745	1700
四元环	1840	1780	1745

表 5.7 中数据表明,当环的大小相等时,$\nu_{C=O}$ 的变化顺序:内酯>环酮>内酰胺。该顺序与非环羰基化合物 $\nu_{C=O}$ 吸收的变化顺序一致。

5.4.3.2　C=C 伸缩振动

C=C 伸缩振动位于 1680~1610 cm^{-1} 范围(见表 5.8)。与 $\nu_{C=O}$ 吸收相比,$\nu_{C=C}$ 吸收频率较低,吸收强度也弱很多。

表 5.8   烯烃的 $\nu_{C=C}$ 及 =C—H 面外弯曲振动(cm^{-1})

类 别	$\nu_{C=C}$	$\delta_{=C-H}$(面外)	注	图号
RCH=CH$_2$	~1645(m)	~990(s)	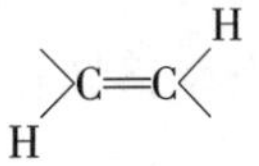	5.24
		~910(s)	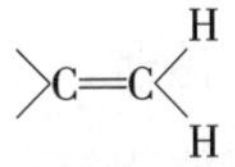	5.24 / 5.36
RR'C=CH$_2$	~1655(m)	~890(s)	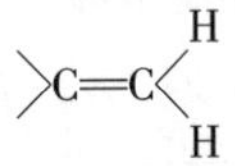	5.38
RCH=CHR'(反式)	~1670(w)	~970(s)	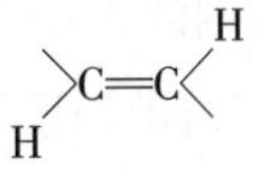	5.25
RCH=CHR'(顺式)	~1600(m)	730~675(m)	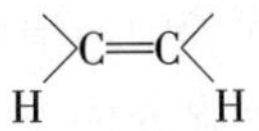	—
RR'C=CHR'	~1670(w~m)	840~800(s)	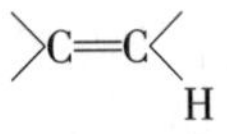	5.38
RR'C=CR''R''	~1670(w)			

双键与氧相连时，吸收强度显著增大，见图 5.36。双键与 C＝O 共轭，$\nu_{C＝C}$ 吸收向低波数位移，强度增大，见图 5.37。随着双键上 R 取代基增多，其吸收强度减弱，苧烯的红外光谱见图 5.38，$\nu_{C＝C}$ 1645，1658 cm^{-1}。

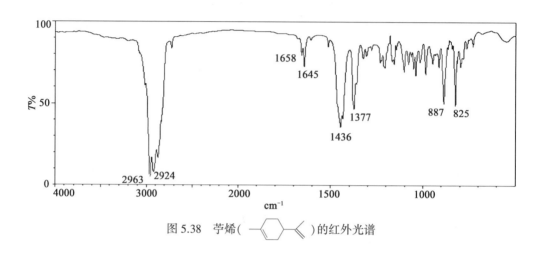

图 5.38　苧烯(　—◯—≪　)的红外光谱

对称的共轭二烯，如 1,3-丁二烯，2,3-二甲基丁二烯，只在 1600 cm^{-1} 出现一条吸收带而看不到对称的振动耦合谱带。异戊二烯的红外光谱可观测到两条谱带，1640 cm^{-1} 出现一条很弱的对称振动耦合带，不对称振动耦合带出现在 1598 cm^{-1}，为强吸收带。

三个 C＝C 键的共轭多烯在约 1600 cm^{-1} 和 1650 cm^{-1} 也出现两条谱带，高波数一般为弱吸收带。再延长共轭，该区的光谱变得复杂，往往形成一个宽的谱带。

5.4.3.3　芳环骨架振动

苯环、吡啶环及其他杂芳环的骨架伸缩振动位于 1600～1450 cm^{-1} 范围。于 1600，1580，1500，1450 cm^{-1} 附近出现 3～4 条谱带。1450 cm^{-1} 附近的谱带因与饱和 C—H 弯曲振动重叠，不特征。常用此范围的 2～3 条谱带来判断芳环及杂芳环的存在。1600 cm^{-1} 处谱带较弱，随取代基极性增大，该谱带强度增大（图 5.31、图 5.40 和图 5.41）。约在 1580 cm^{-1} 处吸收强度变化较大，烷基取代苯中该谱带弱或观测不出。当不饱和取代基或带孤对电子的取代基与苯环共轭时，该谱带强度增大，有时比 1600 cm^{-1} 附近的谱带还要强。1500 cm^{-1} 附近的谱带一般强度较大，随取代基极性增大谱带强度增大（图 5.16 和图 5.21）。若苯环与强吸电子基团相连，该谱带强度明显减弱，甚至观测不到。

喹啉的红外光谱见图 5.39，可见 1621 cm^{-1}(s)，1596 cm^{-1}(s)，1571 cm^{-1}(s)，1470 cm^{-1}(s)4 条谱带，为喹啉环的骨架振动。

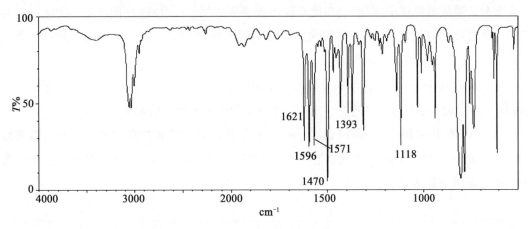

图 5.39 喹啉的红外光谱

5.4.3.4 硝基、亚硝基化合物

硝基、亚硝基化合物 N═O 伸缩振动位于此峰区，均为强吸收带。硝基化合物有两条强吸收带，为硝基的反对称伸缩振动和对称伸缩振动。

脂肪族硝基化合物 ν_{as} 1580～1540 cm^{-1}，ν_s 1380～1340 cm^{-1}。芳香族硝基化合物 ν_{as} 1550～1500 cm^{-1}，ν_s 1360～1290 cm^{-1}。如图 5.18 中 1523，1346 cm^{-1} 及对硝基苯甲醛（图 5.40）的 1543，1347 cm^{-1}。

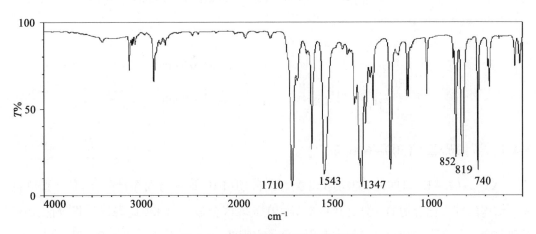

图 5.40 对硝基苯甲醛的红外光谱

亚硝基 N═O 伸缩振动位于 1600～1500 cm^{-1} 范围。对亚硝基苯甲酸乙酯的谱带因被芳环骨架振动掩盖而不特征。

另外，羧酸根负离子（COO⁻）在此峰区出现强吸收带。L-丙氨酸（图 5.22）1594 cm⁻¹为 COO⁻反对称伸缩振动，COO⁻对称伸缩振动位于第四峰区 1413 cm⁻¹，均为强吸收带，图中 1620 cm⁻¹为 NH_3^+ 反对称弯曲振动。

胺类化合物中，—NH₂ 弯曲振动位于 1640~1560 cm⁻¹，为 s 或 m 吸收带。邻甲基苯胺（图 5.19）1623 cm⁻¹为 s。仲胺 —NH— 弯曲振动位于 1580~1490 cm⁻¹。

C=N 伸缩振动位于 1680~1640 cm⁻¹，π-π 共轭导致低频位移显著。苯甲叉基苯胺（图 5.41）$\nu_{C=N}$：1627 cm⁻¹，强吸收带。丁二酮单肟分子由于 C=O，C=N 共轭，伸缩振动均低于正常波数范围。

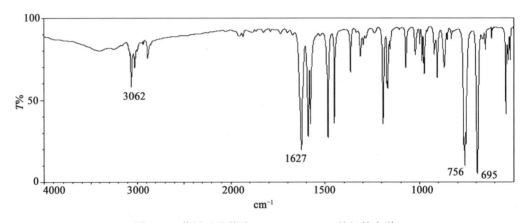

图 5.41 苯甲叉基苯胺（PhCH=NPh）的红外光谱

$$\nu_{C=O}\ 1676\ cm^{-1}$$
$$\nu_{C=N}\ 1642\ cm^{-1}$$

5.4.4 第四峰区（1500~600 cm⁻¹）

X—C（X≠H）键的伸缩振动及各类弯曲振动（NH₂ 面内弯曲振动除外）位于此峰区。不同结构的同类化合物的红外光谱的差异，在此峰区会显示出来。此峰区为指纹区，该区的吸收带对化合物结构的确定极为有用，只是谱带多、杂，干扰大，较难识别其归属。

5.4.4.1 C—H 弯曲振动

1. 烷烃

—CH₃ δ_{as} 约 1450 cm⁻¹（m），δ_s 约 1380 cm⁻¹（w）。—CH(CH₃)₂ 振动耦合使对称弯曲

振动裂分为强度相近的两条谱带(约在 1380 cm⁻¹和 1370 cm⁻¹),见图5.37。—C(CH₃)₃ 振动耦合使对称弯曲振动裂分为强度差别较大的两条谱带(在 1390,1370 cm⁻¹附近),低频带强度较大。CH₂ 剪式振动约为 1450 cm⁻¹(m)与 CH₃ 的 δ_{as} 重叠。$\rangle$CH— 约为 1340 cm⁻¹(w),不特征。

与不同基团相连的 CH₃,CH₂ 弯曲振动吸收位置有所不同。与氧、氮原子相连时,1450 cm⁻¹ 吸收带无明显变化,1380 cm⁻¹ 吸收带向高波数位移明显。与 CO,S,Si 相连时 CH₃,CH₂ 弯曲振动均向低波数位移。与不同基团相连, —CH(CH₃)₂ 弯曲振动谱带的形状也不同。

2. 烯烃

烯烃的 C—H 面内弯曲振动位于 1420~1300 cm⁻¹范围,m 或 w 吸收带,干扰大,不特征。烯烃的面外弯曲振动位于 1000~670 cm⁻¹范围,s 或 m 吸收带,容易识别,可用于判断烯烃的取代情况(见表5.8)。

取代基对 ═C—H 面外弯曲振动吸收有一定的影响,如 ROCH═CH₂ 962 cm⁻¹ 和 810 cm⁻¹,较 RCH═CH₂ 均低波数位移。CH₂═CHCOOR 990 cm⁻¹ 和 960 cm⁻¹, ═CH₂ 的面外弯曲振动高频位移, ═CH₂ 的面内弯曲振动(剪式振动)吸收位于 1400 cm⁻¹附近。

3. 芳烃

苯环 C—H 面内弯曲振动位于 1250~950 cm⁻¹范围,出现多条谱带,称"苯指区",因干扰大,应用价值小。芳环 C—H 面外弯曲振动位于 900~650 cm⁻¹范围。出现 1~2 条强吸收带(见表5.9 及图5.42)。谱带位置及数目与苯环的取代情况有关,利用此范围的吸收带可判断苯环上取代基的相对位置。芳环 C—H 弯曲振动的组合频带(即倍频与合频)在 2000~1660 cm⁻¹范围,出现一组弱谱带,谱带的形状与苯环的取代情况有关,可用作判断苯环取代情况的辅助手段(图5.42)。

表 5.9　　　　　　　　　　　芳烃的 C—H 面外弯曲振动(cm⁻¹)

类　　　型	$\delta_{C—H}$	图　　　号
5 个氢相邻(单取代)	~750(s), ~700(s)	5.41, 5.26
4 个邻接的氢(邻二取代)	770~735(s)	5.19
3 个邻接的氢(间二取代)	810~750(s), 710~690(s)	—
2 个邻接的氢(对二取代)	860~800(s)	5.30

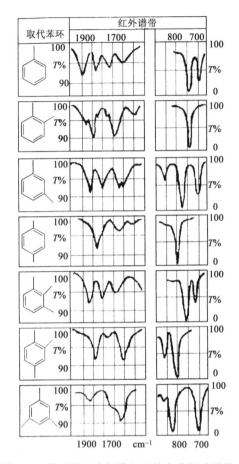

图 5.42　苯环的组合频带及面外弯曲振动谱带

硝基与苯环相连，在约 850，750 cm^{-1} 出现吸收带，分别为 C—N 伸缩振动和 C—N—O 弯曲振动(如图 5.18 中，对硝基苯基丙炔酸的 861，760 cm^{-1} 及图 5.40 中，对硝基苯甲醛的 852，740 cm^{-1})。这些谱带对芳环 C—H 面外弯曲振动谱带的识别产生干扰，在判断这类化合物苯环取代基位置时应慎重。图 5.40 中 819 cm^{-1} 为苯环上两个相邻氢的面外弯曲振动，表明苯环为对位二取代。图 5.19 中 752 cm^{-1} 为苯环上四个相邻氢的面外弯曲振动，表明为邻位二取代。

5.4.4.2　C—O 伸缩振动

含氧化合物(如醇、酚、醚、酸酐、羧酸、酯等) C—O 键的伸缩振动位于 1300 ~ 1000 cm^{-1} 范围。除醚类化合物外，含氧化合物在其他峰区都有特征吸收带(如 O—H 伸缩振动位于第一峰区， C=O 伸缩振动位于第二峰区)。此峰区的 C—O 或 C—O—C 伸缩振动为其相关峰。醚类化合物的 C—O—C 伸缩振动是确定醚键存在的唯一谱带。

1. 醇、酚

C—O 伸缩振动 1250~1000 cm^{-1}，结合第一峰区 O—H 伸缩振动特征吸收带，可判断化合物为醇类或酚类化合物。C—O 伸缩振动均为强吸收带；伯醇及 α-不饱和仲醇约 1050 cm^{-1}；仲醇及 α-不饱和叔醇约 1100 cm^{-1}；叔醇约 1150 cm^{-1}；酚类化合物约 1200 cm^{-1}。

2. 醚

C—O—C 伸缩振动位于 1250~1050 cm^{-1} 范围，存在反对称伸缩振动和对称伸缩振动。对称醚，如正丙基醚的 1130 cm^{-1}，二苯醚的 1230 cm^{-1}，均为反对称伸缩振动，对称伸缩振动则观测不到。非对称醚，如苯基或烯基醚，由于 p-π 共轭，C—O 键强度增大，C—O—C 反对称伸缩振动高波数位移约 1250 cm^{-1}，对称伸缩振动位于低波数端的 1050 cm^{-1} 附近。如对甲氧基苯甲醛的 1260，1030 cm^{-1}，正丁基烯醚（图 5.43）的 1205，1082 cm^{-1}，图 5.43 中 $\nu_{C=C}$ 的两条谱带来源于旋转异构。

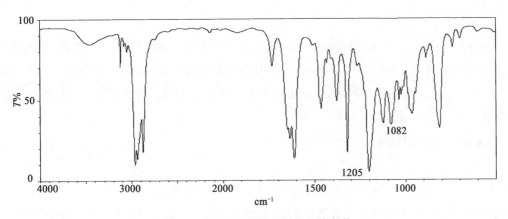

图 5.43　正丁基乙烯基醚的红外光谱

环醚在 1260~780 cm^{-1} 范围出现两条或两条以上的吸收带。环张力增大 ν_{as} C—O—C 波数降低，ν_{s} 波数升高。如四氢吡喃 ν_{as}1098 cm^{-1}，ν_{s}813 cm^{-1}。环氧乙烷 ν_{as}870 cm^{-1}，ν_{s}1280 cm^{-1}，这是由于三元环改变了键角的结果。

缩醛、缩酮（C—O—C—O—C）分子中，2 个 C—O—C 键振动耦合，于 1200~1050 cm^{-1} 产生一组 4~5 条谱带。

3. 酯

酯分子中 C—O—C 伸缩振动位于 1300~1050 cm^{-1} 范围，出现 2~3 条谱带，对应于 C—O—C 的反对称伸缩振动和对称伸缩振动，均为强吸收带。通常两吸收带波数之差为 130~170 cm^{-1}。如对亚硝基苯甲酸乙酯的 1280，1108 cm^{-1}，$\Delta\nu = 172$ cm^{-1}；醋酸异丙烯酯（图 5.36）的 1198，1028 cm^{-1}，$\Delta\nu = 173$ cm^{-1}。乙酸苯酯的红外光谱（图 5.44）中 C—O—C

对称伸缩振动向高波数位移，两吸收带靠近，$\Delta\nu$ 降低。

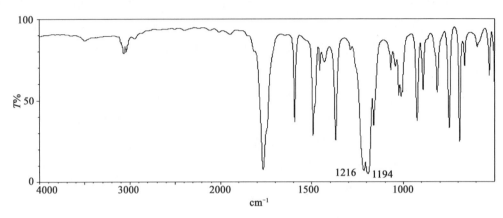

图 5.44　乙酸苯酯的红外光谱

4. 酸酐

酸酐分子中 C—O—C 伸缩振动吸收带强而宽，位于 $1300\sim1050$ cm^{-1} 范围。开链酸酐位于低波数端 $1175\sim1045$ cm^{-1} 范围。环酸酐位于高波数端 $1310\sim1210$ cm^{-1} 范围。丁二酸酐（图 5.35）约为 1030 cm^{-1}，顺丁烯二酸酐约为 1260 cm^{-1}。环张力增加，$\nu_{\text{C—O—C}}$ 谱带向高波数位移。

5.4.4.3　其他键的振动

1. C—C

C—C 伸缩振动一般很弱，无鉴定价值。只有酮类化合物在 $1300\sim1100$ cm^{-1} 出现一条或几条谱带，是 C—CO—C 伸缩振动和弯曲振动的贡献，可作为分子中有无酮基的辅证。脂肪酮位于低波数端，芳酮位于高波数端。如 2-丁酮，$\nu_{\text{C—CO—C}}$ 1172 cm^{-1}，苯乙酮 1265 cm^{-1}，为强吸收或中偏强吸收带。

2. C—N

C—N 伸缩振动位于 $1350\sim1100$ cm^{-1}，与不饱和碳或芳环碳相连的 C—N 伸缩振动位于 $1350\sim1250$ cm^{-1} 范围。强度较 C—O 伸缩振动弱，应用价值不大。但硝基苯中由于强吸电子基的影响，$\nu_{\text{C—N}}$ 低波数位移显著，吸收强度增大。如对硝基苯甲醛（图 5.40）$\nu_{\text{C—N}}$ 852 cm^{-1}，$\delta_{\text{C—N—O}}$ 742 cm^{-1}；邻甲基苯胺（图 5.19）$\nu_{\text{C—N}}$ 1255 cm^{-1}，N,N-二甲基苯胺 $\nu_{\text{C—N—C}}$ 1350 cm^{-1}。酰胺类在此峰区出现酰胺Ⅲ带，以 $\nu_{\text{C—N}}$ 为主。如 N-叔丁基乙酰胺 1310 cm^{-1}，酰胺Ⅲ带。N-苯基丙炔酰胺红外光谱（图 5.21）中 1322 cm^{-1}，也是酰胺Ⅲ带。

3. NO_2

NO_2 的对称伸缩振动位于 $1400\sim1300$ cm^{-1} 范围，脂肪族硝基化合物为 $1380\sim1340$

cm^{-1},芳香族硝基化合物为 $1360 \sim 1284 \ cm^{-1}$。如对硝基苯甲醛红外光谱(图 5.40)中的 $1347 \ cm^{-1}$。

4. COOH,COO$^-$

羧酸二聚体于约 $1420 \ cm^{-1}$ 和 $1300 \sim 1200 \ cm^{-1}$ 出现两条强吸收带,是 O—H 面内弯曲振动和 C—O 伸缩振动耦合产生的(如对硝基苯基丙炔酸红外光谱图 5.18 的 $1380 \ cm^{-1}$ 和 $1284 \ cm^{-1}$)。O—H 面外弯曲振动约 $920 \ cm^{-1}$(m,br)。硬脂酸的红外光谱(图 5.10)可见 1430,1300,$940 \ cm^{-1}$ 三条谱带,是羧酸二聚体的 δ_{OH}, ν_{C-O} 振动耦合带及 O—H 面外弯曲振动带。COO$^-$ 对称伸缩振动谱带约 $1400 \ cm^{-1}$。$1350 \sim 1192 \ cm^{-1}$ 范围出现一系列等间隔(约 $20 \ cm^{-1}$)的谱带,这是长链 $+CH_2+_n$ 的特征谱带,归属于反式构象的 CH_2 的面外摇摆振动。

5. NH$_2$

NH_2 面内弯曲振动位于 $1650 \sim 1500 \ cm^{-1}$ 范围,面外弯曲振动位于 $900 \sim 650 \ cm^{-1}$,中等强度、较宽,缔合态高波数位移(约 $900 \ cm^{-1}$),后者并不特征。

6. $+CH_2+_n$

CH_2 平面摇摆振动位于 $800 \sim 700 \ cm^{-1}$,弱吸收带。对于无其他谱带干扰的烃类化合物,可用此范围的谱带判断 n 的数目。

n:	1	2	3	≥4
$\delta_{CH_2}(cm^{-1})$	$785 \sim 770$	$743 \sim 734$	$729 \sim 726$	$725 \sim 722$

如 3-甲基戊烷分子中,$n=1$,CH_2 平面摇摆振动 $775 \ cm^{-1}$,弱吸收。

7. 硅化物(cm^{-1})

$\nu_{Si-O-Si} \ 1100 \sim 1000(s)$,$\nu_{Si-O-C} \ 1100 \sim 900(s)$,$\nu_{Si-C} \ 890 \sim 690(s)$,$\delta_{Si-H} \ 950 \sim 800(s)$。

8. 硼化物(cm^{-1})

$\nu_{B-O} \ 1500 \sim 1300(m \sim s)$,$\nu_{B-C}$ 约 1435,ν_{C-B-C} 约 $1265(s)$。

9. 碳卤键(cm^{-1})

$\nu_{C-F} \ 1400 \sim 1000(m \sim s)$,$\nu_{C-Cl} \ 800 \sim 600(s)$,$\nu_{C-Br} \ 600 \sim 500(s)$,$\nu_{C-I}$ 约 $500(s)$。

5.5 红外光谱解析及应用

5.5.1 红外光谱解析一般程序

红外光谱谱图解析主要是在掌握影响振动频率的因素及各类化合物的红外特征吸收谱带的基础上,按峰区分析,指认某谱带的可能归属,结合其他峰区的相关峰,确定其归属。

在此基础上，再仔细归属指纹区的有关谱带，综合分析，提出化合物的可能结构。必要时查阅标准图谱或与其他谱(^{1}H NMR，^{13}C NMR，MS)配合，确证其结构。

与其他谱比较，红外光谱谱图的解析更带有经验性、灵活性。影响红外光谱谱带的数目、频率、强度及形状的因素很多，即使是简单的化合物，红外光谱谱图也会比较复杂，单凭红外光谱确定未知物的结构是困难的。

1. 了解样品来源及测试方法

红外光谱要求样品纯度 98% 以上。不纯的样品在谱图中会产生干扰谱带，有的干扰谱带较强，给谱图解析带来困难。

了解样品来源可以缩小结构的推测范围。对合成的样品，要了解原料、主要产物及可能的副产物等，这对谱图的解析及结构鉴定很有帮助。天然产物最好要有元素分析数据及质谱提供的分子离子峰，以便确定其分子式。

纯化样品的方法很多，如分馏、萃取、重结晶、层析等。萃取、重结晶的样品，可能会出现残存的溶剂干扰峰。分馏时真空脂的使用可能会引入含硅的组分，在 1260 cm^{-1} 附近和 1100~1000 cm^{-1} 范围出现较强的吸收带。用硅胶层析纯化的样品，谱图中可能出现 1080 cm^{-1} 附近 SiO$_2$ 的吸收带。碱性样品(如胺类)，可能吸收空气中的 CO$_2$ 和 H$_2$O 而形成碳酸盐，在 3200~2200 cm^{-1} 范围出现铵离子的吸收带。

痕量的水会在 3500 cm^{-1} 和 1630 cm^{-1} 附近(—OH 无此带)出现吸收带。不同来源的水，ν_{OH} 位置略有不同。非极性溶剂中的水，约 3700 cm^{-1}，峰尖。池窗上的凝聚水，约 3600 cm^{-1}；而 KBr 压片的吸湿水，约 3450 cm^{-1}，谱带较宽。

谱图测试方法不同，谱带的位置、形状也会有所不同，有的甚至变化很大。溶剂中测试，要排除溶剂的吸收范围(见表 5.1)。石蜡糊法测得的谱，出现强的饱和烃吸收带。液膜法由于样品分子间相互作用，使某些谱带位移，指纹区多处变形。特别是含—OH，—COOH，—NH$_2$ 等活泼氢的样品，不同的测试方法会导致谱带位置、强度和形状的显著变化。高分子材料常含有增塑剂(如邻苯二甲酸酯)，其红外光谱出现在 1725 cm^{-1} 的羰基吸收带，加热处理，该谱带约移至 1755 cm^{-1}，是由于邻苯二甲酸酐的 C=O 伸缩振动吸收引起的。

2. 求分子式与不饱和度

由元素分析和质谱数据，确定化合物的分子式，由分子式计算不饱和度。

3. 分析红外光谱图第一至三峰区(特征峰区，干扰小)

谱图解析时，要同时注意谱带的位置、吸收强度和峰形，提出可能的振动方式。

谱带的位置固然重要，但吸收强度和峰形不能忽视。如在 1750~1680 cm^{-1} 出现一条弱的或中等强度的吸收带，就不能将此带指认为化合物含有的 C=O 伸缩振动吸收，而是化合物所含杂质中 C=O 的伸缩振动。又如在 1680~1640 cm^{-1} 出现一条中等偏强的吸收带，从谱带的位置判断，可能为 C=O 或 C=C 伸缩振动，从谱带的强度只能指认为 C=C 伸缩振动。因为即使 C=C 与极性基团相连，C=C 伸缩振动谱带强度明显增大，但较同一分子中的 C=O 伸缩振动谱带，仍然要弱。利用 1380 cm^{-1} 附近 CH_3 对称变形振动吸收带的裂分形状可判断是否存在同碳二甲基和同碳三甲基。

4. 确认某种基团的存在

提出某种振动方式后，应结合其他峰区的相关峰，确认某基团的存在。如在 2850～2720 cm^{-1} 范围有弱的双带或在约 2720 cm^{-1} 有一条弱吸收带，提出可能为醛基的 Fermi 共振吸收带，结合第三峰区 C=O 伸缩振动强吸收带，可确认醛基的存在。由 $\nu_{C=O}$ 吸收带的位置，以确定与 —CHO 相连的可能基团。如 1730 cm^{-1} 附近为 R—CHO；1700 cm^{-1} 附近应为 Ph—CHO 或 C=C—CHO。若约 1710 cm^{-1} 附近有一条强的 C=O 伸缩振动吸收带，第一峰区无羧基、醛基的特征吸收及 N—H 的特征吸收，第四峰区 1300～1100 cm^{-1} 范围无强的 —COOR 基的 C—O—C 伸缩振动相关峰，可指认该谱带为酮羰基的伸缩振动吸收带。若 $\nu_{C=O}$ < 1700 cm^{-1}，且于 1650～1600 cm^{-1} 出现中等程度或几乎等强度的谱带（图5.37），说明 C=O 与 C=C 相连，为 α,β-不饱和酮。若 1380 cm^{-1} 谱带低波数位移至 1360 cm^{-1} 附近，且强度明显增大（m 或 s），则表明有乙酰基存在。

5. 分析红外光谱图的第四峰区

仔细分析<1500 cm^{-1} 的第四峰区的特征吸收带及弯曲振动谱带，进一步确认某些基团的存在及可能的连接方式，烯烃、芳烃的取代情况等。各类 C—H 面内弯曲振动位于 1300～1000 cm^{-1} 范围，干扰大，不特征。但结合第一至第三峰区特征吸收谱带，不难辨认出此范围的某些相关谱带。如酯 C=O 的相关峰于此范围出现 2～3 条强吸收带，醇羟基伸缩振动的相关峰 ν_{C-O} 吸收（伯、仲、叔醇中 C—O 伸缩振动的波数不同，均为强吸收带）。NO_2：约 1550 cm^{-1}（s.b）带的相关峰为 1370 cm^{-1} 左右（s.b），芳族硝基化合物还会出现 ν_{C-N}（约 870 cm^{-1}）及 δ_{C-N-O}（约 700 cm^{-1}）的相关峰等。

6. 综合以上分析提出化合物的可能结构

对照谱图，进一步验证结构，排除与谱图相矛盾的结构或改变某种连接方式，以进一步确证结构。

难以确认的结构，可与其他谱相配合，或查阅标准图谱。与标准谱核对，主要是对指纹区谱带的核对。这是因为不同的化合物，在指纹区有其特有的谱带。可确定化合物的结构。值得注意的是，在对照标准谱时，红外光谱的测试条件最好与标准谱图一致。

5.5.2 红外光谱解析实例

例 1　分子式 C_6H_{14}，红外光谱如下，推导其结构。

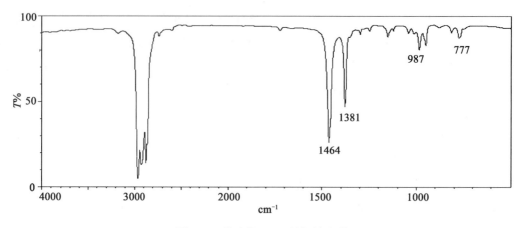

图 5.45　化合物 C_6H_{14} 的红外光谱

解：分子式 C_6H_{14}，化合物的不饱和度 UN＝0，为饱和烃类化合物。

3000～2800 cm^{-1}（s）为饱和 C—H 伸缩振动。第二、三峰区无特征吸收带。1464 cm^{-1} 为 δ_{CH_2}，$\delta_{as\ CH_3}$。1381 cm^{-1} 为 $\delta_{s\ CH_3}$，该谱带无裂分，表明无同碳二甲基或同碳三甲基存在。

777 cm^{-1}（w）为 CH_2 平面摇摆振动，该振动吸收频率随 $\left(CH_2\right)_n$ 中 n 值的改变而改变，n 值增大，波数降低。777 cm^{-1}（$n=1$）表明该化合物无 $n>1$ 的长链烷基存在，只有 CH_3CH_2 基存在（乙基中 CH_2 平面摇摆振动 780 cm^{-1}）。

综合以上分析，因分子中既无异丙基、异丁基存在，又无 $n>1$ 的长链烷基存在，所以化合物的结构只能是：

$$\begin{array}{c} CH_3 \\ | \\ H_3C—CH_2—CH—CH_2—CH_3 \end{array}$$

例 2　分子式 C_8H_7N，红外光谱如下，推导其结构。

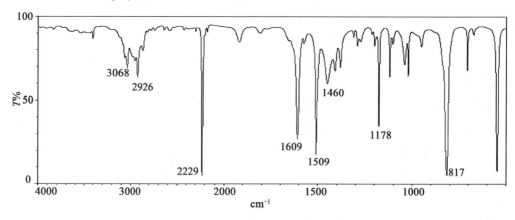

图 5.46　化合物 C_8H_7N 的红外光谱

解：分子式 C_8H_7N，UN＝(8+1)+1/2-7/2=6，UN>4，化合物可能含有苯基。

3500~3100 cm^{-1}，无吸收带，表明无 N—H，$\equiv$C—H 存在。3068 cm^{-1}（m）为 $\equiv$C—H 或苯氢的伸缩振动，结合第三峰区的相关峰 1609 cm^{-1}（s），1509 cm^{-1}（s）的苯环的骨架伸缩振动，确认苯基的存在。

817 cm^{-1}（s），苯环上相邻两个氢的面外弯曲振动，表明是对位取代苯（860~800 cm^{-1}）

2229 cm^{-1}（s，尖），从谱带的强度及峰位判断为 C$\equiv$N 伸缩振动，且与苯基相连（2260~2210 cm^{-1}）。

2920 cm^{-1}（m）为 CH_3 的伸缩振动，1450 cm^{-1}（m）及 1380 cm^{-1}（m）为 δ_{CH_3}。

综合以上分析，化合物的结构为 CH_3—⟨苯环⟩—C$\equiv$N

该结构与分子式相符，与谱图相符。图中 1177 cm^{-1} 为苯氢面内弯曲振动。

例3 分子式 $C_4H_6O_2$，红外光谱如下，推导其结构。

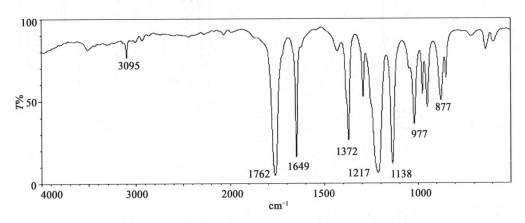

图 5.47 化合物 $C_4H_6O_2$ 的红外光谱

解：分子式 $C_4H_6O_2$，UN＝(4+1)-3=2，分子中可能含有 C=C，C=O。3095 cm^{-1}（w）为 =C—H 伸缩振动，结合 1649 cm^{-1}（s）的 $\nu_{C=C}$，认为化合物存在烯基。该谱带吸收强度较正常 $\nu_{C=C}$ 谱带强度（w 或 m）大，说明该双键与极性基团相连，此处应与氧相连。该谱带波数在 $\nu_{C=C}$ 正常范围，表明 C=C 不与不饱和基（C=C，C=O）相连。1762 cm^{-1}（s）$\nu_{C=O}$ 结合 1217 cm^{-1}（s.br）的 ν_{as} C—O—C 及 1138 cm^{-1}（s）的 ν_s C—O—C，认为分子中有酯基（COOR）存在。$\nu_{C=O}$（1762 cm^{-1}）较一般酯（1740~1730 cm^{-1}）高波数位移，表明诱导效应或环张力存在，此处氧原子与 C=C 相连，p-π 共轭分散，诱导效应突出。

根据分子式和以上分析，提出化合物的两种可能结构如下：

$$A: CH_2\!=\!CH\!-\!\overset{\overset{\displaystyle O}{\|}}{C}\!-\!O\!-\!CH_3 \quad , \quad B: CH_2\!=\!CH\!-\!O\!-\!\overset{\overset{\displaystyle O}{\|}}{C}\!-\!CH_3$$

A 结构 C=C 与 C=O 共轭，$\nu_{C=O}$ 低波数位移（约 1700 cm^{-1}）与谱图不符，排除。B 结构双键与极性基氧相连，$\nu_{C=C}$ 吸收强度增大，氧原子对 C=O 的诱导效应增强，$\nu_{C=O}$ 高波数位移，与谱图相符，故 B 结构合理。

1372 cm^{-1}（s），CH$_3$ 与 C=O 相连，δ_s 强度增大。977 cm^{-1}（s）为反式烯氢的面外弯曲振动，877 cm^{-1} 为同碳烯氢的面外弯曲振动。

例 4　化合物分子式 C$_{10}$H$_{14}$S，红外光谱如下，推导其结构。

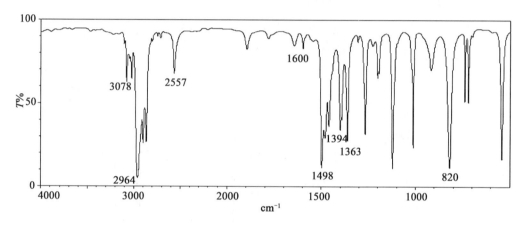

图 5.48　化合物 C$_{10}$H$_{14}$S 的红外光谱

解：分子式 C$_{10}$H$_{14}$S，UN =（10+1）−7 = 4，可能含有苯基。红外光谱中在 3078 cm^{-1}（w）处可能为苯氢的伸缩振动，结合 1600 cm^{-1}（w）及 1498 cm^{-1}（s）附近的苯环骨架振动，认为苯基存在，~820 cm^{-1}（s）为对位取代苯中相邻两个氢的面外弯曲振动。2964 cm^{-1}（s）及其附近的谱带为饱和 C—H 伸缩振动。

约 1450 cm^{-1}，1394 cm^{-1}，1363 cm^{-1} 为 CH$_3$，CH$_2$ 的弯曲振动。低频谱带裂分为双峰且 1363 cm^{-1} 谱带稍强，由此判断分子中有叔丁基存在。

谱图中 2557 cm^{-1}（m）的尖吸收带为 S—H 伸缩振动，认为有 SH 存在。

综合以上分析，推导化合物的结构为 (CH$_3$)$_3$C—⟨苯环⟩—SH

5.5.3　红外光谱的应用

傅里叶变换红外光谱技术可用于物质结构的鉴定、反应机理研究等，并广泛应用于医学、食品、石油化工、地质矿物等研究领域[1]。

1. 有机成分的鉴定[2]

青霉素($C_{16}H_{18}N_2SO_4$)的水解产物($C_{16}H_{20}N_2SO_5$)的结构为

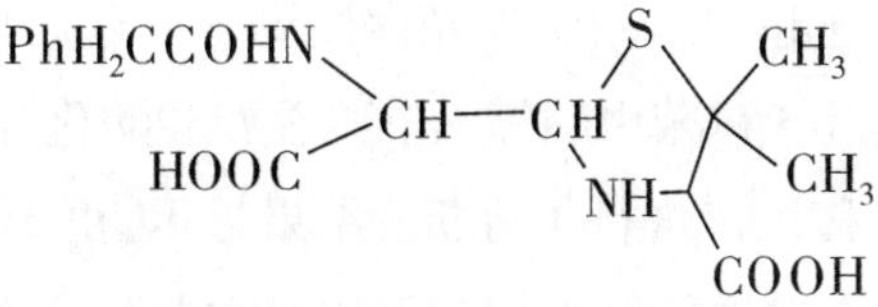

由水解产物的结构推测青霉素的可能结构为 A 或 B。

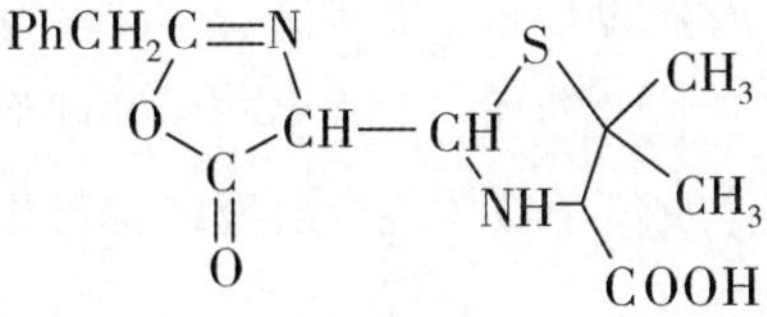

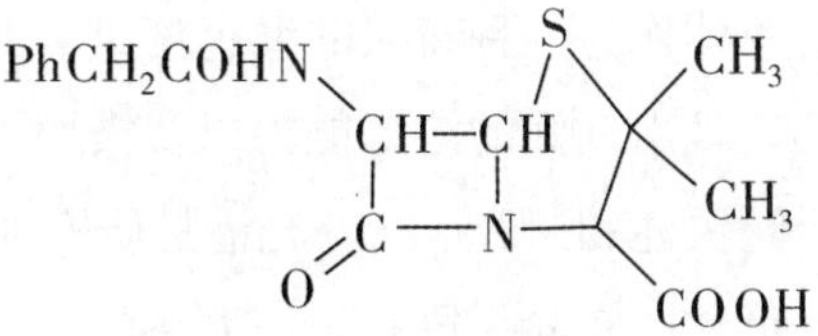

青霉素的 IR 谱出现 1700 cm^{-1} 及 1770 cm^{-1} 两条强吸收带。五元环内酯的 C═O 伸缩振动为 1780～1760 cm^{-1}，四元环内酰胺的 C═O 伸缩振动为 1780～1770 cm^{-1}，两者水解均可得到青霉素的水解产物。合成三种小分子模拟物 C，D，E，红外光谱测得 E 的 C═O 伸缩振动 1770 cm^{-1}，从而确定青霉素的结构是 B 而不是 A。

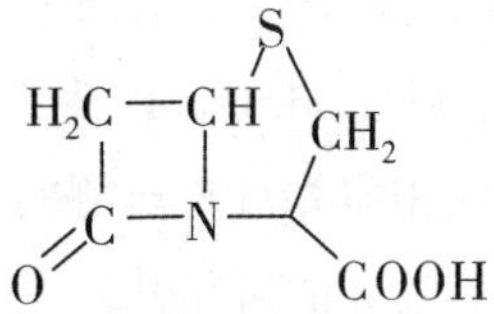

$\nu_{C=O}$：　1800 cm^{-1} 　　　　1740 cm^{-1} 　　　　1770 cm^{-1}

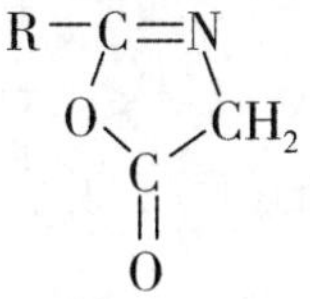

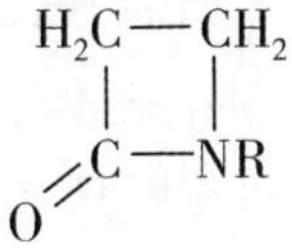

2. 化学反应机理的探讨[3]

在化学反应过程中，可直接用反应液或粗品进行 IR 检测，根据反应原料或产物的某些特征谱带的减弱或增强，可对反应速度、反应历程等有关问题进行研究。例如南瓜子氨酸与次溴酸钠反应的粗产品，经红外检测无 $\nu_{C=O}$ 吸收峰，仅于 1645 cm^{-1} 出现一条弱吸收带，为 C═N 伸缩振动吸收。粗产品放置过夜后再经红外检测，于 1757 cm^{-1} 出现极强的五元环酮的 C═O 伸缩振动吸收峰。由此可知，该反应历程是先生成不稳定的亚胺中间体，再进一步生成所需的产物。

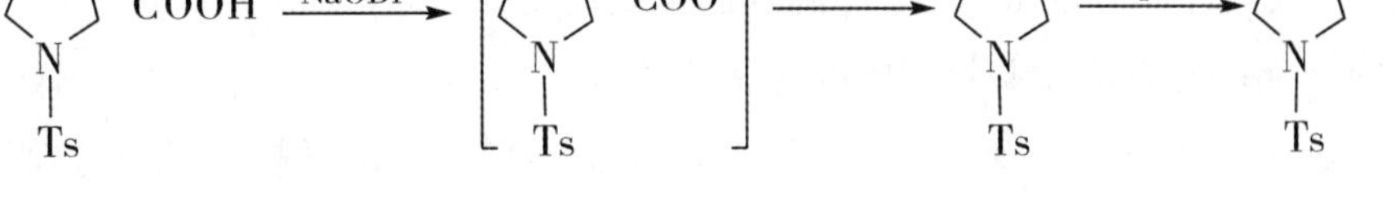

3. 溶液结构和相互作用分析

光谱手段在溶液结构和相互作用研究方面发挥着越来越重要的作用，红外光谱是测定溶液中各种相互作用的一种有效手段。溶剂效应诱导红外光谱的变化已广泛应用于溶质-溶剂间的相互作用分析[4]。丛超[5]采用红外光谱法测定了苯乙酸、苯甲酸、4-正丙基苯乙酸、3-甲氧基苯甲酸以及 2-氯-5-碘苯甲酸等 5 个芳香族羧酸化合物在一元溶剂中羰基伸缩振动频率，并对羰基谱带位移规律进行了分析，结果显示：由于芳香族羧酸化合物含有羧基，在稀溶液中不仅存在羧酸单体的形式，还可能因溶质-溶质分子间或溶质分子内氢键作用而存在羧酸不同聚集体的形式。

离子液体作为一种新兴的绿色溶剂，由于其具有挥发性低、液程宽、对许多有机和无机物质都表现出良好的溶解能力以及极性可调节等独特的性质，在许多应用领域都引起了人们的广泛关注和研究。红外光谱是研究纯离子液体及离子液体混合溶液结构与相互作用等的十分可靠的实验手段和表征方法[6]。

4. 红外光谱技术在医学领域的应用

傅里叶变换红外光谱技术在医学领域的应用是从 20 世纪 90 年代逐步开展起来的，它具有准确、快速、无创、原位、廉价、自动化、可重复、无需预处理、能够在分子水平上早期诊断等显著优势，在疾病诊断方面显示出了巨大的潜力。王满满等[7]进行了红外光谱法无创伤检测血糖的研究，结果表明，对红外光谱图进行分析时，选择 1455 cm^{-1}附近的谱峰作为基准峰，可使 1120 cm^{-1}附近的谱带得到准确度较高的相对强度。干燥后的血液与手指的光谱图大致相似并且与实测的血糖值的投点图具有相近的斜率，说明中红外光谱法检测人体血糖具有较高的可靠性。

恶性肿瘤是严重威胁人类健康和生命的疾病，目前临床上常规的诊断方法如物诊、穿刺、内镜、免疫学、影像学检查等检测出恶性肿瘤时，往往肿瘤已经到了进展期。因此，临床医生迫切需要一种能够发现恶性肿瘤早期生化改变的诊断方法。在肿瘤发生早期，虽然构成组织和细胞的主要物质如蛋白质、脂类、碳水化合物和核酸等在结构、构象和含量上都已发生了明显的变化，但并未产生特异性的临床症状和影像学改变，而傅里叶变换红外光谱技术却可通过上述变化提供的丰富的生物化学和形态学信息来发现癌前病变。FT-IR技术应用于诊断呼吸、消化、泌尿、生殖、神经、皮肤、血液等各系统恶性肿瘤方面的研究成果令人振奋[8-11]。

红外光谱分析技术具有多组分同时测定等优势而广泛用于药物制剂鉴别、中药材真伪优劣鉴别、中药活性成分定量分析、中药制剂在线检测等方面[12-14]。

5. 红外光谱法在食品相关检测中的应用

红外光谱在食品相关检测工作当中得到了相当广泛的应用，例如食品的掺假鉴别[15]、酒体品质鉴别以及组分定量分析工作[16]、食用油脂定性识别及定量分析[17]、牛奶样品中各营养成分[18]和其他潜在的有害物质分析等。

6. 红外光谱法在石油化工行业的应用[19,20]

红外光谱法是一种被广泛用于油品质量分析的现代分析技术，它操作简单、成本较低、适于现场快速分析，可测定轻质油品(汽油和柴油)质量、润滑油使用过程中的质量衰变监测、生物柴油生产过程的控制分析和生物燃料的混兑比例测定等。

5.6 红外光谱在高分子结构研究中的应用

5.6.1 高分子样品的制备

溶液法：高分子样品溶解在溶剂中，配制成溶液，直接测试溶液的红外光谱。注意溶剂的干扰范围。薄膜法：高分子样品可溶液制膜，对于热塑性的样品，也可热压制膜。显微切片法：许多高分子样品可以用显微切片法制膜，要求样品不能太软，也不能太硬。悬浮法：高聚物粉末与1滴石蜡油或全卤代烃液体混合，研磨成糊状，再转移至两片氯化钠晶片之间，进行测试。溴化钾压片法：与常规制备方法相同。

5.6.2 红外光谱在高分子定性分析中的应用

根据红外光谱吸收峰的位置、形状和强度及数目可推测聚合物的结构。已知物谱图解析最直接、最可信的方法是直接查对标准谱图，但应注意测试样品的形态，使用的溶剂与标准谱图是否一致。

5.6.3 聚合物立体构型、构象分析及结晶度测定

聚合物立体结构不同、结晶状态不同，反映在红外光谱上谱带吸收位置和强度都不同，可通过红外谱图的比较来确定聚合物的立体异构或进行构象分析，也可用红外光谱法了解高分子的结晶情况[21]。

5.6.4 聚合反应的研究

用傅里叶变换红外光谱，可直接对聚合反应进行原位测定反应级数及反应过程[22]。也可研究聚合反应动力学、聚合物化学反应的反应过程、聚合物的老化机理等[23-25]。

5.6.5 差减光谱技术

FT-IR谱仪可以进行光谱的差减。差减光谱技术可以用来了解聚合物中的添加剂、增

塑剂、杂质等，而不必分离样品。该技术是分别测试混合聚合物和纯聚合物的红外光谱图，然后经过一定的计算机处理从混合聚合物的红外光谱图中减去纯聚合物的红外光谱，以了解剩余物的谱图信息。

差减光谱技术可用于聚合物的结构分析、聚合物的化学反应研究。聚苯乙烯的氯甲基化反应产物的红外光谱及与聚苯乙烯的差减谱见图 5.49。

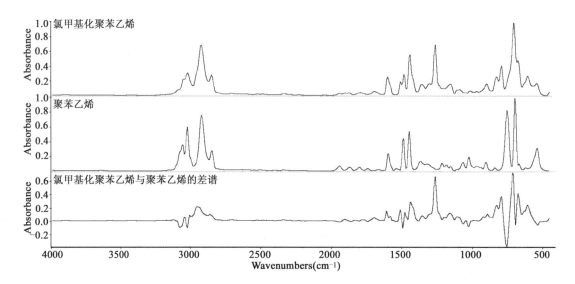

图 5.49　氯甲基化聚苯乙烯与苯乙烯的红外光谱及其差减光谱图

FT-IR 差谱：1265 cm^{-1}和 685 cm^{-1}分别为 δ_{-CH_2Cl}，ν_{C-Cl} 的振动谱带，聚苯乙烯中无该谱带。

FT-IR 可用来从分子水平的角度研究聚合物共混的相互作用，共混物的相容性是指 IR 谱中能检测出相互作用的谱带（如原谱带的位移、强度的改变、新谱带的生成等）。如聚苯乙烯与聚甲基丙烯酸甲酯(PMMA)本来不相容，但在苯乙烯聚合时引入约 10% 丙烯酸共聚，得到的共聚物与 PMMA 共混，共混物的 IR 谱减去纯共聚物和 PMMA 的 IR 谱，于 1704 cm^{-1}出现一条新谱带。表明氢键的引入使得这两种聚合物可以相容在一起[26]。

红外差减光谱也应用于研究玻璃化转变。赵静[27]采用变温红外光谱对聚苯乙烯的玻璃化转变行为进行了研究，通过计算差减峰的面积对温度的变化关系，发现在玻璃化转变开始以前和玻璃化转变结束之后吸收差减峰的面积随温度变化很小，分子构象及分子间相互作用几乎没有发生变化，而在玻璃化转变过程中，吸收差减峰的面积明显增加，分子中基团的构象发生了明显的重排。

5.7 红外光谱技术发展

红外光谱技术的发展十分活跃，应用也很普遍。在此仅作简单介绍。

5.7.1 FT-IR 反射光谱

随着 FT-IR 技术的普及，红外反射技术的研究与应用也得到了迅速的发展，各种类型的反射装置已成为常规红外的附件。红外反射光谱通常可分为外反射、内反射和漫反射等类型。

1. 衰减全反射光谱[28]

衰减全反射（attenuated total reflection，ATR）光谱又称内反射光谱。当光波射至折光率为 n_1，n_2 的两个不同的光学介质（1，2）的分界面时，部分光波进入介质 2 并将产生光的折射图 5.50(a)。其折射角 Ψ，入射角 θ 与折射率的关系为

$$\sin\theta / \sin\Psi = n_2/n_1 = n_{12}$$

式中，n_{12} 为介质 2 对介质 1 的相对折射率。若 $n_1 > n_2$，则 $\Psi > \theta$。当 $\Psi = 90°$ 时（折射光沿界面掠出），入射角 θ 用 θ_c 表示，θ_c 称为临界角，$\sin\theta_c = n_2/n_1$。当 $\theta = \theta_c$ 时，n_2 介质不再存在折射光，即发生所谓的全反射现象。

若反射光波的能量等于入射光波的能量，称为无损全反射。若反射光波的能量被介质 2 吸收掉一部分，则导致全反射光波能量的衰减，称为衰减全反射（图 5.50(b)）。

图 5.50　光在介质界面上的反射和折射(a)和表面衰减全反射测定的红外光(b)

衰减全反射光谱已成为研究各类样品表面结构的有力手段。衰减全反射光谱适用于测定固体和液体的红外光谱，对于固体样品，则要求被测面光滑，使之能与全反射晶体的反射面紧密接触，因此不适合多孔样品及表面粗糙的样品的测定。ATR 技术目前在高分子材料、食品、医药、纺织印染、生命科学与医学、环境等领域已得到广泛应用。

ATR-FTIR 的一大优点就是它可以原位测定、实时跟踪，这对物质的物理[29]或化学变

化动力学过程及机理的研究非常有利。Busó-Rogero 等采用原位 ATR-FTIR 等方法研究了在不同 pH 值条件下纳米 Pt 催化乙醇的氧化，结果表明，在 pH<4 时，氧化无 CO_2 生成[30]。

ATR 光谱法所获得的主要是样品表面层的光谱信息，可用于表面活性剂吸附研究[31]、表面涂层的研究等[32]。

ATR 技术扩大了红外光谱技术的应用范围，使许多采用透射红外光谱技术无法制样，或者样品制作过程十分复杂、难度大、而效果又不理想的实验成为可能。在塑料、纤维、橡胶、涂料、黏合剂等高分子材料的结构分析上已有广泛应用。

与透射式红外类似，ATR-FTIR 也可用于生物医学研究，研究物质结构与活性的关系[33]、生物分子的表面吸附与表面性质[34]、肿瘤的诊断[35]等。

2. 漫反射光谱[36]

主要用于测量细颗粒和粉末状样品的漫反射光谱，是一种比较常用的红外样品分析测试方法。图 5.51(a)所示是一种漫反射附件光路图，将粉末状样品装在漫反射附件的样品杯中，红外光束从右侧照射到漫反射附件的平面镜 M_1 上，反射到椭圆球面镜 A，椭圆球面镜 A 将光束聚焦后射到样品杯中粉末状样品表面。从样品表面射出来的漫反射光，经椭圆球面镜 B 并聚焦后，射向左侧平面镜 M_2 上，再沿着原光路入射方向射向检测器。

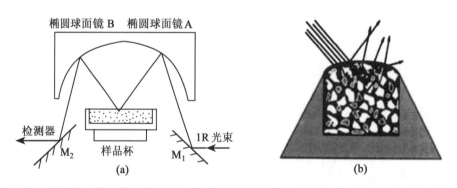

图 5.51(a) 漫反射附件光路示意图；(b)漫反射实验中红外光束与样品相互作用示意图

当一束红外光聚焦到粉末样品表层上时，红外光与样品作用有两种方式：一部分光在样品颗粒表面反射，这种反射和可见光从镜面反射一样，这种现象称为镜面反射。由于镜面反射光束没有进入样品颗粒内部，未与样品发生作用，所以这部分镜面反射光不负载样品的任何信息。另一部分光会射入样品颗粒内部，经过透射或折射或在颗粒内表面反射后，从样品颗粒内部射出。这样，光束在样品不同颗粒内部经过多次的透射、折射和反射后，从粉末样品表面各个方向射出来，组成漫反射光，如图5.51(b)所示。这部分漫反射光与样品分子发生了相互作用，因此负载了样品的结构和组成信息，可以用于光谱分析。

漫反射光谱测量的是粉末样品的相对漫反射率，简称漫反射率($R/\%$)，定义为 $R=I/I_0$

×100%，I 为粉末样品散射光强，I_0 为背景散射光强。用漫反射率表示漫反射光谱时，光谱的形状与透射率光谱形状相同。漫反射光谱也可以用 $\lg(1/R)$，表示漫反射吸光度 A。

漫反射光谱可对粉末样品进行动态原位测定，可用于催化剂表面的化学过程的研究，通过对催化剂上现场反应吸附态的跟踪表征以获得一些很有价值的表面反应信息，进而对反应机理进行剖析，已在催化表征中日益受到重视。原位漫反射红外技术广泛应用于气固相催化反应的机理研究，如用于低温水煤气变换反应和水汽逆变换反应、醇类的水蒸气重整、含 CO_2 的合成气制取甲醇、低碳烃制合成气、CO 催化氧化以及其他烃类和含氧化合物的氧化等方面[37]。

3. 镜面反射和掠角反射光谱[36]

镜面反射指的是红外光束以某一入射角照射在样品表面上发生的反射，反射角等于入射角。镜面反射入射角的选择取决于所测样品层的厚度。如果样品层的厚度在微米级以上，入射角通常选 30°。如果样品层的厚度在纳米级，如单分子层，入射角最好选 80° 或 85°。入射角为 80°~85° 的镜面反射通常称为掠角反射。

如果被测样品是一种比较厚的能吸收红外光的材料，其表面非常光滑平整。当红外光束以某一角度照射到这样的样品表面上时，一部分入射红外光穿入样品，被样品所吸收，这部分红外光不能被检测；另一部分入射红外光被样品表面反射，如图5.52(a)所示。这样测定得到的发射光谱称为镜面反射光谱。

如果被测样品是一层非常薄的薄膜，它附着在能反射光的金属表面上，当红外光束照射到金属表面上的样品时，光束穿过样品到达金属表面后又反射出来，再次穿过样品到达检测器，如图 5.52(b)所示。这样测定得到的光谱类似于透射法测定的光谱，称为反射-吸收(reflection-absorption，R-A)光谱。

如果被测样品既能透射红外光，又能反射红外光，如图 5.52(c)所示。所测定的光谱是反射-吸收光谱与反射光谱的总和。

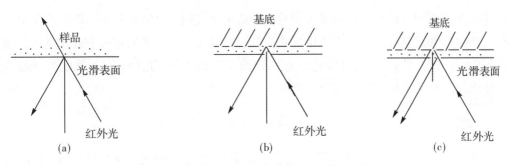

图 5.52　镜面反射测定的红外光谱(a)镜面反射；
(b)反射-吸收光谱；(c)反射-吸收光谱和反射光谱的总和

镜面反射光谱适用于在被测频率范围内不透光并且具有光滑表面的样品。

镜面反射光谱与入射角、入射指数、样品的吸收系数及入射光的偏振状态等因素有关，与正常的透射光谱法得到的光谱有所不同。一般说来，透射吸收越强的频率位置附近，镜面反射率越大，但两者的频率并不一定完全重合，相对透射谱带反射谱带往往向高波数位移。

镜面反射光谱可用于测量极性晶体的光学常数，也可用于研究聚合物的分子取向、炭黑填充的聚合物的分析等[38]。

反射-吸收光谱是吸附在以金属表面基底层上的样品薄层的反射-吸收光谱，由吸附物和底层的光学常数及红外光的入射角和偏振状态所决定。所以红外反射-吸收光谱与基底层、基底上的样品覆盖层及样品表面上的环境介质层所组成的三相体系有关。样品吸收层的吸收率表示为

$$A_\nu \approx 1 - (R_\nu^{\mathrm{d}}/R_\nu^0)$$

式中，A_ν 为吸收因子；R_ν^{d}，R_ν^0 分别为基底吸附样品层和未吸附样品层时的反射率。

反射-吸收光谱的灵敏度高，适用于金属表面薄膜样品的测定，高聚物薄膜，单分子层吸附表面涂层，金属表面锈蚀层或保护层，电极表面的化学过程，催化剂的研究等。既可提供薄层的结构信息，又可提供薄层基底界面的相互作用及对光学效应的影响等信息。

5.7.2　光声光谱(photoacoustics spectroscopy，PAS)[39]

光声光谱是吸收光谱的一项特殊技术。

它是将样品放置于密闭的充满不吸收红外光气体(通常为氦气)的光声池中，在红外光的作用下，样品吸收红外光的能量，转化为热量，热量传到样品表面，再传到气体中，导致光声池内气体压力的变化，由此产生声音，经微音器检测，放大后输入 FT-IR 光谱仪。光声光谱图的纵坐标不是以透射率或吸光度表示，而是以 photoacoustic 表示，图形与吸收光谱图相似。

用光声光谱测试样品可以实现无损检测，适用于文物、生物样品等，非常适合于不透红外光或对红外光具有高度吸收的样品的检测，如填充大量炭黑的橡胶制品的检测。如果所使用的 FT-IR 仪具有步进扫描功能，还可以测试样品不同深度的组分，确定聚合物薄膜是否由多层组成和确定每层的组分。

5.7.3　时间分辨光谱(time resolved spectroscopy，TRS)

FT-IR 是由 Michelson 干涉仪扫描，进行等间隔采样，得到的是一时域信号，该时域信号经 Fourier 变换得到频域谱，即 $F(t) \rightarrow F(\omega)$。

时间分辨光谱是研究瞬态变化的一种光谱方法。时间分辨率可以是毫秒(ms)，微秒

（μs），纳秒（ns）。时间分辨率越短越好。目前较先进的仪器时间分辨率可达5 ns。时间分辨光谱，一般用于研究样品周期性的变化。要了解在周期中任一时间 T 的状态，也就是研究的对象为两种时间的函数 $F(t, T)$，$F(t, T) \rightarrow F(\omega, T)$，其中，$t$ 是采样时间，T 是周期性变化中的某个时间。

时间分辨光谱的重要用途是二维红外光谱。

5.7.4 二维红外光谱（two dimensional infrared spectroscopy，2D IR）[40,41]

5.7.4.1 二维红外光谱

二维红外光谱在概念上深受二维核磁共振谱的启发，原理非常类似于二维核磁共振，但要快上大约6个数量级。在原理和技术上，二维红外光谱是不折不扣的超快时间分辨非线性光学，将频域测量变为时域扫描的相干测量，最后通过二维傅里叶变换获取二维红外频域光谱信息。二维红外光谱不仅能够给出分子的振动光谱，更重要的是能够给出各种振动模式间的耦合及布居数的弛豫。对振动耦合常数的测量，可望解析出分子的空间结构。

二维红外光谱是一种频率相关谱，横轴与纵轴为振动频率，彩色等高线反映相关度。与一维红外图不同，对于一个振动模式，二维红外图通常给出两个等强度的峰：一个正峰和一个负峰。正峰的两个频率 ω_τ 和 ω_m 跟一维红外峰的频率是一样的，而负峰的 ω_τ 与一维红外测得的频率一样，但 ω_m 却比 ω_τ 要小。在一维红外中，吸收峰频率代表的是振动从基态到第一激发态之间（0-1）的跃迁频率 ω_{0-1}。在二维红外中，正峰代表的也是从基态到第一激发态之间的跃迁，而负峰代表的是从第一激发态到第二激发态之间（1-2）的跃迁（频率 ω_{1-2}）。图5.53(a)是氘代苯酚在四氯化碳稀溶液里的一维红外图，在 2666 cm^{-1} 的峰是由氘代羟基伸缩振动产生的，吸收峰频率代表的是振动从基态到第一激发态之间（0-1）的跃迁

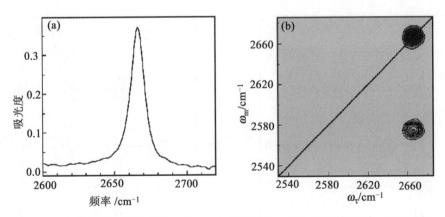

图5.53　氘代苯酚羟基拉伸振动的(a) 红外吸收峰；(b)二维红外图谱：峰的强度以轮廓表示，每一个轮廓代表 10 %增加

频率$\omega_{0-1} = 2666\ \mathrm{cm}^{-1}$；在二维红外中，正峰代表的也是从基态到第一激发态之间的跃迁，而负峰代表的是从第一激发态到第二激发态之间（1-2）的跃迁（频率$\omega_{1-2} = 2570\ \mathrm{cm}^{-1}$），两对频率对（$2666\ \mathrm{cm}^{-1}$，$2666\ \mathrm{cm}^{-1}$）和（$2666\ \mathrm{cm}^{-1}$，$2570\ \mathrm{cm}^{-1}$）分别对应于图5.53（b）中的两个峰。

一维红外吸收谱线中不同的频率对应着不同的化学结构与化学环境。对于复杂的化学体系，尤其是溶液或者胶体，体系中往往共存着能量差距很小的多种化学结构与环境，在室温下这些化学环境可以克服能垒进行极为快速的交换。通过将常见的静态一维红外光谱扩展成二维红外光谱，我们不仅能获得分子在频率域上的吸收谱线，还能知道不同吸收频率所对应的化学结构之间进行超快变换的动态结构信息[42]。

与核磁共振技术相比，核磁共振信号的耦合是空间局域的，由此可通过对分子局域结构的解析而获得大分子的空间结构信息。然而分子振动模式间的耦合是离域的，分子越大，耦合程度越复杂，导致二维红外光谱相对于二维核磁共振谱在解析分子结构方面的先天不足。

5.7.4.2 二维红外相关谱[43]

二维红外相关谱有两种：同步相关谱，异步相关谱。

1. 同步相关谱

图形为正方形。对角线上的峰为自动峰，与一维红外谱的峰位相符。对角线外的交叉峰对应于两个波数的红外峰，且这两个红外峰的功能团之间相连或存在着分子内的相互作用，见图5.54。

2. 异步相关谱

图形为正方形。无对角线上的峰，只出现交叉峰。交叉峰对应于两个红外吸收的波数，且表明这两个红外峰的功能团之间没有相连或相互作用，见图5.55。

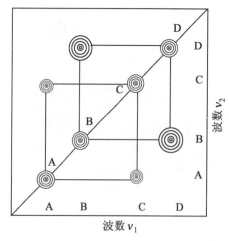

图5.54 二维红外同步相关谱示意图

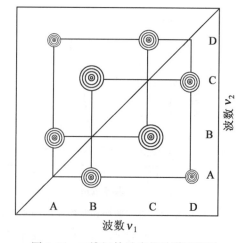

图5.55 二维红外异步相关谱示意图

例如：无规聚苯乙烯和低密度聚乙烯混合物的二维红外相关谱见图 5.56。同步相关谱表明 1454 cm^{-1} 和 1495 cm^{-1} 交叉，1466 cm^{-1} 和 1475 cm^{-1} 交叉。异步相关谱表明 1454 cm^{-1} 与 1466，1475 cm^{-1} 交叉，1495 cm^{-1} 与 1466，1475 cm^{-1} 交叉，这说明在同一微扰下，二者有不同的动态行为，即为独立的分子。1459 cm^{-1} 与 1454 cm^{-1}；1459 cm^{-1} 与 1495 cm^{-1} 的交叉峰，表明聚苯乙烯主链 CH$_2$(1459 cm^{-1}) 和苯环(1454，1495 cm^{-1}) 具有不同的活动性[44]。

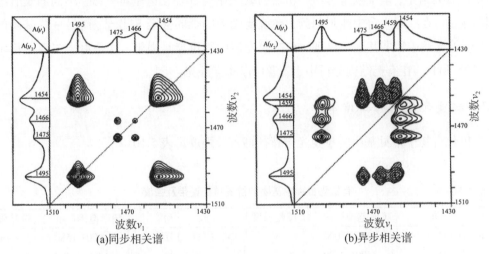

图 5.56　无规聚苯乙烯和低密度聚乙烯混合物的二维红外相关谱

(a)同步相关谱；(b)异步相关谱

二维红外相关光谱已成功应用到物理、化学和生物学研究的各个领域，如聚合物的结构分析、生物蛋白质的次级结构研究、化学反应的反应机理探讨和动力学研究、中草药成分的鉴定区别等[45,46]。

5.7.5　红外显微成像技术

红外显微成像技术是将显微镜技术应用到红外光谱仪中，将显微镜的直观成像和红外光谱的官能团化学分析相结合，它不仅能对物体进行形貌成像，而且还能提供物体空间各个点的光谱信息。红外显微成像技术是一种快速、无损、无污染的检测技术，具有图谱合一、微区化、可视化、高精度和高灵敏度等优点，是了解复杂物质的空间分布和分子组成的强有力方法。制样时无需溴化钾压片，也不需要添加任何稀释剂，能反映样品的本质光谱。能够选择样品的不同部位的红外光谱图像进行分析，从而得到测量位置处物质的分子结构、官能团信息及微区中某化合物含量的空间分布信息。对于非均相固体混合物，不需要分离，可直接测试并鉴定各个组分。

采用红外显微光谱学和成像技术进行的相关研究已涵盖了化学以及材料学、生物学、生物医学、文化遗产和考古学、地球科学和空间科学等多学科领域,并取得了丰硕的研究成果。

5.8 拉曼光谱的特征谱带、应用及进展

在拉曼光谱中,谱带频率与功能团之间的关系与红外光谱基本一致。不同的是有些功能团的振动,在红外光谱中能观测到,在拉曼光谱中很弱甚至不出现,而另一些基团的振动,在红外光谱中很弱甚至不出现,在拉曼光谱中则可能是强带,这是由于二者选律不同(见 5.1)。所以,在有机结构分析中,二者可以相互补充。

5.8.1 拉曼光谱的特征谱带

有机化合物中常见基团的拉曼光谱特征谱带及强度见表 5.10。

表 5.10 有机化合物中基团的拉曼特征谱带及强度

振 动	频率范围(cm^{-1})	拉曼强度	振 动	频率范围(cm^{-1})	拉曼强度
ν(O—H)	3650~3000	w	ν(C—C)芳香类	1600~1580	s~m
ν(N—H)	3500~3300	m		1500,1400	m~w
ν(≡C—H)	3300	w	ν_{as}(C—O—C)	1150~1060	w
ν(=C—H)	3100~3000	s	ν_{s}(C—O—C)	970~800	s~m
ν(—C—H)	3000~2800	s	ν_{a}(Si—O—Si)	1110~1000	w
ν(—S—H)	2600~2550	s	ν_{s}(Si—O—Si)	550~450	vs
ν(C≡N)	2255~2220	m~s	ν(O—O)	900~845	s
ν(C≡C)	2250~2100	vs	ν(S—S)	550~430	s
ν(C=O)	1820~1680	s~w	ν(Se—Se)	330~290	s
ν(C=C)	1900~1500	vs~m	ν(C(芳香的)—S)	1100~1080	s
ν(C=N)	1680~1610	s	ν(C(脂肪的)—S)	790~630	s
δ(CH_2),δ_{as}(CH_3)	1470~1400	m	ν(C—F)	1400~1000	s
ν(N=N)脂肪取代	1580~1550	m	ν(C—Cl)	800~550	s
ν(N=N)芳香取代	1440~1410	m	ν(C—Br)	700~500	s
ν_{a}((C—)NO_2)	1590~1530	m	ν(C—I)	660~480	s
ν_{s}((C—)NO_2)	1380~1340	vs	ν(C—Si)	1300~1200	s
ν_{a}((—C)SO_2)	1350~1310	w	ν(C—Sn)	600~450	s
ν_{s}((—C)SO_2)	1160~1120	s	ν(C—Hg)	570~510	vs
ν((-C)SO—C)	1070~1020	m	ν(C—Pb)	480~420	s
ν(C=S)	1250~1000	s			

注:ν 伸缩振动,δ 弯曲振动,ν_s 对称振动,ν_{as} 反对称振动;vs 很强,s 强,m 中等,w 弱。

5.8.2 拉曼光谱与红外光谱的区别

Raman 效应产生于来自入射光子与样品分子振动能级之间的能量交换(图 5.2)。在许多情况下,Raman 位移的程度对应于分子振动能级的跃迁。利用红外光谱测得的信息,采用 Raman 光谱也可以得到。只不过由于两者的选律不同,导致谱带的相对强度差别很大,尤其是对于对称性强的分子。红外与 Raman 光谱的区别可以通过以下的实例来说明。

例 1 苯甲酸的红外与拉曼光谱

苯甲酸的红外及 Raman 光谱图见图 5.57。3073 cm^{-1}芳氢的伸缩振动在红外及 Raman 光谱中均以中等偏弱的谱带出现。红外光谱图中在 3100~2500 cm^{-1}范围及 1689 cm^{-1}处可见羧基中 O—H 及 C=O 的伸缩振动,但在 Raman 光谱中这些谱带很弱或不出现。Raman 光谱中 1028,1003 cm^{-1}分别为苯环的面内弯曲振动及三角形环呼吸振动,1003 cm^{-1}的谱带最强,这些谱带在红外光谱中不特征。红外光谱中的 1426,1327,1249 及 943 cm^{-1}的强吸收谱带分别是 O—H 弯曲振动+ O—C—C 反对称伸缩振动, O—C—C 对称伸缩振动+

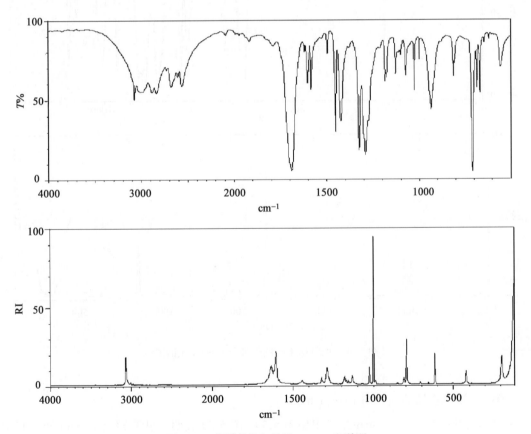

图 5.57 苯甲酸的红外及 Raman 光谱图

O—H 弯曲振动, O—H 面外弯曲振动;这些谱带在 Raman 光谱中的谱带强度中等偏弱或不出现。从谱图中可以看出,二者功能基的特征频率相近,但谱带的相对强度差别很大。

例 2 丙烯酸甲酯的红外及 Raman 光谱

丙烯酸甲酯的红外及 Raman 光谱图见图 5.58。红外光谱中 3030 cm^{-1}(m),烯基的 C—H 伸缩振动;2998 cm^{-1}(m),甲基的碳氢伸缩振动;1732 cm^{-1}(s),$\nu_{C=O}$;1636 cm^{-1}(m),$\nu_{C=C}$;1279 cm^{-1}(s),1209 cm^{-1}(s),ν_{COOC};1070 cm^{-1}(s),ν_{CCO}。Raman 光谱中 3041 cm^{-1}(m),烯基的 C—H 伸缩振动;2998 cm^{-1}(m),甲基的碳氢伸缩振动;1728 cm^{-1}(m),$\nu_{C=O}$;1636 cm^{-1}(s),$\nu_{C=C}$;而红外光谱中 1279 cm^{-1}(s),1209 cm^{-1}(s),ν_{COOC};1070 cm^{-1}(s),ν_{CCO} 及 $\delta_{CH_2=CH}$(988,855 cm^{-1})谱带,在 Raman 光谱中的谱带弱,不特征。

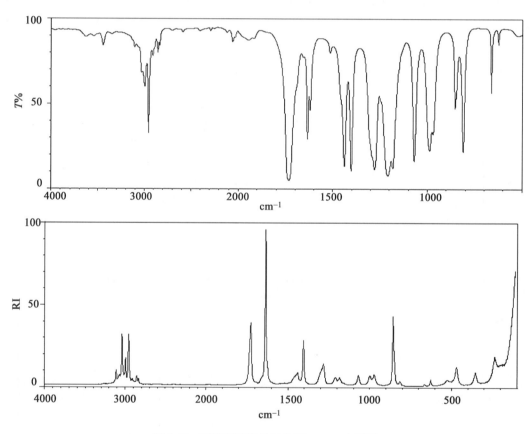

图 5.58 丙烯酸甲酯的红外及 Raman 光谱图

例 3 聚苯乙烯的红外与 Raman 光谱

聚苯乙烯的红外及 Raman 光谱图见图 5.59。图 5.59 表明红外光谱与 Raman 光谱有很大的差别。红外光谱图中 CH$_2$,CH 的伸缩振动(3000~2800 cm^{-1})及 CH$_2$ 的 δ(1450 cm^{-1})

谱带，在 Raman 光谱图中弱，不特征。红外光谱图中 1601，1583，1493 cm^{-1}苯环的呼吸振动在 Raman 光谱中仅以弱谱带出现；而 Raman 光谱中 1034,1003 cm^{-1}分别为苯环的面内弯曲振动及三角形环呼吸振动，1003 cm^{-1}的谱带最强，这些谱带在红外光谱中不特征。

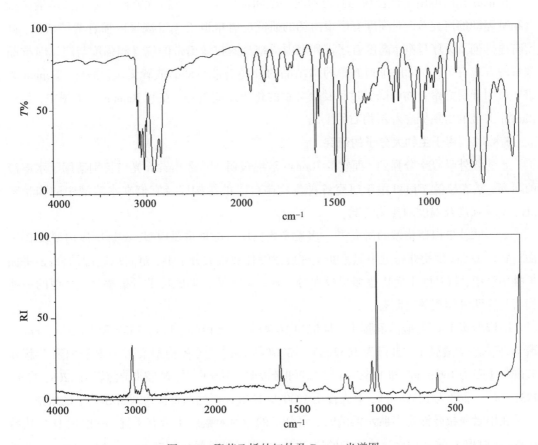

图 5.59　聚苯乙烯的红外及 Raman 光谱图

从以上典型谱图分析可以看出，红外与 Raman 光谱两者功能基的特征谱带的频率相近，但相对强度有很大差别。红外与 Raman 光谱在有机化合物和聚合物的结构研究中是可以互补的。

5.8.3　拉曼光谱的应用

在有机结构分析中，拉曼光谱与红外光谱是相互补充的。电荷分布对称的键，如 C—C，C=C，C≡C，N=N，S—S 等，红外吸收很弱，而 Raman 散射却很强。在拉曼光谱中，振动谱带的叠加效应较小，谱带清晰，对整个分子的骨架振动较特征。拉曼光谱还可测定分子的退偏度，利于弄清分子的对称性等，这在结构分析中都是非常有用的。

拉曼光谱不仅可以像红外光谱一样，用于有机结构分析，而且还适用于无机化合物及配合物、聚合物等的结构分析。

5.8.3.1　用于聚合物结构的研究[47]

Raman 光谱可用于聚合物和共聚物的构型和构象研究、立体规整性的研究及溶液中聚合物链运动的研究等。对高度有序聚丙烯的研究已有报道[48]。等规聚丙烯有两种结晶，高度有序排列及无序排列。高度有序排列聚丙烯结晶的拉曼谱带的位置和强度与测试时样品放置的方式有关，而无序排列的聚丙烯结晶的拉曼谱带与样品放置无关。另外，Raman 光谱还可用于研究聚合物的降解过程及聚合物的化学反应过程，在其 Raman 光谱图中，新的 Raman 谱带的出现标志着新物质的生成。

5.8.3.2　用于生物大分子的研究

水的红外吸收十分强烈，而它的 Raman 散射极弱，因此 Raman 光谱特别适用于水溶液的研究。激光拉曼光谱可用于研究各种生物高分子的结构以及它们在水溶液中的构型随 pH、离子强度及温度的变化情况。

如多肽及蛋白质构型的研究[49]。多肽及蛋白质有两种主要构型，α-螺旋体构型及 β-平面折叠构型。α-螺旋体构型中氨基酸呈螺旋延续伸展成大分子链，链间以氢键结合；β-平面折叠构型中，氨基酸平面折叠伸展成大分子链，氢键结合形成反平行折叠片。其他的一些构型是这两种构型的过渡态。

α-构型聚-L-丙氨酸的酰胺 I～III 带为 1654(s)，1549(w，br)，1331 和 1310(s) cm^{-1}，聚-L-赖氨酸的酰胺 I，III 带为 1652(s)，1320(s) cm^{-1}。而 β-构型聚-L-丙氨酸和聚-L-赖氨酸酰胺 I 带为 1663 cm^{-1} 和 1668 cm^{-1}，酰胺 II 带很弱，不易识别，酰胺 III 带前者为 1268，1250，1237 cm^{-1}，后者为 1235 cm^{-1}，有人曾用 1230 及 1235 cm^{-1} 的两带作为判断 β-构型的依据。

在用激光拉曼测定多肽水溶液时，水分子的散射对酰胺 I 带有干扰，一般用 D_2O 代替 H_2O。在对聚-L-赖氨酸水溶液构型的研究中，根据酰胺 III 带由固态 Raman 的 1216 cm^{-1} 位移至 1243 cm^{-1}，确定为无螺旋体构型。

激光 Raman 光谱还可用于研究核酸和生物膜。用于晶体内部粒子运动性质的研究，如液晶相变点的测定等。

5.8.4　拉曼光谱技术发展及应用

目前拉曼光谱技术已经发展出表面增强拉曼散射(surface-enhanced Raman scattering，SERS)、共振拉曼散射(resonance/resonant Raman spectroscopy，RRS)、针尖增强拉曼散射(tip-enhanced Raman scattering，TERS)、共聚焦显微拉曼以及拉曼 mapping 成像等技术，大大扩充了拉曼光谱的应用范围，在天然产物与药物分析[50]、聚合物[51]与材料分析[52,53]、生物与医学[54-58]、食品与环境污染监测[59,60]、石油化工[61]、文物与艺术品鉴定[62]等领域中得到应用。

5.8.4.1 表面增强激光拉曼光谱(SERS)的应用

拉曼光谱因其 Raman 散射光弱而灵敏度低。1974 年，Fleischemann[63]等人首次对电化学池中银电极表面上吸附的吡啶分子进行了光谱电化学研究，发现其 Raman 散射得到了增强。表面增强 Raman 不仅克服了 Raman 光谱灵敏度低的缺点，可用于低浓度样品的分析[64]。而且由于它是一种表面效应，可提供真实吸附于或靠近于金属表面的分子的部分结构信息，故还可应用于界面分子的排列取向及构象研究，获得拉曼光谱不易获得的结构信息。

Moskovits[65]等通过观察 C—H 伸缩振动和弯曲振动，研究了喹啉、吡啶、α-萘酸等在银胶表面上的几何构型，发现 α-萘酸在高浓度下以立式吸附，低浓度下以躺式吸附。

Manfait[66]等将银胶引入赤白细胞中，然后将细胞用抗癌药物 Doxorubicin(DOX)或亚德里霉素处理，在细胞内采用微 SERS 技术记录其谱，结构表明，DOX 与 DNA 在核内发生了反应，该反应与 DOX 和细胞质组分的反应完全不同。

薛奇[67]等用 SERS 研究了聚合物膜对金属表面的防蚀性能。发现苯并三氮唑和聚苯并咪唑常温下，在铜表面形成致密的抗腐蚀膜，防蚀性能优良，但在高温下可清楚地观察到 $480\sim630\ cm^{-1}$ 范围出现的氧化铜、氧化亚铜的 Raman 谱线。若用二者的混合液来处理铜片，却呈现出优良的耐高温性。

5.8.4.2 共振拉曼光谱技术(RRS)的应用

当入射光频率等于或接近分子的一个电子吸收带时，因为电子跃迁和分子振动耦合等作用，分子的某个或几个特征拉曼谱带强度会陡然增加，甚至达到正常拉曼强度的 $10^4\sim10^6$ 倍，并出现在正常拉曼检测中难以出现，强度可与基频相比拟的泛频或组合频振动，被称为共振拉曼光谱。尽管有着非常好的信号增强效应，共振拉曼技术仍有一些问题和不足，如只能检测到具有共轭电子体系的分子。RRS 检测技术以其更高的灵敏度和选择性而具有更广的应用，特别是在生物学及医学等领域[68]，在研究聚合物(尤其是发光聚合物)及其复合体系中也具有特别的优势[69]。

参 考 文 献

1. 周枫然，韩桥，张体强，等. 傅里叶变换红外光谱技术的应用及进展[J]. 化学试剂，2021，43(8)：1001-1009.

2. 陈德恒. 有机结构分析[M]. 北京：科学出版社，1985：168-169.

3. 谢晶曦. 红外光谱在有机化学与药物化学中的应用[M]. 北京：科学出版社，1987：35-36.

4. 孟德素, 庞艳玲. 溶剂效应对红外光谱影响的研究进展[J]. 红外, 2012, 33(9): 14-18.

5. 丛超. 芳香族羧酸化合物溶剂效应的红外光谱研究 [D]. 杭州: 浙江大学, 2012.

6. 张力群, 李浩然. 利用红外光谱和拉曼光谱研究离子液体结构与相互作用的进展[J]. 物理化学学报, 2010, 26(11): 2877-2889.

7. 王满满, 白仟, 潘庆华, 等. 中红外光谱法无创伤检测血糖的新进展[J]. 光谱学与光谱分析, 2010, 30(6): 1474-1477.

8. Bunaciu A A, Vu Hoang D, Aboul-Enein H Y. Applications of FT-IR spectrophotometry in cancer diagnostics[J]. Crit. Rev. Anal. Chem., 2015, 45(2): 156-165.

9. 李莉莉, 赵丽娇, 钟儒刚. 红外光谱法检测生物大分子损伤的研究进展[J]. 光谱学与光谱分析, 2011, 31 (12): 3194-3199.

10. 田沛荣, 张伟涛, 徐智. 傅里叶变换红外光谱技术诊断恶性肿瘤的研究进展[J]. 光谱学与光谱分析, 2014, 34(10): 2627-2631.

11. 张小青, 孙小亮, 潘庆华, 等. 衰减全反射傅里叶变换红外光谱技术的临床应用研究进展[J]. 光谱学与光谱分析, 2017, 37(2): 407-411.

12. 侯鹏高, 吕长淮. 红外光谱法在药物制剂鉴别中的应用研究进展[J]. 中国医院药学杂志, 2013, 33(8): 648-649.

13. 申云霞, 赵艳丽, 张霁, 等. 红外光谱在中药质量研究中的应用[J]. 世界科学技术—中医药现代化, 2015, 17(3): 664-669.

14. 李真, 周立红, 叶正良, 等. 红外光谱技术在中药质量控制中的应用进展[J]. 药物评价研究, 2016, 39(3): 463-468.

15. 马利, 孙长华, 张宝. 红外光谱技术在食品掺假检验中的应用进展[J]. 生命科学仪器, 2010, 8(2): 3-6.

16. 邓波, 沈才洪, 丁海龙, 等. 红外光谱分析技术在白酒行业中的应用进展[J]. 中国酿造, 2020, 39(9): 13-17.

17. 陈佳, 于修烛, 刘晓丽, 等. 基于傅里叶变换红外光谱的食用油质量安全检测技术研究进展[J]. 食品科学, 2018, 39(7): 270-277.

18. 姿文琦, 罗汉鹏, 刘林, 等. 牛奶的中红外光谱相关指标及遗传规律研究进展[J]. 中国畜牧杂志, 2020, 56(3): 25-32.

19. 马兰芝, 褚小立, 田松柏, 等. 红外光谱法在润滑油分析中的应用与研究进展[J]. 分析仪器, 2010, (2): 1-4.

20. 李春秀. 合成润滑油的红外光谱分析[J]. 合成润滑材料, 2015, 42(4): 36-40.

21. Jasinska-Walc L, Maurizio Villani M, Dudenko Dmytro, et al. Local conformation and

cocrystallization phenomena in renewable diaminoisoidide-based polyamides studied by FT-IR, Solid State NMR, and WAXD [J]. Macromolecules, 2012, 45: 2796-2808.

22. Yang P F, Han Y D, Li J Y, et al. In situ FT-IR study on the blocking reaction of isocyanate with naphthol [J]. Inter. J. Polym. Anal. Charact., 2011, 16: 251-258.

23. Tsagkalias I S, Vouvoudi E C, Sideridou I D. Kinetics study of curing by FT-IR and dynamic thermomechanical analysis of the glass-conservation epoxy resin HXTAL-NYL-1 [J]. Macromol. Symp., 2013, 331-332:123-128.

24. Wang D K, Varanasi S, Fredericks Peter M, et al. FT-IR characterization and hydrolysis of PLA-PEG-PLA based copolyester hydrogels with short PLA segments and a cytocompatibility study[J]. J. Polym. Sci., Part A: Polym. Chem., 2013, 51: 5163-5176.

25. Bruckmoser K, Resch K. Investigation of ageing mechanisms in thermoplastic polyurethanes by means of IR and Raman spectroscopy[J]. Macromol. Symp., 2014, 339: 70-83.

26. Jo W H, Cruz C A, Paul D R. FTIR investigation of interaction in blends of PMMA with a styrene/acrylic acid copolymer and their analogs [J]. J. Polym. Sci., Part B: Polym. Phys., 1989, 27(5): 1057-1076.

27. 赵静. 傅立叶变换红外光谱对高分子体系相行为及相转变的研究[D]. 天津: 天津大学, 2009.

28. 黄红英, 尹齐和. 傅里叶变换衰减全反射红外光谱法(ATR-FTIR)的原理与应用进展[J]. 中山大学研究生学刊(自然科学、医学版), 2011, 32(1): 20-31.

29. Guo W J, Chen J B, Sun S Q, et al. In situ monitoring the molecular diffusion process in graphene oxide membranes by ATR-FTIR spectroscopy [J]. J. Phys. Chem. C, 2016, 120: 7451-7456.

30. Busó-Rogero C, Brimaud S, Solla-Gullon J. Ethanol oxidation on shape-controlled platinum nanoparticles at different pHs: A combined in situ IR spectroscopy and online mass spectrometry study [J]. J. Electroanal. Chem., 2016, 763:116-124.

31. Tabor R F, Eastoe J, Dowding P. Adsorption and desorption of cationic surfactants onto silica from toluene studied by ATR-FTIR. Langmuir, 2010, 26(2): 671-677.

32. Ouyang W Y, Müller M, Appelhans D, et al. In situ ATR-FTIR investigation on the preparation and enantiospecificity of chiral polyelectrolyte multilayers[J]. ACS Appl. Mater. Inter., 2009, 12(1): 671-677.

33. Liang N J, Lu X N, Hu Y X, et al. Application of attenuated total reflectance—Fourier transformed infrared (ATR-FTIR) spectroscopy to determine the chlorogenic acid isomer profile

and antioxidant capacity of coffee beans［J］. J. Agric. Food Chem., 2016, 64：681-689.

34. Schartner J, Güldenhaupt J, Mei B, et al. Universal method for protein immobilization on chemically functionalized germanium investigated by ATR-FTIR difference spectroscopy［J］. J. Am. Chem. Soc., 2013, 135：4079-4087.

35. Olsztyńska-Janus S, Szymborska-Małekk, Gasior-Gńogowska M, et al. Spectroscopic techniques in the study of human tissues and their components. Part I：IR spectroscopy［J］. Acta Bioeng. Biomech., 2012, 14(3)：101-115.

36. 翁诗甫, 徐怡庄. 傅里叶变换红外光谱分析(第三版)［M］. 北京：化学工业出版社, 2016.

37. 许建华, 陈清林, 纪红兵. 原位漫反射红外光谱技术用于气固催化反应机理的研究［J］. 化学进展, 2008, 20(6)：811-819.

38. 付金栋, 韦亚兵, 施书哲. 镜面反射红外光谱在聚合物分析中的应用［J］. 高分子通报, 2002, (5)：54-58.

39. Bageshwar D V, Pawar A S, Khanvilkar V V, et al. Photoacoustic spectroscopy and its applications－a tutorial review［J］. Eurasian J. Anal. Chem., 2010, 5(2)：187-203.

40. 王建平. 飞秒激光二维红外光谱［J］. 科学通报, 2007, 52(11)：1221-1231.

41. 郑俊荣. 二维红外光谱［J］. 物理, 2010, 39(3)：162-183.

42. Kel O, Tamimi A, Thielges M C. Ultrafast structural dynamics inside planar phospholipid multibilayer model cell membranes measured with 2D IR Spectroscopy［J］. J. Am. Chem. Soc., 2013, 135：11063-11074.

43. 申婷婷, 付常璐, 牟宗刚, 等. 二维红外相关光谱法的分析［J］. 济南大学学报(自然科学版), 2007, 21(2)：124-129.

44. Noda I. Two-dimensional infrared spectroscopy［J］. J. Am. Chem. Soc., 1989, 111：8116-8118.

45. 肖霄, 吴镝, 马小茗, 等. 等规聚丙烯结晶谱带二维红外光谱学研究［J］. 光散射学报, 2015, 27(2)：195-200.

46. 陈建波. 二维相关红外光谱差异分析方法及其应用研究［D］. 北京：清华大学, 2010.

47. 胡成龙, 陈韶云, 陈建, 等. 拉曼光谱技术在聚合物研究中的应用进展［J］. 高分子通报, 2014, (3)：30-45.

48. Snyder R G. Raman scattering activities for partially oriented molecules［J］. J. Mol. Spectrosc., 1971, (37)：353-365.

49. Koenig J L, Sutton P L. Raman scattering of souce synthetic polypeptides: poly(*r*-benzyl L-Glutamate), poly-L-Leucine, poly-L-Valine, and poly-L-Serine[J]. Biopolymers, 1971, 10 (1): 89-106.

50. 曹露, 朱嘉森, 管艳艳, 等. 拉曼光谱技术在药物分析领域的研究进展[J]. 光散射学报, 2019, 31(2): 101-109.

51. Li S S, Li X H, Gong S L. High strength and toughness transparent waterborne polyurethane with antibacterial performance[J]. Prog. Org. Coat., 2022, 172, 107163; DOI: 10. 1016/j. porgcoat. 2022. 107163.

52. 吴娟霞, 谢黎明. 二维材料的拉曼光谱研究进展[J]. 科学通报, 2018, 63(35): 3727-3746.

53. 董文龙, 刘璐琪. 拉曼光谱在二维材料微观结构表征中的研究进展[J]. 光散射学报, 2021, 33(1): 1-15.

54. 陈夫山, 王高敏, 吴越, 等. 共聚焦显微拉曼光谱在木质纤维细胞壁预处理中的应用进展[J]. 光谱学与光谱分析, 2021, 42(1): 15-19.

55. 易荣楠, 吴燕. 表面增强拉曼光谱技术在 microRNA 检测中的研究进展[J]. 化学学报, 2021, 79: 694-704.

56. 刘厦, 霍亚鹏, 康维钧, 等. 表面增强拉曼光谱技术在肿瘤标志物检测中的研究进展[J]. 科学通报, 2018, 65(15): 1448-1462.

57. 祁亚峰, 刘宇宏, 刘大猛. 拉曼光谱技术在肿瘤诊断上的应用研究进展[J]. 激光与光电子学进展, 2020, 57(22): 1-19.

58. 李岩, 祁昱, 李赫. 拉曼光谱在感染性疾病诊断中的应用进展[J]. 分析化学, 2022, 50(3): 317-326.

59. 邱梦情, 徐青山, 郑守国, 等. 农药残留检测中表面增强拉曼光谱的研究进展[J]. 光谱学与光谱分析, 2021, 41(11): 3339-3346.

60. 翟文磊, 韦迪哲, 王蒙. 光催化自清洁表面增强拉曼光谱基底用于食品污染物可循环检测的研究进展[J]. 食品科学, 2022, 43(13): 327-335.

61. 林彬, 陈国需, 杜鹏飞, 等. 拉曼光谱技术在石油产品分析中的研究进展[J]. 重庆理工大学学报(自然科学), 2017, (9): 145-151.

62. 何秋菊, 王丽琴. 拉曼光谱法鉴定文物及艺术品中染料的研究进展[J]. 光谱学与光谱分析, 2016, 36(2): 401-407.

63. Fleischmann M, Hendra P J, McQuillan A J. Raman spectra of pyridine adsorbed at a silver electrode[J]. J. Chem. Phys. Lett., 1974, 26(2):163-166.

64. Fang W, Zhang B, Han F, et al. On-site and quantitative detection of trace methamphetamine in urine/serum samples with SERS-active microcavity and rapid pretreatment

device[J]. Anal. Chem., 2020, DOI: 10. 1021/acs. analchem. 0c03041.

65. Moskovits M, Suh J S. Surface geometry change in 2-Naphthoic acid adsorbed on silver [J]. J. Phys. Chem., 1988, 92(22): 6327-6329.

66. Manfait M, Morjani H, Millot J M, et al. Drug-target interactions on a single living cell. An approach by optical microspectroscopy [J]. Proc. SPIE 1403, Laser application in life science, 1991: 695.

67. 薛奇. 高分子结构研究中的光谱方法[M]. 北京: 高等教育出版社, 1995: 194-195.

68. 徐冰冰, 金尚忠, 姜丽, 等. 共振拉曼光谱技术应用综述[J]. 光谱学与光谱分析, 2019, 39(07): 2119-2127.

69. 区洁美, 陈旭东. 共振拉曼光谱在聚合物研究中的应用[J]. 合成材料老化与应用, 2019, 48(02): 108-113.

习　题

1. 利用红外光谱, 区分下列各组物质。

　　1)　$CH_3COOCH{=\!\!=}CH_2$　　　　　　　　$CH_3OCOCH{=\!\!=}CH_2$

　　2)　$\underset{H}{\overset{C_6H_5}{>}}C{=\!\!=}C\underset{CH_3}{\overset{H}{<}}$　　　　　　　　$C_6H_5{-}C(CH_3){=\!\!=}CH_2$

　　3)　C_6H_5CHO　　　　　　　　　　$C_6H_5CONH_2$

　　4)　$(CH_3)_2CHCH_2CH(CH_3)_2$　　　$CH_3CH_2{-}(CH_2)_3CH_2CH_3$

　　5)　$CH_3COCH_2CH_3$　　　　　　　$CH_3COOCH_2CH_3$

　　6)　$C_6H_5C{\equiv}N$　　　　　　　　　$C_6H_5C{\equiv}CH$

2. 分子式 C_8H_6, IR 谱如下, 推导其可能结构。

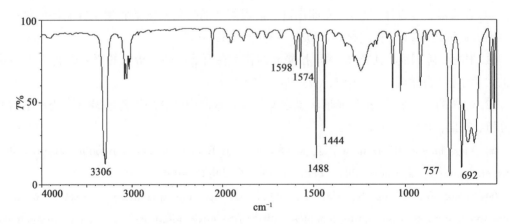

3. 分子式 C_7H_8O, IR 谱如下, 推导其可能结构。

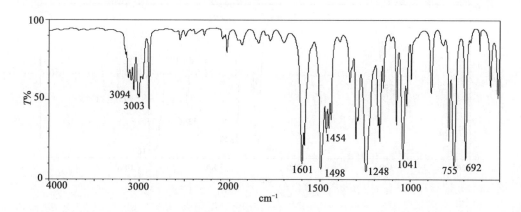

4. 分子式 C_4H_5N, IR 谱如下, 推导其可能结构。

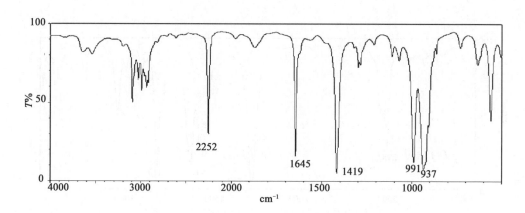

5. 分子式 $C_5H_8O_2$, 两种异构(a,b)的 IR 谱如下, 推导其可能结构。

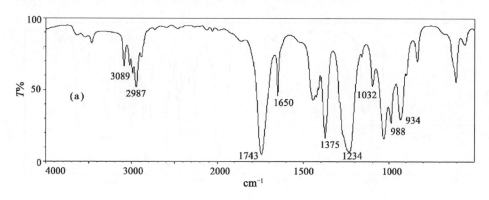

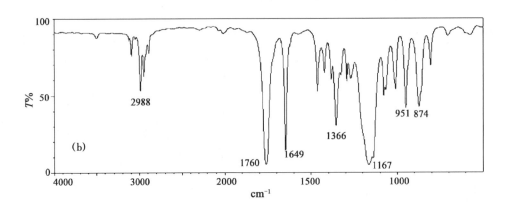

6. 分子式 C_4H_8O，两种异构(a, b)的 IR 谱如下，推导其可能结构。

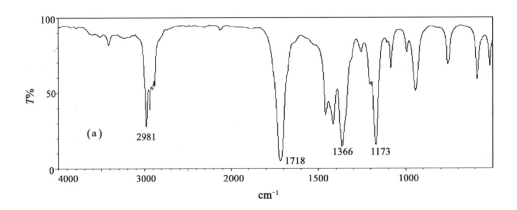

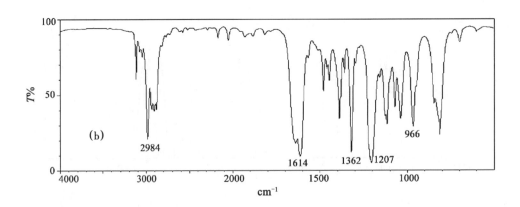

7. 分子式 $C_9H_{12}O$，IR 谱如下，推导其可能结构。

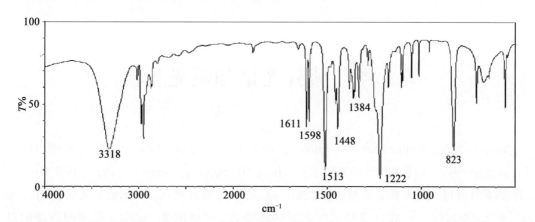

8. 分子式 C_7H_8S，IR 谱如下，推导其可能结构。

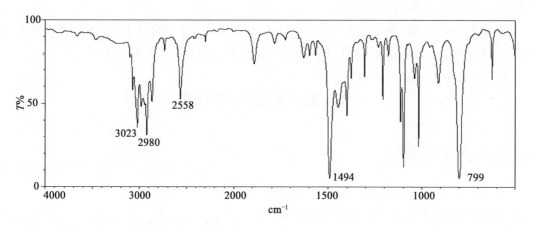

9. 分子式 $C_7H_7NO_2$，IR 谱如下，推导其可能结构。

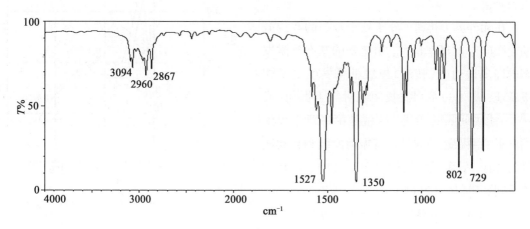

第6章 紫外光谱与荧光光谱

紫外-可见光谱(ultraviolet and visible spectra)是电子光谱,研究分子中电子能级的跃迁。引起分子中电子能级跃迁的光波波长范围为 $10\sim800$ nm(1 nm $=10^{-7}$ cm)。其中 $10\sim190$ nm:远紫外光区,又称真空紫外光区;$190\sim400$ nm:近紫外光区,又称紫外光区;$400\sim800$ nm:可见光区。O_2,N_2 在远紫外光区都有强烈吸收,测试困难,化学工作者感兴趣的是 $190\sim800$ nm 的紫外-可见光区。有机分子电子能级跃迁与此光区密切相关。用紫外光测得的电子光谱称紫外光谱(简称 UV)。

睾丸酮和异丙叉丙酮的紫外吸收光谱见图 6.1。尽管分子结构有很大不同,却具有相近的紫外吸收光谱,这是因为它们具有共同的烯酮结构,产生相同的电子能级跃迁。

6.1 紫外光谱基本原理

6.1.1 电子光谱的产生

双原子分子能级和能级跃迁示意图见图 1.2。在紫外-可见光照射下,引起分子中电子能级的跃迁($S_0 \rightarrow S_1, S_0 \rightarrow S_2, \cdots$),产生电子吸收光谱。

在无外界干扰时,分子处于基态的零位振动能级(V_0)的概率最大,由电子的基态到激发态的许多振动(或转动)能级都可发生电子能级跃迁,产生一系列波长间隔对应于振动(或转动)能级间隔的谱线。这就是第一章中提到的电子能级跃迁的同时伴有振动能级和转动能级的跃迁。这种精细结构见图 6.2(b),通常只能看到宽带[图 6.2(c)]。

Frank-Condon 认为:电子跃迁过程非常迅

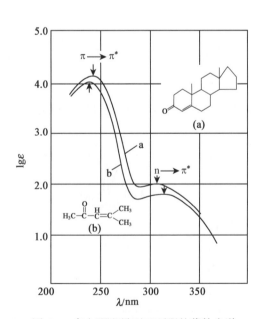

图 6.1 睾丸酮和异丙叉丙酮的紫外光谱

速，是分子中原子核振动频率的近千倍。在电子激发的瞬间，电子状态发生变化，但核运动状态(核间距和键的振动速度)保持不变。

一般情况下，激发态键强度低于基态。所以激发态平衡核间距 r_0' 大于基态的平衡核间距 r_0 [图 6.2(a)]。

根据 Frank-Condon 原理，电子受激包含的振动能级跃迁的最大概率是在原子核距离不变的情况下进行的(即所谓"垂直跃迁")。图 6.2(a) 中 0→3 跃迁概率最大，其余跃迁：0→2, 0→1, 0→0 和 0→4, 0→5, 0→6 概率依次减小。谱线的强度与跃迁概率成正比，出现图 6.2(b)的精细结构。只有在气态分子或惰性溶剂中，才有可能观察到这种精细结构，通常得到的宽带谱是由于分子间的相互作用，导致精细结构消失，见图 6.2(c)。

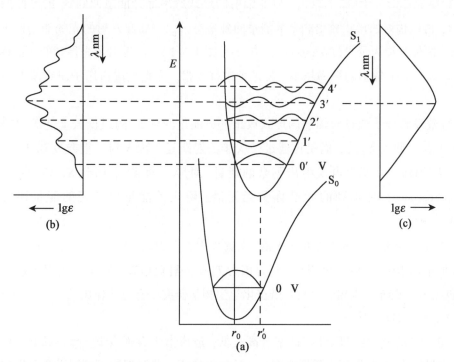

图 6.2 双原子分子势能曲线(a)及电子跃迁光谱(b)，(c)

有机分子中的电子吸收光谱为宽带。不同的跃迁方式，对键强度的影响不同，r 的改变也不同，因而吸收谱带宽度及谱带的对称性也有所不同。

6.1.2 自旋多重性及电子跃迁选择定则

6.1.2.1 自旋多重性

根据 Pauli 原理，处于分子同一轨道的两个电子自旋方向相反，用 +1/2 和 -1/2 表示，

其代数和 $S = 0$。自旋多重性$(2S + 1) = 1$，称单重态，用 S(singlet)表示。大多数具有偶数电子的分子(氧分子例外)都处于单重基态。若受激电子在跃迁过程中自旋方向保持不变，为单重激发态$(2S+1) = 1$。若受激电子跃迁过程中自旋方向发生改变，自旋多重性$(2S+1)$ $= 3$，为激发的三重态，用 T(triplet)表示。第一激发态用 S_1 或 T_1 表示，更高的激发态用 S_2，S_3，…或 T_2，T_3，…表示。S_1 的能量高于 T_1(图 1.2)。

6.1.2.2　激发态分子能量的释放

激发态分子在高能态停留的时间很短($10^{-6} \sim 10^{-9}$ s)，然后放出能量回到低能态，重建 Boltzman 分布。能量的释放有两个过程：以非辐射的形式放出能量和以辐射的形式放出能量。前者通过碰撞，以热的形式把能量传给环境，后者又可通过两个途径：

(1)激发态的分子(图 1.2(5))以非辐射的形式放出部分能量回到 S_1 的最低振动能级$(V_0^{'})$后，再以辐射的形式放出剩余的能量回到基态(S_0)。如此发射的光的能量低于吸收光的能量，这种光称为荧光(fluorescence，F)，见图 1.2(F)。由发射荧光得到的光谱称荧光光谱，$\lambda_{荧光} \geqslant \lambda_{uv}$。非辐射的概率越小，荧光光谱就越强。荧光光谱适用于研究激发态分子的结构。

(2)激发态分子通过非辐射的形式放出部分能量回到 S_1 的最低振动能级$(V_0^{'})$，并不直接放出荧光回到 S_0 态，而是再通过一次非辐射跃迁，转入到三重激发态 T_1(图 1.2)，电子在 T_1 稍作停留后，再发射出剩余的能量(对应于磷光)，回到 S_0 态。由发射磷光(phosphorescence，P)得到的光谱称磷光光谱。磷光的能量比荧光的能量还要低，故 $\lambda_{磷光} > \lambda_{荧光}$。

荧光光谱和磷光光谱均为发射光谱。荧光发射在照射后 $10^{-8} \sim 10^{-14}$ s 之间发生，而磷光发射在照射后 $10^{-4} \sim 10$ s 之间发生，这是因为 T_1 是一种亚稳态，为自旋禁阻跃迁(见选择定则)。低温利于磷光的发射，磷光光谱在化学生物学研究中有重要作用。

6.1.2.3　选择定则

在电子光谱中，电子跃迁的概率有高有低，造成谱带有强有弱。允许跃迁，跃迁概率大，吸收强度大；禁阻跃迁，跃迁概率小，吸收强度小，甚至观测不到。所谓允许和禁阻跃迁，是把量子理论应用于激发过程所得的选择定则，主要有以下两点：

1. 电子自旋允许跃迁

电子自旋允许跃迁要求在跃迁过程中，电子的自旋方向保持不变。即在激发过程中，电子只能在自旋多重性相同的能级之间发生跃迁，如 $S_0 \leftrightarrow S_1$，$S_0 \leftrightarrow S_2$，$T_1 \leftrightarrow T_2$ 等之间的跃迁为允许跃迁。$S_0 \leftrightarrow S_1$ 的跃迁概率大，吸收强，荧光的发射也容易进行。但 $S_0 \to T_1$ 属禁阻跃迁(电子由单重基态跃迁到三重激发态，电子的自旋方向发生改变)，由 T_1 到 S_0 的跃迁也是禁阻跃迁，跃迁概率小，发射磷光的寿命较长。

2. 对称性允许跃迁

分子轨道波函数 Ψ, 通过"对称操作", 若符号不变, 则为对称波函数, 标记为 Ψ_g, 这种分子轨道称 g 型轨道(g 源于德文 gerade, 偶的)。若符号改变, 则为反对称波函数, 标记为 Ψ_u, 这种分子轨道称 u 型轨道(u 源于德文 ungerade, 奇的)。

允许跃迁要求电子只能在对称性不同的不同能级间进行。g↔u 为允许跃迁, g↔g, u↔u 为禁阻跃迁。σ→σ* 跃迁, π→π* 跃迁为允许跃迁。羰基中的 n→π* 跃迁为禁阻跃迁, 是因为氧原子上 $2p_z$ 轨道的未成键电子向羰基的 π* 反键轨道跃迁是空间禁阻的, 在分子几何形状没有很大变化的情况下, 要使电子由非键轨道跃迁到 π* 反键轨道是很困难的。

对称性强的分子(如苯分子)在跃迁过程中, 可能会出现部分禁阻跃迁, 部分禁阻跃迁谱带的强度在允许跃迁和禁阻跃迁两者之间。

6.1.3 有机分子电子跃迁类型

以乙醛(CH_3CHO)为例, 分子中有成键的 σ 轨道及 C=O 的 π 轨道, 非键的 n 轨道, π*, σ* 为反键轨道, 轨道能级的能量依次为 σ*>π*>n>π>σ, 见图 6.3。

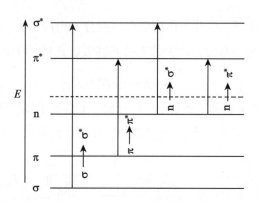

图 6.3 分子轨道能级和电子跃迁类型

电子能级的跃迁主要是价电子吸收一定波长的电磁波发生的跃迁。有机化合物的价电子包括成键的 σ 电子、π 电子和非键的 n 电子。可能发生的跃迁类型(图 6.3)有 σ→σ*, π→π*, n→π*, n→σ* 跃迁。各种类型跃迁吸收的能量取决于电子跃迁至较高轨道与初始占有轨道之间的能量差。图 6.3 可知 $\Delta E(\sigma \rightarrow \sigma^*)>\Delta E(\pi \rightarrow \pi^*)>\Delta E(n \rightarrow \pi^*)$。

1. σ→σ* 跃迁

σ 电子能级低, 一般不易被激发。σ→σ* 跃迁所需的能量高, 对应波长范围 <150 nm, 近紫外光谱观测不到, 唯有环丙烷的 σ→σ* 跃迁约 190 nm, 位于近紫外区的末端吸收。

2. n→σ* 跃迁

含杂原子(O, N, S, X)的饱和烃的衍生物，其杂原子上未成键电子(n 电子)向 σ* 轨道跃迁称 n→σ* 跃迁。n→σ* 跃迁所需能量较 σ→σ* 跃迁低。较小半径的杂原子(O, N)，n→σ* 跃迁位于 170~180 nm，而较大半径的杂原子(S, I)n→σ* 位于 220~250 nm。

3. π→π* 跃迁

π 电子较易激发跃迁到 π* 轨道，对应波长范围较长。非共轭 π 轨道的 π→π* 跃迁，对应波长范围 160~190 nm。两个或两个以上 π 键共轭，π→π* 跃迁能量降低，对应波长增大，红移至近紫外光区甚至可见光区。

4. n→π* 跃迁

n→π* 跃迁发生在碳原子或其他原子与带有未成键的杂原子形成的 π 键化合物中，如含有 C=O，C=S，N=O 等键的化合物分子。n 轨道的能量高于成键 π 轨道的能量，n→π* 跃迁所需能量较低，对应波长范围在近紫外区。如醛、酮类化合物，π→π* 跃迁约 180 nm，n→π* 跃迁 270~290 nm，前者是允许跃迁，出现强吸收带，后者为禁阻跃迁，出现弱吸收带。

还有一种电荷转移跃迁。当分子形成络合物或分子内两个大 π 体系相互接近时，可发生电荷由一部分跃迁到另一部分而产生的电荷转移吸收光谱。可用通式表示如下：

$$D—A \xrightarrow{h\nu} D^+A^-$$

D—A 是络合物两个 π 体系，D 是电子给予体，A 是电子接受体。

如四氯苯醌(黄色)与六甲基苯(无色)混合形成深红色的络合物。

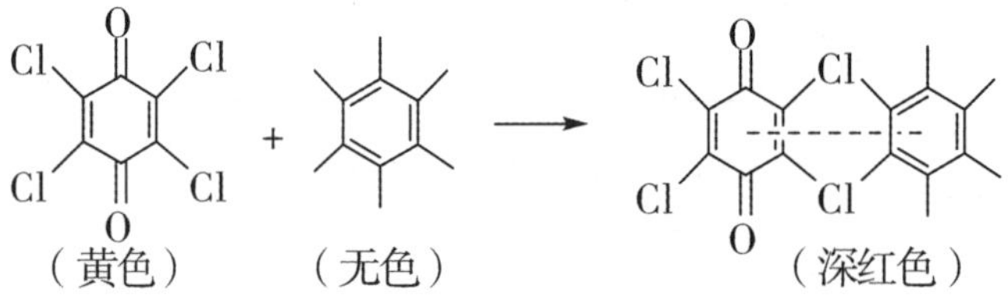

（黄色）　（无色）　（深红色）

6.1.4　紫外光谱表示法及常用术语

1. 紫外吸收带的强度

紫外光谱中吸收带的强度标志着相应电子能级跃迁的概率，遵从 Lambert-Beer 定律。

$$A = \lg \frac{I_0}{I} = \lg \frac{1}{T} = alc$$

式中，A 为吸光度(absorbance)；I_0、I 分别为入射光、透射光的强度；a 为吸光系数

（absorptivity）；T 为透光率或透射比；l 为样品池厚度（cm）；c 为百分比浓度（W/V）。

若 c 的单位用摩尔浓度表示，则

$$A = \varepsilon l c$$

式中，ε 为摩尔吸（消）光系数。ε 值在一定波长下相当稳定，即测试条件一定时，ε 为常数，是鉴定化合物及定量分析的重要数据。

紫外光谱中吸收带的强度可用 A，ε 或 $\lg\varepsilon$ 表示，也可用 T 表示。前者随着数值增大，吸收强度增大，后者恰好相反。

2. 紫外光谱的表示法

紫外光谱可以图表示或以数据表示。图示法：常见的有 $A\sim\lambda$ 作图（图 6.4），$\varepsilon\sim\lambda$ 作图或 $\lg\varepsilon\sim\lambda$ 作图，波长 λ 的单位为 nm。数据表示法：以谱带的最大吸收波长 λ_{max} 和 ε_{max}（或 $\lg\varepsilon_{max}$）值表示。如 λ_{max} 237 nm（ε 10^4），或 λ_{max} 237 nm（$\lg\varepsilon$ 4.0）。CH_3I λ_{max} 258 nm（ε 387）；巴豆醛（ $CH_3CH{=}CH{-}CHO$ ）λ_1 218 nm（ε 18000 或 $\lg\varepsilon$ 4.26），λ_2 320 nm（ε 30 或 $\lg\varepsilon$ 1.48），表示化合物有两个吸收带，其最大吸收分别为 λ_1，λ_2。

对于测定物质组成不确定时，可用百分吸光系数 $A_{1cm}^{1\%}$ 或 $E_{1cm}^{1\%}$ 表示。如 $A_{1cm}^{1\%}$ 237 = 0.625，表示样品浓度 1%（W/V），通过 1 cm 样品池，在波长 237 nm 处测得的吸光度为 0.625。若样品的分子量为 M，则 $E_{1cm}^{1\%}$ 或 $A_{1cm}^{1\%}$ 与 ε 的关系如下：

$$\varepsilon = A_{1cm}^{1\%} \times 0.1M$$

在一定的测试条件下，λ_{max} 的 ε_{max} 为一常数，近似地表示跃迁概率的大小。有机分子中，$\lg\varepsilon >$ 3.5，为强吸收带（$\varepsilon>5000$）；$\lg\varepsilon$ 2.5~3.5（ε 200~5000）为中等强度吸收带；$\lg\varepsilon$ 1~2.5（ε 10~200）为弱吸收带。允许跃迁对应于强吸收，部分禁阻跃迁对应于中强吸收，禁阻跃迁对应于弱吸收。

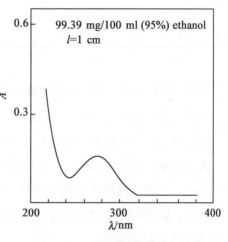

图 6.4 4-己酮酸甲酯的紫外光谱

3. UV 常用术语

生色团（chromophore）：分子中产生紫外吸收的主要功能团。即该基团本身产生紫外吸收，λ 值受相连基团的影响。常见生色团的紫外吸收见表 6.1。

助色团（auxochrome）：指本身不产生紫外吸收的基团，在与生色团相连时，使生色团的吸收向长波方向移动，且吸收强度增大。

红移（red shift）：由于基团取代或溶剂的影响，λ_{max} 值增大，即长波方向移动。

表 6.1   常见生色团的紫外吸收

生色团	化合物	溶剂	λ_{max}(nm)	ε_{max}	跃迁类型
C=C	己烯-1	庚烷	180	12500	$\pi \to \pi^*$
C≡C	丁炔-1	蒸气	172	4500	$\pi \to \pi^*$
C=O	乙醛	蒸气	289	12.5	$n \to \pi^*$
			182	10000	$\pi \to \pi^*$
	酮	环己烷	275	22	$n \to \pi^*$
			190	10000	$\pi \to \pi^*$
COOH	乙酸	乙醇	204	41	$n \to \pi^*$
COOR	乙酸乙酯	水	204	60	$n \to \pi^*$
COCl	乙酰氯	戊烷	240	34	$n \to \pi^*$
CONH$_2$	乙酰胺	甲醇	205	160	$n \to \pi^*$
NO$_2$	硝基甲烷	乙烷	279	15.8	$n \to \pi^*$
			202	4400	$\pi \to \pi^*$
—N=N—	偶氮甲烷	水	343	25	$n \to \pi^*$
			254	205	$\pi \to \pi^*$
⬡	苯	甲醇	203.5	7400	$\pi \to \pi^*$

蓝移(blue shift):由于取代基或溶剂的影响,λ_{max} 值减小,即短波方向移动。

增色效应(hyperchromic effect):与助色团相连或溶剂的影响,使吸收强度增大的效应。

减色效应(hypochromic effect):由于取代或溶剂的影响,使吸收强度减小的效应。

末端吸收(end absorption):指吸收曲线随波长变短而强度增大,直至仪器测量极限(190 nm),即在仪器极限处测出的吸收为末端吸收。

肩峰:指吸收曲线在下降或上升过程中出现停顿,或吸收稍微增加或降低的峰,是由于主峰内隐藏有其他峰。

6.1.5 紫外光谱常用溶剂及溶剂效应

紫外光谱的测定,通常都是在极稀的溶液中进行,溶剂在样品吸收范围内应无吸收(透明)。溶剂不同,UV 干扰范围也不同。以水作溶剂,在 1cm 厚的样品池中测得溶剂吸光度为 0.1 时的波长为溶剂的"剪切点"(cut-off point),剪切点以下的短波区,溶剂有明显的紫外吸收,剪切点以上的长波区,可认为溶剂透明。常用溶剂及其剪切点 λ 值见表 6.2。

表 6.2			常用溶剂的干扰极限（1cm）			
溶剂	乙腈	己烷	环己烷	甲醇	乙醇（95%）	水	异丙醇
λ（nm）	190	195	205	205	204	205	205
溶剂	乙醚	二氧六环	二氯甲烷	氯仿	四氯化碳	苯	丙酮
λ（nm）	215	215	232	245	265	280	330

在极性溶剂（如 CH_3OH）和非极性溶剂（如环己烷）中测试，非极性化合物 λ_{max} 无明显差异，极性化合物 λ_{max} 一般都有变化。

在极性溶剂中测试，n→π* 跃迁吸收带蓝移，π→π* 跃迁吸收带红移。以异丙叉丙酮为例，不同溶剂中测试的 λ_{max}（nm）如下：

	环己烷	氯仿	甲醇	水
π→π*	230	238	237	243
n→π*	329	315	309	305

溶剂效应：在不同溶剂中谱带产生的位移称之溶剂效应，是由于不同极性的溶剂对基态和激发态样品分子的生色团作用不同，或稳定化程度不同所致，见图 6.5。

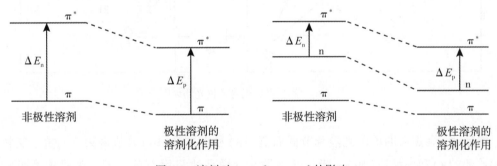

图 6.5　溶剂对 π→π*，n→π* 的影响

在大多数 π→π* 跃迁中，基态的极性小于激发态的极性，极性溶剂对于激发态的稳定作用大于基态，导致极性溶剂中 ΔE_p 降低，λ_{max} 长波方向移动。C═O 双键的 n→π* 跃迁，基态的极性大于激发态的极性，极性溶剂对基态的稳定作用大于对激发态的稳定作用，导致极性溶剂中 ΔE_p 升高，λ_{max} 短波方向移动。

6.2 仪器简介

紫外-可见分光光度计光路简图见图6.6。由光源、单色器、样品池、检测器、记录装置组成。

光源：氘灯(2)(185~395 nm)、钨灯(4)(350~800 nm)。经平面镜(3)反射到曲面镜(1)，聚焦后通过狭缝(5)到达凹面镜(8)。

单色器：由(8)反射的光到达棱镜或光栅(7)色散后经 Littow 镜(6)按不同波长依次返回到单色器(7)，经凹面镜(9)反射通过狭缝(10)和圆柱形透镜(11)，到达曲面镜(12)再次聚焦。

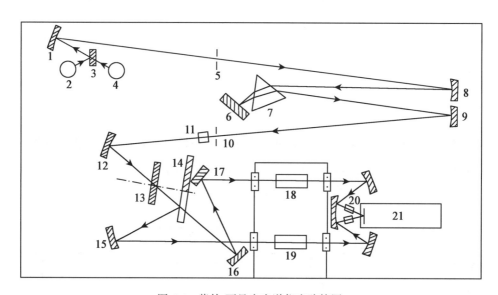

图6.6 紫外-可见光光谱仪光路简图

样品池：聚焦后的单色光经调节器面盘(13)和斩波器(14)分成两束平行光，交替通过参比池(18)和样品池(19)。紫外光区测试，样品池需用石英容器，普通玻璃吸收紫外光。

检测、记录：通过样品和参比后的两束光强度不同，经光电倍增管或阵列型光电检测器等检测、放大(21)，给出相应的电信号，电信号变成数字信号，经计算机处理，输出结果。

6.3 非共轭有机化合物的紫外吸收

6.3.1 饱和化合物

饱和烷烃的 $\sigma \rightarrow \sigma^*$ 跃迁所需能量高，λ_{max} 出现在 190 nm 以下的真空紫外区。如甲烷 125 nm，乙烷 135 nm。

烷烃碳原子上的氢由杂原子(O，N,S,X)取代时，产生较 $\sigma \rightarrow \sigma^*$ 跃迁能量低的 $n \rightarrow \sigma^*$ 跃迁，这种跃迁为禁阻跃迁，吸收弱。同一碳原子上杂原子数目愈多，λ_{max} 愈向长波移动。CH_3Cl 173 nm，CH_2Cl_2 220 nm，$CHCl_3$ 237 nm，CCl_4 257 nm。典型含杂原子的饱和化合物的紫外吸收见表 6.3。

表 6.3　　　　　　　典型含杂原子饱和化合物 λ_{max}(nm)

化合物	$n \rightarrow \sigma^*$	ε_{max}	溶剂	化合物	$n \rightarrow \sigma^*$	ε_{max}	溶剂
CH_3OH	177	200	己烷	CH_3NH_2	174	2200	气态
					215	600	
CH_3Cl	173	200	己烷	$(CH_3)_3N$	199	4000	气态
CH_3Br	202	264	庚烷		227	900	
CH_3I	257	387	庚烷	CH_3SCH_3	210	1020	乙醇
					229	140	

6.3.2 烯、炔及其衍生物

非共轭烯 $\pi \rightarrow \pi^*$ 跃迁，λ_{max} 位于 190 nm 以下的真空紫外区，如乙烯 165 nm (ε 15000)。烯碳上烷基取代数目增加，λ_{max} 红移，是超共轭的影响，如 $(CH_3)_2C{=}C(CH_3)_2$ λ_{max} 197 nm (ε 11500)。不饱和甾体化合物的紫外光谱研究较多，只有四取代并同时桥连两个环的双键，才能以近紫外末端强吸收识别。

杂原子 O，N，S，Cl 与 C=C 相连，由于杂原子的助色效应，λ_{max} 红移。是由于 n 轨道 p 电子与 π，π^* 轨道相互混合产生 π_1，π_2，π_3 轨道。π_1 轨道较 π 轨道能量降低，最高占有轨道 π_2 较 π 轨道能量升高，最低空轨道 π_3 较 π^* 轨道能量升高，前者升高幅度大，故 $\pi_2 \rightarrow \pi_3$ 跃迁能量降低，见图 6.7。N,S 的影响较 O 原子大，Cl 更次之。

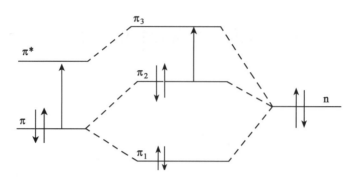

图 6.7　C═C 和助色基相互作用形成的分子轨道能级图

如：　CH$_2$═CHCl　CH$_2$═CHOCH$_3$　C$_2$H$_5$CH═CH—⬡　CH$_2$═CHSCH$_3$

λ_{max}(nm)：　185　　　　190　　　　　228　　　　　　228

ε_{max}：　10000　　　10000　　　　10000　　　　　8000

C═C ，　C≡C 虽为生色团，但若不与强的助色团 N,S 相连，π→π* 跃迁仍位于真空紫外区。

6.3.3　含杂原子的双键化合物

含杂原子的双键化合物 n→π* 跃迁吸收带一般出现在近紫外光区。

1. 羰基化合物

醛、酮类化合物 C═O 的 π→π*，n→σ* 跃迁位于真空紫外区，n→π* 跃迁 λ_{max}270～300 nm，ε<100。n→π* 跃迁为禁阻跃迁，弱吸收带，称 R 带（R 源于德文 Radikalartig），呈平滑带形，对称性强。图 6.4 中 λ_{max}280（ε 22），在结构鉴定中用来鉴定醛、酮类羰基的存在。醛类化合物的 n→π* 跃迁在非极性溶剂（如庚烷）中有精细结构，随着溶剂极性增大而消失。酮羰基即使在非极性溶剂中也观察不到精细结构。

2. 取代基对羰基生色团的影响

乙醛（CH$_3$CHO）在己烷溶剂中 λ_{max}293 nm（ε 12），醛基氢被烷基取代，λ_{max}蓝移。如 CH$_3$COCH$_3$ 在环己烷溶剂中，λ_{max}279 nm（ε 15）。醛基氢被极性基团取代，λ_{max}蓝移更大。典型羰基化合物的 λ_{max} 见表 6.4。

酮羰基 n→π*跃迁较醛基蓝移，是烷基的超共轭效应使 π 轨道能级降低，π*轨道能级升高，n 轨道能级无明显变化，致使 n→π*能量增大。酮类化合物 α-位碳原子上烷基取代数目增大，λ_{max}红移，如 2,2,4,4-四甲基戊酮 λ_{max}（乙醇中）295 nm（ε 20）。

表 6.4　　　　　　　　　　　　　　　　羰基化合物的 λ_{max}(nm)

化合物	λ_{max}	ε_{max}	溶剂	化合物	λ_{max}	ε_{max}	溶剂
CH_3CHO	293	12	己烷	$CH_3COOC_2H_5$	204	60	水
					211	58	异辛烷
CH_3COCH_3	279	15	环己烷	CH_3COSH	<219	2200	环己烷
	270	12	甲醇				
CH_3COOH	204	41	甲醇	CH_3COCl	240	40	庚烷
	210	40	庚烷	CH_3COBr	250	90	庚烷
CH_3CONH_2	205	160	甲醇				

羧酸、酯、酰氯、酰胺类化合物中，极性杂原子的引入，n→π* 跃迁 λ_{max} 显著蓝移。是由于杂原子上未成键电子对通过共轭和诱导效应影响羰基。杂原子上未成键电子对 C=O 中 π 电子的共轭作用与 C=C 双键相连时的 p-π 共轭相仿(见 6.3.2)，最高占有轨道和最低空轨道的能量均有所升高，但对 C=O 中 n 轨道能级一般无明显影响，导致 n→π* 跃迁能量升高，λ_{max} 蓝移。另外，这类取代基的电负性都较碳原子大，取代基的诱导效应使 C=O 键强增大， C=O 中 n 轨道能级降低，n→π* 跃迁能量升高，也导致 λ_{max} 蓝移。

3. 硫羰基化合物

$R_2C=S$ 较 $R_2C=O$ 同系物中 n→π* 跃迁 λ_{max} 红移。是因为 S 原子的未成键电子对在 3p 轨道，较 2p 轨道电子能级提高，而 C=S 中 π* 轨道能级较 C=O 中 π* 轨道能级提高不多，故 C=S 中 n→π* 跃迁 ΔE 较低，利于 n 电子的激发，λ_{max} 约为 500 nm。硫羰基化合物的 π→π*、n→σ* 跃迁也发生红移。例如 $(C_3H_7)_2C=S$ 在己烷中，n→π* λ_{max} 503 nm(ε 9)，π→π* λ_{max} 230 nm(ε 6300)，σ→π* λ_{max} 215 nm(ε 5100)。一些硫酮化合物存在互变异构(醇式与烯醇式)平衡，观测这类化合物的紫外光谱时应引起注意。

4. 氮杂生色团

氮杂生色团如 C=N，C≡N，N=N，N=O。简单的亚胺类(C=N—)化合物和腈类化合物在紫外区无强吸收。

二氢吡咯(NH)π→π* 跃迁<200 nm，n→π* 跃迁约 240 nm(ε 约 100)，极性溶剂中 λ_{max} 蓝移，酸性溶剂中谱带消失(质子化使 N 上的孤对电子消失)。

偶氮(—N=N—)化合物 n→π* 约 360 nm，强度与几何结构有关。反式为弱吸收，顺式吸收强度增大。如：$CH_3N=NCH_3$ 水溶液中，n→π* 跃迁，反式 343 nm(ε 25)，顺式 353 nm(ε 240)。

硝基化合物（NO$_2$）中 π→π* 跃迁<200 nm，n→π* 跃迁约 275 nm，弱吸收。如 CH$_3$NO$_2$ 279 nm（ε 16），202 nm（ε 4400）。（CH$_3$）$_2$CHNO$_2$，280 nm（ε 23）。

6.4 共轭有机化合物的紫外吸收

6.4.1 共轭烯烃及其衍生物

丁二烯分子中，π-π 共轭，最高占有轨道能级升高，最低空轨道能级降低，π→π* 跃迁，ΔE 降低，λ_{max}红移，见图 6.8。乙烯 λ_{max}165 nm（ε 15000），丁二烯（ ∧∨ ）λ_{max}217 nm（ε 21000）， ∧∨ λ_{max} 220 nm（ε 23000）， ∨∧∨ λ_{max}227 nm （ε 23000）。

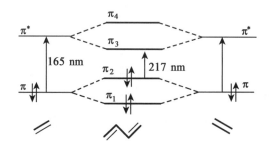

图 6.8 1,3-丁二烯分子轨道能级示意图

随着共轭体系延长，最高占有轨道能级升高，最低空轨道能级降低，π→π* 跃迁依次向长波方向移动（图 6.9），且出现多条谱带（图 6.10）。

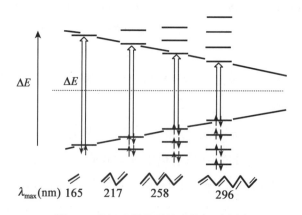

图 6.9 共轭多烯分子轨道能级示意图

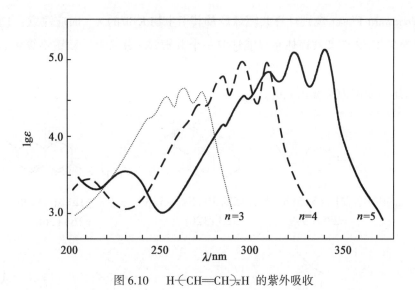

图 6.10   H—(CH=CH)ₙ—H 的紫外吸收

共轭烯烃的 $\pi \rightarrow \pi^*$ 跃迁均为强吸收带，$\varepsilon \geqslant 10^4$，称为 K 带（Konjugierte）。

Woodward 对大量共轭双烯化合物的紫外光谱数据归纳总结，找出了一定的规律。认为取代基对共轭双烯 λ_{max} 的影响具有加合性。后经 Fieser 修正成 Woodward-Fieser 规则。该规则可用于计算非环共轭双烯、环共轭双烯、多烯以及共轭烯酮、多烯酮（烯酮在 6.4.3 中介绍）。该计算对推测未知物的结构有一定的帮助。共轭烯及其衍生物的 Woodward-Fieser 规则见表 6.5。

表 6.5   共轭烯及其衍生物的 Woodward-Fieser 规则

非环或非同环共轭双烯母体			
(⌇ , ⬡ , ⬡ , ⬡⬡)	基值	λ_{max}（nm）	214
同环双烯（⬡）母体	基值	λ_{max}（nm）	253
双键上烷基或环烷基取代	增值（nm）		+5
环外双键			+5
延长一个共轭双键			+30
双键上极性基团取代：	OAc		+0
	OR		+6
	Cl，Br		+5
	SR		+30
	NR₂		+60

应用 Woodward-Fieser 规则计算共轭烯烃及其衍生物 K 带的 λ_{max} 时应注意：①选择较长共轭体系作为母体；②交叉共轭体系只能选取一个共轭键，分叉上的双键不算延长双键；③某环烷基位置为两个双键所共有，应计算两次。

计算实例(括号内为实测值)：

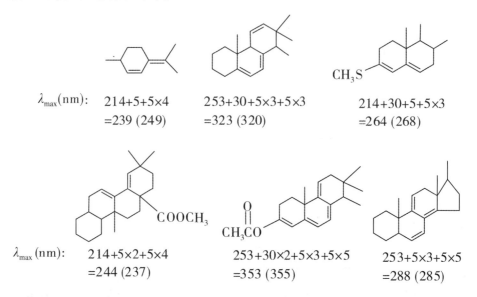

λ_{max}(nm):　214+5+5×4　　253+30+5×3+5×3　
　　　　　　　　=239 (249)　　=323 (320)

　　　　　　214+30+5+5×3
　　　　　　=264 (268)

λ_{max} (nm):　214+5×2+5×4　253+30×2+5×3+5×5　253+5×3+5×5
　　　　　　　=244 (237)　　=353 (355)　　　　=288 (285)

应用实例：

若环张力或立体结构影响到 π-π 共轭时，计算值与实测值误差较大(括号内为实测值)。

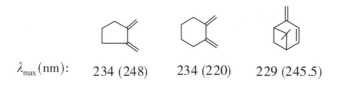

λ_{max}(nm):　　234 (248)　　　234 (220)　　　229 (245.5)

同环共轭二烯，λ_{max} 与环的大小有关。五元环或六元环，两个双键处于同一平面内或近于同一平面，共轭强，λ_{max} 值较大(分别为 238.5 nm，256.5 nm)。随着环张力增大，λ_{max} 蓝移，八元环蓝移最显著，波长 219.5 nm，吸收强度也最弱(ε 2500)。这是由于大环的可扭曲性大，使两个双键不处于同一平面，接近于链状 S-顺式双键。

四个以上双键的共轭体系，K 带的 λ_{max} 和 ε_{max} 可按 Fieser-Kuhn 规则经验计算，见下式：

$$\lambda_{max} = 114 + 5M + n(48.0 - 1.7n) - 16.5Rendo - 10Rexo$$

$$\varepsilon_{max} = (1.7 \times 10^4)n$$

式中，n 为共轭双键的数目；M 为共轭双键上烷基取代数；Rendo 及 Rexo 分别为共轭体系中环内与环外双键的数目。如 β-胡萝卜素：

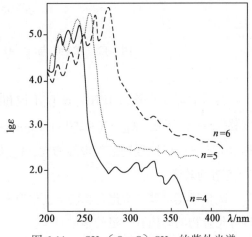

$$\lambda_{max} = 114 + 5 \times 10 + 11(48.0 - 1.7 \times 11) - 16.5 \times 2$$

$$= 453.3 \text{ nm}(\text{实测 } 452 \text{ nm}, \text{己烷溶剂})$$

$$\varepsilon_{max} = (1.7 \times 10^4) \times 11 = 19.1 \times 10^4 (\text{实测 } 15.2 \times 10^4)$$

6.4.2 共轭炔化合物

乙炔 λ_{max} 173 nm，叁键与 π 键共轭，λ_{max} 红移。 $CH_3 \{C \equiv C\}_n CH_3$ 随着 n 值增大，共轭多炔有两组主要吸收带，且均由数个明显的亚带组成。长波处的一组峰强度低，短波处的一组峰 $\varepsilon > 10^4$。$n = 2$ 时，乙醇溶剂中测得其长波处的亚带的 $\lambda_{max}(\varepsilon)$ 为 218.5（300），226.5（360），236（330），250（160）。$n = 4, 5, 6$ 时的紫外吸收光谱见图 6.11，为共轭多炔的特征吸收带。

共轭多炔化合物常存在于天然植物或真菌中，根据它们紫外光谱的特征，可指导化合物的提取分离。

图 6.11 $CH_3 \{C \equiv C\}_n CH_3$ 的紫外光谱

分子中若同时存在共轭多烯和多炔结构时，随共轭体系不同，谱图也不同。可根据光谱吸收带的位置和强度，推测化合物含烯和炔的大致数目及比例(参阅黄量，于德泉编著《紫外光谱在有机化学中的应用》)。

6.4.3 α,β-不饱和醛、酮

α,β-不饱和醛、酮中羰基双键和碳碳双键 π-π 共轭，类似于图 6.8 丁二烯分子轨道能级图，组成四个新的分子轨道 π_1, π_2, π_3, π_4，其中 π_1, π_2 为成键轨道，π_3, π_4 为反键轨道。π_1, π_2 轨道的能级分别低于或高于孤立 C=C ， C=O 的 π 轨道能级；π_3, π_4 轨道的能级分别低于或高于孤立 C=C ， C=O 的 π* 轨道的能级。重组的分子轨道较孤立 π 键轨道的最高占有轨道能量升高，最低空轨道能量降低， C=O 中 n 轨道能级基本不变，见图 6.12。

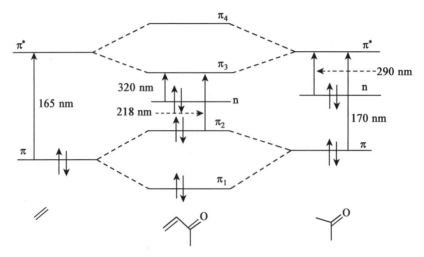

图 6.12　C=C 与 C=O 共轭形成新的分子能级示意图

与孤立烯烃的醛、酮相比，α,β-不饱和醛、酮分子中 $\pi \to \pi^*$ 跃迁、$n \to \pi^*$ 跃迁的 λ_{max} 均红移。$\pi \to \pi^*$ 跃迁，λ_{max}220~250 nm，$\lg\varepsilon \geqslant 4$，称 K 带。$n \to \pi^*$ 跃迁，300~330 nm，$\lg\varepsilon$ 1~2，称 R 带。$\pi \to \pi^*$ 跃迁随溶剂极性增大，λ_{max} 红移；$n \to \pi^*$ 跃迁随溶剂极性增大，λ_{max} 蓝移。见 6.1.5 溶剂效应。

α,β-不饱和醛、酮化合物的 λ_{max} 也有一定规律，见表 6.6。利用表中数据计算的 λ_{max} 对推导化合物的结构有一定的指导意义。

表 6.6　　　　　　　　α,β-**不饱和醛、酮化合物的 Woodward-Fieser 规则**

非环或六元环 α,β-不饱和酮			基值	215 nm
五元环 α,β-不饱和酮			基值	202 nm
α,β-不饱和醛			基值	207 nm
环外双键(指 C=C)(增值 nm)				+5
双键同环共轭(增值 nm)				+39
延长一个共轭双键(增值 nm)				+30
取代基(增值 nm)	α-位	β-位	γ-位	δ-位
烷基或环烷基	+10	+12	+18	+18
—OH	+35	+30	+30	+50
—OAc	+6	+6	+6	—

右上角："续表"

—OR	+30	+35	+17	+31
—SR	—	+85	—	—
—NR$_2$	—	+95	—	—
—Cl	+15	+12	—	—
—Br	+25	+30	—	—

表 6.6 中的数据表明,助色团的取代,对 $\pi \to \pi^*$ 跃迁 λ_{max} 有很大影响,以 NR$_2$,SR 更为显著。取代基的位置不同,λ_{max} 的增值也不同。

表 6.6 中数据是在甲醇或乙醇溶剂中测试的,非极性溶剂中测试值与计算值比较,需加上溶剂校正值,见表 6.7。

表 6.7   **α,β-不饱和醛、酮 K 带不同溶剂的校正值**

溶剂	甲醇	水	氯仿	二氧六环	乙醚	己烷	环己烷
λ_{max} 测试值	0	−8	+5	+5	+7	+11	+11

例如 (CH$_3$)$_2$C═CHCOCH$_3$,λ_{max} 计算值:215+2×12 = 239 nm。

甲醇溶剂中测得 λ_{max} 237 nm,计算值与实测值接近。己烷溶剂中测得 λ_{max} 230 nm。计算值与实测值误差较大,若加上己烷溶剂校正值(230+11 = 241 nm)后,计算值与实测值接近。

计算实例 (括号内为实测值):

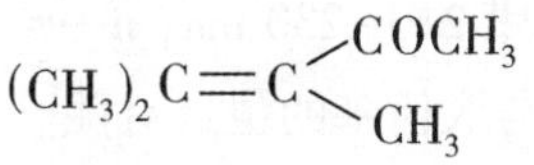

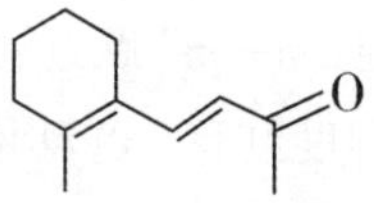

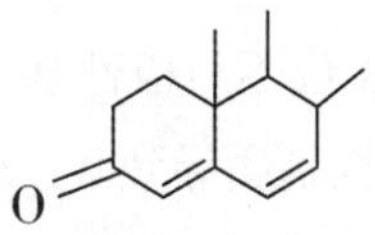

λ_{max}(nm):   215+10+2×12   215+30+3×18   215+30+12+18+5
            =249 (246, ε6000)   =299 (296, ε10700)   =280 (296, ε28000)

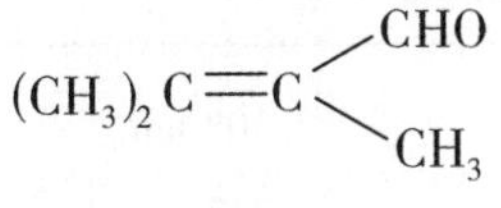

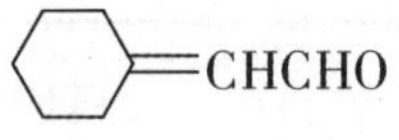

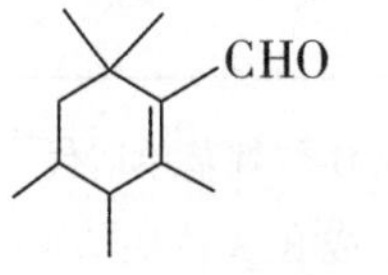

λ_{max}(nm):   207+10+2×12   207+2×15+5   207+10+2×12
            =241 (245, ε13000)   =236 (238, ε16000)   =241 (240, ε8000)

应用实例:

利用紫外光谱数据,推测下列分解反应的产物。反应过程中环骨架不变,紫外光谱测

得 λ_{max}236.5 nm(lgε>4)。

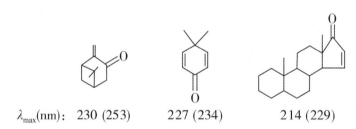

紫外光谱 λ_{max}236.5 nm(lgε>4)为 K 带，意味着化合物含有共轭结构，可能为 α,β-不饱和酮。结合反应过程中，环骨架不变，$C_8H_{12}O$ 的可能结构为

计算 λ_{max}(nm)：　　　　(a) 215+12+10=237　　　(b) 215+10+5=230

(a)的计算值与实测 λ_{max} 值接近，产物的可能结构为(a)。

注意：环张力的影响会造成计算值与实测值误差较大，如下列化合物，括号内为实测值。

λ_{max}(nm)：　　230 (253)　　　　227 (234)　　　　214 (229)

6.4.4　α,β-不饱和酸、酯、酰胺

α,β-不饱和酸、酯、酰胺 λ_{max} 较相应 α,β-不饱和醛、酮蓝移。同样用电子效应解释(见6.3.3)。α,β-位不与极性基团相连，$\pi \rightarrow \pi^*$ 跃迁，K 带 210~230 nm，$n \rightarrow \pi^*$ 跃迁，R 带 260~280 nm，极性基团导致 λ_{max} 较大程度红移。红移值与取代基的位置有关。

α,β-不饱和酸、酯的 λ_{max} 与取代基的位置和类型有关，也具有加合性，见表6.8。

表 6.8　　　　　　　　α,β-不饱和酸、酯紫外吸收规则(ε>10^4)

α- 或 β-位烷基单取代	基值	208 nm
α,β- 或 β,β-位烷基双取代	基值	217 nm
α,β,β-位烷基三取代	基值	225 nm
环外双键	增值(nm)	+5
双键在五元环或七元环内		+5

续表

延长1个共轭双键	+30
γ-位或δ-位烷基取代	+18
α-位 OCH_3，OH，Br，Cl	+15~20
β-位 OCH_3，OR	+30
β-位 $N(CH_3)_2$	+60

α,β-不饱和酰胺的 λ_{max} 值低于相应的酸。α,β 不饱和腈的 λ_{max} 值稍低于相应的酸。利用表 6.8 中的数据计算下列化合物的 λ_{max}，括号内为实测值。

$$(CH_3)_2C=CHCOOH \quad \bigcirc=CHCOOH \quad CH_3C(NH_2)=CHCOOC_2H_5$$

$\lambda_{max}(nm)$：　217 (216)　　　　222 (220)　　　　　268 (268)

6.5 芳香族化合物的紫外吸收

6.5.1 苯及其衍生物的紫外吸收

苯分子在 180~184 nm，200~204 nm 有强吸收带，称为 E_1，E_2 带(ethylenic bands)，在 230~270 nm 有弱吸收带，称为 B 带(benzenoid bands)。一般紫外光谱仪观测不到 E_1 带，E_2 带有时也仅以"末端吸收"出现，观察不到其精细结构。B 带为苯的特征谱带，以中等强度吸收和明显的精细结构为特征，见图 6.13。在环己烷溶剂中，E_1 带 184 nm，E_2 带 204 nm(ε 8800)，B 带 254 nm(ε 250)，在极性溶剂中，精细结构消失。

6.5.1.1 单取代苯

1. 烷基取代苯

烷基对苯环电子结构产生很小的影响。由于超共轭效应，一般导致 E_2 带和 B 带红移。同时 B 带的精细结构特征有所降低。如甲苯，E_2 带 208 nm(ε 7900)，B 带 262 nm(ε 260)。

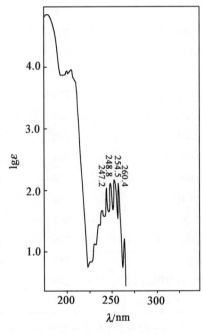

图 6.13　苯在环己烷中的紫外光谱

2. 助色团取代苯

含有未成键电子对的助色团（OH，OR，NH_2，NR_2，X 等）与苯相连时，产生 p-π 共轭，使 E_2 带、B 带 λ_{max} 均红移。B 带吸收强度增大，精细结构消失。若助色团为强推电子基，B 带的变化更为显著。如苯胺水溶液，E_2 带 230 nm（ε 8600），B 带 280 nm（ε 1450）。不同助色团的红移顺序为 $NH_3^+ < CH_3 < Cl$，Br$< OH < OCH_3 < NH_2 < SH$，$O^- < N(CH_3)_2$。

3. 生色团取代的苯

含有 π 键的生色团（C=C，C=O，N=O）与苯相连时，π-π 共轭，产生更大的共轭体系，在 200~250 nm 范围出现 E_2 带（$\varepsilon > 10^4$），同时 B 吸收带也产生较大红移。不同生色团的红移顺序为 $SO_2NH_2 < COO^-$，$CN < COOH < COCH_3 < CHO < Ph < NO_2$。见表 6.9。若取代基是含有 n 电子的生色团，谱图中还会出现低强度的 R 吸收带，较 B 带红移。如苯乙酮的 B 带 278 nm，R 带 319 nm，在极性溶剂中，R 带有可能被 B 带掩盖。

表 6.9　　　　　　　　　　　　　　单取代苯的 λ_{max}（nm）

取代基	E_2 带	ε	B 带	ε	溶剂
H	203.5	7400	254	204	甲醇
NH_3^+	203	7500	254	160	酸性水溶液
CH_3	206	7000	261	225	甲醇
Cl	210	7600	265	240	乙醇
OH	210.5	6200	270	1450	水
OCH_3	217	6400	269	1480	2%甲醇
NH_2	230	8600	280	1430	
SH	236	10000	269	700	己烷
ONa	236.5	6800	292	2600	碱性水溶液
OPh	255	11000	272	2000	环己烷
$N(CH_3)_2$	250	13800	296	2300	庚烷
COO^-	224	8700	268	560	
COOH	230	10000	270	800	
$COCH_3^*$	240	13000	278	1100	乙醇
CHO**	240	15000	280	1500	乙醇
C_6H_5	246	20000	被掩盖		乙醇
NO_2^{***}	252	10000	280	1000	己烷
CH=CHPh(cis)	283	12300	被掩盖		乙醇
CH=CHPh(trans)	295	25000	被掩盖		乙醇

注：n→π* 跃迁，R 带 * 319(50)，* * 328(20)，* * * 330(125)

在碱性溶液中，苯酚转化为苯氧负离子，助色效应增强，较苯酚 λ_{max} 红移，加入盐酸又恢复到苯酚的吸收带，见图 6.14(a)。

在酸性溶液中，苯胺分子中 NH_2 以 NH_3^+ 存在，p-π 共轭消失，较苯胺 λ_{max} 蓝移，加碱又恢复到苯胺的紫外吸收带，见图 6.14(b)。

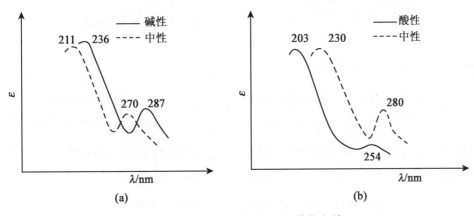

图 6.14 苯酚(a)和苯胺(b)的紫外光谱

4. 应用实例

酚酞指示剂：酚酞指示剂是基于 pH 值引起共轭体系改变的典型例子。在酸性溶液中，酚酞指示剂为无色；在碱性溶液中，酚酞指示剂为红色。这是由于酚酞在酸性溶液中以酸式结构存在，分子中只有一个 C=O 与苯分子共轭，只有紫外吸收带。而在碱性溶液中，酚酞以氧负离子的形式存在，使整个分子形成大的共轭体系，吸收带红移至可见光区。酚酞的酸式和碱式结构如下：

6.5.1.2 双取代苯

双取代苯 λ_{max} 值与两个取代基的类型及其相对位置有关。若双取代苯中两个取代基为同种类型定位取代基时，λ_{max} 红移值近似为两者单取代时 λ_{max} 红移值较大者。如对硝基苯甲酸，两个取代基均为间位定位取代基。实测值 λ_{max} 266 nm(E_2 带)。苯甲酸 λ_{max} 230 nm，硝基苯 268.5 nm，对硝基苯甲酸的 λ_{max} 值与硝基苯的 λ_{max} 值接近。

若双取代苯中两个取代基为不同类型的定位取代基时，取代基的相对位置不同，对 λ_{max} 值的影响有很大不同。两个取代基互为邻位或间位取代，λ_{max} 的红移值接近于两者单取代时的红移值之和。两个取代基互为对位取代，λ_{max} 的红移值远大于两者单取代时的红移值之和。这种现象可用共振效应解释。

例如（$\Delta\lambda$ 为单取代时的红移值）：

HO—C$_6$H$_4$—COOH　$\Delta\lambda=+26.5$ nm
　　　　　　　　　　$\Delta\lambda=+7$ nm

O$_2$N—C$_6$H$_4$—NH$_2$　$\Delta\lambda=+26.5$ nm
　　　　　　　　　　$\Delta\lambda=+48.5$ nm

计算值（nm）：$\lambda_{max}=203.5+7+26.5=237$　　$\lambda_{max}=203.5+26.5+48.5=278.5$

实测值（nm）：　邻位取代 237　（ε 9000）　　　280　（ε 5400）

　　　　　　　间位取代 237　（ε 7500）　　　283　（ε 4800）

　　　　　　　对位取代 255　（ε 13900）　　 381　（ε 13500）

R—C$_6$H$_4$COX 型衍生物，其紫外吸收的 λ_{max} 可用表 6.10 参数进行计算。

表 6.10　　　　　　　计算 RC$_6$H$_4$COX 型化合物 λ_{max} 的参数（乙醇溶剂）

X＝烷基或环		基值　246 nm	
X＝H		基值　250 nm	
X＝OH，OR		基值　230 nm	
取代基（增值　nm）	邻位	间位	对位
烷基或环残基	+3	+3	+10
OH，OCH$_3$，OR	+7	+7	+25
O$^-$	+11	+20	+78*
Cl	0	0	+10
Br	+2	+2	+15
NH$_2$	+13	+13	+58
NHAc	+20	+20	+45
NHCH$_3$			+73
N(CH$_3$)$_2$	+20	+20	+85

*若空间平面受阻，此值将明显减小。

—COX 为间位定位取代基。表 6.10 数据表明，苯环上另一个邻、对位定位取代基的引入，使对位双取代苯 λ_{max} 显著增大，邻、间位双取代苯 λ_{max} 接近。利用表中参数，可计算多取代苯的 λ_{max}。计算实例如下（括号内为实测值）：

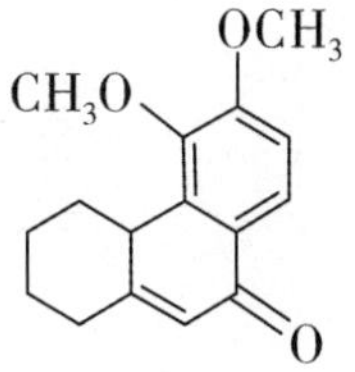

基　值	246
邻位环取代	+ 3
间位 OCH_3	+ 7
对位 OCH_3	+ 25
	281（278 nm）

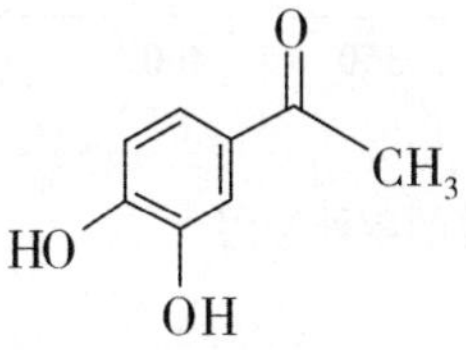

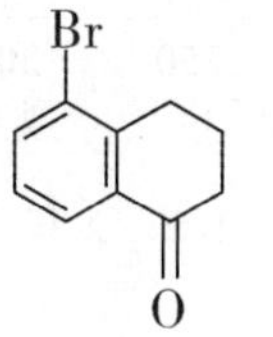

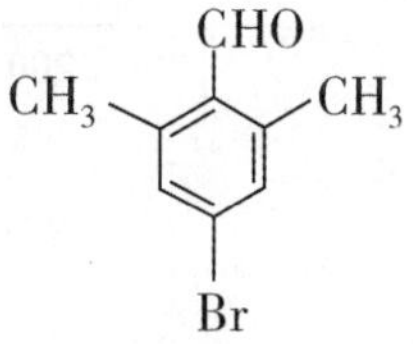

λ_{max}(nm)：　246+7+25　　　246+3+2　　　250+3+3+10
　　　　　　=278 (279)　　　=251 (248)　　　=266 (265)

注意：当苯酰基邻位上有较大的基团存在，其空间位阻影响到羰基和苯环共平面时，推测值和实测值误差较大。

多取代苯化合物中，取代基的类型及相对位置对其紫外吸收的影响更加复杂。空间位阻对 λ_{max} 也有较大影响。

6.5.1.3　稠环芳烃

稠环芳烃较苯形成更大的共轭体系，紫外吸收比苯更移向长波方向，吸收强度增大，精细结构更加明显。苯、萘、蒽的紫外吸收光谱见图 6.15。

萘、蒽这类稠环化合物是线型排列，还有一种稠环是角式排列。如菲、苯并菲、苯并蒽等。蒽 E_1 带 252 nm（ε 220000），E_2 带 375 nm（ε 10000）；菲 E_1 带 251 nm（ε 90000），E_2 带 292 nm（ε 20000）。角式排列的菲较线型排列的蒽 E_1 带吸收强度明显减弱，E_2 带 λ_{max} 明显蓝移。苯并菲和苯并蒽化合物，由于分子弯曲程度增加，较相应的并四苯，E_2 带 λ_{max} 均略向蓝移。

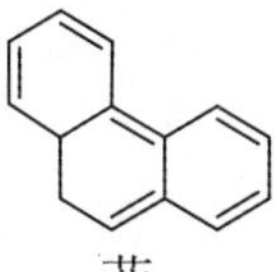

　　　　菲 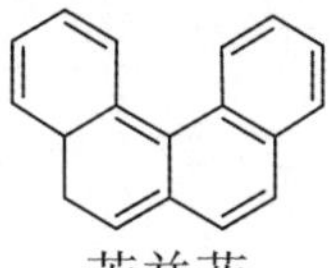　　　　　　苯并菲 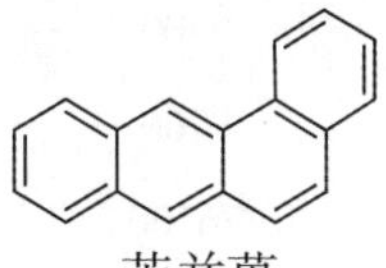　　　　　　苯并蒽

343

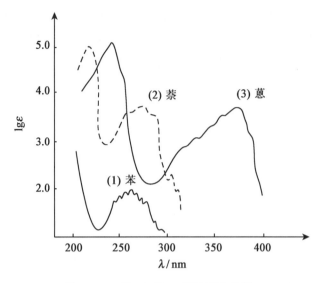

图 6.15　1-苯, 2-萘, 3-蒽的紫外光谱

6.5.2　杂芳环化合物

五元杂环芳香化合物分子中杂原子(O,N,S)上未成键电子对参与了芳环共轭, 故这类化合物常不显示 $n \rightarrow \pi^*$ 吸收带。在乙醇溶剂中测得 λ_{max} nm(lgε): 呋喃208(3.09), 吡咯 211 (4.10), 噻吩 215(3.8)。生色团、助色团的引入, 使 λ_{max} 红移。α-醛基呋喃在乙醇中出现两条吸收带, 227 nm(3.48), 272 nm(4.12)。五元杂环芳香化合物的光谱与烯烃有相似之处, 与苯光谱的相似性呋喃<吡咯<噻吩, 这是因硫原子的电负性与碳原子相近, 其 3p 电子较氮、氧原子的 2p 电子能更好地与丁二烯的 π 电子共轭。

吡啶与苯的紫外吸收光谱非常相似。六元环中杂原子 N 的存在, 引起分子对称性的改变。苯为禁阻跃迁的 B 带, 吡啶分子为允许跃迁, 使 B 吸收带强度增加。见表 6.11。

表 6.11　　　　　　　　　杂芳环的紫外吸收(nm)

化合物	λ_{max}	ε	λ_{max}	ε	λ_{max}	ε	溶剂
苯	184	6800	204	8800	254	250	己烷
呋喃	207	9100					环己烷
吡咯	208	7700					己烷
噻吩	231	76100					环己烷
吡啶	198	6000	251	2000	270	450	己烷
喹啉	226	34000	281	3600	308	3850	甲醇

溶剂极性的改变对吡啶及其同系物的 B 带有较大的影响。溶剂极性增加将产生显著的增色效应，这是由于氮原子上的未成键电子对与极性溶剂形成氢键所引起的。

2-OH 和 4-OH 吡啶的紫外吸收波长较短，而吸收强度增大，这是因为有吡啶酮的结构存在。在极性介质中，有利于吡啶酮的异构化。2-NH$_2$ 和 4-NH$_2$ 吡啶也存在这种互变异构。

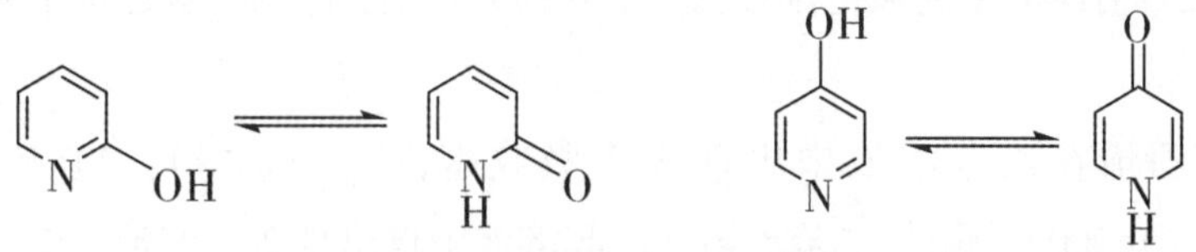

6.6 空间结构对紫外光谱的影响

有机化合物的紫外吸收光谱，除生色团、助色团的影响外，还受其空间结构因素的影响。研究空间结构因素对紫外光谱的影响，可以得到有关立体化学的重要信息。

6.6.1 空间位阻的影响

要使共轭体系中各因素均成为有效的生色因子，各生色因子应处于同一平面，才能达到有效的共轭。若生色团之间，生色团与助色团之间太拥挤，就会相互排斥于同一平面之外，使共轭程度降低。

联苯分子中，两个苯环处于同一平面，产生有效共轭，λ_{max} 247 nm(ε 17000)，甲基取代联苯中甲基的位置及数目对 λ_{max} 的影响如下(环己烷溶剂)：

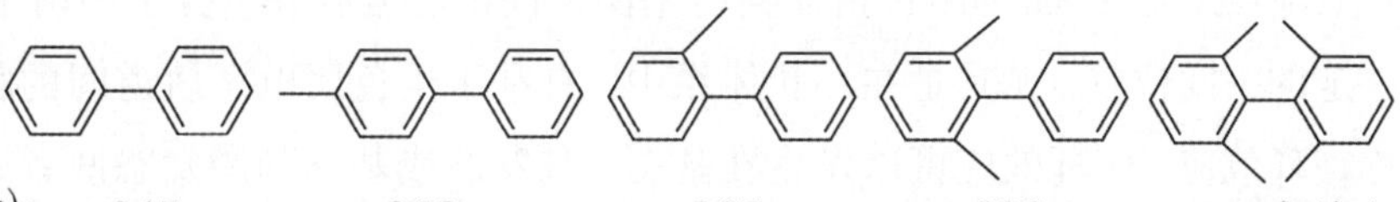

λ_{max}(nm):	247	253	237	238	227(肩峰)
ε_{max}:	17000	19000	10250	5600	—

随着邻位取代基的增多，空间拥挤造成连接两个苯环的单键扭转使两个苯环不在同一平面，不能有效地共轭，λ_{max} 蓝移。

环己酮在异辛烷溶剂中，λ_{max}290 nm(ε 16)。取代环己酮，α-位取代基(Cl, Br 等)为直立键时，导致 λ_{max}红移(10~30 nm)；为平伏键时，导致 λ_{max}蓝移(约 5 nm)。这是由于卤原子为直立键时，有利于卤原子 p 轨道与羰基 π 电子轨道重叠，对激发态的影响大于基态，π* 能级降低，n→π* 跃迁能量减小，λ_{max}红移。卤原子为平伏键时，以诱导效应为主，使羰基的氧碳结合加强，n→π* 跃迁困难，λ_{max} 蓝移。由此可用于判断甾体类和萜类取代酮 α-位取代基的键型。

6.6.2　顺反异构

顺反异构多指双键或环上取代基在空间排列不同而形成的异构体。其紫外光谱有明显差别，一般反式异构体电子离域范围较大，键的张力较小，π→π* 跃迁位于长波端，吸收强度也较大。

反式-二苯乙烯在乙醇溶液中出现 3 个吸收带，λ_{max} nm (ε)：201.5（23900），236（10400），320.5（16000）。顺式-二苯乙烯在乙醇溶液中仅出现 2 条谱带，224 nm 和 280 nm，这是由于反式比顺式更加有效共轭。若 α-甲基取代时，反式吸收带比顺式吸收带位于长波端，但 α,α′-二甲基取代时，反式比顺式 λ_{max} 位于较短波长端，这是由于这类化合物顺式更利于共轭。

肉桂酸异构体的紫外吸收光谱也有很大不同。反式肉桂酸为平面型结构，双键与处于同一平面的苯环容易发生 π-π 共轭。顺式肉桂酸中由于空间位阻，双键与苯环处于非平面，不易发生共轭。所以反式较顺式 λ_{max} 位于长波端，ε_{max} 值高于顺式一倍。

反式：λ_{max}(nm)：295　ε_{max}：27000　　顺式：λ_{max}(nm)：280　ε_{max}：13500

6.6.3　跨环效应

跨环效应（transannular effect）指非共轭基团之间的相互作用。分子中两个非共轭生色团处于一定的空间位置，尤其是在环状体系中，有利于生色团电子轨道间的相互作用，这种作用称跨环效应。跨环效应可以发生在基态、激发态或基态和激发态两者。由此产生的光谱，既非两个生色团的加合，亦不同于两者共轭的光谱。

如二环庚二烯分子中有两个非共轭双键，与含有孤立双键的二环庚烯的紫外吸收有很大不同。在乙醇溶液中，二环庚二烯在 200~230 nm 范围，有一个弱的并具有精细结构的吸收带。这是由于分子中两个双键相互平行，空间位置利于相互作用。

λ_{max}(nm)：205　214　220　230(肩峰)　　ε_{max}：2100　214　870　200　　　λ_{max}(nm)：197　ε_{max}：7600

羰基与乙烯基的相互作用：下列化合物中，只能观测到化合物(1)有两个生色团的加合光谱。化合物(2)分子中两个羰基表现出跨环共轭效应，谱带与 α,β-不饱和酮相似。化合物(3)也表现出跨环共轭效应。跨环共轭效应对 $\pi\rightarrow\pi^*$ 跃迁，$n\rightarrow\pi^*$ 跃迁都有一定的影响。化合物(2)与(3)分子中 $\pi\rightarrow\pi^*$ 跃迁明显红移，但对于 $n\rightarrow\pi^*$ 跃迁，化合物(2)分子红移显著，而化合物(3)分子无影响，这是由于羰基氧原子的 2p 轨道与烯键的 π 轨道处于正交。p-π 交盖难以发生，故对 $n\rightarrow\pi^*$ 跃迁没有影响。

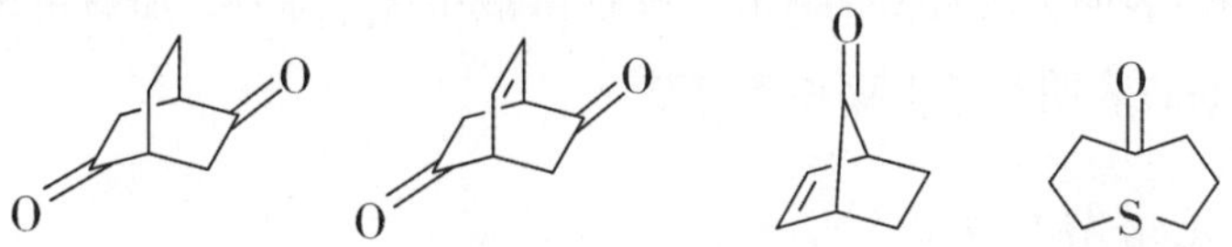

	(1)	(2)	(3)	(4)
λ_{max}(nm):	296	333, 296, 307	225, 275	238
ε_{max}:	32	2290, 307, 267	1200, 33	2522

化合物(4)羰基虽不与助色团 SR 相连，但由于空间结构有利于 π 电子云和 S 原子上未成键的 3p 电子发生交盖，出现与孤立羰基反常的紫外光谱。这种作用也称跨环效应。

6.7 紫外光谱解析及应用

在有机结构分析的四大类型谱仪中，紫外-可见光分光光度计是最价廉，也是最普及的仪器，且测定用样少，速度快。但由于紫外光谱主要反映分子中不饱和基团的性质，用其确定化合物的结构是困难的，需同其他谱配合。

6.7.1 紫外光谱提供的结构信息

由紫外-可见光谱图中可以得到各吸收带的 λ_{max} 和相应的 ε_{max} 两类重要数据，它反映了分子中生色团或生色团与助色团的相互关系，即分子内共轭体系的特征，并不能反映整个分子的结构。现将紫外光谱与有机分子结构的关系归纳如下：

(1)化合物在 220~700 nm 内无吸收，说明该化合物是脂肪烃、脂环烃或它们的简单衍生物(氯化物、醇、醚、羧酸类等)，也可能是非共轭烯烃。

(2)220~250 nm 范围有强吸收带($\lg\varepsilon \geq 4$，K 带)说明分子中存在两个共轭的不饱和键(共轭二烯或 α,β-不饱和醛、酮)。

(3)200~250 nm 范围有强吸收带($\lg\varepsilon$ 3~4)，结合 250~290 nm 范围的中等强度吸收带($\lg\varepsilon$ 2~3)或显示不同程度的精细结构，说明分子中有苯基存在。前者为 E 带，后者为 B 带，B 带为芳环的特征谱带。

（4）250～350 nm 范围有低强度或中等强度的吸收带（R 带），且峰形较对称，说明分子中含有醛、酮羰基或共轭羰基。

（5）300 nm 以上的高强度吸收，说明化合物具有较大的共轭体系。若高强度具有明显的精细结构，说明为稠环芳烃、稠环杂芳烃或其衍生物。

（6）若紫外吸收谱带对酸、碱性敏感，碱性溶液中 λ_{max} 红移，加酸恢复至中性介质中的 λ_{max}（如 210 nm）表明为酚羟基的存在。酸性溶液中 λ_{max} 蓝移。加碱可恢复至中性介质中的 λ_{max}，如（230 nm）表明分子中存在芳氨基。

6.7.2　紫外光谱解析实例

解析紫外光谱应考虑吸收带的位置（λ_{max}）、吸收带的强度（ε 值）及吸收带的形状三个方面。由吸收带的位置判断共轭体系的大小，而吸收带的强度和形状可用于判断 K 带、E 带、B 带、R 带。

紫外光谱一般都比较简单，多数化合物只有一两个吸收带，容易解析，但确定化合物的结构需要配合经验计算（丁二烯系统，α,β-不饱和醛、酮系统，α,β-不饱和酸酯和取代芳烃的经验计算等）或查阅标准图谱。

例 1　确定紫罗兰酮 α，β 异构体的结构。已知紫罗兰酮两种异构体结构如下：

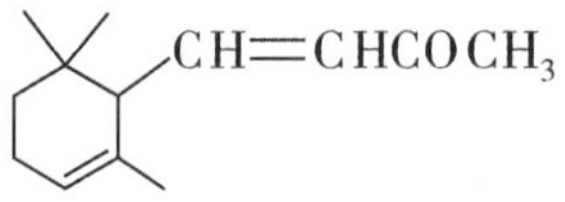

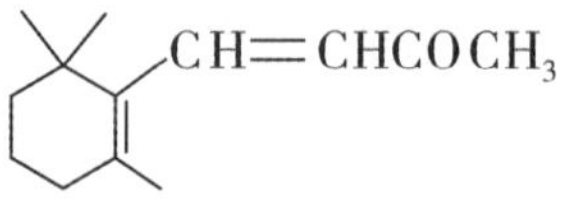

紫外光谱测得 α-异构体的 λ_{max} 228 nm（ε 14000），β-异构体的 λ_{max} 296 nm（ε 11000）。

解：运用表 6.6 中的数据分析推算（a），（b）的 λ_{max}。

$$\lambda_{max}(a) = 215+12 = 227(nm)，\qquad \lambda_{max}(b) = 215+30+3\times18 = 299(nm)$$

计算值与实测值相比较，α-紫罗兰酮的结构为（a），β-紫罗兰酮的结构为（b）。

例 2　叔醇（A）经浓 H_2SO_4 脱水得到产物 B，已知 B 的分子式为 C_9H_{14}，紫外光谱测得 λ_{max} 242 nm，确定 B 的结构。

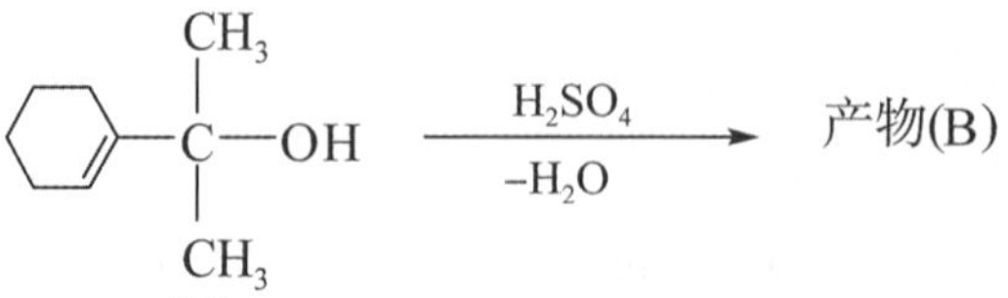

解：产物 B 的分子式 C_9H_{14}，叔醇失去一分子水。失水可经由两个途径发生，1,2-位失

水得到产物的结构为 （a）；1，4-位失水，双键发生移动，得到产物的结构为 （b）。

由表6.5中的数据计算：

（a）　$\lambda_{max}=214+3\times5=229$（nm），　（b）　$\lambda_{max}=214+4\times5+5=239$（nm）

通过经验计算可知，产物B的结构为（b），即1，4-位失水容易发生。

例3　已知某化合物的分子式 $C_{13}H_{22}O$，^{1}HNMR 谱解析有以下基团存在，CH_3CO-，$(CH_3)_2CH-$，$CH_2=C(CH_3)-$，$-CH_2CH_2-$，$\diagdown CH-CH=CH-$（反式），紫外光谱测得 λ_{max}230 nm（$\lg\varepsilon$ 4.07），约280 nm有一弱吸收（己烷溶剂），推导其结构。

解： 由紫外光谱数据可知，分子中存在共轭体系。分子式 $C_{13}H_{22}O$，UN = 3。结合 ^{1}HNMR 提供的信息，化合物可能是丁二烯系统或 α，β-不饱和酮系统。分子中不存在三个双键的共轭，因延长一个共轭双键导致 K 带移至250 nm 以上。综合以上分析，该化合物的可能结构如下：

（a）　CH₃COCH₂CH₂CHCH=CHC=CH₂

（b）　CH₃COCH=CHCHCH₂CH₂C=CH₂

参照表6.5和表6.6中的数据，计算（a），（b）的 λ_{max} 分别为224 nm，227 nm。

丁二烯系统 λ_{max} 受溶剂极性影响很小，可忽略不计。应用表6.6计算的 α，β-不饱和酮应与乙醇溶剂中测试值比较，非乙醇溶剂中测试值应加上溶剂校正值。化合物结构若为（b），λ_{max} 计算值（227 nm）应与校正后的测试值（230+11 = 241 nm）比较，误差大。相对而言，（a）的计算值与测试值较接近，再结合紫外光谱中280~300 nm 弱吸收，n→π* 跃迁谱带，可初步确定化合物的结构为（a），（b）的 R 带位于更长波长端。

6.7.3　紫外光谱的应用

紫外光谱在有机结构鉴定中的应用，6.7.2 已举例阐明。紫外光谱在其他方面的应用简介如下。

1. 抗癌药物对 DNA 变性影响的研究[1]

据报道，利用紫外光谱研究抗癌药物顺铂（5），二氯二茂钛（6）和 β-榄香烯（中药莪术中抗癌的有效成分）的双羟基衍生物（7）对 DNA 变性的影响。

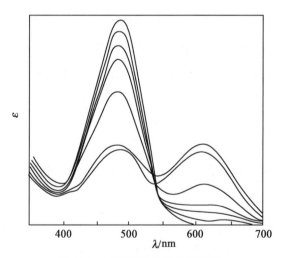

$$(5) \qquad (6) \qquad (7)$$

DNA 是双股螺旋结构，热和碱的作用可破坏它的结构，使双股变成单股。此时吸光度 A_{260}（指 260 nm 波长处的吸光度）增大，通过对不同 pH 值 A_{260} 的测定，可以研究对 DNA 变性过程的影响。

未加入抗癌药物之前，pH = 12.0 时，DNA 溶液的 A_{260} 突然增大，此时双螺旋打开，产生强的增色效应。化合物(5)的加入，使 DNA 在较低 pH 值下即可发生变性。DNA 稳定性的下降与 DNA 产生链内或链间交联有关。化合物(6)对 DNA 的稳定性影响很小，不改变 DNA 的增色效应，与 DNA 既无链内交联，又无链间交联。化合物(7)使 DNA 稳定性下降，是由于化合物(7)中羟基与碱基形成氢键，从而削弱了碱基中的氢键而使稳定性降低。增色效应几乎没有影响。

2. 光致变色性能的研究[2]

具有光致变色性能的有机硅化合物(橙红色)，在阳光照射下变成蓝紫色，变色时间 10~20 s。在散射光下又变回为橙红色。阳光照射后立即用紫外分光光度计连续进行扫描，随着扫描的进行，λ_{max} 590 nm 处的吸收强度逐渐减弱，而 480 nm 处的吸收强度逐渐增强。λ_{max} 590 nm 吸收峰完全消失的时间，为完全变回到原来的橙红色的复变时间(2~3 分钟)，见图 6.16。

图 6.16 连续扫描的紫外光谱图

3. 反应速度的测定

若反应物和产物有不同的紫外光谱,可用吸收强度来跟踪反应物和产物浓度的改变。此法尤其有利于测定反应速度大或在稀溶液中的反应。例如邻硝基叠氮苯经热分解为苯并呋氮(benzofuraxan)和氮气,分解反应如下:

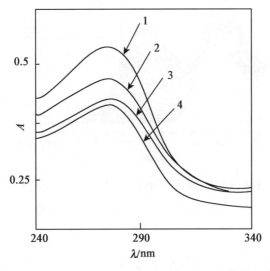

反应物于环己烷中有两个吸收带,λ_{max} 位于 240 nm, 320 nm, 并于 255 nm 有一明显的肩峰,产物只有一个吸收带(λ_{max} 360 nm)。反应物和产物的 255 nm 和 360 nm 吸收带在相当大的浓度范围,其吸收强度和浓度符合 Beer 定律。不同反应时间反应物浓度的降低和生成物浓度的增加,可由这两个吸收带的强度计算。由光谱法得出的一级反应速率常数和由测定氮气得到的结果是一致的。

4. 人血清与癌细胞关系的研究[3]

健康人血清及癌症病人血清的紫外吸收光谱见图 6.17,两者在 260~280 nm 范围均有一个吸收带。与癌症病人血清的紫外吸收带相比,健康人血清吸收带的强度要弱得多。通过对健康人血清中加入癌细胞的对比实验表明,该吸收带的强度随癌细胞加入量的增加而增加。显然,在实验条件下,可以通过该谱带的吸收强度来研究人血清与癌细胞的关系。

图 6.17 健康人(4)与癌症病人血清(1~3)的紫外光谱

5. 手性物种对映体识别的紫外光谱研究

生物体内的分子识别是生命活动的基本特征，正如酶和底物的相互作用。手性物种对映体在生物活性、药效、毒性、传输机制和新陈代谢等方面可能呈现出显著的差别。对手性化合物具有高度对映选择性识别的紫外和可见光谱研究，拓展其在化学、医药学和生物学等领域的应用具有重要意义。文献[4]报道了含对硝基苯基硫脲生色团和手性基的功能配体的合成及其与手性羧酸阴离子相互作用时的紫外光谱研究。作者发现，该功能配体有强的紫外吸收，$\lambda_{max} = 356$ nm，这归于富电子的硫脲基和缺电子的对硝基苯基单元之间分子内的电荷转移。在DMSO(5.0×10^{-5} mol·L^{-1})溶液中，与D-型扁桃酸盐阴离子相互作用时，$\lambda_{max} = 356$ nm 谱带的吸收强度逐渐减弱；并于$\lambda_{max} = 470$ nm 处出现一新的吸收带，随着扁桃酸阴离子浓度的增大，$\lambda_{max} = 470$ nm谱带的吸收强度增大，见图6.18。这意味着功能配体和扁桃酸阴离子之间相互作用并生成新的络合物，结合常数 $K_{ass}(D) = 227$ M^{-1}。溶液的颜色也由无色转变为目视可见的橙红色。谱图可以看出，在388 nm 处观察到等吸收点，表明溶液中二者之间存在着一个平衡点。与D-型扁桃酸盐阴离子相比，该功能配体与L-型扁桃酸盐阴离子相互作用时 $\lambda_{max} = 470$ nm 处的吸收强度的增加明显降低，结合常数 $K_{ass}(L) = 51$ M^{-1}。相同浓度下，溶液的颜色由无色转变为金黄色。

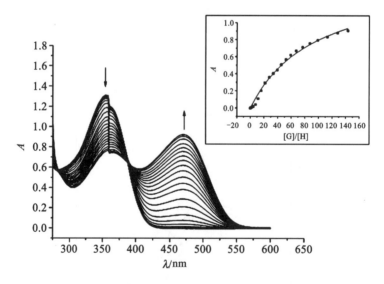

图6.18　功能配体(5.0×10^{-5} mol L^{-1})与D-型扁桃酸
盐($0 \sim 7.15 \times 10^{-3}$ mol L^{-1})的紫外吸收光谱

作者认为：功能配体与扁桃酸阴离子之间相互作用，分子间氢键的形成导致了络合物的构筑。当二者相互作用时，体系的电子密度显著增加，增强了富电子和缺电子单元之间的电荷转移作用，最终导致 $\lambda_{max} = 470$ nm 处新的吸收带的出现和目视可见的颜色变化。该功能配体对 D-, L-型扁桃酸盐对映体表现出良好的手性识别能力并形成 1∶1 络合物，二者的结合常数之比为 4.28，可以观察到不同的目视可见的颜色变化。

文献[5]报道了基于(S)-联萘基的对硝基苯基硫脲钳形功能配体的合成及其对手性物质对映体手性识别的紫外光谱研究。该钳形功能配体有强的紫外吸收，见图 6.19。在 DMSO (5.0×10^{-5} mol·L^{-1})溶液中，随着 L-型扁桃酸盐溶液的加入，$\lambda_{max} = 336$ nm谱带的吸收强度逐渐减弱；并于 $\lambda_{max} = 480$ nm 处出现一新的吸收带，随着 L-型扁桃酸盐浓度的增大，$\lambda_{max} = 480$ nm 的吸收带的强度逐渐增加，结合常数K_{ass}(L) = 2920 M^{-1}(图 6.19(a))。图中还可以看出，分别在 284 nm 和 394 nm 处观察到两个等吸收点，表明该钳形功能配体与 L-型扁桃酸阴离子及其形成的络合物在溶液中存在两个平衡点。L-型扁桃酸盐对该钳形功能配体浓度为 30∶1 时，溶液的颜色由无色转变为目视可见的橙红色。与 L-型扁桃酸盐阴离子相比，

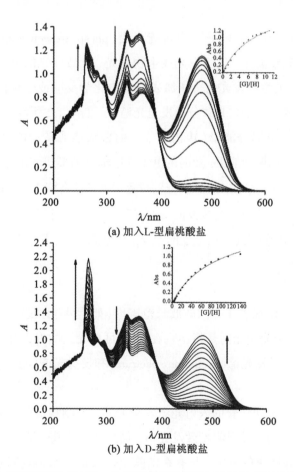

(a) 加入L-型扁桃酸盐

(b) 加入D-型扁桃酸盐

图 6.19 (S)-联萘基衍生物与 L-, D-型扁桃酸盐阴离子相互作用时的紫外吸收光谱

该功能配体与 D-型扁桃酸盐阴离子相互作用时 $\lambda_{max} = 480$ nm 处的吸收强度的增加明显降低（图6.19(b)），结合常数 $K_{ass}(D) = 296$ M^{-1}，该钳形功能配体与 L-型和 D-型扁桃酸盐阴离子的结合常数之比为 13.6。该功能配体对 D-，L-对映体的对映选择性识别与文献[4]的对映选择性识别结构正好相反。

作者认为该钳形受体中的硫脲基和阴离子之间形成氢键时，阴离子带有的负电荷使得硫脲基的给电子能力增强，导致体系中硫脲和阴离子间形成的电子给体向硝基电子受体的电荷转移大大增强，从而导致新吸收峰的出现和溶液颜色的改变。当向已形成络合物的溶液中加入质子性溶剂时，将会破坏形成络合物的氢键，使得受体中硫脲的氮原子(电子给体)向生色团硝基(电子受体)电荷转移的能力大为减弱，溶液的颜色又恢复为原来的颜色。

6.8 荧 光 光 谱

荧光光谱(fluorescence spectra)[6,7]和磷光光谱(phosphorescence spectra)是分子发光光谱。分子发光可分为光致发光、化学发光或生物发光。光致发光的分子激发能来自吸收外界的辐射能；化学发光或生物发光的分子激发能是由化学反应或生物体内释放出来的能量所提供。荧光光谱和磷光光谱是光致分子发光光谱。正如图 1.2 所示，处于分子激发态的电子通过非辐射的形式放出部分能量(转化为分子的振动能或转动能等)，回到第一激发态(S_1，单重激发态)的最低振动能级，此时的电子若以辐射的形式放出能量，回到分子的基态(S_0)，则产生荧光($S_1 \rightarrow S_0$)，在该光致发光的过程中电子的自旋方向保持不变。如果非辐射在体系间窜跃($S_1 \rightarrow T_1$)，电子的自旋方向发生改变(即分子处于三重激发态，T_1)，处于三重激发态的电子若以辐射的形式放出能量，回到分子的基态(S_0)，则产生磷光($T_1 \rightarrow S_0$)。

6.8.1 分子荧光光谱

分子的光致发光可以发生在不同的波长范围内(如紫外-可见光区、红外光区、X-射线区等)。未加限定的分子荧光光谱是指出现在紫外-可见光区的发射光谱。任何荧光化合物都具有两种特征光谱：激发光谱(excitation spectrum)和发射光谱(emission spectrum)。

1. 荧光激发光谱

扫描激发单色器以不同波长的入射光激发荧光体，检测相应的荧光强度，绘制荧光强度与激发光波长的关系图，得到荧光激发光谱，简称激发光谱。激发光谱可提供最佳的激发波长，也可用于荧光物质的鉴定。只有在消除了仪器带来的影响因素之后，记录的激发光谱(称校正激发光谱)才与吸收光谱的形状非常相近。

2. 荧光发射光谱

保持激发光的波长和强度不变，使荧光化合物产生的荧光通过发射单色器，扫描发射单色器，并检测各种波长下的荧光强度，绘制荧光强度与发射波长的关系图，得到荧光发射光谱，简称发射光谱。发射光谱又称荧光光谱，荧光光谱可提供荧光的最佳测定波长，也可用于荧光物质的鉴定。

3. 荧光的量子产率

荧光的量子产率是荧光物质发光的重要参数。在荧光光谱中，荧光的量子产率(Y_F)或发光效率可以定义为发光辐射的强度(I_F)与吸收辐射的强度($I_0 - I_T$，即入射光的强度与透射光的强度差)之比。即

$$Y_F = I_F \big/ (I_0 - I_T)$$

荧光的量子产率可以采用参比法测定。通过测定稀溶液中待测荧光物质和已知量子产率的参比荧光物质在相同的激发波长下的积分荧光强度(即校正荧光光谱的面积)，并测定该激发波长的入射光的吸光度，由实验结果可计算出待测荧光物质的量子产率。计算公式如下：

$$Y_{待测} = Y_{参比} \frac{F_{待测}}{F_{参比}} \cdot \frac{A_{参比}}{A_{待测}}$$

式中，$Y_{待测}$ 和 $Y_{参比}$ 分别表示待测物质和参比物质的荧光量子产率；$F_{待测}$ 和 $F_{参比}$ 分别表示待测物质和参比物质的积分荧光强度；$A_{待测}$ 和 $A_{参比}$ 分别表示待测物质和参比物质对该激发波长的入射光的吸光度。

硫酸喹啉是常用的一种参比物质，在 0.05 mol·L^{-1} 的硫酸溶液中的荧光量子产率为0.55。对于一个纯的荧光化合物，在一定的实验条件下，Y_F 等于一个常数，通常总是小于1。有分析应用价值的荧光化合物，其荧光量子产率在 0.1 至 1 之间。

吸收光谱与荧光光谱的镜像对称：茈在苯溶剂中的吸收光谱和发射光谱的镜像关系见图 6.20。从图 6.20 中可以看出，在苯溶剂中茈的发射光谱与吸收光谱为镜像关系。两者的能量差是由于激发态分子以非辐射形式释放了部分能量所致的。根据镜像对称的规则，若发射光谱中出现非对称的谱带(图 6.21)，表示体系中可能有散射光或杂质存在，但也可能有激发态分子结构的改变。

6.8.2 仪器简介

与紫外光谱仪类似，荧光光谱仪也有光源、单色器、样品池、检测器等。结构示意图见图 6.22。

在进行荧光光谱研究或建立一种新的荧光分析方法时，往往需要找出最佳的激发波长

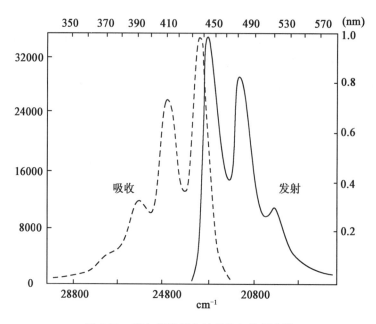

图 6.20　苝在苯溶剂中的吸收与发射光谱

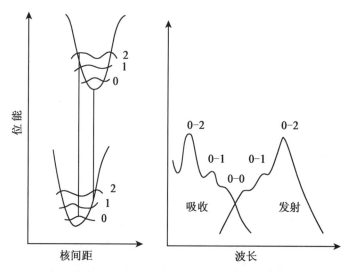

图 6.21　能级跃迁与吸收和发射镜像对称示意图

（excitation wavelength，λ_{EX}）和发射波长（emission wavelength，λ_{EM}）。通过吸收光谱的测试，再利用波长选择器将荧光光谱仪上的激发波长固定到与吸收光谱的某一吸收峰的最大吸收波长相对应（通常是将吸收光谱中能量最高，即波长最短的吸收峰的 λ_{max} 作为起始选择）处，记录在该激发波长下的荧光发射光谱。在最佳的激发波长下获得的荧光发射光谱的强

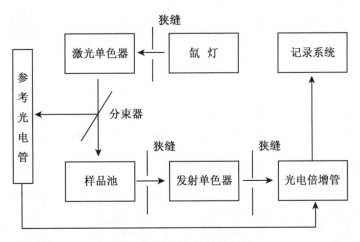

图 6.22 荧光光谱仪示意图

度应最大,其发射波长为 λ_{EM}^{max}。再固定 λ_{EM}^{max},记录在该发射波长下的荧光激发光谱,以获得强度最大的荧光激发波长 λ_{EX}^{max}。在激发光谱 λ_{EX}^{max} 和发射光谱处的 λ_{EM}^{max} 下的荧光强度应基本相同。

如有必要,可将发射波长依次选择为对应于发射光谱的每一个峰值的波长,记录下在各发射波长下的激发光谱,再将激发波长依次选为对应于激发光谱的每一个峰值的波长,即可记录下在各激发波长下的发射光谱。

在荧光光谱研究中,可以选择一个激发波长和一个发射波长,但应考虑:①有高灵敏度;②在此激发波长和发射波长中无光谱干扰。

6.8.3 结构因素对分子荧光的影响

分子的荧光与分子的共轭体系、刚性的平面结构及电子跃迁类型($\pi \rightarrow \pi^*$,$n \rightarrow \pi^*$)有关。强的荧光物质通常具有大的共轭 π 键体系及刚性的平面结构,这是因为任何引起分子振动或转动增加(可导致激发态分子的能量损失)的结构或基团都能使分子产生荧光猝灭。

1. 刚性的平面结构

分子的刚性结构阻止了激发态分子因振动和转动引起的能量损失,而分子的平面结构可以使分子中离域的 π 电子移动并弛豫到具有更低能量的定域轨道,这两者均可增加发光的概率,致使荧光发射强度增大。例如:荧光黄(又称荧光素)中氧的桥联使分子呈平面构型,具有一定的刚性,在 $0.1\ \text{mol} \cdot \text{L}^{-1}$ 的 NaOH 溶液中,其 $Y_F = 0.92$;而酚酞在 $0.1\ \text{mol} \cdot \text{L}^{-1}$ 的 NaOH 溶液中,虽有大的共轭体系,但没有氧桥,不易保持分子刚性的平面结构,因而不发射荧光。它们的分子结构如下:

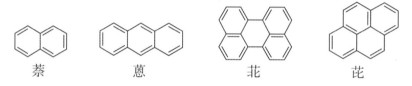

荧光黄　　　　　　　　　　酚酞

几种具有刚性平面的荧光化合物的结构如下：

萘　　　　　　蒽　　　　　　　　菲　　　　　　芘

2. 电子跃迁类型

对于大多数不含杂原子的芳香族或共轭体系的化合物，从 $S_0 \to S_1$ 的跃迁是 $\pi \to \pi^*$ 跃迁，摩尔消光系数都较大（即吸收辐射光的量大），观察这类化合物的荧光就强。

对于含有杂原子的发光体系，从 $S_0 \to S_1$，可以是 $n \to \pi^*$ 跃迁，也可以是 $\pi \to \pi^*$ 跃迁。$n \to \pi^*$ 跃迁的摩尔消光系数小（即吸收辐射光的量小），观察这类化合物的荧光就弱。

3. 取代基的影响

邻对位取代基（如：NH_2，NHR，NR_2，OH，OR）为推电子取代基，$p \to \pi$ 共轭引起分子刚性芳环的电子云密度升高，产生荧光的概率增大，导致荧光的波长和强度增大。而间位取代基（如：COOH，COOR，CHO，CRO 等）的 $\pi \to \pi^*$ 共轭引起分子刚性芳环的电子云密度降低，产生的荧光的概率减小，导致荧光的强度增大；这类化合物的 $n \to \pi^*$ 跃迁，也造成荧光强度的下降。烷基取代基的引入，对分子的荧光强度影响不大，但由于其可增加荧光分子的振动和转动自由度，使其激发波长和发射波长略向长波方向移动，且分辨率降低。

4. 重原子效应

重原子效应有内部重原子效应和外部重原子效应。分子中引入相对较重的原子（通常指 Cl，Br，I）会使得荧光分子中自旋轨道耦合作用增加，造成分子激发态的单重态和三重态电子在能量上更加接近（即两者之间的能量差减小），导致产生荧光的概率下降，而产生磷光的概率增大。这种因为重原子的引入而出现荧光减弱，磷光增强的现象称内部重原子效应。因溶剂的重原子造成的影响称为外部重原子效应。

内部重原子效应可以用一卤代萘的相对荧光强度来说明。F，Cl，Br，I 一元取代萘的相对荧光强度以 1700：120：3：1 的比例递减，而其相对磷光的强度以 1：5：5：7 的比例递增。

6.8.4　环境因素对分子荧光的影响

环境因素对分子荧光的影响主要指溶剂、温度、pH 值、顺磁性等统称环境效应。

1. 溶剂的影响

溶剂对荧光的影响除溶剂本身折射率和介电常数的影响外，主要是指荧光分子与溶剂分子间的特殊作用(如氢键的生成或配合作用)，这种作用取决于荧光分子基态和激发态的极性及溶剂对其稳定化的程度。溶剂的这种影响与对紫外光谱的影响类似。

对于 $\pi \rightarrow \pi^*$ 跃迁，分子激发态的极性远大于基态的极性。随着溶剂极性的增加，对分子激发态的稳定程度增大，而对于分子基态的影响很小，导致荧光发射的能量下降，发射波长红移。

对于 $n \rightarrow \pi^*$ 跃迁，分子基态的极性远大于激发态的极性。随着溶剂极性的增加，对分子基态的稳定程度增大，而对于分子激发态的影响很小，导致荧光发射的能量升高，发射波长蓝移。

2. 温度的影响

随着体系温度的升高，荧光物质的荧光量子产率通常是下降的。这是因为温度升高会加快分子运动的速度，增加分子间的碰撞，这种碰撞可以发生在荧光分子与溶剂分子之间，也可以发生在荧光分子之间。当处于激发态的分子与另一个荧光分子或溶剂分子碰撞时，都会发生能量的转移，造成发射光谱减弱。

3. pH 值的影响

对含有酸性或碱性功能基的荧光化合物，pH 值会对其荧光光谱产生影响。其原因在于，pH 值不同则这类荧光物质分子结构不同(出现弱酸或弱碱的离解)；以及质子的迁移反应相当迅速，可以在激发态分子间发生。这种作用无论发生在荧光分子的基态，还是激发态，都会影响分子的荧光发射。例如，2-萘酚在水溶液中于359 nm波长处出现单一的荧光发射宽谱带，但萘酚盐阴离子的荧光发射谱带的 λ_{EX} 位于 429 nm。

4. 氢键的影响

荧光分子与溶剂间氢键的作用可以以多种形式影响分子的荧光。如氢键可使分子中杂原子的非键电子更加稳定，氢键也可增加荧光体系中内部能量的转换，这都会造成荧光波长及强度的改变。

5. 顺磁性的影响

荧光体系中有顺磁性物质存在，如溶解的氧分子，它对荧光和磷光有着强的猝灭作用，这种猝灭作用在水溶剂中有时观测不到。

6.8.5　荧光光谱的应用

荧光分析法，尤其是同步荧光法、导数荧光法、时间分辨法及三维荧光技术等，都具有灵敏度高、选择性好、速度快等优点,它已成为各个领域中痕量、超痕量物质分析的一种重要工具。

无机化合物的荧光分析:直接用自身荧光研究的无机化合物不多,但许多无机化合物能与有机试剂发生作用,生成配合物。在辐射光的作用下,这些配合物能发出不同波长的荧光,由其荧光强度的改变可测定元素的含量。目前采用有机试剂进行荧光分析的元素已有 70 余种,见文献[4]。多数无机化合物的荧光分析极限在 $0.001 \sim 2\ \mu g \cdot mL^{-1}$。

有机化合物的荧光分析:对于自身不产生荧光的有机化合物(如脂肪族化合物、醇类、醛和酮类、酸类、糖类等),其荧光分析主要依赖它们与某种有机试剂的反应,可用于定性和定量分析。

1. 乙醛酸含量的测定[8]

尿液、血液及生物萃取液在脱蛋白质后,乙醛酸的含量可通过其在浓硫酸介质中与间苯二酚作用,反应的产物在碱性溶液中发射绿色荧光[8], $\lambda_{EX} = 490\ nm$, $\lambda_{EM} = 530\ nm$,乙醛酸的检测范围为 $0 \sim 0.4\ \mu g \cdot mL^{-1}$。

2. 血液中葡萄糖含量的测定[9]

可利用葡萄糖与 5-羟基-1-萘酮在硫酸介质中发生缩合反应,生成的产物(苯并萘二酮)在紫外光照射下发射荧光, $\lambda_{EX} = 365\ nm$, $\lambda_{EM} = 532\ nm$,葡萄糖的检测范围为 $2 \sim 20\ \mu g \cdot mL^{-1}$。若 $\lambda_{EX} = 370\ nm$, $\lambda_{EM} = 550\ nm$,可提高其检测的灵敏度,将血液用量由 $20\ \mu L$ 降低至 $2\ \mu L$。

3. 用于蛋白质分子构象的研究

文献[10]综述了常见蛋白质荧光光谱的研究方法,认为荧光光谱是研究蛋白质在水溶液中构象的一种有效方法。它能够提供包括激发光谱、发射光谱以及荧光强度、量子产率、荧光寿命、荧光偏振等多种物理参数,可以从不同的角度反映分子的成键和结构情况。

蛋白质分子中,能发射荧光的氨基酸有色氨酸(Trp,荧光强度最大),酪氨酸(Tyr,荧光强度次之)及苯丙氨酸(Phe,荧光强度最小,难以观测到)。此外,少数蛋白质分子含有的黄素腺嘌呤二核苷酸(FAD)也能发射荧光。蛋白质的荧光通常使用 280 nm 或更长的波长激发。Trp,Tyr 以及 Phe 由于其侧链生色基的不同而有不同的荧光激发和发射光谱。

利用同步荧光技术(在同时扫描激发和发射波长的情况下测绘荧光谱图)可分别获得 Trp 和 Tyr 的特征荧光光谱,克服了常规荧光光谱中两者的相互重叠。文献[11]报道了应用三维荧光光谱法研究蛋白质溶液的构象,能够直观地表明 Trp 残基在蛋白质分子中的微环境及其在不同条件下的构象变化。

4. 蒽衍生物与 Cu^{2+} 相互作用的荧光光谱研究

文献[12]报道了含有多氨基的蒽衍生物的合成。该蒽衍生物表现出强的紫外吸收和荧光发射。作者在甲醇、水(1:1)的 Tri-HCl 缓冲溶液中(pH = 7.4),考察了蒽衍生物与近十种客体金属离子相互作用时的荧光发射光谱。

蒽衍生物的浓度 5.0×10^{-5} mol · L^{-1}，激发波长 $\lambda_{ex} = 366$ nm，随着 Cu^{2+} 浓度的增加，荧光强度降低。以荧光最大发射强度（$\lambda_{em} = 415$ nm）处的荧光强度对［Cu^{2+}］／［蒽衍生物］浓度的变化作图，经非线性拟合，求得蒽衍生物对 Cu^{2+} 的结合常数 $K_{ass} = (1.8 \pm 0.1) \times 10^5$ M^{-1}，相关系数 $R = 0.9998$。相同实验条件下，该蒽衍生物对 Zn^{2+}，Cd^{2+}，Ni^{2+} 的结合常数依次仅为 324，220 和 87 M^{-1}；而 Fe，Co，Ca，Mg 等二价离子和 La^{3+}，K^+ 离子的加入，对蒽衍生物的荧光强度几乎没有影响。研究结果表明，Cu^{2+} 对该蒽衍生物表现出特有的荧光猝灭，见图 6.23(a)。

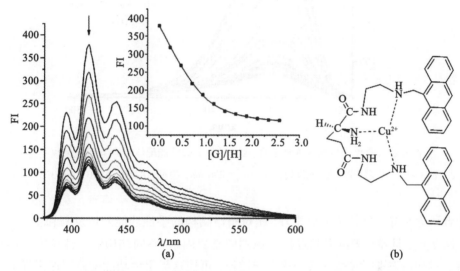

图 6.23　蒽衍生物与 Cu^{2+} 之间的荧光化学传感(a)，二者之间可能的结合方式(b)

作者认为 Cu^{2+} 加入导致蒽衍生物荧光淬灭的现象可以通过经典的光诱导电子转移（photoinduced electron transfer, PET）机制进行解释。二者相互作用时，含有氨基、酰胺基的蒽衍生物分子的激发态电子可能迁移到 Cu^{2+} 的最低空轨道（LUMO），导致其荧光强度的显著猝灭，认为二者之间是通过分子中的伯胺和与蒽邻近的仲胺的结合位点的相互作用，见图 6.23(b)。

5. 对映体对映选择性识别的荧光光谱研究

荧光光谱的高灵敏性引起人们对其在对映体的对映选择性识别方面应用的研究兴趣。文献［13］报道了含色氨酸单元和酰肼结构的双臂杯［4］芳烃功能配体的合成和对手性羧酸阴离子和手性中性分子的对应选择性识别的荧光光谱研究。作者发现该功能配体展现出对 D-扁桃酸阴离子的高度选择性识别和显著的荧光猝灭响应（图 6.24），结合常数为 1.04×10^3 M^{-1}；而与对映体 L-扁桃酸阴离子仅产生微小的荧光猝灭，导致其结合常数无法计算。作者还报道了含色氨酸单元和乙二胺单元的双臂杯［4］芳烃手性功能配体具有对中性分子苯基丙氨醇对映体良好的对映选择性识别能力和荧光响应，其对映选择性 $K_{ass}(D\text{-})/K_{ass}(L\text{-})\approx 4.95$。

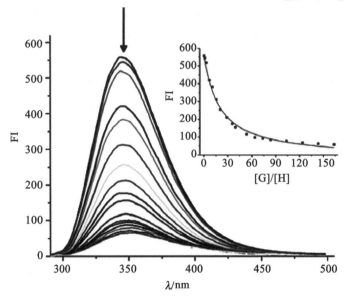

图 6.24　含色氨酸和酰肼单元的手性杯[4]芳烃功能配体对 D-扁桃酸阴离子
识别时的荧光发射光谱，$\lambda_{ex}=296$ nm，溶剂：DMSO，5×10^{-5} mol·L^{-1}

作者认为具有良好的预组织能力、相对刚性结构的手性功能配体及其和主、客体分子间的空间互补，是导致高度对映选择性识别的重要因素；不同结构的手性功能配体对不同手性分子对映体识别时灵敏的荧光猝灭或增强，可使这类手性功能配体用作手性分子对映体纯度的荧光检测。

参 考 文 献

1. 丁道远，胡皆汉. 紫外光谱法研究药物与 DNA 作用方式——药物对 DNA 碱变性的影响[J]. 光谱学与光谱分析，1991，11(6)：7-10.

2. 卢雪然，梅嘉，孟令芝，等. 具有光致变色性能的有机硅化合物[J]. 武汉大学学报（自然科学版），1988，(2)：70-73.

3. 丁小平，孟超，王建林，等. 人血清吸收光谱的研究[J]. 光谱学与光谱分析，1999，(2)：225-226.

4. Chen Z H, He Y B, Hu C G, et al. Synthesis and chiral recognition properties of a novel colorimetric chiral sensor for carboxylic anions[J]. Aust. J. Chem.，2008，61：310-315.

5. Hu C G, He Y B, Chen Z H, et al. Synthesis and enantioselective recognition of an (S)-Binol-based colorimetric chemosensor for mandelate anions[J]. Tetrahedron：Asymmetry，2009，

（20）：104-110.

6. 许金钩，王尊本主编. 现代化学基础丛书：典藏版 28 荧光分析法［M］. 3 版. 北京：科学出版社，2016.

7. ［美］Robert D Braun 著. Introduction to instrumental analysis. 北京大学化学系，清华大学分析中心，南京大学测试中心合译，最新仪器分析全书［M］.北京：化学工业出版社，1990.

8. Zarembski P M and Hodgkinson A. The fluorimetric microdetermination of glyoxylic acid in blood, urine and bacterial extracts［J］. Biochem. J., 1965, 96：218-223.

9. Momose T and Ohkura Y. Organic. analysis-XX-microestimation of blood sugar with 5-hydroxyl-1-tetralone［J］. Talanta, 1959, 3：151-154.

10. 王守业，徐小龙，刘清亮，等.荧光光谱在蛋白质分子构象研究中的应用［J］.化学进展，2001，13(4)：257-260.

11. 鄢远，许金钩，陈国珍.三维荧光光谱法研究蛋白质溶液构象［J］. 中国科学(B 辑)，1997，27(1)：16-22.

12. Chen Z H, He Y B, Hu, C G, et al. Preparation of a metal-ligand fluorescent chemosensor and enantioselective recognition of carboxylate anions in aqueous solution［J］. Tetrahedron Asymmetry, 2008, 19：2051-2057.

13. Qing G Y, He Y B, Wang F, et al. Enantioselective fluorescent sensors for chiral carboxylates based on calix［4］arenes bearing an L-tryptophan unit［J］. Eur. J. Org. Chem., 2007, (11)：1768-1778.

习　　题

1. 计算下列化合物的最大吸收波长。

（1） （2） （3）

（4） （5） （6）

2. 用紫外光谱区分下列各组化合物。

（1） （2）

（3）⬡—OH , ⬡—OCH₃ （4）⬡—NH₂ , ⬡—NH₃Cl

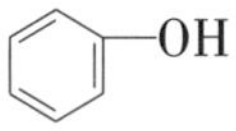

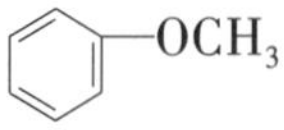

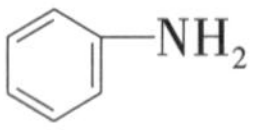

（5）CH₃ĊCH₂CH₂OH , CH₃ĊOCH₂CH₃ （6）⬡⬡=O , ⬡⬡=O

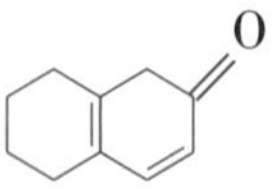

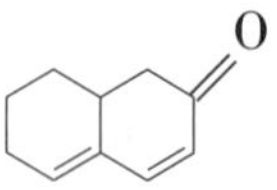

3. 某化合物分子式 C₈H₈，紫外光谱测得 λ_max246 nm，285 nm，经催化加氢，λ_max 移至 207 nm，260 nm，推导该化合物的结构。

4. 紫外光谱测得下列烯酮的 λ_max 值为 224 nm（ε 9750），235 nm（ε 14000），253 nm（ε 9550）及 248 nm（ε 6890），标出各烯酮的最大吸收波长。

（1）CH₃COCH=CHCH₃

（2）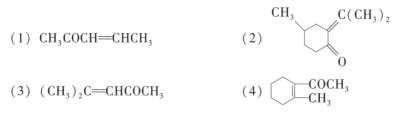

（3）（CH₃）₂C=CHCOCH₃

（4） ⬡—COCH₃／CH₃

5. 某化合物分子式 C₇H₁₀O，紫外光谱测得 $\lambda_{max}^{乙醇}$257 nm，推导其可能结构。

6. 麦角甾醇（Ergosterol， 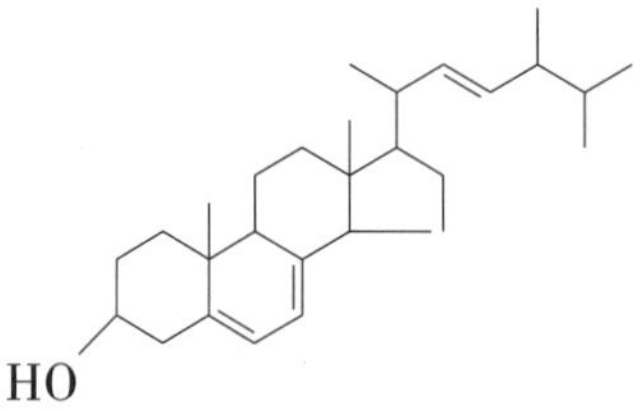 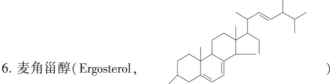 ）经 Oppenauer 氧化（系指在丙酮存

在下，仲醇被叔丁醇铝氧化成相应的酮，氧化时，双键可能发生转移。）得到（A）λ_max242 nm（ε 20000），（B）λ_max280 nm（ε 33000），推导（A）、（B）的可能结构。

7. α-莎草酮（α-Cyperone）的结构可能为 [结构式] 或 [结构式] ，紫外光谱测

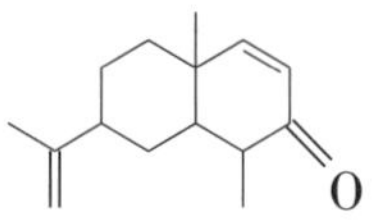

得 λ_max252 nm（lgε 4.3），确定其结构。

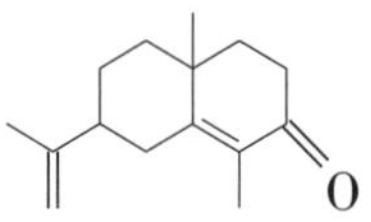

8. 以苯或乙醚作溶剂，分别测定萘的荧光光谱，其 λ_EM 是否有变化，为什么？

9. 下列各组化合物的荧光强度的顺序如何排列，为什么？

（1） 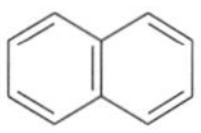 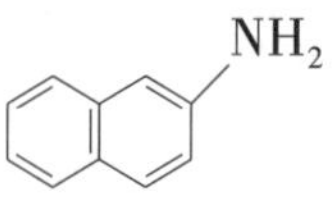 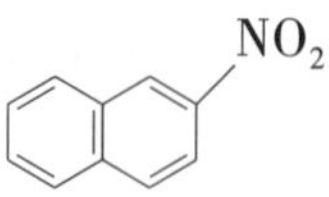 ⬡⬡ ⬡⬡—NH₂ ⬡⬡—NO₂

（2） 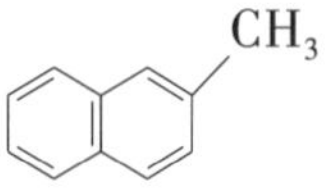 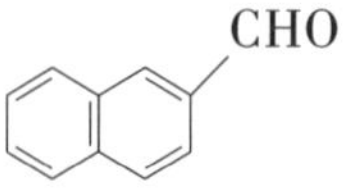 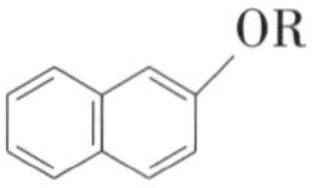 ⬡⬡—CH₃ ⬡⬡—CHO ⬡⬡—OR

（3） 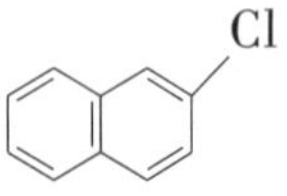 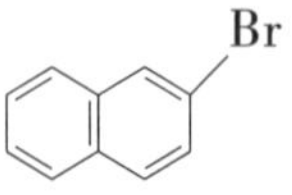 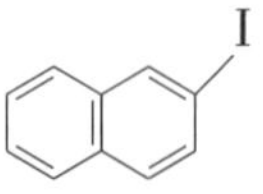 ⬡⬡—Cl ⬡⬡—Br ⬡⬡—I

第7章 谱图综合解析

对较复杂化合物的结构分析，仅凭一种谱图确定其结构是不够的，往往需要其他谱的配合，综合解析，才能导出其正确的结构。片面追求谱图俱全并非必要，有时两种或三种谱图配合也可解决问题。

进行综合谱图分析之前，同样要了解样品的来源及纯度，不纯样品的谱图给解析带来困难，并会导出错误的结论。纯物质具有确定的熔点、沸点、折光率等。不纯的样品需通过蒸馏、分馏、萃取、重结晶、层析甚至色谱等分离手段进一步纯化。

7.1 谱图综合解析的一般程序

1. 推导分子式，计算不饱和度

(1)由高分辨质谱仪测得精确分子量并给出分子式；或利用精确分子量计算分子式。

(2)由质谱的分子离子峰及其同位素峰的相对强度推导分子式(分子离子峰需有一定的强度)。

(3)由质谱的分子离子峰确定化合物的分子量，结合元素分析求得的最简式，导出分子式；或结合 ^{1}H NMR 及 ^{13}C NMR 谱推导的氢原子数目及碳原子数目之简比，确定化合物的分子式。

注意：分子中 Cl，Br，F，I，N，O，S 等元素的存在，可由质谱或元素分析判断，氧元素的存在还可由红外光谱(ν_{O-H}，ν_{C-O})或 ^{1}H，^{13}C 核的化学位移判断。

分子式确定之后，计算不饱和度(UN)，UN≥4 时，分子中可能有苯环存在。

2. 不饱和基的判断

UN>0 的化合物，分子中含有不饱和基或环系。不饱和基的存在在不同谱图中有不同的特征。

IR 谱：1870~1650 cm^{-1}(s)为 $\nu_{C=O}$ 。3100~3000 cm^{-1}(w 或 m)的 $\nu_{=C-H}$，结合 1670~1630 cm^{-1}(m)$\nu_{C=C}$ 或 1600~1450 cm^{-1}(m，2~3 条谱带)的苯环骨架伸缩振动，可判断烯基或苯基结构的存在。在 2250 cm^{-1}附近(m)可能为 $\nu_{C\equiv N}$；在2220 cm^{-1}附近(w)可能为 $\nu_{C\equiv C}$；1300~1000 cm^{-1}(s，2~3 条谱带)为 ν_{C-O-C}；在 1560 cm^{-1}附近(s)和 1360 cm^{-1}附近(s)为 ν_{NO_2}；1900~2300 cm^{-1}(w~m)为 $\nu_{x=y=z}$ 等。这些不饱和基都具有其特征吸收带。

^{1}H NMR 谱：$\delta\,4.5\sim7$ 为烯氢的共振吸收，$\delta\,6.5\sim8.5$ 为芳烃的共振吸收，$\delta\,9\sim10(1H)$ 为—C$\underline{\text{H}}$O，$\delta\,10\sim13(1H)$ 为—COO$\underline{\text{H}}$，$\delta\,6\sim8$ 的宽峰为—CONH_2 或—CON$\underline{\text{H}}$ 等。

^{13}C NMR 谱：$\delta\,100\sim160$ 为烯烃或芳烃中 sp^2 杂化碳的共振吸收；$\delta\,160\sim230$ 为羰基碳的共振吸收；$\delta\,70\sim90$ 为炔碳的共振吸收；$\delta\,110\sim130$ 为腈基碳的共振吸收。

UV：210 nm 以上无吸收，可判断分子中无共轭体系，也无醛、酮羰基存在。

3. 活泼氢的识别

—OH，—NH$_2$，—NH，—COOH 等活泼氢的存在可由 IR 谱、^{1}H NMR 谱的特征吸收来识别，^{1}H NMR 重水交换谱可进一步证实。对于某些存在互变异构（如 β-二酮的烯醇结构）的活泼氢也可由此法识别。除此之外，由分子中氢原子的数目减去由偏共振去耦^{13}C NMR 谱或 DEPT 谱计算的与碳原子直接相连的氢原子的数目，剩余氢亦为活泼氢。

4. ^{13}C NMR 提供的信息

质子宽带去耦^{13}C NMR 谱峰数目提供了分子中不同化学环境碳的数目，由其 δ 值分析是何种杂化的碳。若不同化学环境的碳数目为分子中碳原子数目的 1/2 或 1/4，表明该分子有全对称结构。若仅小于分子中碳原子数目，则可能有部分对称结构或化学环境相近的碳；若两者相等，则分子中每一种碳的化学环境均不相等。

偏共振去耦^{13}C NMR 谱或 DEPT 谱提供了碳原子的类型和数目。如分子中有几种 CH$_3$，几种 CH$_2$，几种 CH 等。季碳及羰基碳在^{1}H NMR 谱中或 DEPT 谱中不能直接观测到，而在偏共振^{13}C NMR 谱中可得以证实。

由^{13}C NMR 谱推导的碳原子、氢原子数目及不饱和度应与分子式相符（活泼氢的存在例外），与其他谱的分析应不矛盾。

注意：分子中 F，P，^{2}H 的存在，对^{13}C NMR 谱会产生较复杂的耦合裂分。

5. ^{1}H NMR 提供的信息

^{1}H NMR 谱中积分强度之简比提供了分子中氢原子数目之简比。若最简比数目之和与分子中氢原子数目一致，则最简比为不同化学环境氢数目之简比；若最简比数目之和为分子中氢原子数目的 1/2，1/3，…，则应分别乘以 2，3，…，以求出不同化学环境氢数目之简比。

化学位移及耦合裂分峰提供了相邻（或相关）基团的信息，对于分子骨架的推导很有帮助，如 $\delta\,1.1(3H,\ s)$ 为 $\underline{\text{CH}_3}$—C；$\delta\,1.8(3H,\ d)$ 为 CH_3—CH$=$C；$\delta\,2.1(3H,\ s)$ 为 $\underline{\text{CH}_3}$—CO；$\delta\,2.5(3H,\ s)$ 为 $\underline{\text{CH}_3}$—Ar；$\delta\,3.6(3H,\ s)$ 为 $\underline{\text{CH}_3}$O 等。若 3H 的吸收峰为三重峰，则 CH$_3$ 必与 CH$_2$ 相连，谱图中可见与其相关的 2H 的四重峰。对于较复杂的耦合裂分，则应根据氢的数目和峰形，判断是何种自旋系统（如 A$_2$B$_2$，ABX，AMX，AA$'$BB$'$，AB 等）。这种判断对谱图解析及结构推导很有帮助。

由^{1}H NMR 推导的氢原子数目、不饱和度及其连接方式应与^{13}C NMR，MS 推导不矛盾。

6. 综合分析

综合以上各谱推导的基团及可能的结构信息，找出各结构单元之间的相互关系，提出一种或几种化合物的可能结构式。用全部谱图信息推导出正确的结构式,用质谱裂解规律进一步验证结构。

7.2 解 析 实 例

实例 1

某化合物的 IR,MS,^{1}H NMR,^{13}C NMR 谱见图 7.1,推导其结构。

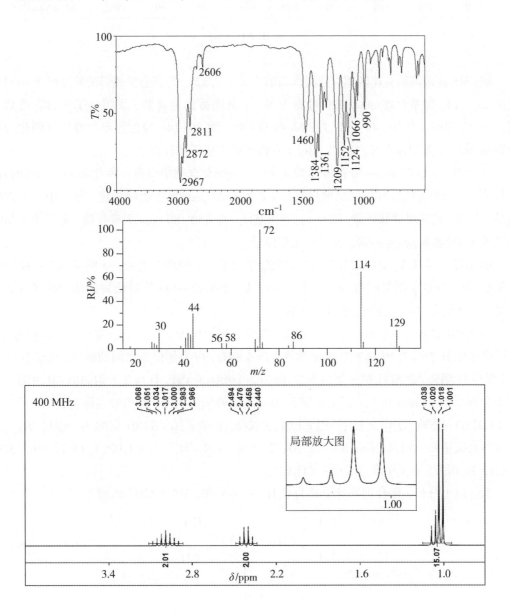

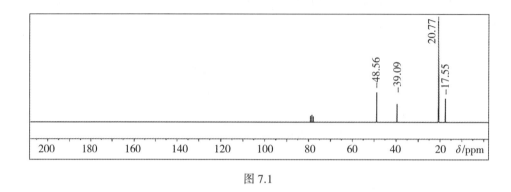

图 7.1

解：MS 在最高质荷比区相对强度最高的峰 m/z 为 129，与其直接相邻的碎片离子 m/z114 之间 $\Delta m = 15$，关系合理，m/z 129 可能为 $M^{+·}$，其质荷比为奇数，表明分子中含有奇数个氮。在 MS 图中 m/z 30，44，58，72，86 和 114 的一组 $30+14n$ 的含氮碎片峰也证明化合物含有氮。MS 中无明显含 S，F，Cl，Br，I 的特征碎片离子峰存在。

^{13}C NMR 谱仅在 δ 15～50 ppm 出现 4 条峰，表明化合物中仅有 4 种化学环境不同的 sp^3 杂化碳，分子中可能存在相同的取代基。在 δ 80～220 ppm 无吸收峰出现，分子中无不饱的羰基、苯基、碳碳双键和碳碳（碳氮）三键等基团。在 δ 50～80 ppm 无吸收峰，分子中无与强电负性原子（如氧）相连的碳，分子中无氧原子。

IR 谱第一峰区在 3000～2700 cm^{-1} 的吸收带为 C—H 伸缩振动带，无明显的 N—H 伸缩振动峰；第二峰区无明显的吸收，分子中也应无—NO$_2$ 或—NO 等特征官能团。结合以上分析可知，该化合物可能为胺，且应为叔胺。

^{1}H NMR 谱从高频至低频共有 3 组峰，积分面积简比为 2∶2∶15，简比数字之和为 19，表明分子中 H 数目为 19。δ3.02 为七重峰，$J = 6.8$ Hz，应为邻位氢之间的耦合，此组 H 应与 6 个邻位 H 耦合。此组 H 积分面积为 2，应为 2 个相同的 CH，且与 2 个相同的 CH$_3$ 相连，分子中含有 2 个—CH(CH$_3$)$_2$。仔细观察 δ1.0-1.1 谱峰的放大图，此组峰实际包含 2 组峰，一组 δ1.02 的三重峰，$J = 7.2$ Hz；一组 δ1.01 的双峰，$J = 6.8$ Hz。δ1.01 谱峰为—CH(CH$_3$)$_2$的甲基的共振谱峰。δ2.47（q，$J = 7.2$ Hz，2H）为—C$\underline{H}_2$CH$_3$，与 δ1.02（t，$J = 7.2$ Hz，3H）—CH$_2$C$\underline{H}_3$相关，分子中含有 1 个—CH$_2$CH$_3$。

综合以上分析，化合物的分子式为 C$_8$H$_{19}$N，UN $= 0$，MW $= 129$。结构为

$$\begin{array}{c} H_3C\diagdown \\ \quad\quad CH-N-HC \\ H_3C\diagup \quad\quad | \\ \quad\quad\quad CH_2 \\ \quad\quad\quad | \\ \quad\quad\quad CH_3 \end{array} \begin{array}{c} \diagup CH_3 \\ \\ \diagdown CH_3 \end{array}$$

化合物中仅有 4 种化学环境不同的 sp^3 杂化碳，在 ^{13}C NMR 谱仅出现 4 条峰。

MS 的主要裂解过程如下：

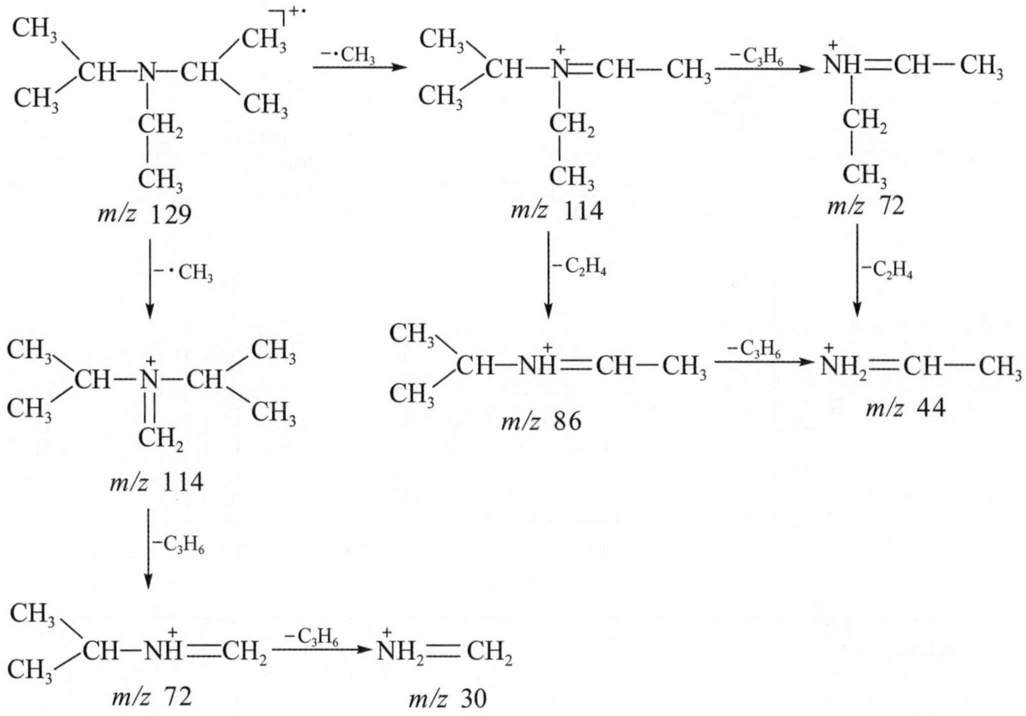

$$\underset{m/z\ 129}{\left[\underset{CH_2}{\overset{CH_3}{\underset{CH_3}{CH}}}N\underset{CH_3}{\overset{CH_3}{\underset{CH_3}{CH}}}\right]^{+\cdot}} \xrightarrow{-\cdot CH_3} \underset{m/z\ 114}{\underset{CH_2}{\overset{CH_3}{\underset{CH_3}{CH}}}\overset{+}{N}=CH-CH_3} \xrightarrow{-C_3H_6} \underset{m/z\ 72}{\overset{+}{N}H=CH-CH_3}$$

$$\downarrow -\cdot CH_3 \qquad\qquad \downarrow -C_2H_4 \qquad\qquad \downarrow -C_2H_4$$

$$\underset{m/z\ 114}{\overset{CH_3}{\underset{CH_3}{CH}}\overset{+}{N}\overset{CH_3}{\underset{CH_3}{CH}}} \qquad \underset{m/z\ 86}{\overset{CH_3}{\underset{CH_3}{CH}}\overset{+}{N}H=CH-CH_3} \xrightarrow{-C_3H_6} \underset{m/z\ 44}{\overset{+}{N}H_2=CH-CH_3}$$

$$\downarrow -C_3H_6$$

$$\underset{m/z\ 72}{\overset{CH_3}{\underset{CH_3}{CH}}NH^{+}=CH_2} \xrightarrow{-C_3H_6} \underset{m/z\ 30}{\overset{+}{N}H_2=CH_2}$$

实例 2

某化合物的 IR, MS, ^1H NMR, ^{13}C NMR 谱见图 7.2，推导其结构。

解：MS 在最高质荷比区出现一组 m/z 为 249/251/253 质量相差 2 的一组峰，相对强度比为 1：2：1，分子中可能含有 2 个溴原子。由质谱图中 m/z 249 与 m/z170 之间 $\Delta m = 79$（M-Br），以及 m/z170 与 m/z91 之间 $\Delta m = 79$（170-Br），与 m/z 90 之间 $\Delta m = 80$（170-HBr）可知，分子中的确含有 2 个溴原子。假设 m/z 为 249 的是 $M^{+\cdot}$，与相邻碎片离子 m/z170 之间 $\Delta m = 79$（M-Br），关系合理，m/z 为 249 的是 $M^{+\cdot}$，其质荷比为奇数，表明分子中含有奇数个氮。中等强度的 $M^{+\cdot}$ 峰表明该分子具有较稳定的结构。

IR 谱中第一峰区 3426 cm^{-1}（m）和 3323 cm^{-1}（m）的吸收带可能为 N—H 伸缩振动带;核磁共振氢谱中积分面积为 2，加入重水后消失的 δ 4.43 ppm 的宽峰，应为活泼氢（2OH 或 NH_2）的吸收峰。结合 IR 和 ^1H NMR 分析可知，该化合物中含有 NH_2。

IR 谱中第一峰区 3000~2800 cm^{-1} 无明显的饱和碳氢的伸缩振动带，结合 ^{13}C NMR 谱中无通常 δ 在 0~80 ppm 的 sp^3 杂化碳的吸收峰，说明化合物中可能不含有烷基。^{13}C NMR 谱中无羰基碳吸收峰，在 δ 108~142 ppm 出现的 4 条峰，表明分子中有 4 种化学环境不同的 sp^2 杂化碳，为苯基碳。^1H NMR 谱 δ 6.5~7.5 ppm 的 2 组峰，均为芳氢的共振吸收峰。IR 谱中第三峰区

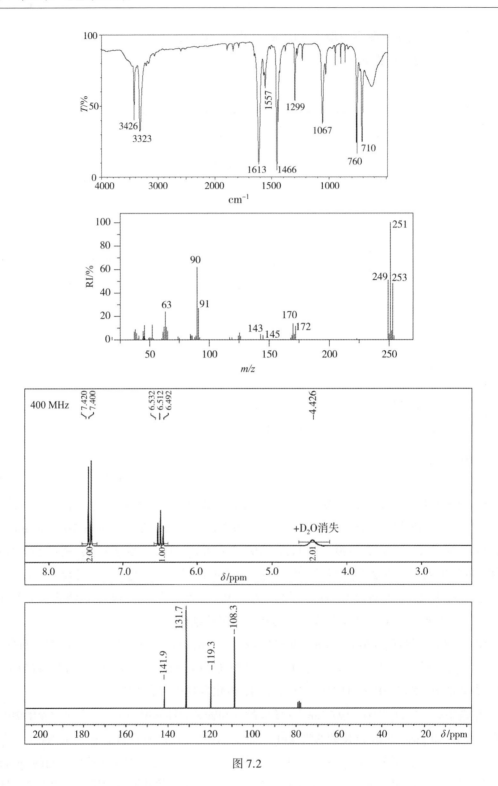

图 7.2

1613,1557 及 1466 cm⁻¹的谱带为苯环骨架的伸缩振动带。结合以上分析,该化合物应含苯基。核磁共振氢谱 δ6.5~7.5 ppm 的芳氢的积分面积为 3,该化合物可能为三取代苯。

综合以上分析,化合物的可能分子式为 $C_6H_5NBr_2$,$UN = 4$,$MW = 249$。

^1H NMR 谱 δ7.41(d, $J = 8.0$ Hz, 2H)和 δ6.51(t, $J = 8.0$ Hz, 1H)的 2 组峰为 AX_2 系统,2 组峰 $J = 8.0$Hz,应为邻位苯氢之间的耦合,故化合物的可能结构为

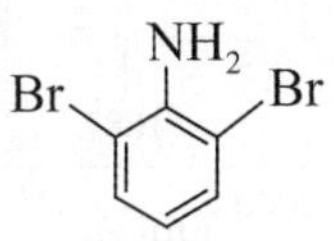

在 ^{13}C NMR 谱中,δ108.3 为 2C-Br(C-2,6)的共振峰,由于受 Br 的重原子效应的影响,其 δ 值较苯低频位移。δ119.3 为 C-4(CH),δ131.7 为 C-3,5(2CH),δ141.9 为 C—1(C—N)的共振吸收峰。IR 谱中 1613 cm⁻¹附近的苯基骨架的伸缩振动带与 NH_2 弯曲谱带相重叠。

MS 的主要裂解过程如下:

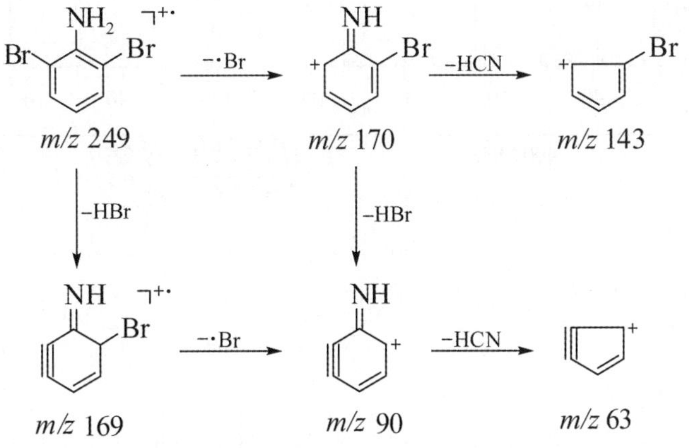

实例 3

某化合物的 IR,MS,^1H NMR,^{13}C NMR 谱见图 7.3,推导其结构。

解:IR 谱中第一峰区在 3100~2700 cm⁻¹范围仅有弱的难以分辨的振动谱带;1687 cm⁻¹(s)的谱带应为 C═O 伸缩振动带,结合核磁共振碳谱中 δ192 ppm 的醛或酮羰基碳的共振吸收峰,核磁共振氢谱中 δ9.82 ppm 积分面积为 1 的醛氢的吸收峰,证明该化合物中含有醛基。IR 中羰基的吸收带低波数位移,C═O 应与不饱和基团相连。1602,1449 cm⁻¹的吸收带为苯环的骨架振动吸收带,1264 cm⁻¹的强吸收带为 C—O 伸缩振动吸收。

^{13}C NMR 谱表明分子中有 8 种化学环境不同的碳,^1H NMR 表明共有 6 个氢。MS 在最高质荷比区出现一组 m/z 为 149/150 的一组峰,虽 m/z 149 相对强度高于 m/z 150,但从二者的相对强度比看,m/z 150 不可能为 m/z 149 的同位素离子,而有可能是 m/z 149 为 m/z 150 的 M-1 离子。m/z 为 150 为 M⁺·,较高强度的 M⁺·峰表明该分子具有较稳定的结构。由

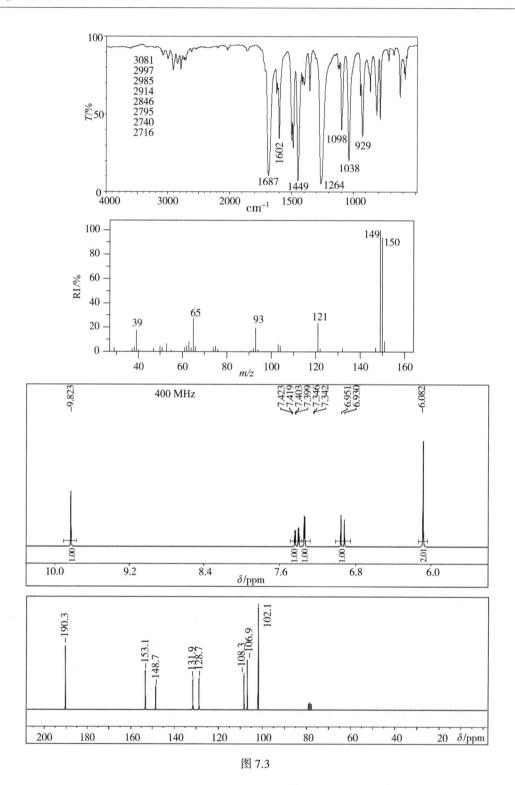

图 7.3

MS 中分子离子峰 m/z 150 及以上分析判断，分子中应还含有 2 个氧原子（150-12×8-6-16=32），化合物的可能分子式为 $C_8H_6O_3$，UN=6。

^1H NMR 谱中 $\delta 9.8$（s,1H）为醛氢的共振吸收峰，$\delta 6.1$（s, 2H）为 CH_2 与 2 个强电负性基团相连，为—OCH_2O—；$\delta 6.5 \sim 7.5$ ppm 的 3 组峰，均为芳氢的共振吸收峰，且芳氢的积分面积为 3，故该化合物可能为三取代苯。由其耦合裂分分析 $\delta 7.42$（dd，J=8.0，1.6 Hz，1H），表明该氢与邻位氢耦合，又与间位氢耦合；$\delta 7.34$（d，J=1.6 Hz，1H），该氢与间位氢耦合；$\delta 6.94$（d，J=8.0 Hz，1H），该氢与邻位氢耦合。苯环上 3 个氢的相对位置为（A）。化合物的结构为（B）。

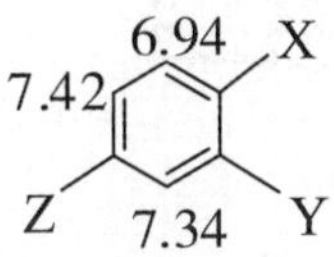

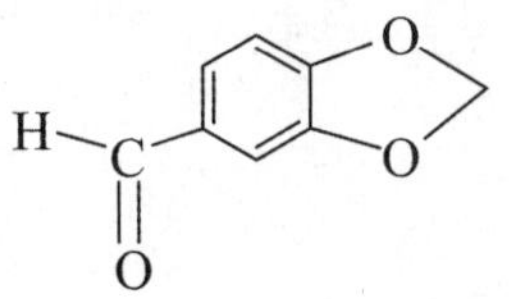

^{13}C NMR 谱在 $\delta 100 \sim 160$ ppm 出现的 7 条峰中，有 6 种化学环境不同的 sp^2 苯基碳，$\delta 102.1$ ppm 为 $sp^3 CH_2$ 的共振吸收峰，其 δ 值如此高频位移，是由于 CH_2 与 2 个电负性 O 相连的缘故。

MS 的可能裂解方式如下：

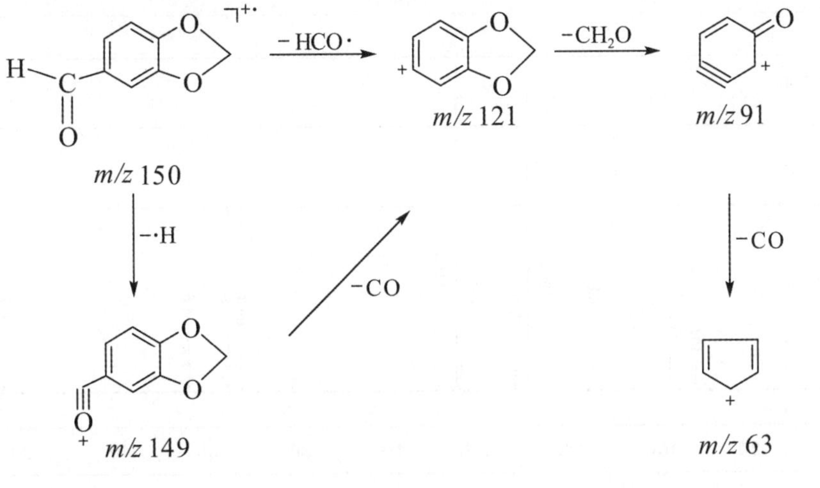

实例 4

某化合物的 MS 谱，^1H NMR，^{13}C NMR 见图 7.4，其 IR 谱中在 1715 cm^{-1} 的谱峰为最强峰，第一峰区 3000 cm^{-1} 以上无明显吸收峰。推导其结构。

解：IR 谱在 1715 cm^{-1} 的强吸收带应为 C$=$O 伸缩振动带，IR 谱第一峰区 3000 cm^{-1} 以上无 O—H 和 N—H 特征吸收峰。

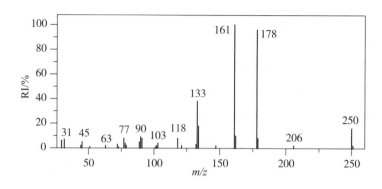

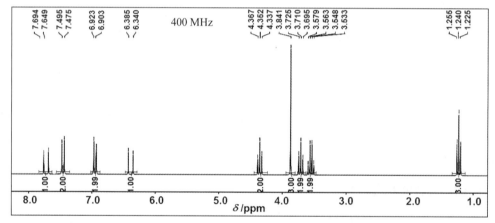

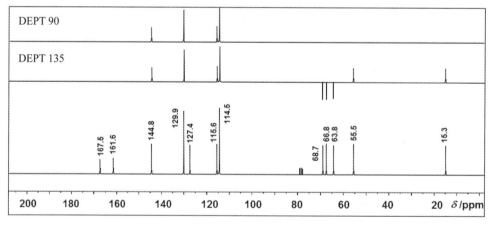

图 7.4

　　MS 在最高质荷比区相对强度最高的峰 m/z 为 250，与其直接相邻的碎片离子 m/z206 之间 $\Delta m = 44$，关系合理，m/z 250 可能为 $M^{+\cdot}$，其质荷比为偶数，表明分子中不氮或含有偶数个氮。MS 中无明显含 S，F，Cl，Br，I 的特征碎片离子峰存在。^{1}H NMR 中从高频至低频共有 9 组峰，积分面积简比为 1∶2∶2∶1∶2∶3∶2∶3∶3，简比数字之和为 18，表明分子中 H 数目为 18。

质子宽带去耦 ^{13}C NMR 谱中有 12 种化学环境不同的碳，其中 sp^2 杂化碳有 7 种，sp^3 杂化碳有 5 种。DEPT 135 谱出现 3 条负峰，表明分子中存在 3 种化学环境不同的 CH_2，δ 值表明 3 种 CH_2 为 sp^3 杂化的碳；6 条正峰，表明分子中存在 6 种化学环境不同的 CH_3 和 CH；DEPT 90 谱证明了分子中存在 4 种 CH，δ 值表明这 4 种 CH 为 sp^2 杂化的碳。3 种碳谱的比较分析表明分子中存在 3 种不与氢连接的 sp^2 杂化碳（季 C），4 种 sp^2 杂化的 CH，3 种 sp^3 杂化的 CH_2 和 2 种 sp^3 杂化的 CH_3。DEPT 谱表明从高频至低频，这 12 种碳应分别为 C＝O，C＝，CH＝，CH＝，C＝，CH＝，CH＝和 CH_2，CH_2，CH_2，CH_3，CH_3。H 数目的简单加和为 16，H—C＝的 H 数目的简单加和为 4。而 ^1H NMR 中 $\delta6\sim8$ ppm 的 4 组峰为烯氢和苯氢的吸收峰，H 总数为 6 个。由裂距、峰型的对称性和 H 数目分析，$\delta7.67$（d，$J=18$ Hz，1H）和 $\delta6.36$（d，$J=18$ Hz，1H），应为反式双取代烯的共振吸收。$\delta7.48$（d，$J=8.0$ Hz，2H）和 $\delta6.91$（d，$J=8.0$ Hz，2H）的 4 个 H 为 AA′XX′ 系统，是对位取代苯的共振吸收峰。^{13}C NMR 谱中应有 2 个 CH＝的谱峰各自代表 2 CH＝，故分子中应含有 14 个碳原子。

由以上分析可知，当化合物不含氮，N＝0 时，可能分子式为 $C_{14}H_{18}O_4$；当 N＝2 时，氧的数目为 2.5，不合理舍去。故化合物的分子式为 $C_{14}H_{18}O_4$。

^1H NMR 中 $\delta1.24$（t，$J=6.0$ Hz，3H）为—$CH_2\underline{CH_3}$，与 $\delta3.57$（q，$J=6.0$ Hz，2H）—$\underline{CH_2}CH_3$ 相关，且为—OCH_2CH_3。$\delta3.84$（s，3H）为—OCH_3，其 δ 高频位移，表明该 CH_3O 与不饱和基相连（CH_3OPh-，CH_3O—C＝C 或 CH_3O—C＝O）。$\delta3.71$（t，$J=6.0$ Hz，2H）与 $\delta4.35$（t，$J=6.0$ Hz，2H）相关，且与电负性取代基 O 相连，故存在—OCH_2CH_2O—，$\delta4.35$ 的 OCH_2 高频位移，表明该 CH_2O 与不饱和基相连。

综合以上分析，化合物的可能结构如下（烯氢互为反式）：

(A) 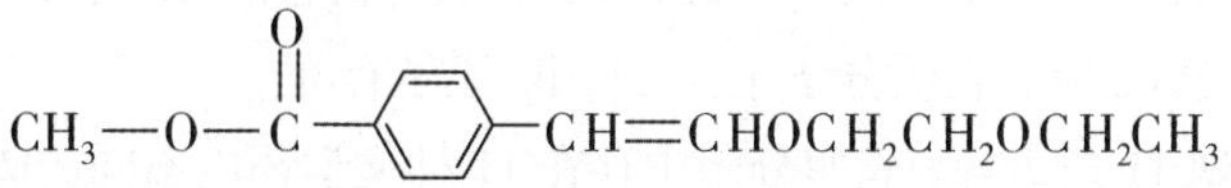 CH_3—O—$\overset{\displaystyle O}{\overset{\|}{C}}$—〈苯环〉—CH＝CHOCH_2CH_2OCH_2CH_3

(B) CH_3—O—$\overset{\displaystyle O}{\overset{\|}{C}}$—CH＝CH—〈苯环〉—OCH_2CH_2OCH_2CH_3

(C) CH_3—O—〈苯环〉—CH＝CHOCOCH_2CH_2OCH_2CH_3

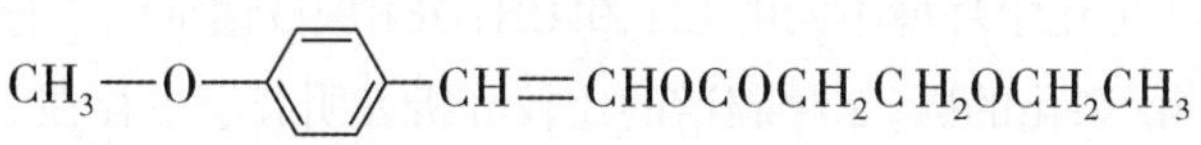

(D) 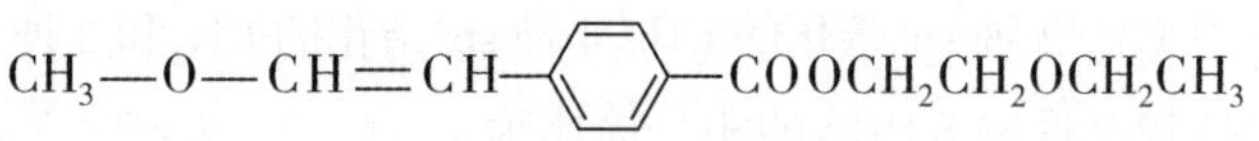 CH_3—O—CH＝CH—〈苯环〉—COOCH_2CH_2OCH_2CH_3

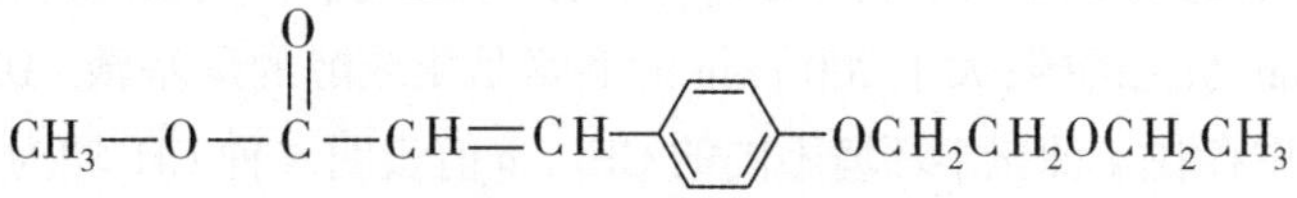

结构若为 A 或 B，MS 谱图中均应出现 M-31（M—OCH_3）峰，实际未观测到，故否定之。

^{13}C NMR 苯环上季碳的 δ 为 161.6 ppm，表明该碳与氧相连，^1H NMR 中 δ 为 6.91 ppm 的 1 组芳氢的共振吸收，也表明苯基应与推电子基相连；而烯基碳的化学位移表明其不与氧直接相连，因而排除结构 D，化合物的结构为 C：

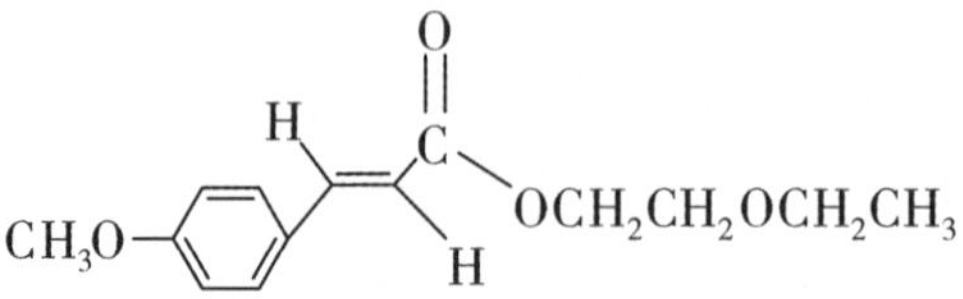

MS 的可能裂解方式如下：

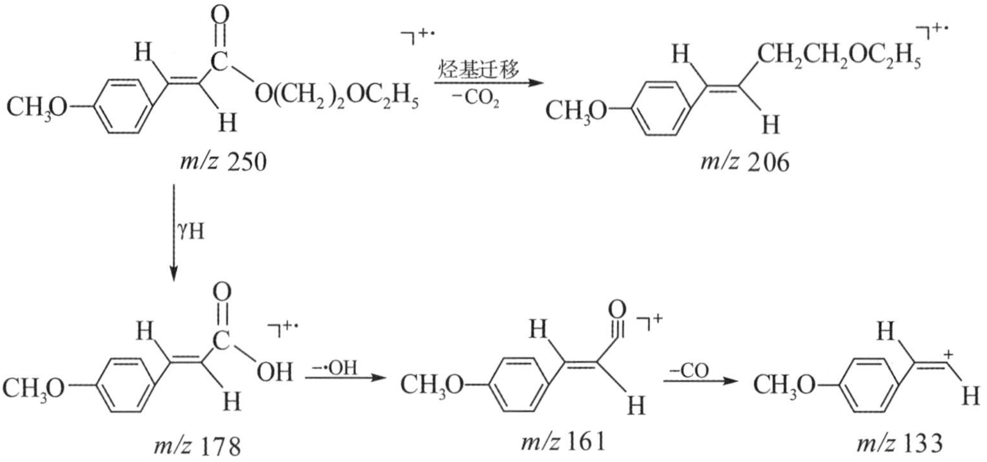

实例 5

某化合物的 IR，MS，¹H NMR，¹³C NMR 谱见图 7.5，推导其结构。

解： IR 谱 2962，2930，2877cm⁻¹ 的谱带为饱和 C—H 的伸缩振动吸收，3011 cm⁻¹ 的谱带为不饱和 C—H 的伸缩振动吸收，1697cm⁻¹ 的谱带为 C＝O 的伸缩振动吸收，而 1647 cm⁻¹ 的谱带可能为 C＝C 的伸缩振动吸收。

MS 谱中 m/z 164 与 m/z 149 的相邻碎片峰关系合理($\Delta m = 15$)，为分子离子峰，图中高质荷比区未见强的 M+2 峰，表明分子中无 Cl，Br 原子存在。

¹³C NMR 谱出现 11 条谱峰，表明分子中存在 11 种化学环境不同的碳，其中 5 种为 sp² 杂化的碳，6 种为 sp³ 杂化的碳；大于 200 ppm 的弱峰是酮或醛的羰基碳。DEPT 135 谱出现 4 条负峰，表明分子中存在 4 种化学环境不同的 CH₂，δ 值表明 4 种 CH₂ 均为 sp³ 杂化的碳；4 条正峰，表明分子中存在 4 种化学环境不同的 CH₃ 和 CH；DEPT 90 谱证明了分子中存在 2 种 CH，δ 值表明这 2 种 CH 为 sp² 杂化的碳。3 种碳谱的比较分析表明分子中存在 1 种羰基，2 种不与氢连接的 sp² 杂化碳(季 C)，2 种 sp² 杂化的 CH，4 种 sp³ 杂化的 CH₂ 和 2 种 sp³ 杂化的 CH₃。

¹H NMR 谱由高频至低频 8 组峰的积分简比为 1∶1∶2∶2∶2∶2∶3∶3，表明了分子中的质子数目之简比，即分子中至少存在 16 个 H，结合 ¹³C NMR 谱表明的分子中至少含有 11 个 C，再结合 MS 的分子离子峰 m/z 164，可导出化合物的分子式为 $C_{11}H_{16}O$，UN = 4。¹H NMR 谱表明分子中无苯基存在。综合 IR 和 ¹³C NMR 谱的分析表明：分子中含有 1 个酮羰基，两个碳碳双键，还有 1 个不饱和度，可能为环状的结构。

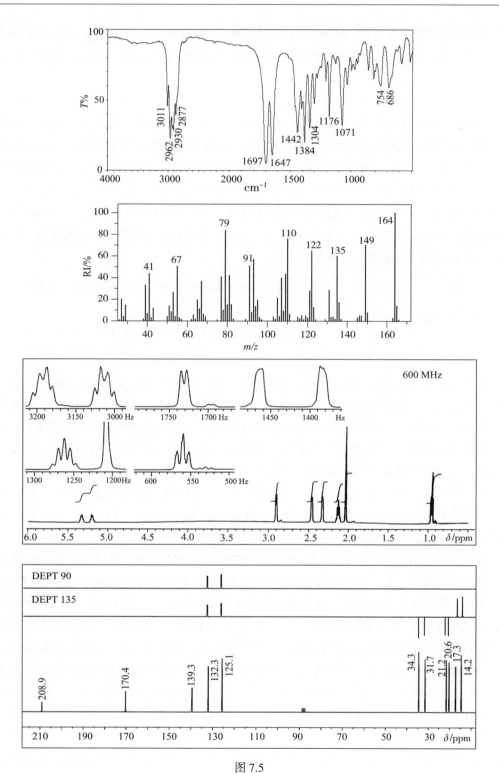

图 7.5

　　结合 ^{1}H NMR 的扩展谱，$\delta 0.93$ 的 $CH_3(t, 3H)$ 可能与 $\delta 2.12$ 的 $CH_2(\text{quint}, 2H)$ 分子中可能存在 $CH_3—\underline{CH_2}—CH$ 基，该基团中与 CH_2 连接的 CH 应为 sp^2 杂化的碳；$\delta 2.01$ 的 $(3H, s)$ 为 $\underline{CH_3}—C$ 基，与 CH_3 连接的 C 应为 sp^2 杂化的碳；即分子中应存在 $CH_3—CH_2—CH=$ 基团和 $CH_3—C=$ 基团。结合 $\delta 5.18, 5.33$ 各自为 1H 的近似于 q 的峰，表明分子中存在 $=\underline{CH}—CH_2—CH=\underline{CH}—CH_2$ 基团，CH 之间的耦合值与 CH_2 对其的耦合值接近，表明 $—CH=CH—$ 的两个 H 应互为顺式。$\delta 2.30, 2.45$ 及 2.88 各自为 2H 的多重峰表明分子中还存在除 $CH_3—CH_2—CH=CH—CH_2$ 基团外的另外 2 种 sp^3 杂化的 CH_2，其中位于 $\delta 2.88$ 的 CH_2 可能为 $—CH=CH—CH_2—C=$，这可以通过位移相关谱进一步证实。综合分子式 $C_{11}H_{16}O$，UN=4，无苯基，存在与 sp^2 杂化的季碳连接的 $CH_3—CH_2—CH=CH—CH_2—$、与 sp^2 杂化的季碳连接的 $CH_3—$、两种 sp^2 杂化的季碳、两种 sp^3 杂化的 CH_2 和羰基 $C=O$ 的分析，提出化合物的可能结构为可能为不饱和五元环酮。

^{1}H NMR：$\delta 0.93, 2.01, 2.12, 2.30, 2.45, 2.88,$
　　　　　　　$5.18, 5.33$

^{13}C NMR：$\delta 14.2, 17.3, 20.6, 21.2, 31.7, 34.3,$
　　　　　　　$125.1, 132.3, 139.3, 170.4, 208.9$

　　至此人们也许会问，$CH_3—CH_2—CH=CH—CH_2—$ 基团、$CH_3—$ 基对于羰基的相对位置可以确定吗？二者取代的位置是否可以互换？二者是否可位于 3,4 位取代基？这仍需要进一步推导与验证，甚至还要通过某些 2D NMR 谱的一些信息进一步确证。但 $\delta 170.4$ 处 sp^2 杂化的季碳否定了取代基位于 3,4 位，该碳为 2-C，与 $C=O$ 相连，受其去屏蔽的影响，δ 高频位移。$\delta 17.3$ ppm 的 CH_3 基的吸收峰意味着该碳可能不位于 $C=O$ 的邻位。

　　MS 分析：m/z 149（M-15，M-CH_3）；135（M-29，M-CH_2CH_3）；122（M-42，M-C_3H_6，可能为环外双键发生移动后的 γH 重排）；110（M-54，M-$CH\equiv C—CH_2CH_3$，γH 重排至环内双键或羰基上）；79（122-CO-CH_3）；67（110-CO-CH_3）。

　　茉莉酮的 DQFCOSY 谱如图 7.6，由谱图中的 ^{1}H-^{1}H 相关信息，我们可以进一步确定各质子的化学位移值，尤其是两个烯氢和除 CH_3CH_2 外的 3 个 CH_2 的归属。由图可以看出，a 与 c 相关，而 c 与 a 和 h 相关，所以 $\delta 0.93$ 的 a 为 $CH_3—CH_2$，$\delta 2.12$ 的 c 为 $CH_3—CH_2—CH=$，$\delta 5.33$ 的 h 为 $=CH—CH_2—CH_3$。b 近似为 s 的 3H，分别与 d，e，f 的相关，属远程耦合，b 导致它们的峰形加宽在 ^{1}H NMR 扩展图中已经表现出来，显然 $\delta 2.01$ 的 b 为 $CH_3—C=$。$\delta 2.30, 2.45$ 的 d 和 e 之间存在着强的耦合，显然它们分别为五元环上相邻的两个 CH_2，它们之间的 ^3J 和与 $\delta 2.01$ 的 CH_3 之间、$C—CH_2—CH=$ 之间也存在着远程耦合（^{1}H NMR 扩展图中不明确的耦合峰证实了这种耦合）。图中还表明 f 除了与 b，d，e 之间的远程偶合外，还与 g 相关，所以 $\delta 2.88$ 的 f 为 $C—CH_2—CH=$，显然 $\delta 5.18$ 的 g 为 $=CH—CH_2—C$。图中也给出了 g 与 h 之间的耦合。图中 a，b，f 附近的弱峰意味着样品的纯度不够或异构体的存在，这些弱峰也出现在对角线上。

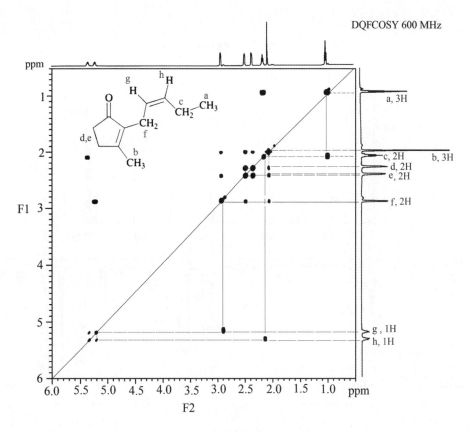

DQFCOSY 600 MHz

图 7.6 茉莉酮的 DQFCOSY 谱

到目前为止，还有 d，e 的进一步归属问题，d，e 同碳质子之间化学环境的差异及相互耦合的问题还有待进一步探讨。

由异核相关的 HMQC 谱[1]可以表明，标记为 d 的 CH_2 应该与羰基相邻，受 C =O 的影响，^{13}C NMR 谱 δ 高频位移(34.3 ppm)，而标记为 e 的 CH_2 的 δ 31.7 位于低频。但环状结构引起的 d，e 同碳质子之间化学环境的差异及相互耦合问题只能以谱图为基础，没有表现出来可以不考虑；如果谱图中表现出化学位移的不同及相互之间的耦合，就需要进一步阐明。

参 考 文 献

1. ［美］Silverstein R M，［美］Webster F X，［美］Kiemle D J，等著. 有机化合物的波谱解析(原著第 8 版)［M］. 药明康德新药开发有限公司译. 上海：华东理工大学出版社，2017

2. https∶//sdbs.db.aist.go.jp/sdbs/cgi-bin/cre_index.cgi? lang=eng

3. https∶//www.reaxys.com

4. https∶//webbook.nist.gov/chemistry

习　　题[1-4]

1. 化合物 1 的 MS, IR, ¹HNMR, ¹³C NMR 谱图如下, 推导其结构。

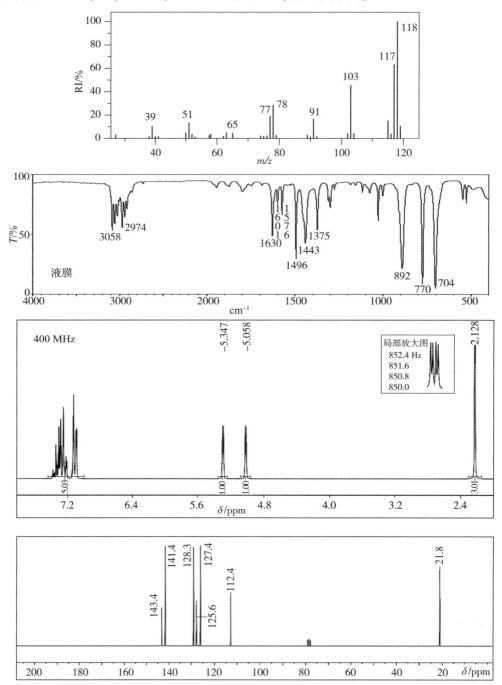

2. 化合物 2 的 IR, MS, ^{1}HNMR, ^{13}C NMR 谱图如下, 推导其结构。

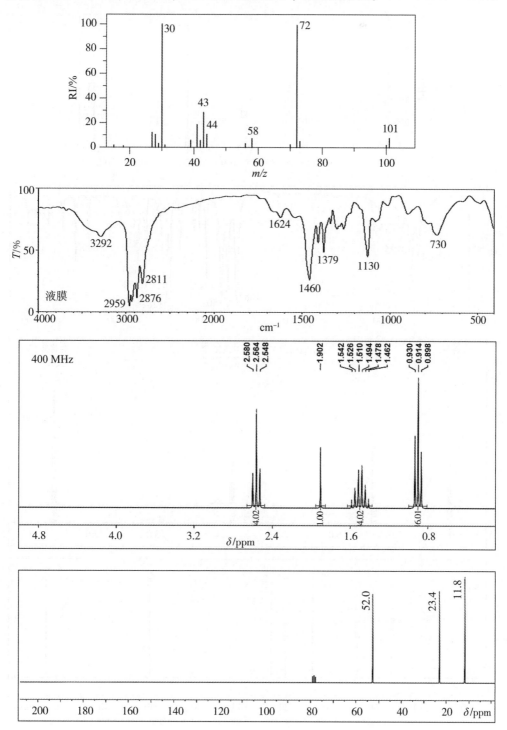

3. 化合物 3 的 IR, MS, ^{1}HNMR, ^{13}C NMR 谱图如下，推导其结构。

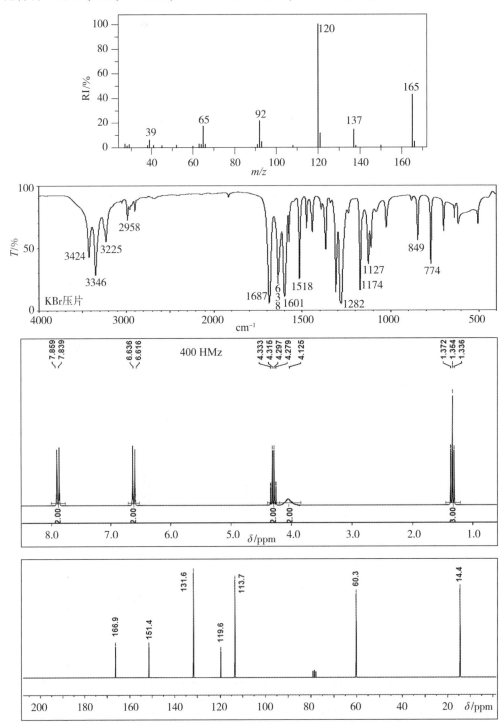

4. 化合物 4 的分子量为 125, 其 MS, IR, ^{1}HNMR 和 ^{13}C NMR 谱图如下, 推导其结构。

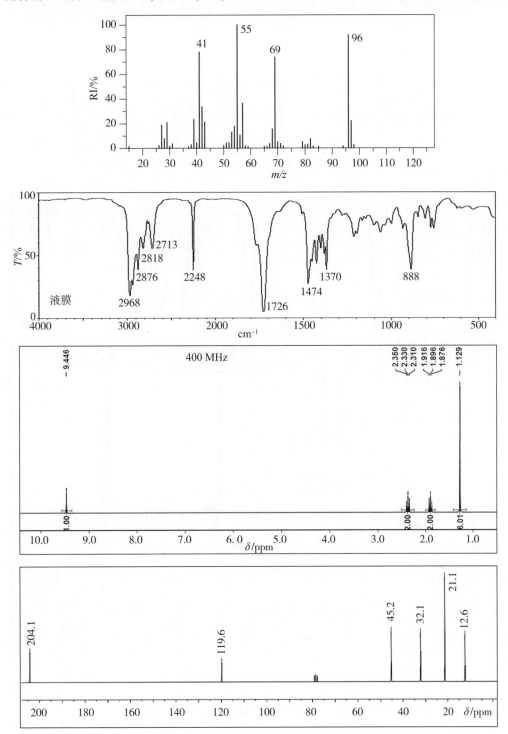

5. 化合物 5 的分子量为 116, 其 IR, MS, ^{1}HNMR 和 ^{13}C NMR 谱图如下, 推导其结构。

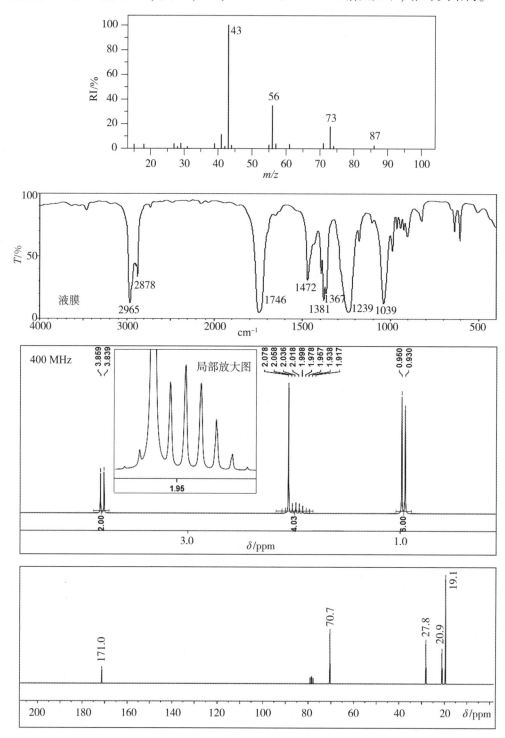

6. 化合物 6 的分子量为 142，其 MS, IR, ^{1}HNMR 和^{13}C NMR 谱图如下，推导其结构。

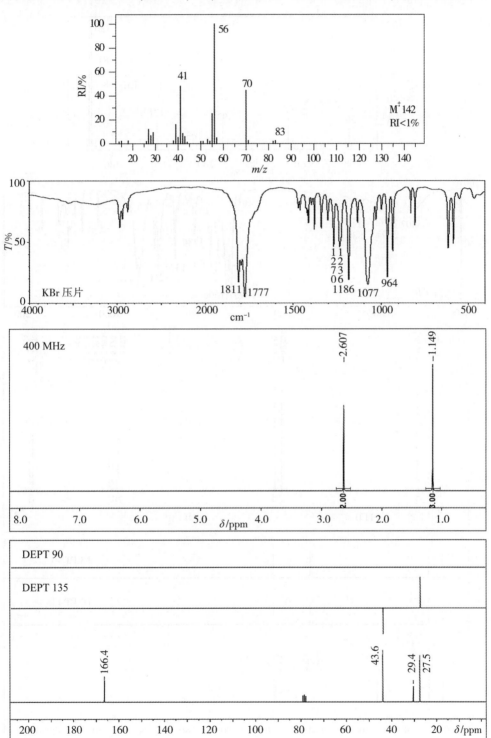

7. 化合物 7 的分子量为 150，其 MS，IR，^{1}HNMR 和^{13}C NMR 谱图如下，推导其结构。

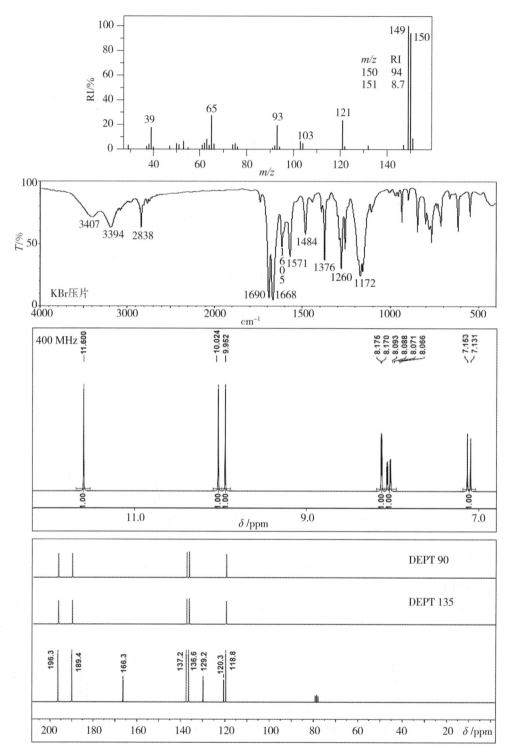

8. 化合物 $C_9H_{12}O_3S$ 的 MS, IR, ^{1}HNMR 和 ^{13}C NMR 谱图如下, 推导其结构。

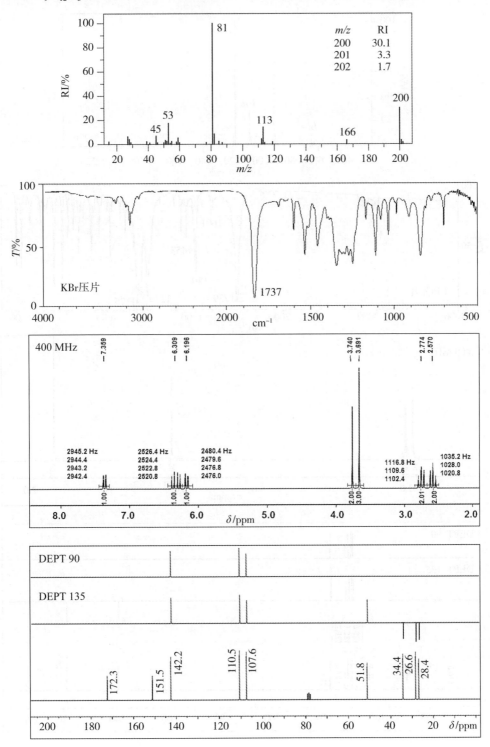

9. 化合物 $C_{15}H_{14}O_2$ 的 MS，IR，^1HNMR 和 ^{13}C NMR 谱图如下，推导其结构。

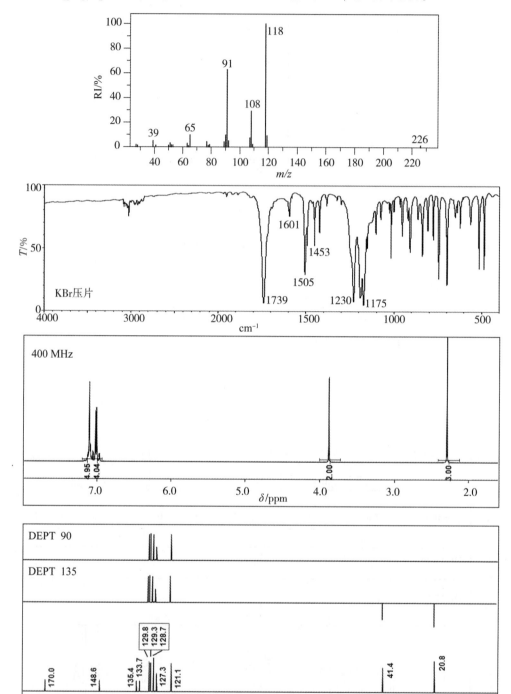

第8章 X射线光电子能谱

X射线光电子能谱(X-ray photoelectron spectroscopy, XPS)又称化学分析用电子谱(electron spectroscopy for chemical analysis, ESCA)。X射线光电子能谱最早是由瑞典Uppsala大学的K. Siegbahn教授领导的研究小组创立的,并于1954年研制出世界第一台光电子能谱仪。此后,他们精确地测定了各种原子的内层电子结合能。20世纪60年代,他们在硫代硫酸钠的XPS谱图中发现有两个分立的S2p峰,从而得知内层电子的结合能随元素的化学环境不同发生位移,XPS才真正开始应用于化学分析,并迅速在不同的研究领域得到发展。K. Siegbahn也由于对电子能谱理论、仪器、应用等诸多方面的贡献而获得1981年的诺贝尔物理学奖。

XPS是目前应用最广泛的表面分析技术之一,可以直接测量样品表面原子的轨道电子结合能和化学位移,从而确定表面元素的组成、化学状态和电子结构。可用于金属、半导体、无机物、有机物、配合物、高分子材料等的表面分析,在物质表面结构和催化剂研究等方面具有不可替代的作用。

8.1 XPS 的基本原理和常用术语

XPS是在超高真空条件下,用软X射线辐照样品,从表面激发出光电子,通过电子能量分析器的聚焦筛分,由检测器接收能量分选后的电子,转换成电子信号并记录下来,得到光电子能谱图。

8.1.1 光电效应

XPS的基本原理是基于爱因斯坦的光电定律。当一定能量的X射线光子束照射样品时,只要光子能量($h\nu$)高于轨道电子的结合能,则电子可以吸收光子的能量并以一定的动能发射出去成为自由光电子。即光电子发射满足下列方程:

$$h\nu = E_k + E_B \tag{8.1}$$

式中, $h\nu$ 为光子能量; E_k 为光电子动能; E_B 为发射光电子所在能级的轨道电子结合能。

光子与样品相互作用时,从原子各能级激发出的光电子的概率不同,这种概率常用光

电离截面 σ 表示。光电离截面表示一定能量的光子与原子作用时从某个能级激发出一个电子的概率。σ 与电子所在壳层的平均半径、原子序数 Z 和入射光子频率等因素有关。一般来说，入射光子能量一定时，同一原子中半径越小的壳层，σ 值越大，如 1s 的 σ 值>2s 的 σ 值>3s 的 σ 值。例如，使用 Al K_{α}(1.487 keV)激发时，C 的 1s 的 σ 值为 1.00，2s 的 σ 值为 0.0047。同一壳层的电子，σ 随原子序数 Z 增大而增大，C，N，O，F 的 1s 的 σ 值分别为 1.00，1.80，2.93，4.43。轨道电子结合能与光子能量越接近，σ 值也越大。

8.1.2　原子能级的划分和 XPS 谱图中谱线的表示

原子中单个电子的运动状态可用四个量子数即主量子数 n，角量子数 l，磁量子数 m，自旋量子数 s 来描述。原子能级主要取决于 n，l 的取值，n，l 决定一个组态。但由于轨道运动(l)和自旋运动(s)的相互作用，使一个组态中依然存在不同的能量状态。量子力学的理论和光谱实验结果都已证实，电子的轨道运动和自旋之间存在着电磁相互作用，从而使其能级发生分裂。对于 $l > 0$ 的内壳层来说，这种分裂可用内量子数(总角量子数)j 表示，其值为 $j = |l+s| = |l \pm 1/2|$。在 $l > 0$ 时，j 有两个值，即除 s 轨道外，其余 p，d，f 等轨道均会分裂成两个能级，反映在 XPS 能谱图上即出现两个分裂峰。由于光电子能谱实验通常在无外磁场作用下进行测量，磁量子数 m 是简并的，所以在 XPS 研究中，通常用 n，l，j 三个量子数来表征内层电子的运动状态。其对应各能级如表 8.1 所示。单个电子的原子能级在 XPS 谱中用 A，n，l，j 表示，A 为元素符号，n 为主量子数，用阿拉伯数字表示，l 为角量子数，用小写英文字母 s，p，d，f 表示，j 表示总角量子数，用分数表示，放在右下角。

表 8.1　　　　　　　　　　　　　电子能谱中谱线能级的标记

量子数				能级编号	能级标记	XPS 常用能级标记
	n	l	j			
K	1	0	1/2	1	K	$1s_{1/2}$
L	2	0	1/2	1	L1	$2s_{1/2}$
		1	1/2	2	L2	$2p_{1/2}$
			3/2	3	L3	$2p_{3/2}$
M	3	0	1/2	1	M1	$3s_{1/2}$
		1	1/2	2	M2	$3p_{1/2}$
			3/2	3	M3	$3p_{3/2}$
		2	3/2	4	M4	$3d_{3/2}$
			5/2	5	M5	$3d_{5/2}$

续表

量子数				能级编号	能级标记	XPS 常用能级标记
	n	l	j			
N	4	0	1/2	1	N1	$4s_{1/2}$
		1	1/2	2	N2	$4p_{1/2}$
			3/2	3	N3	$4p_{3/2}$
		2	3/2	4	N4	$4d_{3/2}$
			5/2	5	N5	$4d_{5/2}$
		3	5/2	6	N6	$4f_{5/2}$
			7/2	7	N7	$4f_{7/2}$
O	5	0	1/2	1	O1	$5s_{1/2}$

8.1.3 电子逸出深度和 XPS 的取样深度

被激发电子受等离子激发、单电子相互作用、能带间跃迁、声子激发等的影响,产生非弹性散射。电子在经受非弹性碰撞前所经历的平均距离,称为电子非弹性散射平均自由程,又称电子逸出深度,用 λ_e 表示,单位为单层或 Å,nm。λ_e 与电子动能大小和样品特性有关。目前关于 λ_e 的计算,既有经验公式[1],也有理论计算,常用的计算公式如 TPP-2M 公式[2,3]。λ_e 的大小决定了样品取样深度的大小,一般来说,XPS 的信息深度或取样深度(d)通常为电子逸出深度的 3 倍,即 $d = 3\lambda e(E_k)$。据经验估计,金属的取样深度一般为 5~20 Å;无机物为 15~40 Å;有机和高分子化合物中为 30~100 Å。尽管入射 X 射线的穿透深度可达微米量级,但出射电子的平均自由程决定了取样深度,所以,XPS 是一种很灵敏的表面分析方法。

8.1.4 电子结合能

电子结合能是指一个原子在光电离前后的能量差,即将电子从所在能级激发到真空能级所需的能量。在电子能谱测量中,电子结合能的参考能级对不同样品采用不同基准,对气体分子采用真空能级;但对于固体样品,由于其真空能级与表面情况有关,容易改变,所以常用费米(Fermi)能级作为参考基准,即对固体样品,电子结合能定义为把电子从所在能级转移到费米能级所需要的能量。所谓费米能级,相当于 0 K 时固体能带中充满电子的最高能级。固体样品中电子由费米能级跃迁到真空能级所需要的能量称为逸出功,即功函数(ϕ_s)。图 8.1 给出了导电样品的能级示意[4]。

光电子能谱仪中,样品与谱仪的功函数的大小通常是不同的。但对于导电样品,当样

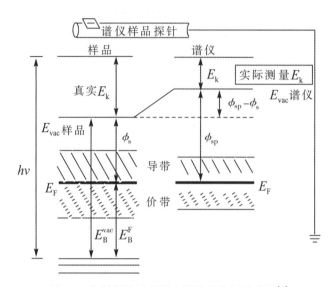

图 8.1　与谱仪接地的导电样品的能级示意图[4]

品托和谱仪电接触良好时，二者的费米能级处在同一水平。当电子离开样品表面进入仪器系统时，会受到样品功函数(ϕ_s)和谱仪功函数(ϕ_{sp})之间接触电位差产生的电场影响而减速($\phi_s < \phi_{sp}$时)，通常仪器的ϕ_{sp}是固定不变的，与样品无关，一般商用电子能谱仪的ϕ_{sp}约为 3~5 eV。所以通过能谱仪测量光电子的动能E_k，可以很容易得到以费米能级为参考的结合能。即

$$E_B^F = h\nu - E_k - \phi_{sp} \tag{8.2}$$

导体和金属的费米能级有明确的分界线，而非导电样品的导带和价带之间存在带隙，费米能级的确定比较复杂；而且通常和仪器没有良好的电接触，一般需要额外的低能电子源来中和光电子发射产生的正电荷，如果补偿电子的唯一来源是单能量的低能电子，样品的真空能级将与电子能量达到电平衡(图 8.2)。绝缘样品测量的E_B值取决于样品功函数(ϕ_s)和中和电子的能量(ϕ_e)：

$$E_B^{vac} = E_B^F + \phi_s = h\nu - E_k + \phi_e \tag{8.3}$$

因此，对于绝缘体，参考E_{vac}和ϕ_e，很难测量与仪器没有电接触样品的绝对结合能值。

8.1.5　化学位移

原子的内层电子结合能随原子在分子中化学环境的不同而变化，在谱图上表现为谱峰的位移，这一现象称为 XPS 的化学位移。一般所说的化学位移是指相对于纯元素的同一轨道电子对应的 XPS 谱峰位置的偏移。除惰性元素外，几乎所有元素都有一定的化学位移，

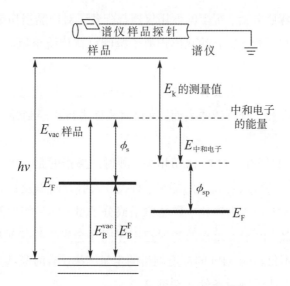

图 8.2 与谱仪电绝缘样品的能级图[4]

但位移大小随元素而异,如 Na, Ca, Zn, Ag, Cd, Ba 等的位移较小,在 1~2 eV 之间;而大多数元素均有较大的可分辨的化学位移,如 C1s 的最大位移可达 16 eV 以上。

化学位移的大小与很多因素有关,特别是与所连原子的电负性密切相关,它的大小可通过近似模型进行估算,也可以参考一些经验规律[5]。一般来说,与原子相结合的元素的电负性越大,原子数目越多,化学位移越大。如 Be, BeO, BeF$_2$ 的 Be1s 的电子结合能分别为 111.5 eV, 114.3 eV, 116.3 eV, 即 BeO 与 BeF$_2$ 的 Be1s 化学位移分别为 2.8 eV 和 4.8 eV,两者的差异主要是因为 F 的电负性更大。再比如 C—F 键的位移一般是 2.9 eV 左右,而 CF$_2$ 和 CF$_3$ 的化学位移可达 5.9 eV 和 7.7 eV。

化学位移可用原子的静电模型来解释。原子中的电子一方面受到原子核强烈的库仑力作用而具有一定的结合能,另一方面又受到外层电子通过斥力对内层电子起着的一种屏蔽作用。外层电子云密度降低,其对内层电子的屏蔽作用会明显减小,导致内层电子的结合能明显升高;反之,外层电子云密度升高,会导致内层电子的结合能降低。例如,XPS 测得纯铝中 Al(0)2p 的电子结合能为 72.7 eV, Al$_2$O$_3$ 中 Al(Ⅲ)2p 的电子结合能为 75.4 eV, 化学位移正向位移 2.7 eV。

化学位移也可通过电荷势能模型分析[5]。

8.1.6 离子溅射

XPS 主要用于表面分析,但在常规 XPS 谱仪中,一般都配有惰性气体离子枪,通过离子溅射进行深度分析,常用的为 0.2~5 keV 的氩离子枪。现在为了对有机材料、高分子材料等易损伤材料进行深度分析，很多的商用仪器都配备了对样品损伤更小的离子枪，如 C_{60} 离子枪和氩原子团簇离子枪等。有的双模式离子枪既可在传统单氩离子模式下工作，也可在气体团簇离子源模式下工作，可以方便地对软的和硬的材料进行表面清洁和深度分析。实际使用过程中，根据分析的需要，可选择合适的离子枪或模式进行深度分析。通过选择适当的束流和离子束能量，既可清洁表面，又可对表面进行逐层刻蚀，进行深度剖面分析，测得元素的深度分布。

材料的溅射速率和溅射产额(Y)密切相关。溅射产额指的是一个入射离子平均从表面上溅射出去的粒子数，其与入射离子的能量、种类、入射方向以及被溅射材料的性质等有关。通常材料的溅射速率与溅射产额、样品原子或分子量、样品密度及一次离子流密度等有关[6]。对多组分样品，由于各元素的溅射速率不同还会发生择优溅射，其结果是引起样品平衡组分的改变，不仅影响 XPS 的深度剖析的定量结果，有时某些元素甚至会出现化学态的改变。所以选择合适的溅射条件非常重要。

8.1.7　XPS 的其他物理效应

XPS 除了化学态的变化引起的结合能位移，有些物理效应也会引起 XPS 谱的峰位、峰形的变化。这些效应包括：

(1)荷电效应：由于导电性的不同，绝缘样品或半导体材料表面的光电子出射会使样品带正电，从而使光电子动能减小，表观结合能大于真实值，使谱峰向高结合能端移动，影响正确测量。现在的仪器一般都配有电子中和枪来中和表面正电荷。

(2)辐射效应：当 X 射线被物质吸收时，该物质会被辐射损伤，长时间的辐照还会引起某些元素化合态的变化，实际测量过程中要注意，尽可能先测试容易被辐照还原的元素。

(3)衍射效应：由于 X 射线波长和晶体原子间距接近，所以 X 射线照射到晶体上会发生衍射，其条件是满足 Bragg 关系：$2d\sin\theta = n\lambda$，λ 与 $2d$ 越接近，衍射效应越强。X 射线的单色化即是利用石英的 $2d$(8.52 Å)和 Al K_α 的波长 λ(8.34 Å)相近，衍射效应强，在降低 X 射线线宽的同时保持尽可能高的灵敏度。

(4)角度效应：典型的光电子的发射角(θ)一般是参照样品表面法线，即发射光电子垂直于表面时，$\theta = 0°$。与此相对应的掠射角(take-off angle，TOA)是出射电子和样品表面的夹角，光电子垂直于样品表面出射时，TOA = 90°。为叙述方便，下面统一用出射角 θ。大角度的电子出射(小角度的掠射)会提高表面灵敏度，这是变角 XPS 的基础，而变角 XPS 是无损深度分析的有效方法之一。$d = 3\lambda\cos\theta$，θ 为电子出射角，$\theta = 0°$ 时，d 最大，随着 θ 增加，d 减小，表面灵敏度提高。

8.2 电子能谱仪简介

电子能谱仪主要由超高真空系统、激发源、能量分析器、电子检测器、进样系统、计算机的控制接收与输出等部分组成,其基本框图如图8.3所示。

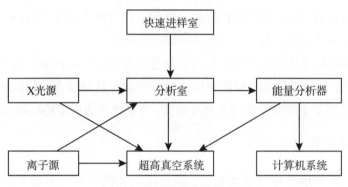

图 8.3 电子能谱仪的基本框图

8.2.1 X射线激发源

现在 XPS 谱仪中常用的 X 射线源一般有双阳极 X 射线源和单色化 X 射线源。最常用的双阳极是 Mg/Al 双阳极。如 Mg K_α 线能量为 1253.6 eV,Al K_α 线能量为 1486.6 eV。对于常规的 XPS 分析,大多数元素选 1.5 keV 左右能量的射线即可激发出特征的光电子线,故 Mg,Al 最为常用,几乎可以激发出周期表中所有元素的光电子谱线。

除 Mg/Al 靶外,更高能量的高能靶,自然宽度大、信号强度小(为 Mg,Al 靶的十到二十分之一)。然而对特定元素,例如 Si 和 Al,综合考虑 X 射线源的能量、线宽及电离截面,则以 Zr L_α(2042.4 eV)靶最适用。而且为激发更高能量的俄歇峰和更高结合能的光电子峰,已采用 Si,Ag 高能靶材料,激发出 Si K_α(1739.5 eV)、Ag L_α(2984.4 eV)高能特征 X 射线。XPS 常用靶材见表8.2。

表 8.2   常用 X 射线源的能量及线宽

X 射线	Mg K_α	Al K_α	Si K_α	Zr L_α	Ag L_α	Ti K_α
能量(eV)	1253.6	1486.6	1739.5	2042.4	2984.4	4510.0
线宽(eV)	0.68	0.83	1.0	1.6	2.6	2.0

由于 XPS 谱的能量分辨率和 X 射线的自然宽度、仪器的分辨率以及样品本身跃迁的电子能级宽度均有关,为提高谱图的能量分辨率,通常希望作为激发源的 X 射线的宽度尽量小,所以需要对 X 射线进行单色化。现在的商品化仪器多采用单色化 X 射线源,通过采用石英弯晶,使来自 X 射线源的光线产生衍射和"聚焦",可使 X 射线的能量宽度降至 0.3 eV 以下。单色源不仅能降低谱线宽度和提高分辨率,而且还能滤掉 X 射线的伴线如 K_{α_3},K_{α_4} 和韧致辐射,大大降低伴峰的干扰,改善信噪比。目前采用的微聚焦的 X 射线单色器,不仅可提高谱图的能量分辨率,而且可使样品分析的空间分辨率优于 10 μm,保证了小面积 XPS 分析时灵敏度尽可能高的同时,对样品的辐照损伤最小。

此外,同步辐射加速器产生的同步辐射能量连续可调(1 eV-10 keV),自然线宽仅 0.2 eV,且信号强度大,对价壳层和内层能级的电子均有效且性能优越,是理想的激发源,对研究固体材料能带和分子中电子结构十分有意义,在光电子能谱中的应用日益受到重视。

8.2.2 电子能量分析器

电子能量分析器是电子能谱仪的核心,其作用是探测样品发射出来的电子的能量分布。商用电子能谱仪多采用静电场式能量分析器,其中应用最广的是半球形能量分析器(hemispherical sector analyzer, HSA)。

半球形能量分析器的特点是能量分辨率高,且传输率也较好,适用于单通道或多通道空间灵敏探测器的使用,可提高整台谱仪的检测灵敏度。

通常为了改善分析器的能量分辨率与电子传输率之间的矛盾,在半球形分析器前一般都有一个预减速输入透镜,可保证同样分辨率情况下有效提高仪器的灵敏度。减速方式有两种:固定通过分析器的能量方式(CAE)和固定减速比方式(CRR)。CAE 模式指电子进入分析器前,被减速后以一个固定的能量值通过分析器,用这种方式扫描,加在分析器上的电压不变而改变透镜电位,此法不仅能改善高动能(低结合能)端的分辨率,且由于灵敏度近似与动能成反比,因此可提高低能电子的检出灵敏度,对过渡金属的灵敏度较 CRR 高;CRR 模式即调节减速透镜电压,使电子以一固定的比值减速下来,对这种扫描方式,分析器和透镜同步扫描,因为其灵敏度近似与电子能量成正比,故不适合分析低能电子,即在高结合能端灵敏度较低。XPS 通常采用 CAE 模式,低通能可改善分辨率,而高通能可提高灵敏度,一般的分析器都有不同的通能值和减速比可供选择,以满足实际测试过程中的不同需求。

现在的电子能谱仪为了进一步提高灵敏度,在样品台的下方还加入了磁浸透镜,其最大的优点是可接收更大角度范围出射的光电子,从而大大提高了检测灵敏度。而且与常规的静电透镜相比,在相同的焦距下,磁透镜由于像差系数更小,空间分辨率也更好[7]。为了满足不同的分析要求,现在的能谱仪在能量分析器和电子透镜的设计、制造方面,不断地改进和发展,如用于 XPS 平行成像的球镜型反射能量分析器,可把进入输入透镜中的光电子,以最小的失真并保持高的空间和能量分辨率传输给检测系统[8];用于角分辨 XPS 的高效传输透镜"Radian"透镜,不需旋转样品即可获取角分辨的信息[9]。

8.2.3　电子探测器

电子能谱仪中被检测的电子流非常弱,一般在 $10^{-11} \sim 10^{-8}$ A。要测量这样弱的信号必须采用电子倍增器。常用的有单通道电子倍增器、多通道电子倍增器、位置灵敏探测器等。为了加强信号,提高分析灵敏度,常采用多通道探测器,即把单通道并列起来使用,在使用单色器的谱仪上,多通道探测器可补偿因单色化带来的灵敏度的损失。位置灵敏探测器(PSD)是一种高效探测器,与半球形能量分析器联用,既可用于大面积的常规 XPS 分析,又可使小面积 XPS 中的信号成倍地增加。

8.2.4　真空系统

常规的 XPS 谱仪的激发源、样品预处理室、分析室、能量分析器以及电子探测器都处于超高真空系统(UHV)之中。一方面是为了保证样品表面的清洁,另一方面是保证样品表面射出的电子在进入检测器前不与系统中的残余气体分子碰撞而改变自身的能量。商品化的电子能谱仪的分析室烘烤后的极限真空一般都可以达到10^{-8} Pa以上。

8.2.5　辅助功能

XPS 谱仪除基本部分外往往还附有一些部件以提高和扩展其测量范围,常见的辅助功能有:Ar^+或其他惰性气体离子枪、加热冷却装置、原位断裂装置、气体反应池、样品蒸镀装置等,可提供对样品的原位溅射清洁、真空断裂,热处理以及反应的原位监测等。多数情况下 XPS 谱仪是多功能表面分析系统的一部分,它可有一个或多个附加技术(如 AES, ISS, UPS, SIMS, EELS, IPES 等)安装在同一真空室中。

8.2.6　谱仪的性能指标

衡量 XPS 谱仪的主要性能技术指标有能量分辨率和灵敏度。

能量分辨率是 XPS 谱仪最主要的指标之一,分辨率越高越有利于区分元素所处化学环境和电子结构的微小变化,分析的准确性、测量精度就越高。

灵敏度即谱峰强度,是 XPS 谱仪的又一重要指标,通常用计数强度即每秒的脉冲数(cps)表示。灵敏度分绝对灵敏度和相对灵敏度。绝对灵敏度指表面原子能被检出的最小量,通常 XPS 的绝对灵敏度可达 10^{-18} g;相对灵敏度是 XPS 方法的最低检测浓度,即从多组分样品中检测出某种元素的最小比例,以原子百分浓度表示,XPS 的相对灵敏度不高,通常为0.1%左右。

能量分辨率和灵敏度是能谱仪相互联系又相互制约的两项主要指标。通常以 $Ag3d_{5/2}$ 谱的峰宽和峰强来表示。一般把 $\Delta E_{1/2}$ 定义为谱仪的绝对分辨率，$\Delta E_{1/2}/E$ 定义为相对分辨率（R）。以 $\Delta E_{1/2}$ 表示峰的半高宽（FWHM）。

$$\Delta E_{1/2} = (\Delta E_X^2 + \Delta E_{谱仪}^2 + \Delta E_{样品}^2)^{1/2} \tag{8.4}$$

式中，ΔE_X 为 X 射线的自然宽度；$\Delta E_{谱仪}$ 为仪器的分辨率（能量分析器的线宽）；$\Delta E_{样品}$ 为样品原子的电子能级宽度。此式未考虑荷电效应和各种终态效应引起的谱线展宽。

XPS 中，由于要准确测量化学位移，以判断元素化学状态上的差别，这就要求谱图最好在始终保持绝对分辨率（ΔE）不变的情况下采集，也即采用 CAE 模式。

8.2.7 样品的制备

XPS 分析的样品通常为固体。固体粉末和片状样品可用双面胶或导电胶粘在样品台上或压在导电的软金属（如铟、锡等）基底上，也可用金属胶（但应保证真空度）；不规则的样品或片状样品还可通过专用夹子或螺丝固定在样品台上。通常样品的厚度在 1 mm 左右，不同的仪器对样品尺寸大小要求不同。

8.3 X射线光电子能谱图的解释及其化学信息

8.3.1 XPS 谱图的一般特点

常规 XPS 分析中，用软 X 射线照射超高真空中的固体样品，来自不同壳层、具有不同能量的光电子被激发，经能量分析器聚焦筛分并通过检测器检测记录下来。能量分析器检测的是光电子的动能，只要通过简单地换算即可得到光电子的结合能。XPS 谱图的纵坐标是相对强度，横坐标可以是动能（E_k）或结合能（E_B），但通常以结合能（E_B）为横坐标，可以更直观地反映电子的壳层式结构，单位是 eV。光电子的结合能与激发源的能量无关，只与该光电子原来所在能级有关。也就是说，对同一样品，无论用何种激发源，各种光电子在XPS 谱图上的结合能是不变的。在以结合能为横坐标的谱图中，零结合能处为费米能级，在以动能为横坐标的谱图中，费米能级则在 X 射线能量减去谱仪功函数的地方，处于动能标尺的最高能端。

XPS 谱图中那些明显而尖锐的谱峰都是由未经非弹性散射的光电子形成，而那些来自样品深层的光电子，由于逸出路径上的能量损失，其动能不再具有特征性，成为谱图的背底。由于能量损失是随机的，背底电子的能量变化是连续的，往往低结合能端的背底电子少，高结合能端的背底电子多，反映在谱图上就是，随着结合能的提高，背底电子的强度逐渐上升。如图 8.4 为某电极材料的 XPS 全谱图，表面元素主要有 C，N，Fe，Zn 和 Na 等。

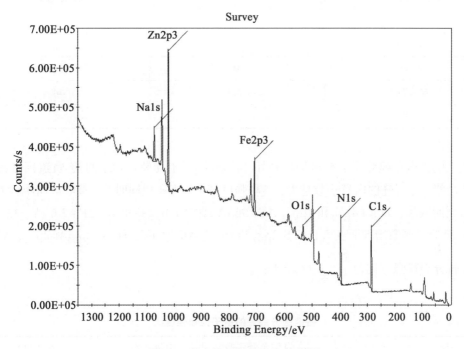

图 8.4 某电极材料的 XPS 全谱图

8.3.2 XPS 谱图中的主峰和伴峰

XPS 谱图中可以观测到的谱线除主要的光电子线外，还有各种各样的伴峰，它们主要来源于光电子发射过程的终态效应，包括如俄歇峰、振激振离峰、多重分裂峰、能量损失峰、X 射线卫星峰等。这些伴峰构成光电子谱的精细结构，带有丰富的特征化学信息，弥补了依靠内层电子结合能携带化学信息的局限性，是 XPS 的重要组成部分和发展方向。

8.3.2.1 主光电子峰

最强的光电子峰通常是谱图中强度最大、峰宽最小、对称性最好的谱峰，是 XPS 谱图中的主峰。每一种元素都有自己最强的、具有表征作用的光电子峰，它们是元素定性分析的主要依据。纯金属的强光电子线因与传导电子耦合常会出现不对称的现象。常见的强光电子峰有 $1s$、$2p_{3/2}$、$3d_{5/2}$、$4f_{7/2}$ 等，Al K_α 激发的各元素的最强光电子峰见表 8.3。除了强光电子峰外，还有强度较弱的来自原子其他壳层的光电子线，在元素的定性分析中起着辅助作用。

表 8.3　　　　　　　　　　　　　**Al K$_\alpha$ 激发的最强光电子线**

原子序数(Z)		最强光电子线
3~12	K	1s
13~33	L	2p
34~66	M	3d
67~71	N	4d
71~92	N	4f

　　最强的光电子峰除了 s 轨道是单峰外,其余的 p、d、f 轨道由于自旋-轨道耦合都会分裂为 2 个峰,分裂峰的内量子数越大,谱峰强度越大。当 n 相同时,分裂峰的间距(ΔE)随 l 值的增大而减小,如 Au 4p$_{1/2}$ 和 4p$_{3/2}$,$\Delta E = 96$ eV;而 Au 4f$_{5/2}$ 和 4f$_{7/2}$,$\Delta E = 3.6$ eV。在 l 相同时,ΔE 随原子序数增加而变大,如 S 2p$_{1/2}$ 和 2p$_{3/2}$,$\Delta E = 1$ eV,而 Ni 2p$_{1/2}$ 和 2p$_{3/2}$,$\Delta E = 18$ eV。旋轨分裂峰强度比为 $\dfrac{2j_1 + 1}{2j_2 + 1}$ (表 8.4)。

表 8.4　　　　　　　　　　　**各能级分裂峰的量子数和强度比**

亚壳层	角量子数 l	自旋角量子数 s	内量子数 j	峰强度比
s	0	1/2	1/2	
p	1	1/2	1/2, 3/2	1:2
d	2	1/2	3/2, 5/2	2:3
f	3	1/2	5/2, 7/2	3:4

8.3.2.2　振激与振离(shake up and shake off)

　　振激和振离以及稀土元素中出现的振落(shake down)都是一种与光电离过程同时发生的激发过程,是一种弛豫现象。在光电发射过程中,由于原子内层电子的出射,减小了对外层电子的屏蔽,这种内层有效电荷的突然改变会导致外层电子跃迁到更高能量的束缚能级,使发射光电子动能减少,其结果是主峰强度减弱,并在主峰的高结合能(低动能)侧出现分立的伴峰,此过程称为电子振激。如果外层电子跃迁到连续的自由能区,则称为振离,振离电子信号极弱,因此在谱图上很少有明显的特征性,更多情况下可能导致芯层谱峰的宽化或淹没于背底电子之中,一般很难测出。通常振激伴峰是离散的,在气体中一般都可观察到,但在固体样品中,因它处于特征能量损失峰附近,一般难以观察到,但在某些情况下却有很强的振激峰,并有明显的特征性,可弥补内层电子结合能位移不明显时难以区分的分子结构。

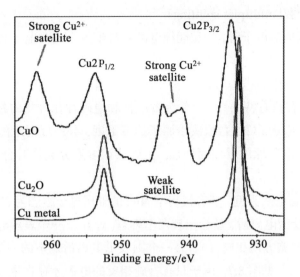

图 8.5 铜及其氧化物的 2p 峰的振激伴峰

代表性的是离子型化合物中有未充满的 d, f 轨道的过渡金属和稀土金属化合物中的顺磁性化合物离子。例如，CuO 有强振激峰，而金属 Cu 和 Cu_2O 的 Cu2p 中基本没有振激峰（图 8.5）；Ni^{2+} 的四面体结构的为顺磁性，Ni2p 有振激峰，而平面四方结构的二价镍离子为逆磁性，Ni2p 无振激峰。但具有相同化学态的不同化合物不一定有类似的振激谱线，如 CuO 有振激峰，而 CuS 无，而且振激峰的形状也不一定相同。但近来的研究发现，一些反磁性的化合物也有振激峰，而且有些稀土配合物还存在振落现象。

此外，某些具有共轭 π 电子体系的化合物，尤其是芳香体系，振激峰为主峰强度的 5%～10%，主要来自价电子的 π→π* 跃迁。具有不饱和侧链或不饱和骨架的高聚物也常有很强的振激峰，如聚苯乙烯有明显的振激峰，而聚乙烯则无（图 8.6）。

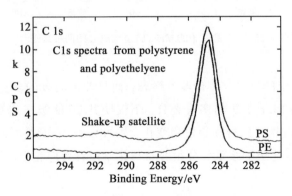

图 8.6 聚苯乙烯和聚乙烯的 C1s 谱

8.3.2.3　多重分裂(multiplet splitting)

基态价壳层有未成对电子时,内层能级电离后产生的未成对电子会和价壳层其他未成对电子之间发生相互作用引起多重分裂。过渡金属有未充满的 d 轨道、稀土元素有未充满的 f 轨道,往往出现多重分裂峰。如 Fe^{3+} 离子的 3s 轨道发射光电子就会出现两个分裂的多重分裂峰,这种峰往往具有特征性,可作为顺磁性和逆磁性化合物的判别依据。多重分裂峰的现象比较复杂,其分裂峰个数取决于原子的多重度,分裂峰间距随未成对电子数的增加而增加,也随配体电负性的增加而增加。正确认识多重分裂峰对合理解释 XPS 谱图很重要。

以 Mn^{2+} 的 3s 轨道电离为例,基态锰离子 Mn^{2+} 的外层电子组态为 $3s^2 3p^6 3d^5$,当 Mn^{2+} 离子的 3s 轨道的电子受激电离后,就会出现两个终态(a,b),一个表示电离后剩下的一个 3s 电子和 5 个 3d 电子自旋方向相同(a),另一个则表示电离后剩下的一个 3s 电子和 5 个 3d 电子自旋方向相反(b),见图 8.7。由于只有自旋相反的电子才存在耦合作用,使其能量降低,故终态 a 能量较终态 b 能量高,反映在 XPS 谱图上就是,终态 a 的 3s 电子结合能较低,而终态 b 的 3s 电子结合能高,二者的强度比 $I_a : I_b$ 为 $[2 \times (5/2 + 1/2) + 1] : [2 \times (5/2 - 1/2) + 1]$ $= 7 : 5$(图 8.8)。一般来说,Mn 的不同氧化物间的 2p 峰位移较小,通常可以借助它的 3s 峰的多重裂分间距来区分锰不同的氧化态。如 MnO 的裂分间距最大,接近 6.0 eV;Mn_2O_3 的裂分间距约为 5.5 eV,而 MnO_2 的裂分间距为 4.8 eV 左右(图 8.9)[9]。

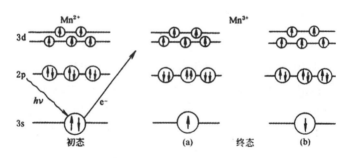

图 8.7　锰离子的 Mn3s 轨道电离后的两种终态

对于非 s 壳层电子的发射,会有多个终态,而且非 s 能级的多重裂分能使峰加宽和不对称,如 NiO 中的 Ni2p 能级的多重裂分,不仅使其 2p 能级出现峰的劈裂(图 8.10),且会导致 2p 能级的旋轨分裂峰间距发生变化,如 NiO 的 2p 能级的两个峰分裂间距较单质 Ni 大 1 eV。这种 p 能级的多重裂分很容易与化学位移效应相混淆,解析谱图时一定要特别注意。

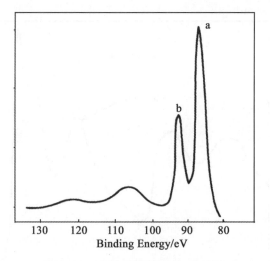

图 8.8　MnF₂ 的高分辨 Mn3s 电子谱

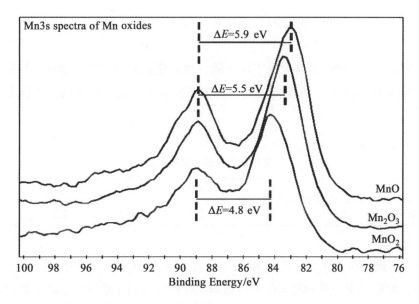

图 8.9　锰的不同氧化物的 Mn3s 多重分裂峰

8.3.2.4　特征电子能量损失峰

从表面逸出的过程中, 光电子会发生非弹性散射而损失固定的能量, 结果是在 XPS 谱图上的主峰低动能侧 (高结合能侧) 出现一系列不连续的伴峰, 称为特征电子能量损失峰。在固体样品中主要是等离子激元能量损失峰, 即能量损失主要是由于固体中自由电子的集体振荡产生的等离子激元和表面激发引起的, 其次是带间跃迁和分子激发。能量损失的大

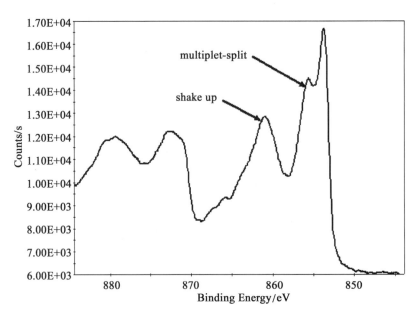

图 8.10　NiO 的 2p 能级的多重裂分峰和振激峰

小及峰形与样品有关，峰的强度取决于样品的特性和穿过样品的电子动能，每种元素都有其特征能量损失值（表 8.5）。据此发展的低能电子能量损失谱可用来研究表面分子的振动状态。

表 8.5 一些常见元素的能量损失值

元素	Be	Mg	Al	Ge	C(石墨)	Si
能量损失值(eV)	19.0	10.5	15.0	16.7	7.5	17.0

对于金属，通常在主峰的低动能端（高结合能）5~20 eV 处可观察到主要的损失峰，随后在更高结合能端出现一系列等间距的次级峰（图 8.11）；对于绝缘体，通常看到的是一个拖尾峰，这个峰基本是 XPS 谱不可去除的部分。

8.3.2.5　X 射线卫星峰

Mg，Al 双阳极 X 射线源产生的特征 X 射线中，除了主线 $K_{\alpha1}$、$K_{\alpha2}$ 外，还包含有其他能量较高的 $K_{\alpha3,4}$ 和 K_{β} 射线等伴线。主线和伴线都会激发出光电子，在谱图上除产生光电子主峰外，还会有伴线激发的卫星峰，伴线是由双重或多重电离原子内层的类似跃迁和从 M→K 跃迁（K_{β}）产生的，它们出现在主峰的高动能端（低结合能端）（图 8.12），可区别于前面几种伴峰。

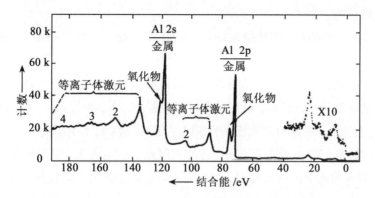

图 8.11 金属铝的 Al2s 和 Al2p 谱中的等离子激元能量损失峰

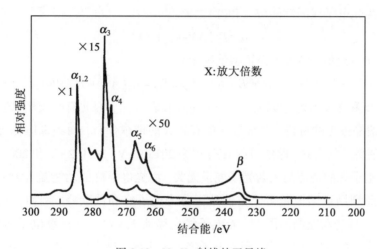

图 8.12 Mg K$_\alpha$ 射线的卫星峰

在 Mg,Al 靶 X 射线源中,K$_{\alpha3}$、K$_{\alpha4}$ 是主要伴线,因此在 XPS 谱图中产生的伴峰主要是 K$_{\alpha3,4}$ 激发的光电子峰。由于 K$_{\alpha3,4}$ 能量比 K$_{\alpha1,2}$ 高 8~10 eV,所以它们产生的伴峰能量比主峰高 8~10 eV(即位于主峰的高动能端),其强度一般为主峰的 10% 左右。这种 X 射线卫星峰可以通过使用单色化 X 射线源而消除。

8.3.2.6 俄歇效应

XPS 中的俄歇效应是重要的终态效应,认识和区别光电子峰与俄歇电子峰对正确辨别伴峰,丰富 XPS 的化学信息十分重要。

俄歇跃迁是一种非辐射跃迁过程。当原子受光子激发后,内层轨道中留下一个空穴,原子处于不稳定的激发态,更高能级的电子必然要填补这一空位,并将多余能量释放,释放能量的方式有两种:一种是使外层电子发射,这一过程称为俄歇跃迁;另一种是以辐射形式释放出 X 射线荧光。

俄歇跃迁涉及三个能级，因此俄歇跃迁以跃迁涉及的三个轨道来命名，并用大写英文字母表示，如 KLL，LMM，MNN 等。第 1 个字母表示初始空位所在轨道，第 2 个字母表示填补空穴的电子所在轨道，第 3 个字母则表示发射俄歇电子所在轨道。俄歇跃迁一般按其初始空穴所在轨道定为俄歇跃迁系，若初始空穴位于 K，L，M，N 等壳层，则对应的俄歇跃迁称为 K，L，M，N…系。主要的俄歇线系有 KLL，LMM，MNN，NOO 等。

俄歇电子的能量与光电子能量不同，它与入射光子能量无关，且有时候俄歇跃迁产生的化学位移较 XPS 的化学位移大得多，因此利用 Auger 峰的化学位移是鉴别化合物中元素化学态的有效方法。

实际分析中，Wagner 提出了俄歇参数（α）的概念，定义为最尖锐的俄歇线动能（$E_k(A)$）和最强光电子线的动能（$E_k(PE)$）之差：

$$\alpha \equiv E_k(A) - E_k(PE) \tag{8.5}$$

为避免 α 出现负值，引入了修正型俄歇参数 α'：

$$\alpha' = \alpha + h\nu = h\nu + E_k(A) - E_k(PE) = E_k(A) + E_b(PE) \tag{8.6}$$

由于 α' 不仅和激发源能量无关，也与静电荷校正无关，因此有时候用其来表征化学态更为方便。一般易极化的材料，尤其是导体有较大的俄歇参数，而绝缘体化合物的俄歇参数较小，如金属锌、氧化锌、醋酸锌的 α' 分别为 2013.9 eV，2010.2 eV 和 2009.1 eV[11]。

由于俄歇电子峰的动能与入射光子能量无关，而光电子峰的动能随入射光子能量不同会有位移，因此利用双阳极靶可以方便地区分光电子峰和俄歇峰。例如，由 Mg K_α 改为 Al K_α，则在横坐标为动能的谱图中，光电子线会移动 233 eV，而俄歇电子峰位置不变；而在横坐标为结合能的 XPS 谱图中，则光电子峰位置不变。俄歇电子峰一般宽度较大，数目较多，较复杂，以群峰形式出现；而光电子峰为单一的强峰，且宽度窄。

由于 X 射线对样品的辐射损伤较电子、离子轻得多，且荷电效应小，用 X 射线激发的俄歇电子谱（X-AES）结合了 XPS 与 AES 的特点，在有机、高分子以及生物医用材料研究中具有独特的优点。

8.3.3　价带结构

在费米（Fermi）能级到结合能（BE）为 10~25 eV 之间的能量范围内产生的光电子线往往是来自分子轨道或原子的价轨道以及固体能带上的光电子形成的，称为价电子线。价电子线因为强度低，信号弱，过去易被忽视，常把紫外光电子谱（UPS）当作价电子态分析的主要方法。近年来，随着仪器灵敏度和分辨率的提高，XPS 研究价电子谱越来越受到关注，并认为比 UPS 有更多优点。

UPS 常用 He/Ne 等气体放电中产生的共振线，能带窄（16~41 eV），自然线宽也较小

(通常为 0.01 eV 甚至更低),可获得好的分辨率(气体样品可达 5 meV,固体样品大约为 0.1 eV)。与 XPS 相比,紫外光源能量较低,只能使原子外层即价电子电离,所以主要用于研究价电子和能带结构;而 XPS 光源能量高,可同时取得价带和芯层信息。XPS 的分辨率虽不及 UPS,但它在测量固体价带谱中却具有独特优点,致使 XPS 测定价带谱广泛使用。XPS 较 UPS 的主要优点有:①固体材料的价电子能级合并为能带,使 UPS 失去了能量分辨率高的优点,XPS 已可分辨能带的主要特征;②XPS 出射光电子能量较 UPS 出射光电子能量高,因而它可得到更深一些能级信息,可研究能级较深价带,弥补 UPS 不足;③固体样品一般有明显表面污染,这对 UPS 能量范围的测量(UPS 的电子平均自由程只有 5 Å)很不利,光电子能量的些微变化都会使其电子逸出深度急剧改变,导致谱峰明显改变,因此 UPS 对样品表面清洁和分析室真空要求十分严格,而 XPS 受干扰少得多;④不对称轨道的光电截面(σ)随光子能量的大小变化,如对 XPS,C2s 的 σ 较大;而 UPS 中,C2p 大,C2s 比 C2p 谱简单易解释[9]。

有时候,同一原子的内层电子的结合能即使在不同的化合物中也无明显差别,但却往往可通过观察它们的价电子谱的结合能和峰形变化的规律来判断该元素在不同化合物中的化学状态及有关分子结构。例如,聚合物分子中的碳链 CH_2—CH_2 单元上的 H 原子被其他基团取代后,分子轨道上的电子结构变化很难从内层 C1s 线上表现出来,而 XPS 价电子谱却对这种取代非常敏感,所以 XPS 价带谱往往成为给定聚合物分子的唯一特征的指纹谱;聚乙烯和聚丙烯的芯层 C1s 谱几乎一样,但二者的价带谱有明显区别,特别是 C2s 区的精细结构有很大不同(图 8.13)。价带结构还常用来研究聚合物的各种异构现象如判别头-头或头-尾键联、组成异构体、全同立构、间同立构、几何构象异构等[6]。此外,价带谱还可用来测定研究禁带宽度、确定费米能级等。

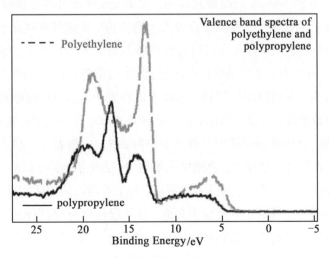

图 8.13 聚乙烯和聚丙烯的价带谱

8.4　XPS 谱图的处理及分析

XPS 以软 X 射线从原子的内层激发出电子,并进行电子的能量分析。由于电子结合能的高度特征性,因此可作元素定性分析;又由于内层电子的结合能受原子在分子中的化学状态和化学环境的不同而变化,产生的化学位移传递了分子中原子的化学状态和化学键,以及分子结构的信息,因此可作元素的化学态分析。XPS 作为一种强有力的表面分析手段,在化学、物理、材料、生物、微电子学等领域应用广泛。

8.4.1　谱的获取

为了获得所要求的 XPS 谱及其化学信息,选择合适的参数很重要。这些参数包括 X 射线源的发射电流、加速电压;能量分析器的能量扫描范围、扫描精度、扫描时间、分辨率及输入透镜的工作模式等。

常规的 XPS 分析,首先对样品进行全扫描,获得全谱以了解表面存在的元素;在此基础上,设置合适的参数进行各元素主要光电子峰的窄扫描(20~40 eV),也就是通常说的高分辨谱,以便精确测定各元素谱峰的位置和形状并进行元素的化合态和半定量分析。

8.4.2　谱图处理

谱峰处理包括谱的平滑,荷电校正,分峰拟合,谱的相加、相减、比较以及本底扣除等。其中最常用到的是荷电校正、本底扣除和分峰拟合。

8.4.2.1　荷电校正

由于样品的导电性不同,X 射线激发样品,大量光电子离开样品表面,使样品带正电,正电使发射的光电子动能减小,表观结合能大于真实值,使谱峰向高结合能端移动,影响正确测量。使用非单色源时,样品表面附近有足够的低能电子可以中和表面正电,光电子峰一般只偏高几个 eV,不至于影响谱图的测量;但使用单色化的 X 射线源时,由于样品附近这种低能电子很少,表面得不到中和,谱峰位移现象严重,而且荷电效应还会引起谱线宽化,给化合态的鉴定带来干扰,因此必须进行荷电中和。目前商用的光电子能谱仪,多采用单色化 X 射线源,这些能谱仪采用各种电子中和系统,一般都是提供大量低能电子辐照样品表面,对样品表面进行过中和,否则中和不均匀,会使谱的高、低端结合能峰位有不同的荷电位移,对谱图的后期处理造成干扰。所以,为了准确标识谱线的真实能量位置,必须把荷电效应引起的谱线位移从表观能量中扣除,这一过程称为"荷电校正"。

常用的荷电校正方法有外标法和内标法[12]。外标法主要有污染碳法、镀金法、氩离子注入法等,其中以污染碳法应用最广。它是利用样品表面吸附的碳作为校正基准,常用 C1s

的结合能 284.8 eV 进行校正，也有用 285.0 eV。但不同文献报道的结合能值不一致，其范围从 284.6~285.2 eV(取决于衬底)，实际测试过程中由于衬底不同，污染碳的差别可能较大。当非导电样品和仪器不能良好电接触时，严格来说，应该用污染碳的真空能级来校准。文献[13]测定了一系列导电样品表面的污染碳，相对于真空能级，C1s 结合能稳定于289.58 eV，由于此法和样品表面的功函数有关，应用有限。对于绝缘样品，目前仍无更好的方法来替代污染碳的校准，所以对不含 C 或所含 C 与污染碳有较大的化学位移或完全重合的样品，仍可采用此法进行校正，多数情况下可取得满意的结果[14]。对那些样品 C 和污染 C 无明显位移的样品(如大量的有机聚合物)，用污染碳校正会有较大误差。但从分析角度讲，有时相对的谱线位移比绝对的谱线位置更有意义，这时仍可采用污染 C 法。荷电效应的校正，也可用表面喷金 $Au4f_{7/2}$(84.0 eV)或注入的氩 $Ar2p_{3/2}$(242.3 eV)进行校正。内标法则是如果待分析的样品中有共同的含碳基团，且该基团中的 C1s 结合能又不随系列样品的不同而变化，则可用此峰来校正其他峰，但此法要求内标不能有化学位移，故应用面较窄。

8.4.2.2 本底扣除

正确扣除本底噪音对定量分析很重要。本底扣除非常复杂，目前尚无统一方法，常用的方法有三种:直线法、Shirley 法和 Tougaard 法。

直线法是将谱峰高低结合能两侧背景相连形成直线背景，扣除此背景方法最简单，可操作性强且重复性好，关键在于正确选择谱的初、终两个端点的位置。此法对于对称性好的峰效果较好;对于不对称的峰，在低动能端扣除较多，在高动能端则相反。

Shirley 法是目前用得最多的一种非线性的本底扣除法。这一方法假设谱图上任一点上由于非弹性散射的本底电子都来自较高动能电子的散射，即背底强度正比于较高动能电子的积分高度;而在一个光电子峰内随着光电子动能由大到小，有越来越多的光电子参与形成较低动能背底，最后累加成曲线背底。

前两种方法是基于对实验数据的数学处理，Tougaard 法则是基于非弹性散射物理模型的峰形分析。此法针对电子在固体内的传输性质，将微分非弹性电子散射横截面积建立的物理模型用于扣除非弹性散射背景。此法通常用于金属样品，并且忽略弹性散射和光电子发射角分布，也不要求扣除背景后光电子峰非常对称。通常认为此法要好于 Shirley 法。

此外，各个仪器公司自带的数据处理软件也发展了更科学的扣本底方法，如 THERMO FISHER 公司 的 AVANTAGE 软件的 smart 扣本底、CasaXPS 的 simple 扣本底等。总的来说，本底的扣除方式对定量分析的结果影响较大，实际操作中应结合样品和谱峰的实际情况来正确选取。

8.4.2.3 峰的拟合

XPS 谱线宽度主要来自以下几个方面:①能级的自然宽度，包括固态效应;②分析器和探测器聚焦性能的不完善;③激发射线的宽度;④试样状态(如荷电效应)引起的样品宽化。

由于①和③的影响接近 Lorentz 分布，②和④的作用接近 Gauss 分布，实测光电子的谱峰介于 Gauss 分布和 Lorentz 分布之间，是 Gauss 型和 Lorentz 型的加权平均。现在的商用仪器因仪器因素引起的谱图畸变基本可以减小到很低的程度，但是原子在同一样品中以不同的氧化态出现时，可以有不同的结合能，仍会产生多重峰，这些峰经常没有完全分开。为了得到精确的峰位和峰面积，必须使多重峰分解为单峰，这就要对其进行解叠，也称拟合。通常的能谱仪都有固定的分峰拟合程序，依次变化各组成谱峰的参数(如峰的位置、强度、半高宽度及 G/L 比等)，使合成峰形与实测峰形尽可能一致或使残差最小。峰的拟合可根据谱图的实际情况选择不同的方法。常用的 XPS 分峰软件，对一些不太复杂的峰的解叠，都可以得到比较理想的结果，如图 8.14 是 PMMA 中 C1s 的分峰拟合情况。但对一些峰形复杂的元素的分峰，尤其是有俄歇峰干扰的情形，则非线性最小二乘法拟合(NLLFS)可以取得较好的结果，如图 8.15 为某钢样中的 Fe2p 谱，通过非线性最小二乘法拟合分峰可消除 Ni、Co 的俄歇峰干扰。

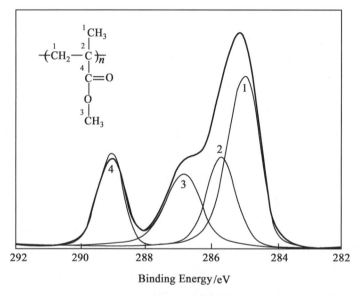

图 8.14　PMMA 中的 C1s 的分峰拟合

8.4.3　定性分析

XPS 定性分析主要是鉴定物质的元素组成(除 H、He 以外)及其化学状态。在一定条件下，还可分析官能团和混合物成分。定性分析主要根据谱图中的如下信息进行。

8.4.3.1　根据光电子峰的内层电子结合能及其化学位移

原子内层电子的结合能具有标识性，是 XPS 定性分析的依据。原子的化学环境变化

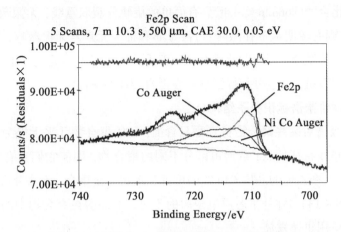

图 8.15　钢样中 Fe2p 的非线性最小二乘法拟合

时，内层电子结合能会发生位移，化学位移是 XPS 进行化学态和结构分析的依据。

8.4.3.2　根据自旋-轨道耦合分裂双峰的间距和强度比对光电子峰进行标识

精确测定元素内层电子结合能是鉴定元素组成与化学状态的主要方法。但在实际样品分析时会遇到各种情况。例如，含量少的某元素的主峰(最强峰)与含量高的另一元素的次强峰(或弱峰)的位置相近(或相同)，致使两峰重叠，给样品中含量低的组分的鉴定造成困难。如金属铂的 Pt4f$_{5/2}$ 与氧化铝的 Al2p，均在 74 eV 左右；Ru3d$_{3/2}$ 与 C1s 在 284 eV 左右；Sb3d$_{5/2}$ 与 O1s 均在 533 eV 左右，这种情况仅依据结合能难以正确鉴别，可利用自旋-轨道耦合双线间距及相对强度比来确定；对有些过渡金属，其自旋-轨道耦合双线间距会随化学态发生变化，如 Ti，Cr，Co，Ni，其金属与氧化物耦合双线间距不同。

8.4.3.3　根据 XPS 和俄歇峰的化学位移以及俄歇参数确定元素化学状态

有些金属化合物，XPS 化学位移小，但 X 射线激发的俄歇电子线往往有相当大的化学位移，且峰形较尖锐，强度也往往接近 XPS 主峰强度，因此，可据俄歇线的化学位移来鉴定化合物中元素的化学状态。例如，Cu 和 Cu$_2$O 的 XPS 化学位移差值为 0.1 eV，而 X-AES 位移差值为 2.3 eV；Ag 和 Ag$_2$SO$_4$ 的 XPS 位移只相差 0.1 eV，而 X-AES 位移有 4.0 eV 的差值；In 和 In$_2$O$_3$ 的 XPS 位移相同，X-AES 位移相差 3.7 eV，可见，俄歇位移对某些元素的化学态有很好的标识作用。

用 XPS 做绝缘体分析时，样品的荷电效应较难办，它不仅影响光电子峰的位置，而且不均匀荷电还会使谱峰加宽，给化学态的鉴定带来困难，俄歇参数可避开表面荷电效应的影响，且不需功函数的校正，因此越来越广泛地用于鉴定元素的化学状态。

8.4.3.4　根据振激峰、多重分裂峰及其相对强度对分子和分子结构进行标识

XPS 谱图中，有时候伴峰(特别是振激和多重分裂峰)会为研究化学态提供重要信息。

例如,一价铜的化合物的 Cu2p 峰一般只有简单的旋轨分裂双重线,无振激峰,而二价铜的化合物(如 CuO)则有较明显的振激峰;过渡金属和稀土元素若无振激峰,则可能为反磁性物质,若有明显的振激峰,则为顺磁性物质。多重分裂现象在鉴定化学状态方面也有很大作用,在高自旋体系里,多重分裂峰强度比在低自旋体系里高。

8.4.3.5 根据价带谱标识分子结构

XPS 芯层能级谱对某些聚合物特别是只含 C,H 的聚合物几乎无能为力,但价带谱可提供分子结构的指纹特征信息,从而可区分不同的聚合物,即使它们具有完全一样的芯层谱。例如,聚丙烯、聚乙烯的芯层 C1s 线的位置和形状完全重合,无法分辨,但其价带谱存在明显的差别(图 8.13),弥补了芯层电子谱的不足。价带谱在聚合物中的指纹特性,促使它在聚合物中的应用迅速发展。

8.4.4 定量分析

在表面分析研究中,有时候我们不仅需要定性地确定样品的元素种类及其化学状态,还希望能测得它们的含量。XPS 定量分析的基本依据是谱峰的强度(峰面积或峰高)与元素的含量有关。通常,光电子峰面积(或峰高)的大小主要取决于样品中所测元素的含量(或相对浓度)。因此,通过测量光电子峰的强度就可进行定量分析。但是,不同样品中,元素的含量和光电子峰的强度之间并不是简单的比例关系,影响光电子峰强度的因素有很多,关于 XPS 定量方法概括起来主要有:标样法、理论模型计算法和相对灵敏度因子法。但目前多采用相对灵敏度因子法。

8.4.4.1 理论模型计算法

对理想平整的、均匀半无限厚($d>5\lambda$)的多晶样品的光电子信号强度可以简化表示为 $I=J_o N\sigma\lambda K$;式中 I 为光电子强度(CPS);N 为表面原子浓度(原子数/cm^3);J_o 为 X 射线通量(光子数/$cm^2\cdot s$);σ 为光电离截面(cm^2),λ 为光电子平均自由程(Å),K 为包含能谱仪的传输函数、检测器效率以及其他所有因素的一个量。因此对各组分浓度比为

$$\frac{N_1}{N_2}=\frac{I_1/(J_o\sigma_1\lambda_1K_1)}{I_2/(J_o\sigma_2\lambda_2K_2)} \tag{8.7}$$

同一样品测试时,J_o 是相同的。不同化学状态的同一原子由于动能相近,故 σ_1、K_1、λ_1 与 σ_2、K_2、λ_2 相近,则

$$\frac{N_1}{N_2}=\frac{I_1}{I_2} \tag{8.8}$$

式中,I_1、I_2 为光电子峰扣除背底后的峰的面积或高度。由于理论模型涉及较多的因素,目前还缺乏必要精度的实验数据,因此并未真正得到应用。

8.4.4.2　相对灵敏度因子法

元素灵敏度因子法是一种半经验的相对定量法,是目前 XPS 定量分析中使用最广的方法。该方法利用特定元素谱线强度作参考标准,测得其他元素相对谱线强度,求得各元素的相对含量。根据理论模型计算公式,把影响谱峰强度的诸多因素用一个灵敏度因子(S)表示,定义 $S=J_o\sigma\lambda K$,称为元素灵敏度因子,这样可以得到简化的定量计算公式:

$$\frac{N_1}{N_2} = \frac{I_1}{I_2} \cdot \frac{S_2}{S_1}$$

(8.9)

但 S 的绝对值很难得到,它可以通过适当的方法计算,也可以通过测定标样得到。目前常采用的两种数据库中,Wagner 数据库中常以 F1s 的光电子线为标准,定义其值 $S_F=1.00$,用标样测定各元素的各光电子线对 F1s 的灵敏度因子 S_A,则得到各元素的相对灵敏度因子 $S=S_A/S_{F1s}=S_A$,即各元素的相对灵敏度因子;Scofield 数据库中则以 C1s 的灵敏度因子为 1。有了灵敏度因子数据,相对定量变得容易,只需测定样品中各元素的某一光电子线的强度,分别除以它们的灵敏度因子,然后归一化处理,即可计算各元素原子的相对含量或原子比,使计算大大简化。因此对由多种元素组成的样品,可由下式得到样品中某元素的相对原子浓度:

$$C_x = \frac{N_x}{\sum N_i} = \frac{I_x/S_x}{\sum_i I_i/S_i} \times 100\%$$

(8.10)

准确测量谱峰面积是减小定量分析误差的一个重要方面,对有较强振激峰和多重分裂峰的过渡金属,测量峰面积时应把伴峰计算在内。

由于元素灵敏度因子概括了影响谱线强度的众多因素,因此,不论是理论计算还是实验测定,其数值不可能很准确,只是一个半定量方法(相对误差为 10%～20%),而且其前提条件是样品表面均匀,且厚度大于光电子平均自由程的 5 倍。因此,本灵敏度因子不能用于吸附在固体表面上的单层物质的定量。为解决这个问题,Wagner 在此基础上,推导出适于表面单层的表面相对灵敏度因子 $S'=S/\lambda_e$,为体相相对灵敏度因子的 $1/\lambda_e$,以用于单层材料的定量。

还需注意的是,不同的仪器由于分析器、检测器的不同,有不同的灵敏度因子数据;即使同一仪器,能量分析器的工作模式不同,灵敏度因子也不同,如 CAE 模式和 CRR 模式有不同的灵敏度因子数据,计算时应参照仪器的测试条件下的灵敏度因子,不能乱用。

8.4.5　深度剖析

XPS 深度剖析,是指 XPS 的定量分析与其深度分布结合起来,获得样品化学价态、相对含量随其表层深度的变化。深度剖析方法包括有损和无损两类,利用 Ar 离子刻蚀的深度剖析是属于有损的,不能重复的,深度分辨率约为 10 nm,一般适用于深度在 1 μm 范围内的分析。无损的 XPS 深度分析主要有变角 XPS 和不同能量信息分布法。

8.4.5.1　有损深度分析法——离子溅射法

离子溅射通常采用能量为 0.2~5 keV 的氩离子轰击样品表面，使表面原子一层层剥离，以获得一定深度范围内的薄层剖面的元素组成和化学结构。不仅可以对常规的材料进行深度分析，也可以对有机、高分子等易损伤材料进行深度分析。下图为聚对苯二甲酸乙二醇酯（PET）薄膜用 500 eV 的单氩离子刻蚀（图 8.16（a））和氩团簇离子刻蚀（图 8.16（b））的结果，可看到即使氩离子能量低至 500 eV，2 min 的刻蚀对 C ═ O 和 C—O 键的破坏也较大，而高能量的氩团簇离子几乎不会破坏 PET 分子中的化学键。

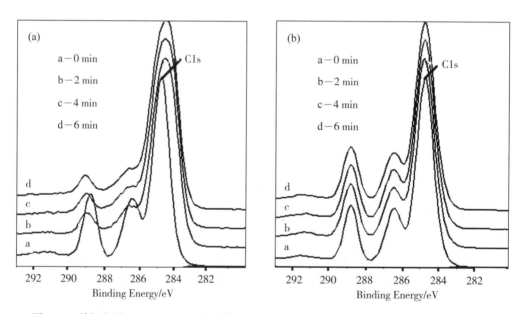

图 8.16　单氩离子（500 eV）（a）和氩团簇（8000 eV，2000 atoms）（b）刻蚀后的 PET 的 C1s 谱

8.4.5.2　无损深度分析

1. 变角 XPS（ARXPS）

当样品表面出射光电子方向发生变化时，其光电子信号强度亦发生变化，随 θ 增加，分析深度（$d = 3\lambda\cos\theta$）减小，表面信号强度增加，即可获取更多表面信息。因为大 θ 角出射时，有效电子逸出深度较小（$d' = \lambda\cos\theta$），相对来说光电子能量损失较小，但应该注意表面粗糙度会使大 θ 角时产生误差，此法仅适用于分析厚度 $d < 3\lambda$ 的薄膜（一般分析深度不超过 10 nm）。图 8.17 是通过旋转样品采集的表面有一薄氧化层的 GaAs 的 ARXPS 谱。从 As3d 图中可看出，大的出射角时，更多检测到的是表面的氧化层的信息，随着出射角的减小，以 GaAs 形式存在的 As 的信号更明显[7]。

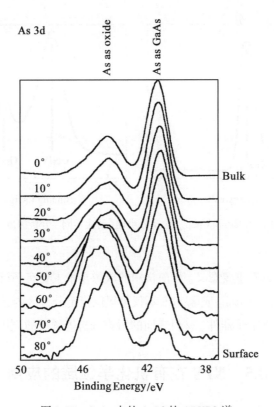

图 8.17　GaAs 中的 As3d 的 ARXPS 谱

2. 不同能量信息分布法

XPS 的分析深度 $d = 3\lambda\cos\theta$，而 λ 和电子能量有关。当 E 增加时，其 λ 增加，相应的 d 也增加，这样就得到了不同深度的信息。内层的不同轨道发射的光电子能量不同，逸出深度不同，可反映来自不同深度的信息。若 XPS 谱图中有同一元素的两个不同壳层的光电子峰且二者能量相差很远，则可根据它们的相对强度来确定该元素是否主要在表层、体相或均一分布。由于电子通过固体会衰减，低能电子比高能电子衰减得更多，对一表面样品，低动能峰就会比高动能峰相对强一些。电子动能大，则对有氧化层的金属基体，反映基体的光电子峰较强；相反，动能小，则主要反映氧化表层的信号。如果 Ge 金属表面有 1nm 厚的氧化层，用 Al K_α 激发的 Ge3d 谱（$E_k = 1453$ eV，$\lambda_e \sim 2.8$ nm）中以基底金属 Ge 信号为主，同样条件下的 Ge2p$_{3/2}$ 谱（$E_k = 264$ eV，$\lambda_e \sim 0.8$ nm）则以氧化物信号为主（图 8.18）[7]。

8.4.6　面分析

常规双阳极 X 射线源的 XPS 分析面积一般在几个平方毫米，而单色化 X 射线源的常规分析面积一般小于 1 mm^2。XPS 是表面分析技术中唯一能给出丰富的、易于解释的化学成键

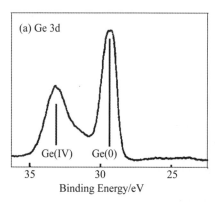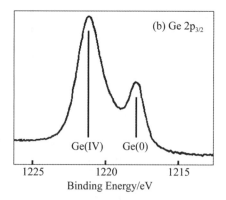

图 8.18　Ge3d 和 Ge2p$_{3/2}$ 的高分辨谱（动能不同，分析深度不同）

信息的技术，它的成像具有重要意义。目前常用的成像技术主要有平行成像法，一般商用仪器的成像空间分辨率可优于 3 μm。成像 XPS 不仅可提供指定分析区内元素的组成分布，还可以显示其化学态信息，在微电子器件、材料表面的污染分析等领域的应用日益广泛。

8.5　XPS 在有机化学领域的应用

XPS 作为一种表面分析仪器，可以对固体材料的表面（2~10 nm 深度）进行元素成分和价态的定性和定量分析；与成像功能和离子溅射刻蚀相结合，也可以用于固体表面元素成分及价态的二维面分析和深度剖析，在纳米材料、高分子材料、材料的腐蚀与防护、各类功能薄膜的机理研究、催化剂研究与失效等方面具有不可替代的作用。本节主要介绍其在有机化学领域的应用。

常见的有机化合物通常包含碳、氧、氮、硫等元素，一般来说，对于主族非金属元素，其结合能通常随着键合原子的电负性增加和数目增多而线性增加。有机聚合物中官能团的典型 C1s 和 O1s 的结合能值见表 8.6 和表 8.7[4]。

表 8.6　　　　　　　　　　　　　　有机样品的典型 C1s 结合能 *

类型	官能团	结合能（eV）
碳氢化合物	C—H，C—C	285.0
胺	C—N	286.0
醇、醚	C—O—H，C—O—C	286.5
Cl 与 C 结合	C—Cl	286.5

续表

类型	官能团	结合能(eV)
F 与 C 结合	C—F	287.8
羰基	C＝O	288.0
酰胺	N—C＝O	288.2
羧酸、酯	O—C＝O	289.0
碳酰胺、尿素	N—C(＝O)—N	289.0
氨基甲酸盐(氨基甲酸酯)	O—C(＝O)—N	289.6
碳酸盐	O—C(＝O)—O	290.3
2 个 F 与 C 结合	—CH₂CF₂—	292.6
2 个 CF₂ 相连的 2 个 F 与 C 结合	—CF₂CF₂—	292.0
3 个 F 与 C 结合	—CF₃—	293~294

﹡观察到的结合能取决于官能团所处的特定范围，大多数范围是±0.2 eV，但有些样品(例如，碳氟化合物)可更大。

表 8.7　　　　　　　　　　　　　　　　**有机样品的典型 O1s 结合能﹡**

类型	官能团	结合能(eV)
羰基	C＝O, O—C＝O̲	532.2
醇、醚	C—O—H, C—O—C	532.8
酯	C—O̲—C＝O	533.7

﹡观察到的结合能取决于官能团所处的特定范围，大多数范围是±0.2 eV

1. C1s 能级[15]

C1s 能级位移的研究最早是在含氟化合物上进行的，因为氟是周期表中电负性最大的元素，能诱导最大的化学位移。对于聚合物中氟的初级取代(指直接与它成键的碳原子)一般位移 2.9 eV 左右，次级位移(指链上和初级碳原子相距一个原子的碳原子)为 0.7 eV 左右。类似地，对于氯取代，初级位移约为 2.0 eV，次级位移约为 0.5 eV。对于和氧成键的碳，生成的官能团种类大大增加。一个粗略的近似，每个 C—O 单键的初级位移为 1.4 eV 左右(C＝O 双键的初级位移一般要加倍，以此类推)。—C≡N 基表现为准卤素特性，与其连接的碳 C1s 结合能位移大约为 1.4 eV，—C≡N 的 C1s 结合能位移约 1.7 eV。大多数情况下涉及其他官能团的位移很小，曾经认为，碳在不同的杂化状态下与自身或氢成键，或同时与自身和氢成键将导致相同的 C1s 结合能(285.0 eV)；然而后来发现，非取代的芳烃碳原子的结合能稍低(平均位移为-0.3 eV)。芳香族中 C1s 位移还有一个特点值得注意。一个与杂原子成键的芳香碳和与脂肪族基团成键的芳香碳之间的结合能可以差别很大, 通常前者位移较低, 这是由于非定域化作用。如聚醚醚酮(PEEK)中的 C＝O 键的 C1s 结合能为 287.3 eV 左右, 比预期值低 0.7 eV, 主要是由于羰基与苯环共轭。

图 8.19 是一种均苯酐型的聚酰亚胺(PI)的 C1s 谱, 其 C1s 高分辨谱图拟合后主要的四种化学态的碳分别为 284.7 eV（C—C, C—H）, 285.7 eV（C—N）, 286.4 eV（C—O）和 288.6 eV（N—C＝O）。

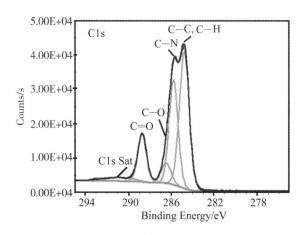

图 8.19　聚酰亚胺的 C1s 高分辨谱图的分峰拟合

2. O1s 能级[15]

O1s 能级通常难以直接识别氧官能团。和 C1s 能级相比, 大多数情况下 O1s 固有的峰宽较前者要大得多, 而结合能变化的范围却非常有限, 平均变化范围大概在 2.7 eV 内。而在全氟代醚中, O1s 结合能可达 535.7 eV。硝酸酯则分别在 533.9 eV 附近和 534.7 eV 处出现对应 R—O—NO$_2$ 结构的强度比为 1:2 的 O1s 双重峰。

以 PET 为例, 其 C1s 和 O1s 分别有 3 种不同化学态的碳原子和 2 种不同化学态的氧原子, 其高分辨 C1s 和 O1s 谱峰可分别通过分峰拟合得到不同化学态的原子的结合能和原子百分比。三种碳的结合能分别为 284.7 eV（C—C, C—H）, 286.3 eV（C—O）, 288.7 eV（O—C＝O）;两种氧的结合能分别为 531.7 eV（C＝O）和 533.1 eV（C—O）(图 8.20)。

3. N1s 能级[15]

大多数官含氮能团的 N1s 结合能非常类似, 都在 399～400 eV, 包括胺、酰胺、腈、尿素和芳杂环中的氮。氨基甲酸酯和酰亚胺中的氮的结合能通常为 400.5 eV。对于聚膦腈, 涉及 P＝N＝P 连接, N1s 结合能降低到约 397.9 eV。四元氮的结合能要明显高一些, 烷基取代及其相应的离子会使 N1s 结合能升高到 401.5～402.5 eV。高氧化态的硝基—NO$_2$ 和硝酸

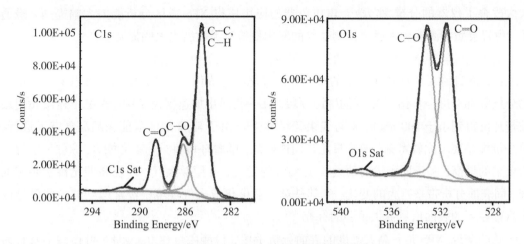

图 8.20 PET 的 C1s 和 O1s 高分辨谱图的分峰拟合

盐—ONO_2 的 N1s 结合能分别可达 405.5 eV 和 408.2 eV。

4. 其他元素内能级[15]

含硫的化合物中，S2p 能级的结合能可从硫化物(RSR)中的 163.5 eV 到硫砜(RSO_2R)中的约 167.6 eV，以及磺酸盐、磺酸酯(RSO_3^-/RSO_3H)中的 168~169 eV。

在含氟的聚合物中，F1s 的结合能取决于聚合物的氟化程度，通常表现为一个宽峰，结合能可从 686 eV 到 689 eV。如聚氟乙烯(CH_2CHF)$_n$ 中 F1s 的结合能为 686.9 eV，而聚四氟乙烯中 F1s 的结合能则为 689.0 eV。氟离子(F^-)的结合能则要低 4 eV 左右，具体取决于相应的离子及局部环境。

共价结合的 Cl2p 的结合能也几乎恒定在 200.6±0.2 eV 之间，而氯离子(Cl^-)的结合能要低 3~4 eV。

XPS 在有机金属配合物、有机分子电荷转移现象[6]、聚合物表面等离子体改性[6]等方面都有广泛应用。文献[16]通过 XPS 表征，观察到基于三苯胺的有机染料分子通过去质子化过程锚定到真空原位电喷涂形成的原子清洁的单晶金红石型 TiO_2 表面，为了解有机染料在金属氧化物表面的化学吸附过程中诱导的化学变化提供了一个极好的探针。

8.6　发展前景及展望

XPS 作为表面分析最有效的手段之一，可以获得丰富的化学信息，且应用范围广泛，可分析除 H 和 He 外的所有元素;可对表面的元素进行定性、半定量和化学价态分析。结合角分辨、离子溅射等，还可以进行深度分析。近些年来，为了改善分辨率，提高灵敏度，仪器的各关键部件都有了很大的改进与完善，单色化 X 射线源甚至同步辐射 X 射线源的使用大大改善了仪器的分辨率,微聚焦单色器的应用使得 XPS 微区分析能力大幅提高。磁透镜、位置灵敏检测器和多通道检测器等的使用使检测灵敏度也大幅提高。

随着同步辐射 X 射线源的发展,应用更高能量的单色 X 射线以加大 XPS 的无损分析深度,高准直的 X 射线用于局部的微区分析或化学态成像,更高亮度的射线用于一些特殊的分析等都会进一步拓展 XPS 的应用领域。在一些同步加速器设备中,光电子显微镜使用波带片可得到小于 100 nm 的 X 射线束斑尺寸[17]。由于常规 XPS 只能在超高真空下进行,对分析样品要求比较苛刻,通常只能是固体样品。随着环境科学、催化科学、原位反应等分析要求的提高,基于同步辐射的近常压 XPS 的发展,有望对大气、环境和催化科学领域的液、固表面分析带来巨大的变化,尤其是对工业催化或大气环境中经常遇到的一些气体或蒸汽存在下的表面信息提供重要的补充[18]。

总的来说,XPS 是一高灵敏度的表面分析手段,检测限可达 0.1 at%。可提供丰富且易解释的化学信息,导电、绝缘样品均可分析,且对样品损伤很小。随着同步辐射光源和 X 光学器件的发展,XPS 有望获得能量可调的 X 射线、朝着更好的空间分辨率和更高的能量分辨、平行检测发展,进一步拓展其在生物技术、环境科学、生命科学等领域的应用[19]。

参 考 文 献

1. Seah M P, Dench W A. Electron inelastic mean free paths [J]. Surf. Interf. Anal., 1979, 1: 2-11.

2. Tanuma S, Powell C J, Penn D R. Calculations of electron inelastic mean free paths [J]. Surf. Interf. Anal., 1993, 21: 165-176.

3. Tanuma S, Powell C J, Penn D R. Calculations of electron inelastic mean free paths. IX. Data for 41 elemental solids over the 50 eV to 30 KeV range[J]. Surf. Interf. Anal., 2011, 43: 689-713.

4. [英]约翰·C·维克曼, 伊恩·S·吉尔摩编. 表面分析技术[M]. 陈建, 谢方艳, 李展平, 等译. 广州: 中山大学出版社, 2020.

5. 陆家和, 陈长彦, 等. 表面分析技术[M]. 北京: 电子工业出版社, 1987.

6. 王建祺, 吴文辉, 冯大明. 电子能谱学(XPS/XAES/UPS)引论[M]. 北京: 国防工业出版社, 1992.

7. John F. Watts, John Wolstenholme. An introduction to surface analysis by XPS and AES [M]. John Wiley & Sons Ltd., 2003.

8. 黄惠忠. 表面化学分析[M]. 上海: 华东理工大学出版社, 2007.

9. 黄惠忠. 论表面分析及其在材料研究中的应用[M]. 北京: 科学技术文献出版社, 2002.

10. http://xpssimplified. com/periodictable. php.

11. Chastain J. Handbook of X-ray photoelectron spectroscopy[M]. Perkin-Elmer Corporation Physical Electronics Division, 1992.

12. 刘世宏, 王当憨, 潘承璜. X 射线光电子能谱分析[M]. 北京: 科学出版社, 1988.

13. Greczynski G, Hultman L. Compromising science by ignorant instrumentcalibration-Need to revisit half a century ofpublished XPS data[J]. Angew. Chem. Int. Ed., 2020, 59: 5002-5006.

14. Biesinger M C. Accessing the robustness of adventitious carbon for charge referencing (correction) purposes in XPS analysis: Insights from a multi-user facility data review[J]. Appl. Surf. Sci., 2022, 597: 153681-153691.

15. (英)D·布里格斯(D. Briggs)著. 聚合物表面分析-X 射线光电子谱(XPS)和静态次级离子质谱(SSIMS) [M]. 曹立礼, 邓宗武译. 北京: 化学工业出版社, 2001.

16. Alharbi N, Hart J, O'Shea J N. The adsorption and XPS of triphenylamine-based organic dye molecules on rutile TiO_2(110) prepared by UHV-compatible electrospray deposition[J]. Surf. Sci., 2023, 735: 122323.

17. Locatelli A, Aballe L, Mentes TO, et al. Photoemission electronmicroscopy with chemical sensitivity: SPELEEM methods and applications[J]. Surf. Interface Anal., 2006, 38: 1554-1557.

18. Salmeron M, Schlögl R. Ambient pressure photoelectron spectroscopy: A new tool for surface science and nanotechnology [J]. Surf. Sci. Rep.,2008, 63: 169-199.

19. Oswald S. X-ray photoelectron spectroscopy in analysis of surfaces. Encyclopedia of Analysis Chemistry [M], John Wiley & Sons Ltd., 2013.

习 题

1. 下列各组化合物的 XPS 谱图中, 分别出现几条 C 1s, N 1s, O 1s 谱峰?

   (1) a) CH_3COCH_3, b) $CH_3CH_2COOCH_3$, c) o-HOC_6H_4OH, d) $ClCH_2CH_2OH$

   (2) a) $NH_2CH_2CH_2NH_2$, b) p-$NO_2C_6H_4NH_2$, c) o-$NH_2C_6H_4CN$, d) NH_4NO_3

2. 胱氨酸的分子式为 $HOOCCH(NH_2)CH_2SSCH_2CH(NH_2)COOH$, 如何应用 XPS 鉴定胱氨酸是否被氧化?

3. 聚合物负载的 Pt 硅氢化催化剂的制备途径为 (P) ~ S—CH_2—CH_2—S—R + K_2PtCl_4。如何应用 XPS 证实其为 Pt 配位催化剂? 给出可能的配位结构。K_2PtCl_4 中 Pt 4f 73.1eV。